SEDIMENTATION AND SUSTAINABLE USE OF RESERVOIRS AND RIVER SYSTEMS

SÉDIMENTATION ET UTILISATION DURABLE DES RÉSERVOIRS ET SYSTÈMES FLUVIAUX

This Bulletin discusses the upstream and downstream fluvial morphological impacts of reservoir sedimentation and possible mitigation measures. The current state of and possible future sediment deposition in reservoirs have been investigated globally with the aid of the ICOLD Register on Dams. The global mean reservoir sedimentation rate was found to be 0.8% of the original storage capacity per year. The Bulletin also investigates the impacts of dams on the ecology related to fluvial morphological changes, and guidelines are proposed to mitigate the impacts on the downstream river morphology. Finally an economical model is presented which considers a life cycle approach for reservoir conservation.

Ce bulletin traite des impacts morphologiques fluviaux en amont et en aval de la sédimentation des réservoirs et des mesures d'atténuation possibles. L'état actuel et l'avenir possible du dépôt de sédiments dans les réservoirs ont été étudiés à l'échelle mondiale à l'aide du registre des barrages de la CIGB. Le taux moyen mondial de sédimentation des réservoirs s'est avéré être de 0,8% de la capacité de stockage initiale par an. Le Bulletin étudie également les impacts des barrages sur l'écologie liés aux changements morphologiques fluviaux, et des directives sont proposées pour atténuer les impacts sur la morphologie des rivières en aval. Enfin, un modèle économique est présenté qui prend en compte une approche de cycle de vie pour la conservation des réservoirs.

INTERNATIONAL COMMISSION ON LARGE DAMS
COMMISSION INTERNATIONALE DES GRANDS BARRAGES
61, avenue Kléber, 75116 Paris
Téléphone : (33-1) 47 04 17 80
http://www.icold-cigb.org

Cover illustration: Mbashe River 30 m high hydropower diversion weir, with a 1.4 km long tunnel to the Colley Wobbles hydro-electric power station (42 MW), commissioned in 1985, owned by Eskom, South Africa. The original storage capacity of the diversion weir of 9 million m^3 was mostly silted up within 2 years after commissioning.

Couverture: Déversoir de dérivation hydroélectrique de 30 m de haut de la rivière Mbashe, avec un tunnel de 1,4 km de long vers la centrale hydroélectrique de Colley Wobbles (42 MW), mise en service en 1985, appartenant à Eskom, Afrique du Sud. La capacité de stockage initiale du déversoir de dérivation de 9 millions de m^3 a été en grande partie ensablée dans les deux ans qui ont suivi la mise en service.

CRC Press/Balkema is an imprint of the Taylor & Francis Group, an informa business

Typeset by CodeMantra
Published by: CRC Press/Balkema
Schipholweg 107C, 2316 XC Leiden, The Netherlands
e-mail: enquiries@taylorandfrancis.com
www.routledge.com – www.taylorandfrancis.com

Original text in English
Layout by Nathalie Schauner
Texte original en anglais
Mise en page par Nathalie Schauner

ISBN: 978-1-032-32727-3 (Pbk)
ISBN: 978-1-003-31642-8 (eBook)

LIST OF MEMBERS / LISTE DES MEMBRES

Spain / Espagne	Avendano, C.
France / France	Bouchard, J.P.
Iran / Iran	Daemi, A.R.
China / Chine	Guo, Q.
Pakistan / Pakistan	Haq, I.
Austria / Autriche	Knoblauch
Italy / Italie	Pietrangeli, A.
India / Inde	Rangaraju, K.G.
Egypt / Egypte	Shalaby, A.M.
Netherlands / Pays Bas	Sloff, C.J.
Norway / Norvège	Stole, H.
United States / Etats Unis	Strand, R.
Japan / Japon	Tsuchiyama, S.
Germany / Allemagne	Westrich, B.
Korea / Corée	Woo, H.S.

SOMMAIRE

CONTENTS

TABLE DES MATIÈRES

TABLE OF CONTENTS

TABLEAUX & FIGURES

FIGURES

TABLES & FIGURES

FIGURES

TABLEAUX

TABLES

1. INTRODUCTION

1.1. CONTEXTE

Les barrages contribuent à atténuer les crues et retiennent les sédiments. L'atténuation des crues influence considérablement la variation du débit en aval et les cours d'eau ont tendance à se rétrécir si les principaux affluents ne contribuent pas à rétablir l'équilibre entre le débit et les sédiments en aval. L'alluvionnement des retenues constitue un phénomène mondial dont l'intensité est de 0,8% par an, mais l'intensité de sédimentation est bien supérieure dans certaines régions comme l'Asie. En utilisant une intensité moyenne, Palmieri (2003) a estimé la perte de capacité à environ 45 km^3 par an. Le coût pour retrouver la capacité de stockage perdu serait conséquent : 13 milliards de dollars par an nécessaires, sans compter les coûts environnementaux et sociaux engendrés par la construction de nouveaux barrages (Palmieri, 2003). L'âge moyen des barrages est actuellement de 30 ans environ et puisque de nombreux réservoirs ont été conçus avec un stockage de réserve morte pour la sédimentation d'à peu près 50 ans, de sérieux problèmes de sédimentation sont à prévoir, avec environ 40% de la capacité de stockage touchée dans les 20 années à venir. La plupart des réservoirs existants dans le monde pourraient être complètement envasés dans les 200 à 300 années à venir, entraînant la perte définitive de grandes étendues du réseau hydrographique. Ces cours d'eau auraient une pente plus douce que les fleuves d'origine avec de grandes plaines inondables qui seraient régulièrement submergées. Le fonctionnement écologique serait profondément modifié et seuls les projets de centrales au fil de l'eau sur des tronçons canalisés des eaux pourraient être envisagés.

Les barrages sont construits pour de nombreuses raisons, comme la régulation des crues, la production hydroélectrique, le stockage d'eau pour l'irrigation, la navigation, etc. Lorsqu'un réservoir est relativement modeste en comparaison avec le Ruissellement Annuel Moyen (RAM) (moins de 10%) et que la production de sédiments est relativement élevée, il existe un risque important d'envasement sur une brève période. L'intensité de sédimentation et la capacité de stockage des réservoirs modestes peuvent cependant être contrôlées en procédant à des abaissements de plan d'eau et en chassant les sédiments par la vidange de fond lors des crues ou en saisons pluvieuses. Si la majorité des réservoirs existants et à construire sont gérés de manière durable, le nombre de nouveaux barrages nécessaire permettant de maintenir une production fiable en électricité et en eau va diminuer.

La croissance à travers le temps de la capacité de stockage jusqu'à l'année 2000 et l'évolution de la sédimentation apparaissent sur l'illustration 1.1-1.

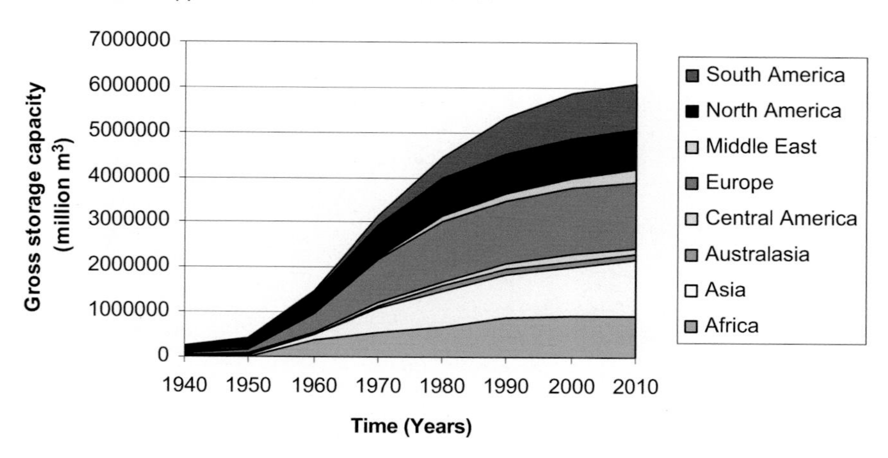

Figure 1.1-1a
Croissance historique de la capacité de stockage mondiale (Basson, 2008)

1. INTRODUCTION

1.1. BACKGROUND

Dams cause flood attenuation and sediment trapping. Flood attenuation has a major impact on flow variability downstream and rivers tend to narrow if major tributaries do not help to restore the flow and sediment balance downstream. Reservoir sedimentation occurs worldwide at a rate of about 0.8 percent per year, but the sedimentation rate in many regions such as Asia is much higher. Using an average rate, Palmieri (2003) estimated the loss to be approximately 45 km^3 per year. The cost of replacing the lost storage is significant; nearly US$ 13 billion per year would be needed, even without including the environmental and social costs associated with new dams (Palmieri, 2003). The average age of reservoirs is now about 30 years and since many reservoirs have been designed with a dead storage for sedimentation of about 50 years, serious sedimentation problems are going to develop with about 40 percent of the storage capacity in reservoirs affected within the next 20 years. Most of the existing reservoirs in the world could be completely silted up in 200 to 300 years from now, with large reaches of river system permanently lost. These rivers will have a flatter slope than the original natural rivers, with wide floodplains flooded regularly. The ecological functioning would be completely different and only run-of-river water diversion schemes could be implemented.

Dams are constructed for many reasons such as flood attenuation, hydropower generation, storage for irrigation, navigation, etc. When a reservoir is relatively small in relation to the mean annual runoff (MAR) (say less than 10%), and the sediment yield is relatively high, there is a high risk that it would silt up in a short period of time. The rate of sedimentation and ultimate storage capacity of small reservoirs can however be controlled by sluicing or flushing of sediment through large low level outlets during floods or the rainy season. If most existing and still to be constructed reservoirs are managed in a sustainable manner, the number of new dams required to maintain reliable water and power supply will decrease.

The historical growth in storage capacity up to 2000 and sedimentation is shown in Figure 1.1-1.

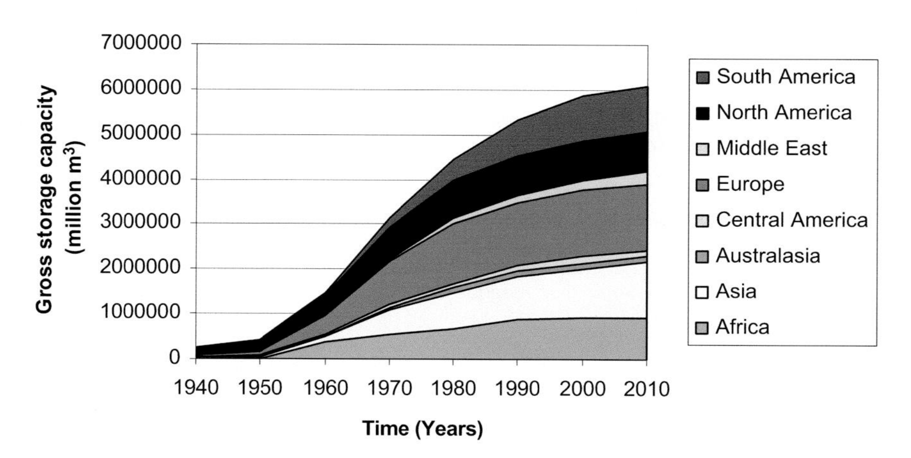

Figure 1.1-1a
Historical growth in global storage capacity (Basson, 2008)

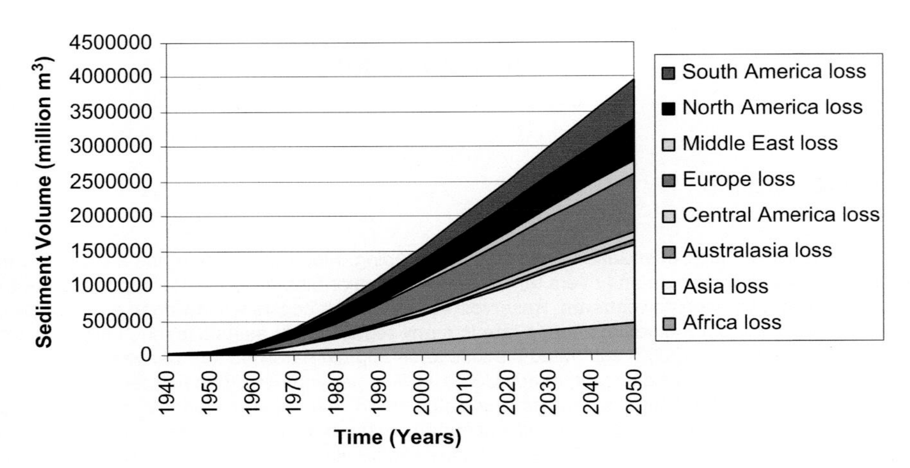

Figure 1.1-1b
Croissance historique de l'alluvionnement des retenues dans le monde (Basson, 2008)

L'eau est source de vie et sa bonne gestion et sa conservation sont essentielles au développement socio-économique. Il a été reconnu que, à cause de son caractère universel, l'utilisation durable des ressources disponibles en eau est fondamentale pour parvenir aux objectifs d'éradication de la pauvreté, en particulier en Afrique. Fournir un accès à l'eau et aux installations sanitaires à une grande partie de la population africaine, contribuer à la sécurité alimentaire grâce à l'utilisation de l'eau dans l'agriculture, et aussi développer le potentiel hydroélectrique inexploité et renouvelable que nous offre le continent, sont des activités essentielles qui doivent être prises en considération si nous souhaitons gagner la guerre contre la pauvreté.

La construction d'un barrage peut perturber en profondeur le régime d'écoulement et la charge de sédiments en aval du cours d'eau car le barrage modifie les pointes de crue et leur durée et il retient aussi des quantités importantes de sédiments. Les modifications imposées à l'écoulement peuvent entraîner une dégradation du lit des rivières en aval, à cause de charges sédimentaires très faibles, ainsi qu'un rétrécissement du lit des cours d'eau à cause de capacités de transport réduites en aval. Le nombre et la taille croissants des barrages construits ces dernières années ont attiré l'attention quant à l'impact des barrages sur l'environnement.

Pour analyser les impacts des barrages sur la morphologie en aval du cours d'eau, il faut répondre à deux questions fondamentales :

- À quels types de changements peut-on s'attendre, par exemple le cours d'eau sera-t-il plus ou moins profond et en quelle proportion ?

- Comment ces changements vont-ils s'effectuer, par exemple le cours d'eau devient-il plus profond à cause d'un manque de sédiments, ou plus étroit à cause des pointes de crue réduites ?

Afin de répondre à ces deux questions, la première étape est de déterminer quels sont les facteurs qui influencent la morphologie du lit de la rivière et les aspects de celle-ci susceptibles de changer. Une étude de la littérature existante fournit quelques réponses sur le sujet car de nombreuses études ont abordé ces aspects.

Cependant, cela ne résout pas la question de l'ampleur ou de la direction des changements auxquels on peut s'attendre. Il est nécessaire d'être capable de décrire la géométrie du lit à partir des facteurs susceptibles d'avoir un effet significatif. Pour les cours d'eau naturels, on utilisait autrefois ce qu'on appelle les équations de régime, qui étaient dérivées empiriquement ou théoriquement, afin de décrire la géométrie du lit d'un cours d'eau. Une approche bien différente est nécessaire pour les cours d'eau impactés.

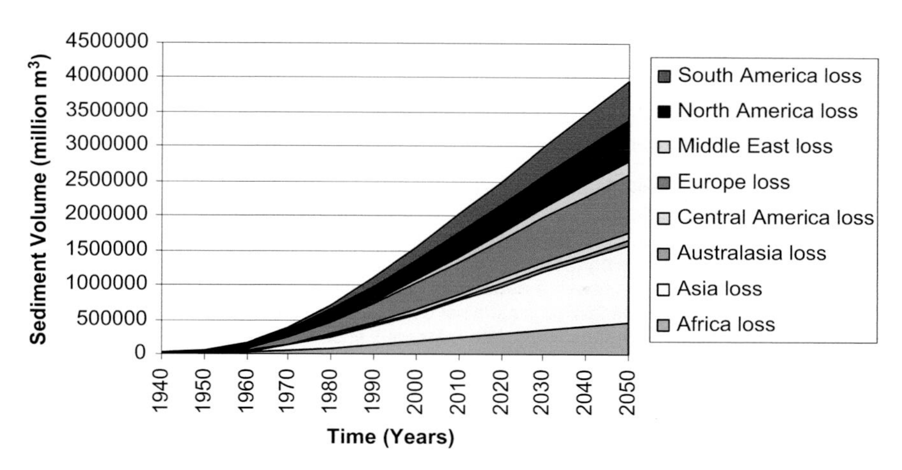

Figure 1.1-1b
Historical growth in global reservoir sedimentation (Basson, 2008)

Water is the basis of life, and its proper management and conservation is essential for all socio-economic developments. It has been recognized that, due to its crosscutting nature, sustainable use of available water resources is critical to meeting the goal of eradicating poverty especially in Africa. Providing access to basic water supply and sanitation to a large number of Africa's population, contributing to food security through use of water for agriculture, and also developing the substantial untapped and renewable hydropower potential of the continent, are some of the key areas which need to be addressed if the war against poverty is to be won.

The construction of a dam can drastically alter the flow regime and sediment load of the river downstream by altering flood peaks and durations, as well as by trapping large amounts of sediment. The imposed changes in the flow can lead to riverbed degradation directly downstream, as a result of very low sediment loads, as well as narrowing of river channels due to decreased transporting capacities further downstream. The increasing number and size of dams built during recent decades has drawn more attention to the impacts that dams can have.

When attempting to analyse the impacts of dams on the downstream river morphology, there are two fundamental questions that have to be answered:

- What sort of changes are to be expected, e.g., will the river become deeper or shallower and by how much?
- How do these changes come about, e.g., does the river become deeper because of a lack of released sediments, or narrower due to reduced flood peaks?

In order to answer these two questions, the first step has to be to determine the factors that influence the channel morphology and the aspects of the river morphology that are likely to change. A study of existing literature offers some answers in that respect since numerous studies have dealt with these aspects.

This does, however, not resolve the question of the magnitude or direction of the changes that are to be expected. What is necessary is to be able to describe the channel geometry in terms of the factors that are likely to have a significant effect. For natural rivers so-called regime equations, which were either empirically or theoretically derived, were used in the past to describe the river channel geometry. A somewhat different approach is necessary for impacted rivers.

La détermination du débit dominant ou effectif est un aspect important de toutes les équations de régime car celui-ci est responsable du maintien ou de la formation du lit du cours d'eau. La détermination du débit dominant est importante non seulement pour les équations de régime mais elle joue également un rôle essentiel dans l'élaboration d'un régime d'écoulement contrôlé qui permet de maintenir un cours d'eau dans son état naturel ou souhaité.

Une fois ces sujets réglés, il faut s'intéresser à la seconde partie du problème. Les caractéristiques de transport de sédiments du lit en aval du cours d'eau jouent un rôle important à cet égard. Généralement, l'incision du lit de la rivière se passe à proximité aval du barrage tandis que, encore plus en aval, l'alluvionnement est plus fréquent, car des affluents apportent des sédiments qui ne peuvent pas tous être mobilisés à cause des capacités de transport trop faibles dues à des pointes de crue réduites. Le matériau qui s'est ainsi déposé peut se composer de fractions épaisses ou fines, y compris de sédiments consolidés. Les matériaux fins, composés de fractions d'argile et de vase, présentent une érosion et un dépôt distincts des sédiments non cohérents, car la résistance à l'érosion des particules fines est déterminée en grande partie par des forces physiques et chimiques. La connaissance du comportement des sédiments fins peut aussi être utile pour chasser les dépôts des réservoirs, puisque ceux-ci contiennent généralement des taux élevés d'argile et de vase.

Les matériaux se trouvant dans le lit en aval du cours d'eau ne sont pas le seul facteur qui détermine les modifications d'une rivière. Les écoulements en provenance des réservoirs, ainsi que la quantité de sédiments fournis par le bassin versant en aval sont d'autres facteurs essentiels. Les équations de régime mentionnées ci-dessus peuvent donner une indication de l'ampleur et de la direction des changements sur la morphologie du cours d'eau, mais elles ne permettent pas de décrire si un cours d'eau réagira à des pointes de crue plus faibles ou à des durées d'écoulement plus longues. La modélisation numérique est un moyen de déterminer avec précision l'effet d'une séquence d'évènements. Le modèle doit prendre en compte l'effet des matériaux fins, les changements dans la forme ou la pente des coupes transversales sur un tronçon du cours d'eau, ainsi que la variabilité des écoulements. Il est ainsi possible d'étudier les impacts des barrages sur le long terme et, à partir des résultats, d'évaluer l'ampleur, la durée et la fréquence des crues.

1.2. OBJECTIFS

L'objectif principal de ce bulletin est d'analyser les impacts de la construction des barrages sur la morphologie des cours d'eau, en particulier l'évaluation des changements dans la morphologie en amont et en aval en fonction des différentes implantations des barrages.

1.3. STRUCTURE DU RAPPORT

Ce rapport possède la structure suivante :

Le Chapitre 2 traite de l'état de l'alluvionnement des retenues, alors que le Chapitre 3 traite des impacts des barrages sur la morphologie en aval du cours d'eau. Les équations de régime de la morphologie du lit du cours d'eau sont dérivées au Chapitre 4, elles peuvent être utilisées afin d'évaluer l'impact d'un barrage sur la morphologie d'un cours d'eau. Le Chapitre 5 présente l'impact des barrages sur l'écosystème à travers les changements morphologiques du cours d'eau, alors que le Chapitre 6 présente des mesures permettant de limiter l'impact d'un barrage sur la morphologie du cours d'eau en aval. Le Chapitre 7 présente un modèle économique qui prend en compte la conservation des réservoirs et une approche fondée sur le cycle de vie.

An important aspect of all the regime equations has always been the determination of the so-called dominant or effective discharge, responsible for maintaining or forming the river channel. The determination of the dominant or effective discharge is not only important for the regime equations but also plays a vital role in determining a controlled flow regime that will maintain a river in its natural or desired state.

Once these matters have been dealt with, the second part of the problem has to be addressed. The sediment transport characteristics of the downstream river channel play a vital role in this regard. Generally speaking, degradation of the riverbed takes place close to the dam whereas further downstream aggradation is more common, since sediments are supplied by the tributaries, which cannot all be transported because of the lower sediment transport capacities due to the reduced flood peaks. The material that thus becomes deposited may consist of both coarse and fine fractions, including cohesive sediments. Fine materials, consisting of clay and silt fractions, display distinctly different erosion and deposition to non-cohesive sediments, due to the fact that the erosion resistance of fine particles is governed to a large degree by physical and chemical forces. Knowledge of the behaviour of fine sediments may also be useful for sediment flushing from reservoirs, since the reservoir deposits usually contain high percentages of clay and silt.

The materials found in the downstream river channel are not the only factors that determine why a river will change as it does. Other key factors are the flows released from the reservoir as well as the amount of sediment supplied by the downstream catchment. The regime equations mentioned above may give an indication of the magnitude and direction that changes in the river morphology may take, but they cannot describe whether a river will change in response to lower flood peaks or longer flow durations. One way in which to accurately determine the effect of a sequence of events is through numerical modelling. A model should take into consideration the effect of fine materials, changes in cross-sectional shape or slope along a river section and also the variability of flows. In this way the long-term impacts of dams can be studied and from the results assessments can be made about the required flood magnitude, duration and frequency.

1.2. AIMS

The overall aim of this bulletin is to investigate the impacts of dam developments on the river morphology, specifically the assessment of the changes in the upstream and downstream river morphology as a result of different dam development scenarios.

1.3. REPORT STRUCTURE

This report is structured as follows:

Chapter 2 discuss the state of reservoir sedimentation, while Chapter 3 discusses downstream fluvial morphological impacts of a dam. River channel morphology regime equations are derived in Chapter 4 which could be used to assess the impact of a dam on the river morphology. Chapter 5 presents ecosystem impacts caused by dams related to fluvial morphological changes, while Chapter 6 presents guidelines to limit the impact of a dam on the downstream river morphology. Chapter 7 discusses an economical model which considers reservoir conservation and a life cycle approach.

2. IMPACTS MORPHOLOGIQUES EN AMONT DU COURS D'EAU CAUSÉS PAR L'ALLUVIONNEMENT DES RETENUES

2.1. CAPACITÉ DE STOCKAGE, EXPLOITATION ET SÉDIMENTATION DU RÉSERVOIR

Afin de comprendre avec quelle efficacité les mesures de contrôle des sédiments peuvent gérer la sédimentation des réservoirs, leurs impacts respectifs sur les charges de sédiments et sur le piégeage des sédiments doivent être pris en compte. Une relation entre la charge sédimentaire et le débit est obtenue sur le long terme pour une rivière « naturelle », comme le montre l'illustration 2.1-1, où les données pour la saison des crues et pour la saison de basse eaux (de janvier à août) sont indiquées.

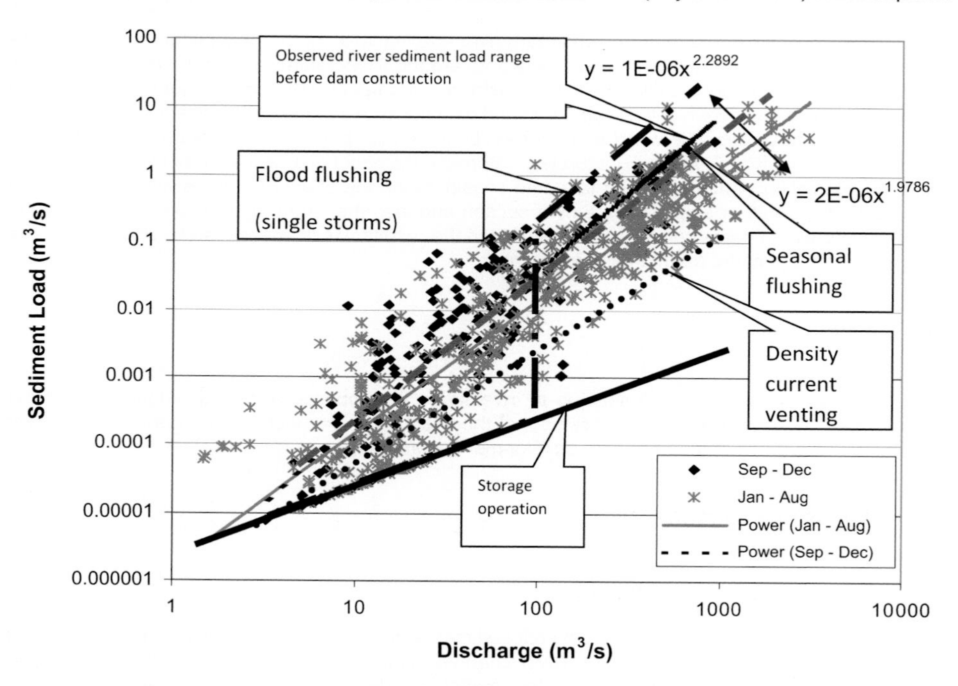

Figure 2.1-1
Fonctionnement des réservoirs et changements éventuels dans la relation charge-débit sortant de sédiments

Le stockage est une option de gestion typique mais extrême en termes de transport de sédiments, ne permettant pratiquement aucun transit de sédiments en suspension. L'eau déversée des réservoirs en exploitation est presque cristalline, ce qui entraîne généralement une incision du lit en aval du barrage. Les chasses d'eau régulières (en principe pratiquées dans les régions semi-arides, mais uniquement si un excédent d'eau est disponible) constituent une méthode opérationnelle qui ne s'avère efficace qu'au-delà d'un certain débit. En effet, si les débits sont élevés, on peut s'attendre à des charges de sédiments supérieures à la moyenne saisonnière observée dans la situation antérieure au barrage, mais il est possible ainsi de rétablir l'équilibre des sédiments. La pratique de chasses régulières à l'aide de vanne de fond adaptées garantira que les sédiments chassés s'approchent du

2. UPSTREAM FLUVIAL MORPHOLOGICAL IMPACTS DUE TO RESERVOIR SEDIMENTATION

2.1. RESERVOIR STORAGE CAPACITY, OPERATION AND SEDIMENTATION

In order to understand how efficiently sediment control measures can deal with reservoir sedimentation, their respective impacts on sediment loads and on trapping of sediment need to be considered. Over the long term, a sediment load-discharge relationship as indicated in Figure 2.1-1 is obtained for a "natural" river, indicated by data points for the flood season and the low flow season (Jan to Aug).

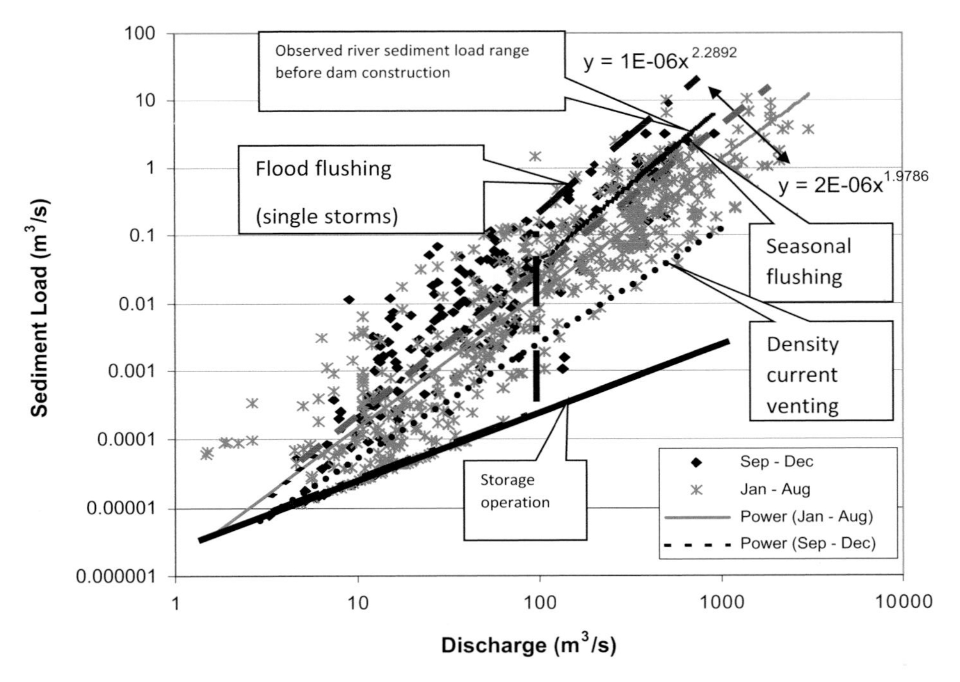

Figure 2.1-1
Reservoir operation and possible changes in the outflow sediment load-discharge relationship

One typical management option but extreme in terms of sediment transport is storage operation, allowing almost no through-flow of suspended sediment. Almost clear water will be released from storage operated reservoirs, typically resulting in channel degradation downstream of the dam. With regular flood flushing (normally practised in semi-arid regions but only when excess water is available), the operational method is only efficient above a certain discharge. At high discharges, sediment loads higher than the mean seasonal sediment observed for the pre-dam scenario can be expected, but sediment equilibrium can be established. Regular flushing with suitable bottom outlets will ensure that flushed sediment approach the mean background level of sediment concentrations as for the pre-dam conditions. Sluicing (passing through) is another method of operation (partial water level drawdown during high inflows) which can limit the outflowing sediment loads to those

niveau moyen de concentration de sédiments existant avant la réalisation du barrage. L'abaissement du niveau de retenue est une autre méthode d'exploitation (abaissement partiel du niveau d'eau lors d'apports élevés) qui permet de limiter les charges sédimentaires sortantes à la valeur de celles qui se produisent dans des conditions naturelles habituelles. Il est toutefois impossible d'établir un équilibre à long terme entre les entrées et les sorties de sédiments car, en principe, le niveau d'eau ne sera pas abaissé dans des conditions de faible débit entrant, notamment dans les régions arides, afin d'éviter tout risque de manque d'approvisionnement en eau. Dans de telles conditions, l'abaissement ne ferait que ralentir l'intensité de l'alluvionnement dans la retenue et, pour maintenir une capacité de retenue substantielle à long terme, il doit être utilisé conjointement avec la chasse en période de crue.

L'illustration 2.1-1 montre que, lorsque le fonctionnement du réservoir repose sur une combinaison d'abaissement du niveau et de chasse, il aura, à long terme, un impact moindre sur l'équilibre des sédiments s'il est pratiqué régulièrement, dans des conditions d'apports élevés. Cependant, afin de protéger l'écosystème aquatique en aval du barrage, il faut prendre en compte les changements rapides pouvant intervenir dans la qualité de l'eau, caractérisés par de faibles concentrations d'oxygène dissous et des charges élevées de sédiments en suspension pendant la chasse en période de crue ou pendant l'abaissement (non caractéristiques des rivières naturelles).

Il est également possible de limiter l'intensité de sédimentation grâce à l'évacuation par courant de densité des écoulements chargés de sédiments. Toutefois, les conditions d'application doivent être très spécifiques et l'efficacité générale est inférieure à celle obtenue par chasse ou abaissement. Différentes raisons l'expliquent, comme par exemple le fait que seuls les sédiments fins sont transportés au travers du réservoir et qu'un dépôt de sédiments épais se forme à l'endroit où passe le courant de densité. Il faut aussi que l'ouverture des vannes d'évacuation soit suffisante pour pouvoir évacuer le courant de densité. Enfin, ce procédé requiert un excédent d'eau, mais son avantage principal est qu'il n'est pas nécessaire d'abaisser le niveau d'eau du réservoir.

La contrainte principale pour les opérations de chasse ou d'abaissement est la disponibilité d'eau excédentaire, ce qui signifie que le volume du réservoir doit être de petite taille par rapport au volume d'écoulement si l'eau est utilisée pour la consommation. En pratique, une capacité de réservoir inférieure à 5% du ruissellement annuel moyen est celle qui garantit le passage de sédiments le plus efficace, même si les réservoirs plus grands peuvent aussi être drainés avec succès. Les courbes de taux de décantation empirique de Churchill (1948) et Brune (1953) expliquent pourquoi le réservoir doit être de petite taille.

Le Tableau 2.1-1 illustre l'expérience acquise dans le réservoir de Sanmenxia, en Chine (Delft Hydraulics, 1992), qui recourt à différentes règles de fonctionnement de réservoir. Le seuil d'optimisation de l'abaissement des sédiments n'a été atteint qu'après la reconstruction des conduites d'évacuation : à cet effet il a fallu réduire les niveaux d'eau d'exploitation, ce qui présente toutefois

Tableau 2.1-1
Fonctionnement du réservoir et retenue de sédiments dans le réservoir de Sanmenxia

Période	Fonctionnement*	Niveau d'eau maximal (m)	Niveau d'eau minimal (m)	Écoulement de sédiments en % de l'afflux
9/60 – 3/62	A	332.58	324.04	6.8
4/62 – 7/66	B	325.90	312.81	58
7/66 – 6/70	C	320.13	310.00	83
7/70 – 10/73	D	313.31	298.03	105
11/73 – 10/78	D	317.18	305.60	100

Remarque * A: Conservation d'eau

B: Rétention et abaissement des crues grâce à 2 galeries et 4 conduites forcées

C: Chasse par l'ouverture de 2 galeries et 4 conduites forcées

D: Chasse : 2 galeries, 4 conduites forcées et 8 tuyaux d'évacuation de dérivation

for typical natural conditions, but a long-term equilibrium in sediment inflow and outflow cannot be established, since low inflow conditions will normally not be sluiced especially in arid conditions in order to avoid risking failure in water supply. Under such conditions sluicing only delays the rate of reservoir sedimentation and it needs to be used in conjunction with flood flushing to maintain substantial long-term reservoir capacity.

Figure 2.1-1 shows that reservoir operation with combined sluicing and flushing operation should in the long-term impact least on the sediment balance if practised regularly, coinciding with high inflow conditions. Rapid changes in water quality with low concentrations of dissolved oxygen and high suspended sediment loads during flood flushing/sluicing (uncharacteristic of the natural river) need to be considered, however, in order to protect the aquatic ecosystem downstream of the dam.

Density current venting of sediment laden flows can also limit the rate of sedimentation, but very specific boundary conditions are required and therefore the general efficiency is less than with flushing/sluicing. This is because of a number of reasons such as: only fine sediment is transported through the reservoir with coarse sediment deposition where the density current forms, as well as the judicious opening of suitable outlets to vent the density current. It also requires excess water, but its key benefit is that the reservoir water level does not have to be lowered.

For flushing/sluicing operation the major constraint is excess water availability, which means that the reservoir has to be small in relation to the runoff if the water is used consumptively. In practice, the most efficient passing through of sediment is obtained when the reservoir capacity is less than 5% of the mean annual runoff, although larger reservoirs are also sluiced successfully. The Churchill (1948) and Brune (1953) empirical trap efficiency curves indicate why reservoirs need to be so small.

The experience gained at Sanmenxia Reservoir, China, (Delft Hydraulics, 1992) with different reservoir operating rules is further illustrated in Table 2.1-1. It was only after reconstruction of the outlets that sediment sluicing could be optimized, with much reduced operating water levels, but with the advantage of maintaining long-term reservoir capacity. Figure 2.1-2 shows Sanmenxia Dam flushing after reconstruction of the outlets.

Table 2.1-1
Reservoir operation and sediment trapping in Sanmenxia Reservoir

Period	**Operation***	**Maximum water level (m)**	**Minimum water level (m)**	**Sediment outflow as % inflow**
9/60 – 3/62	A	332.58	324.04	6.8
4/62 – 7/66	B	325.90	312.81	58
7/66 – 6/70	C	320.13	310.00	83
7/70 – 10/73	D	313.31	298.03	105
11/73 – 10/78	D	317.18	305.60	100

Note* A: Storing water

B: Flood detention and sluicing through 2 tunnels and 4 penstocks

C: Flushing by opening 2 tunnels and 4 penstocks

D: Flushing: 2 tunnels, 4 penstocks and 8 diversion outlets

Figure 2.1-2
Chasse du réservoir de Sanmenxia après la reconstruction des ouvrages d'évacuation

l'avantage de maintenir la capacité du réservoir sur le long terme. L'illustration 2.1-2 présente la chasse pratiquée au barrage de Sanmenxia, après la reconstruction des conduites d'évacuation.

Lorsque les ratios de [capacité de stockage / Ruissellement Annuel Moyen (RAM)] des réservoirs dans le monde sont comparés aux ratios [capacité de stockage / production de sédiments], les données sont tracées comme indiqué sur l'illustration 2.1-3 et elles incluent les lignes d'enveloppe apparaissant à l'illustration 2.1-4. La plupart des retenues ont un ratio capacité-RAM compris entre 0,2 et 3, et une durée de vie de 50 à 2 000 ans, s'agissant de l'alluvionnement de la retenue.

Si le ratio capacité-RAM est inférieur à 0,03, notamment dans les régions semi-arides, il faut réaliser l'abaissement ou la chasse des sédiments au moment des crues et au moyen de grands ouvrages d'évacuation, de préférence dans des conditions d'écoulement libre. La chasse est une opération durable permettant d'atteindre une capacité de stockage à l'équilibre sur le long terme. Il est également possible de pratiquer la chasse saisonnière, par exemple deux mois par an, dans les régions où l'hydrologie est moins variable et où les ratios capacité-RAM atteignent jusqu'à 0,2. Elle peut aussi être pratiquée à ces ratios capacité-RAM relativement élevés lorsque la demande en eau et les charges de sédiments importantes dans le cours d'eau sont déphasées.

Cependant, lorsque les ratios capacité-RAM sont supérieurs à 0,2, la quantité d'eau excédentaire disponible pour la chasse n'est pas suffisante et l'opération de stockage devient alors le modèle opérationnel applicable. Pour retrouver la capacité de stockage perdue dans ces réservoirs, on peut réaliser une évacuation par courant de densité, ainsi qu'un dragage.

Les règles de fonctionnement d'un réservoir ne doivent pas être rigides et il faut pouvoir les modifier lors des différentes phases de perte de capacité de stockage. Il peut s'avérer utile de poursuivre le stockage des apports en sédiments dans les réservoirs ayant une grande capacité relativement à la charge en sédiments et, au contraire, d'introduire les opérations d'abaissement et de chasse lorsque la perte de capacité de stockage atteint un niveau déterminé. Ces zones de transition figurent parmi les zones représentées sur l'illustration 2.1-4.

Figure 2.1-2
Sanmenxia Reservoir flushing after reconstruction of the outlets

When the storage capacity-mean annual runoff (MAR) ratios of reservoirs in the world are plotted against the capacity-sediment yield ratio, the data plot as shown in Figure 2.1-3, and with envelope lines shown in Fig 2.1-4. Most reservoirs have a capacity-MAR ratio of between 0.2 to 3, and a lifespan of 50 to 2000 years when considering reservoir sedimentation.

When the capacity-MAR ratio is less than 0.03 especially in semi-arid regions, sediment sluicing or flushing should be carried out during floods and through large bottom outlets, preferably with free outflow conditions. Flushing is a sustainable operation and a long-term equilibrium storage capacity can be reached. Seasonal flushing for say 2 months per year could be used in regions where the hydrology is less variable with capacity-MAR ratios up to 0.2. Seasonal flushing can also be practised at these relatively high capacity-MAR ratios when water demands and high sediment loads in the river are out of phase.

When capacity-MAR ratios are however larger than 0.2, not enough excess water is available for flushing and the typical operational model is storage operation. Density current venting can be practised at these reservoirs, as well as dredging to recover lost storage capacity.

The operating rules for a reservoir need not be inflexible but can change with different stages of storage loss. Storage operation may be continued in reservoirs with large capacities relative to the sediment loads, while sluicing/flushing operation can be introduced once the loss of storage capacity reaches a certain stage. These transition zones can be found between the zones represented in Figure 2.1-4.

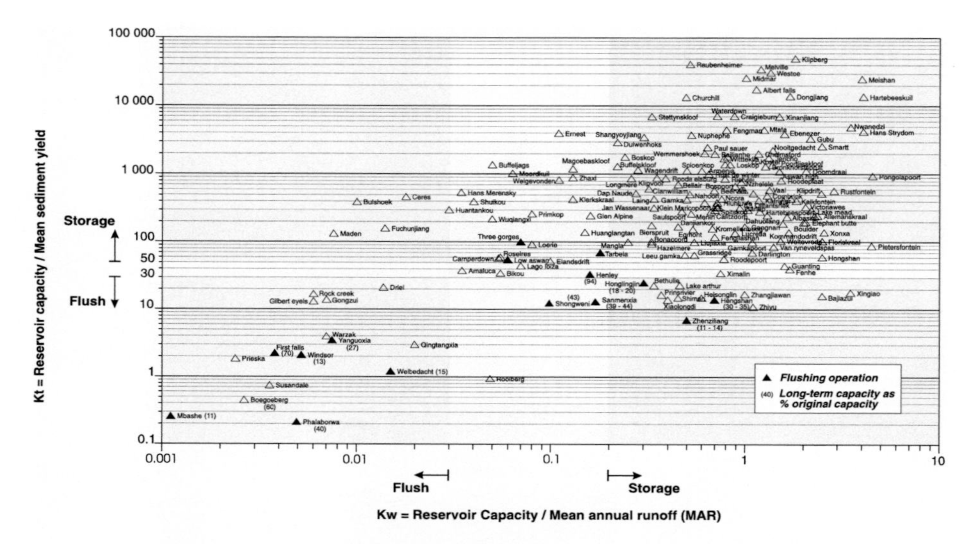

Figure 2.1-3
Barrages utilisant différents modes de fonctionnement

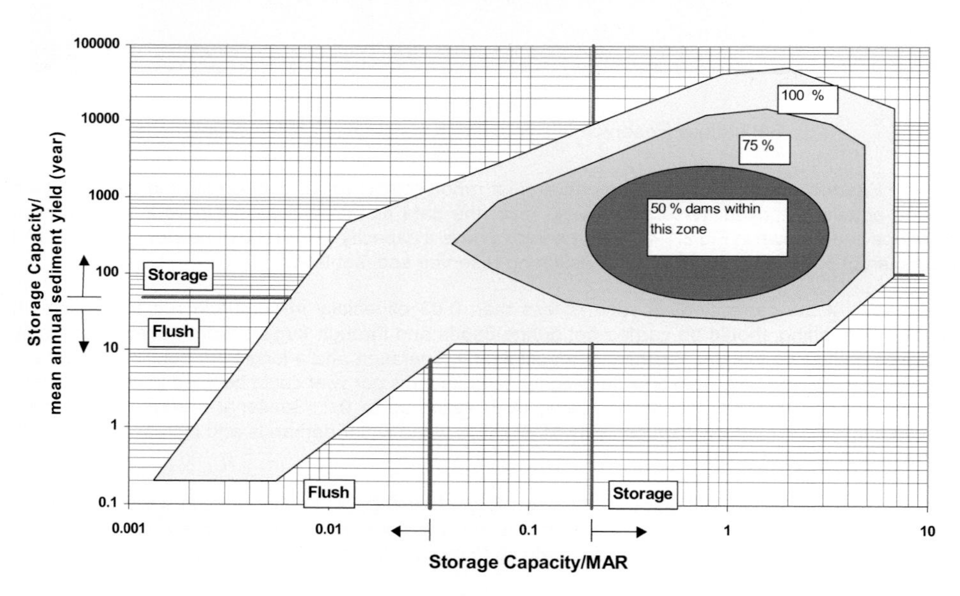

Figure 2.1-4
Système empirique de classification des réservoirs en termes de réserve, de ruissellement et de production de sédiments

2.2. ÉTAT DES ALLUVIONNEMENTS DES RETENUES

Ce rapport traite de la collecte de données internationales concernant les barrages dans le monde et de la tentative de mesurer l'état actuel de leurs niveaux de sédimentation. Il vise aussi à évaluer la perte de capacité à une date future, à partir des données observées et enregistrées et des schémas de production de sédiments.

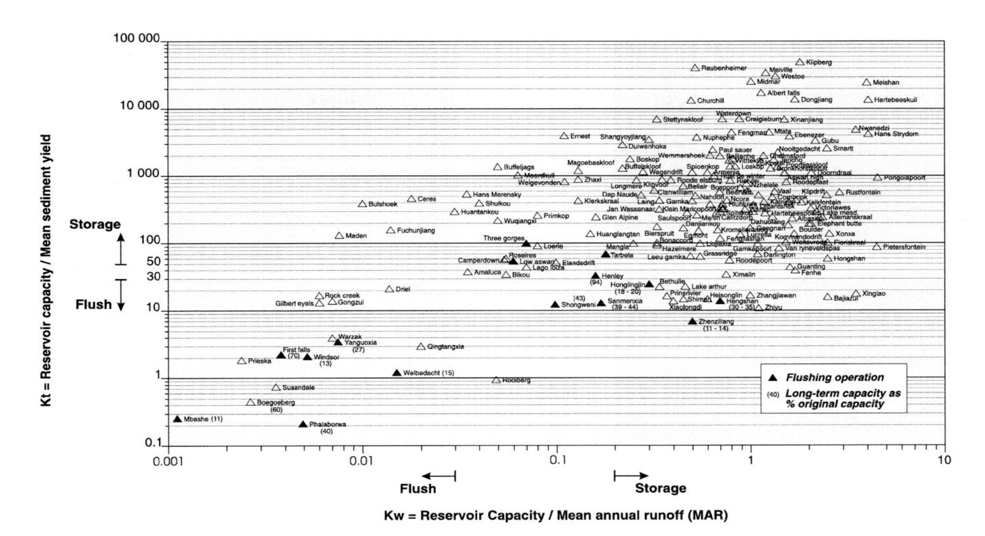

Figure 2.1-3
Dams with different modes of operation

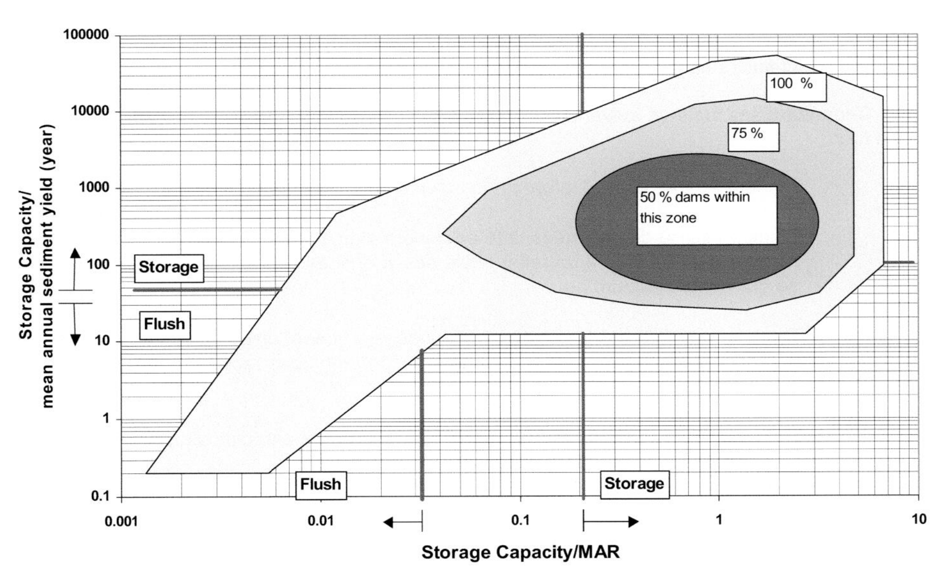

Figure 2.1-4
Empirical reservoir classification system in terms of storage, runoff and sediment yield

2.2. STATE OF RESERVOIR SEDIMENTATION

This report deals with the collection of international dam data and the attempt to quantify the current state of international dam sedimentation levels, as well as to make an effort to predict the loss of capacity at a future date, by using observed and recorded data and sediment yield patterns.

Dans la plupart des projets de barrage dans le monde, la crainte majeure est que le taux de perte de capacité de stockage, dû à la sédimentation, soit bien supérieur à ce qui était prévu à l'origine lors de sa conception. En effet, cela aurait pour conséquence de réduire considérablement la durée de vie de ces barrages. Quasiment tous les barrages construits prévoient un stockage de réserve morte garantissant que la production de sédiments ne gênera pas les travaux du barrage pendant une période donnée minimum, qui varie selon les pays. Cependant, rien ne garantit que les sédiments se déposeront à cet endroit-là précisément et il a été constaté que des impacts sur la productivité (dans les projets hydroélectriques, notamment) peuvent se faire sentir plus tôt que prévu.

Les données officielles sur l'alluvionnement des barrages mondiaux varient et les valeurs caractéristiques affichées concernant les intensités de sédimentation des barrages montrent que la capacité d'origine perdue chaque année par ces derniers est de 0,3% à 2%. Par conséquent, compte tenu de ce résultat, la plupart des barrages ont une durée de vie de cent ans.

Les objectifs de cette partie sont les suivants :

- Collecte de données sur la sédimentation dans les barrages mondiaux.
- Analyse de ces données afin d'obtenir une estimation du niveau actuel de sédimentation dans les barrages mondiaux.
- Calcul de la vitesse à laquelle les barrages perdent leur capacité chaque année.
- Mise en relation de ce taux de perte de stockage avec la production de sédiments, afin de développer une méthode empirique permettant de prédire les futurs alluvionnements des barrages au niveau régional, de manière à identifier les régions critiques dans le monde.

Cependant, les facteurs suivants limitent la portée de ce rapport et des conclusions que l'on peut en tirer :

- Le nombre très limité d'informations concernant les enquêtes de capacité.
- La disponibilité des données date en général des années 1980 et, de ce fait, celles-ci ne sont pas forcément un reflet fidèle des intensités de sédimentation telles qu'elles se présentent aujourd'hui.
- Dans le cas de nombreux pays, les données n'étaient disponibles que pour un petit nombre de barrages et les moyennes ne sont donc pas représentatives de tous les barrages du pays.
- Cette enquête ne prend pas en compte la taille et les caractéristiques physiques des bassins versants en amont des barrages.
- Le taux de décantation de sédiments dans les barrages était estimé à 100% et on ne tenait pas compte du fait que les barrages s'envasent plus lentement à mesure qu'ils vieillissent (ce qui fait baisser le taux de décantation au fil du temps).
- Les effets dus à la présence de plusieurs barrages le long d'un cours d'eau n'étaient pas pris en compte (moindres quantités de sédiments s'écoulant vers les barrages en aval, etc.).

Dans la méthode développée, les barrages sont situés dans 2 pays (Kariba au Zimbabwe et en Zambie) et présentent différentes intensités de sédimentation lorsque les calculs ont été effectués sur les niveaux de sédimentation. Il se peut que ce résultat ne soit pas exact mais, dans le cadre de cette enquête, il a été considéré comme satisfaisant car cette situation ne se produit pas très fréquemment.

For most dam schemes around the world there are concerns that the rate of loss of storage capacity, due to sedimentation, is much larger than was catered for in the original design. This will in effect reduce the lifespan of these dams considerably. The majority of dams that are built allow for a dead storage to "ensure" that sediment build up will not interfere with the workings of the dam for a minimum period of time; this will vary from country to country. However, there is no guarantee that sediment will settle in this specified zone and, as a result of this, impacts on productivity (for hydropower schemes) have been seen to occur much sooner than anticipated.

Official international dam sedimentation data varies with typical values of dam sedimentation rates of 0.3% to 2% of the original dams' capacity being lost per year, which gives most dams roughly a lifetime of 100 years.

The objectives of this section are to:

- Collect international dam sedimentation data.
- Analyze this data in order to obtain an estimate of the current level of sedimentation of international dams.
- Calculate the rate at which dams are losing capacity annually.
- Couple this rate of storage loss with the sediment yield, in order to develop an empirical method that can predict future dam sedimentation on a regional basis so as to identify critical world regions.

This report and the conclusions drawn from it are limited due to the following factors:

- The scarcity of information relating to capacity surveys.
- The data that is available is generally from the 1980's and thus might not give a true reflection on the sedimentation rates as they might currently stand.
- For many countries, data was only available on a small proportion of the dams in that country, so the averages may not truly be representative to all the dams in the country as a whole.
- The dams' catchments size and geophysical features were not considered in this investigation.
- The trapping efficiency of dams was assumed to be 100% and the fact that dams silt up at a slower rate as they become older was neglected (which decreases the trapping efficiency over time).
- The effects of more than one dam along a river were not considered (reduced amount of sediment flowing to the lower dams etc....).

In the method that is developed dams that are in 2 countries (Kariba in Zimbabwe and Zambia, etc.) are seen to show different sedimentation rates when calculations were made about sedimentation levels. This cannot be correct, but within the scope of this investigation it was deemed satisfactory, as this does not occur very often.

L'alluvionnement des retenues pourrait entraîner une hausse des niveaux de crues et, dans certains cas, des communes ont été partiellement expropriées car les niveaux de crue étaient montés de manière significative. Ce fut notamment le cas de la commune de Weperner, en amont du Barrage de Welbedacht sur le fleuve Caledon, en Afrique du Sud. À d'autres endroits, il a fallu surélever des ponts ou des ouvrages de prélèvement en raison de la montée des niveaux de crue à la suite de l'alluvionnement des retenues. Les autres problèmes à prendre en compte sont la baisse de production hydroélectrique, la dégradation des turbines (abrasion), les problèmes de navigation et le drainage des terres agricoles.

2.2.1. Processus d'accumulation de sédiments derrière les barrages

Les cours d'eau érodent les matériaux du sol sur lequel ils s'écoulent, ces sédiments étant ensuite transportés en aval. Lorsqu'un cours d'eau est endigué, la vitesse de l'eau ralentit, ce qui freine la capacité du cours d'eau à transporter ces sédiments et, si la vitesse est trop faible, les sédiments commencent à se déposer dans le fond. Les particules les plus grosses se déposent en premier, à l'amont de la retenue du barrage, et provoquent souvent ce que l'on appelle un delta de reflux. Les matériaux colloïdaux plus fins en suspension (vase et argile) se déposent au plus près du barrage, là où les vitesses sont les plus faibles. Certaines particules fines resteront en suspension et s'écouleront par le biais des structures d'évacuation. Au fil du temps, le delta de reflux avancera vers le mur de barrage. L'illustration 2.2-1 présente une version simplifiée de la manière dont se déroule la sédimentation.

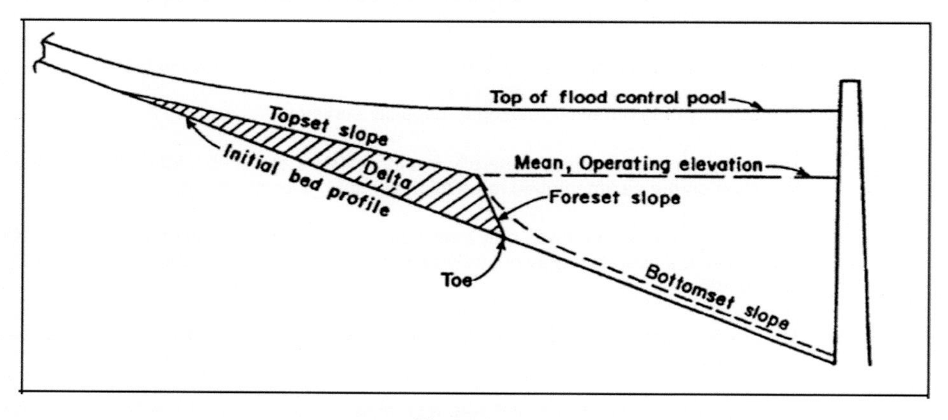

Figure 2.2-1
Dépôt théorique dans les réservoirs profonds (USACE, 1997)

Chaque barrage a un « taux de décantation » unique, qui correspond à la proportion de sédiments qui est retenue derrière le barrage et s'écoule dans celui-ci. La plupart des grands barrages présentent un taux de décantation proche de 100%, même si certains d'entre eux, dont le ratio capacité-RAM est très faible, pourraient présenter un taux de décantation inférieur à 20%.

En général, l'intensité selon laquelle le réservoir perd de sa capacité en raison de la sédimentation est exprimée sous la forme d'un pourcentage de la capacité de stockage initiale perdue chaque année. Par exemple, si un barrage s'envase à une intensité de 0,6%/an, cela signifie que, lorsque le réservoir a 50 ans, le barrage a perdu environ 30% de sa capacité de stockage initiale.

2.2.2. Méthodes de mesure des intensités de sédimentation des barrages

Les méthodes de mesure des intensités de sédimentation ont évolué à mesure que la technologie moderne s'améliorait. La méthode actuelle, d'une grande précision, est une adaptation

Reservoir sedimentation could lead to raised flood levels and in some cases, towns had to be partially impropriated as flood levels rose significantly. A case study is the town of Weperner upstream of Welbedacht Dam on the Caledon River, South Africa. Bridges or abstraction warts sometimes also have to be raised due to raised flood levels by reservoir sedimentation. Other concerns are decreased hydropower generation and turbine damage (abrasion), navigation problems, drainage of agricultural land.

2.2.1. Process of sediment accumulation behind dams

River systems erode material from the ground they flow over; these sediments are then transported downstream. When a river is dammed, the speed of the water is slowed down and thus the rivers' ability to transport these sediments is reduced. When the speed is too slow the sediments in the river water will begin to settle out. The largest particles will settle out first, near the upstream end of the dam, and often cause what is known as a backwater delta. The finer suspended colloidal material (silts and clays) will settle out closer to the dam where the velocities are even lower. Some of the finer particles will remain in suspension and will flow through/over the outlet structures. The backwater delta will move forwards towards the dam wall as time progresses. Figure 2.2-1 shows a simplified version of how the sedimentation occurs.

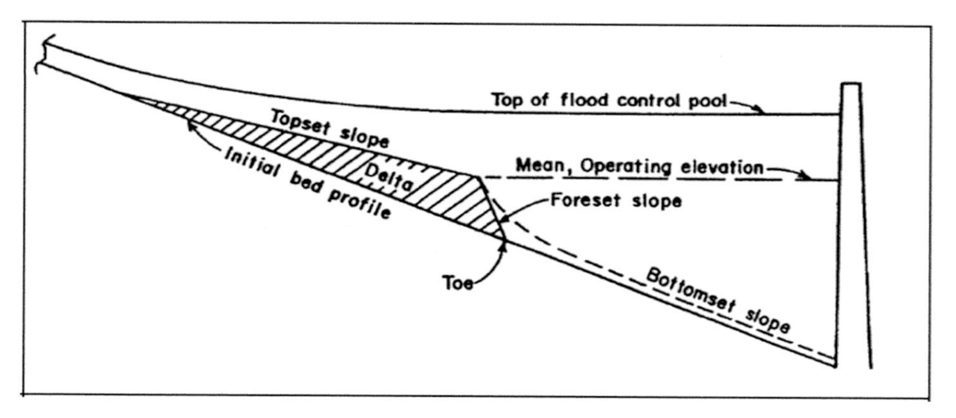

Figure 2.2-1
Conceptual deposition in deep reservoirs (USACE, 1997)

Every dam has a unique "trap efficiency". This refers to the proportion of the sediment flowing into the dam that is trapped behind it. Most large dam schemes have trap efficiencies close to 100%, although some dams where the ratio of Capacity to Mean Annual Runoff is very low could have trap efficiencies lower than 20%.

The rate at which reservoirs lose capacity due to sedimentation is generally expressed as a percentage of initial storage capacity lost per year. For example, if a dam is silting up at a rate of 0.6%/ year, this means that when the reservoir is 50 years old approximately 30% of the dam's initial storage capacity would be lost.

2.2.2. Methods of measuring dam sedimentation rates

The methods of measuring sedimentation rates have evolved as modern technology has improved. The current method, which is very accurate, is an adaptation of the bathymetric survey. This method now entails a differential global positioning system (DGPS) that is linked, through a laptop

de l'étude bathymétrique. Elle recourt à un système de positionnement global différentiel (DGPS) connecté, par le biais d'un ordinateur portable, à un sondeur acoustique installé sur un navire. Ce système permet d'obtenir des lectures X, Y et Z très précises (à un centimètre près de la position réelle), ainsi que de définir un réseau prédéterminé couvrant l'ensemble de la surface du réservoir. Ces valeurs, qui sont ensuite tracées par l'ordinateur, forment une courbe exacte de capacité actuelle (ou carte topographique) du réservoir. L'illustration 2.2-2 ci-dessous présente un exemple concret de cette courbe de capacité, lequel a été tiré de l'étude bathymétrique menée sur le réservoir de Nyumba ya Munga, en Tanzanie (Belete K., et al, 2006).

Pour calculer la perte totale de la capacité de stockage au fil du temps, la courbe de capacité obtenue est alors comparée au « plan de construction » et on considère que la perte de capacité est uniquement due à un dépôt de sédiments. Les méthodes plus anciennes utilisées autrefois pour ces études étaient très chronophages, moins précises et dépendaient en grande partie de l'angle de vue. En revanche, les nouvelles méthodes permettent de mesurer plus facilement les intensités de sédimentation et on peut donc s'attendre à une amélioration des enregistrements de données à l'avenir.

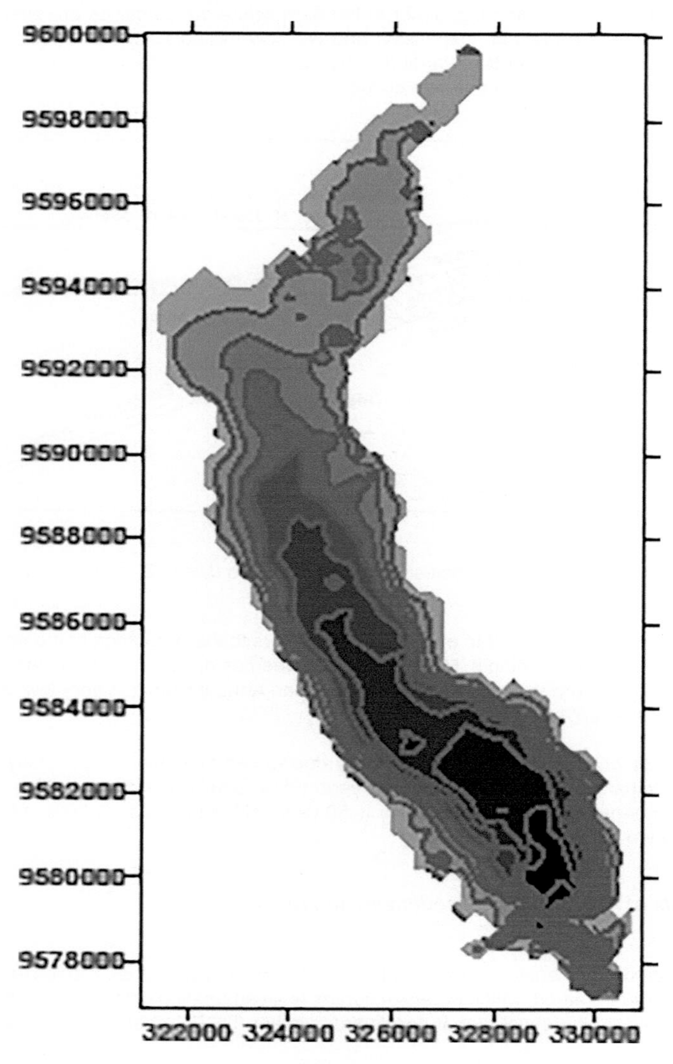

Figure 2.2-2
Carte topographique du réservoir de Nyumba ya Munga en Tanzanie (Belete K., et al, 2006)

computer, to an echo sounder which is all mounted onto a boat. This system will take accurate X, Y and Z readings (to within a centimeter of the actual position) along a predetermined grid that covers the entire reservoir surface. These values are then plotted by the computer to form a very accurate current capacity curve (or contour map) of the reservoir. An example of what this capacity curve looks like is shown below in Figure 2.2-2. This particular example was taken from the bathymetric survey conducted of the Nyumba ya Munga reservoir in Tanzania (Belete K., et al, 2006).

This capacity curve is then compared with the "as built drawing" to calculate the total loss in storage capacity over time. It is assumed that this loss of capacity is solely because of sediment deposition. The older methods used for these surveys were very time consuming, not as accurate and depended largely on line of sight. With these new methods it is now easier to measure sedimentation rates, so one should expect to see improved data records emerging in the future.

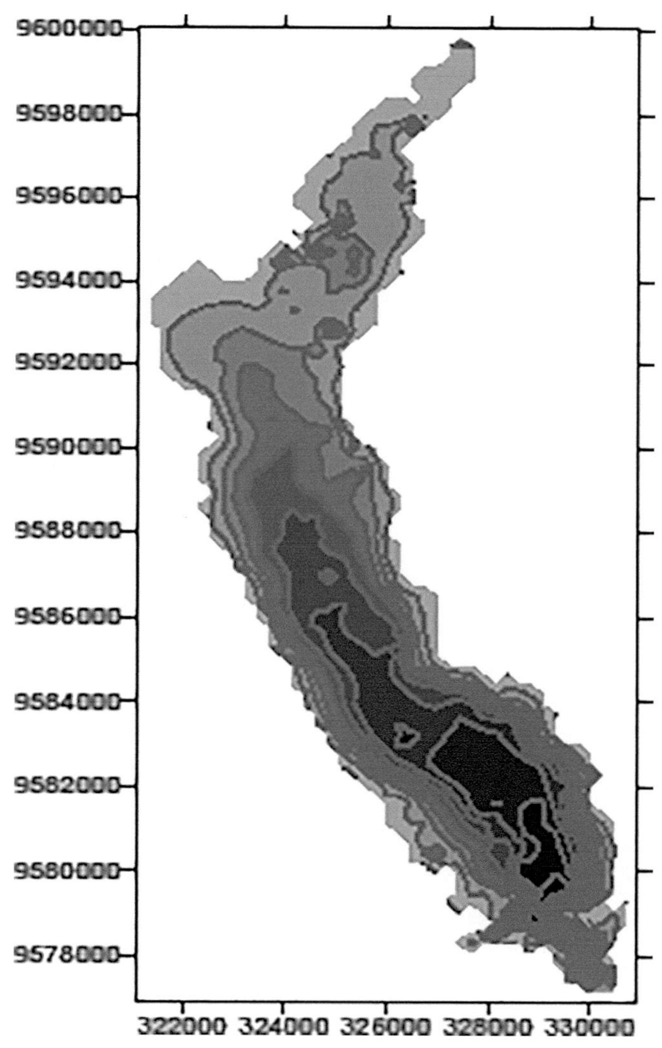

Figure 2.2-2
Contour Map of Nyumba ya Munga reservoir in Tanzania (Belete K., et al, 2006)

2.2.3. *Variabilité de la sédimentation*

Les chercheurs ont des difficultés à mesurer l'intensité de sédimentation d'un réservoir en raison de la grande variabilité existante, ce qui explique qu'aucune méthode précise permettant de l'évaluer n'ait été développée pour le moment. La variation de la production de sédiments, qui dépend du pays, de la province ou de la région, en constitue le principal motif. Deux barrages situés à proximité l'un de l'autre peuvent présenter des intensités différentes de dépôt des sédiments. Ces différences sont difficiles à prévoir car les bases de données ne sont pas suffisamment fournies, carence imputable aux frais élevés et à la difficulté de réalisation des mesures nécessaires. Par conséquent, il est exceptionnel de disposer d'un enregistrement de données précis. À ce propos le Professeur K. Mahmood, de l'Université George Washington à Washington DC (McCully, 1996), a énoncé que les planificateurs de barrages devraient, dans l'idéal, disposer de statistiques de sédiments remontant au minimum à une période égale à la moitié de la durée de vie prévue du barrage.

Par le passé, l'étude bathymétrique était un processus essentiel pouvant durer plusieurs semaines, voire plusieurs mois. Il était donc difficile de mesurer l'intensité de sédimentation des barrages, raison pour laquelle les informations globales disponibles sur le sujet sont insuffisantes. Les nouvelles méthodes mentionnées au paragraphe 0 ci-dessus devraient permettre de réaliser de nombreuses études et de mieux comprendre la situation. Ces informations permettront aux gouvernements du monde entier de mieux gérer la réduction du volume de stockage de l'eau et permettront également aux planificateurs de barrages de prédire avec plus de précision à quel rythme un réservoir en projet perdra sa capacité en raison de l'accumulation de sédiments.

Une étude réalisée en Inde (Mathur P.C., et al, 2001), sur 67 réservoirs dont on connaissait l'intensité de sédimentation, a montré ce qui suit :

Tableau 2.2-2
Intensités de sédimentation observes en Inde

Intensité de sédimentation réelle	Inférieure à	l'intensité de sédimentation prévue	8	réservoirs
Intensité de sédimentation réelle	1–2 fois	l'intensité de sédimentation prévue	13	réservoirs
Intensité de sédimentation réelle	2–3 fois	l'intensité de sédimentation prévue	14	réservoirs
Intensité de sédimentation réelle	3–4 fois	l'intensité de sédimentation prévue	8	réservoirs
Intensité de sédimentation réelle	4–5 fois	l'intensité de sédimentation prévue	8	réservoirs
Intensité de sédimentation réelle	Plus de 5 fois	l'intensité de sédimentation prévue	16	réservoirs

Ce tableau montre que les méthodes utilisées pour l'évaluation de l'intensité de sédimentation, dans 59 des 67 réservoirs testés, sont très optimistes et que, dans bien des cas, elles s'avèrent totalement erronées. Du fait de cette sous-estimation, la durée de vie du réservoir sera considérablement inférieure. Cela est dû au fait que les sédiments rempliront effectivement la tranche morte dans un laps de temps beaucoup plus court que ce qui avait été précédemment estimé. La nécessité de méthodes de prédiction précises est évidente lorsqu'on leur présente les données ci-dessus en provenance de l'Inde.

2.2.3. *Sedimentation variability*

The variability that is encountered when trying to quantify the sedimentation rate of a reservoir is the cause of many headaches for researchers and is the reason that no accurate method has yet been developed to predict the sedimentation rate. The most pertinent reason for this is the varying sediment yield from across countries and even provinces/states. Two dams that are close together in terms of distance can have vastly differing rates of sedimentation deposition. These differences are difficult to predict due to the lack of long enough databases, which is a result of the high expense and difficulty of conducting the necessary measurements. Hence, it is only in exceptional cases where an accurate data record is available. It was stipulated, by Professor K. Mahmood of George Washington University in Washington DC (McCully, 1996), that dam planners should ideally have sediment statistics going back over a period equal to at least half the projected life of the dam.

In the past a bathymetric survey was a major process and took weeks, if not months to conduct. This fact made it difficult to measure dam sedimentation rates, and this is why there is a shortage of global information on this topic. With the new methods mentioned in section 0 above, a large number of surveys should be conducted so as to better understand the situation. This information will enable governments around the world to better manage the reducing volume of water storage and also allow dam planners to more accurately predict at what rate a planned reservoir will lose capacity due to sediment accumulation.

A study done in India on 67 reservoirs for which the design sedimentation rate was known showed the following (Mathur P.C., et al, 2001):

Table 2.2-2
Observed rates of sedimentation in India

Actual rate of sedimentation	less than	the design rate of sedimentation	8	reservoirs
Actual rate of sedimentation	1–2 times	the design rate of sedimentation	13	reservoirs
Actual rate of sedimentation	2–3 times	the design rate of sedimentation	14	reservoirs
Actual rate of sedimentation	3–4 times	the design rate of sedimentation	8	reservoirs
Actual rate of sedimentation	4–5 times	the design rate of sedimentation	8	reservoirs
Actual rate of sedimentation	more than 5 times	the design rate of sedimentation	16	reservoirs

This shows that the methods used in predicting the rates of sedimentation, for 59 of the 67 reservoirs tested, is highly optimistic and often can be completely wrong. The impact of this under-estimation is that the useful life of the reservoir will be shortened considerably. This is due to the fact that sediment will effectively fill the dead storage within a much shorter time frame than was previously estimated. The need for accurate prediction methods is clear when presented with the above data from India.

2.2.4. *Tendances mondiales*

Dans la plupart des projets de réservoir, le problème de l'alluvionnement des retenues a toujours été sous-estimé, et il l'est encore de nos jours. La citation suivante est extraite d'un exemplaire récent de « The International Journal on Hydro Power and Dams », tirée d'un article sur la durabilité des barrages : « Les réservoirs existants perdent entre 0,5 et 1 pour cent de leur réserve chaque année et leur âge moyen est de 35 ans; les meilleurs emplacements pour les barrages sont déjà pris et l'augmentation annuelle de la réserve ne peut ni ne pourra compenser la perte annuelle due à la sédimentation » (Lempérière F., 2006). L'article remettait en question cette déclaration et affirmait (à l'aide d'une longue série de calculs et d'hypothèses) qu'une perte de réserve annuelle réelle d'environ 0,3 pour cent était plus réaliste.

Les données recueillies lors de cette enquête permettront peut-être d'aboutir, sur la base des relevés réalisés sur le terrain, à la véritable perte de stockage annuelle. De même, les procédés utilisés pour évaluer l'intensité d'accumulation des sédiments permettront d'élaborer une méthode plus précise que la simple utilisation d'un taux prévu « moyen mondial » estimé.

2.2.5. *Recueil des données*

Comme il a été dit précédemment, le volume de données disponibles sur la sédimentation des barrages est très restreint et la plupart d'entre elles ont été recueillies des années 1960 à ce jour. Même si ces données peuvent s'avérer très précises, il est probable qu'elles ne soient plus actualisées, les tendances et les intensités de sédimentation pouvant être différentes aujourd'hui de ce qu'elles étaient à l'époque de la réalisation de ces relevés. Les données recueillies pour le présent rapport proviennent des sources suivantes:

2.2.5.1. Internet

Bon nombre des données utilisées pour ce rapport étaient disponibles sur internet, notamment les informations provenant du site internet de la Commission Internationale des Grands Barrages (CIGB), qui regroupe toutes les données issues des pays membres, y compris celles sur la capacité des réservoirs, l'année de réalisation et la puissance nominale, entre autres. Ces données ont été téléchargées du Registre Mondial des Barrages.

2.2.5.2. Rapports publiés

Les conséquences des pertes de réserve dues à la sédimentation constituent une préoccupation pour de nombreux pays, qui ont mené des enquêtes indépendantes afin d'évaluer l'état des niveaux de sédimentation des réservoirs. Ces résultats ont été consignés dans différents rapports, qui ont d'ailleurs fourni certaines des informations obtenues sur internet. De plus, des rapports élaborés sur « papier » ont également servi de support, comme ceux utilisés par l'Inde et Porto Rico.

Le rapport établi par le Comité de la CIGB sur l'alluvionnement des retenues, également utilisé en grande mesure, inclut des références et des données sur la production de sédiments qui sont le résultat des contributions des pays membres de la CIGB au cours des années 1980.

2.2.5.3. Informations électroniques

Des pays comme l'Algérie, le Pakistan, le Japon, l'Italie et l'Afrique du Sud ont envoyé au Comité de Sédimentation de la CIGB des données concernant des relevés dans les bassins des réservoirs.

2.2.4. *Global tendencies*

The problem of reservoir sedimentation has been, and will continue to be, underestimated for the majority of reservoir schemes. The following statement is an extract from a recent copy of The International Journal on Hydro Power and Dams from an article concerning the sustainability of dams: "existing reservoirs lose 0.5 to 1.0 percent of their storage yearly and are on average already 35 years old; the best dam sites have already been used and the yearly increase of storage does not and will not balance the yearly loss by sedimentation" (Lempérière F., 2006). The article disputed this statement and showed (using a long string of calculations/assumptions) that an effective annual storage loss of approximately 0.3 percent was more realistic.

The data gathered during this investigation will hopefully be able to show, based on actual surveys that have been conducted, what the actual rate of storage loss per year is. The methods used to predict sediment accumulation rates will hopefully provide a more accurate method than just using an estimated "global average" expected rate.

2.2.5. *Collection of data*

As previously mentioned, the availability of dam sedimentation data is very limited and most of the available data was gathered any time from the 1960's till the present. This means that whilst the data is most probably very accurate, it is possibly outdated, and the trends and rates of sedimentation may be different now than they were when the surveys were done. The data collected for this bulletin was obtained from the following sources:

2.2.5.1. The internet

A large proportion of data obtained for this report was available on the internet. The main bulk of information attained was from the International Commission on Large Dams (ICOLD) website which had to do with data from all the member country's including information about Reservoir capacity, Year of completion and Installed Electric Capacity, to name a few. This data was downloaded from the World Register of Dams.

2.2.5.2. Published reports

Numerous countries are concerned about the impacts of storage losses due to sedimentation. These countries have conducted independent surveys to evaluate the state of their reservoir's sedimentation levels. These results have been placed in reports. Some of the information that was obtained from the internet was in the form of these reports; there were also a few "hard-copy" reports utilized as well. Two of the countries that had such reports were India and Puerto Rico.

Another useful report that was utilized extensively was a report by ICOLD's Committee on Reservoir Sedimentation which is made up of References and Sediment Yield data that was contributed by ICOLD member countries during the 1980's.

2.2.5.3. Electronic information

Reservoir basin survey data was received by the ICOLD Sedimentation Committee from Algeria, Pakistan, Japan, Italy and South Africa.

2.2.6. *Analyse des données à partir des études de sédimentation*

Les données recueillies sur l'intensité de sédimentation des barrages proviennent de différents pays et, comme il n'existe pas de méthode standard permettant de la calculer, il fallait d'abord convertir les données à un format standard pour pouvoir les comparer. Dans le cadre de cette enquête, nous avons choisi d'étudier le taux de perte de capacité de stockage annuelle, la formule générale étant la suivante :

$$\text{Intensité de sédimentation } (\% \text{ perte / an}) = \frac{(C - C')*100}{(C * N)}$$

Où:

C = Capacité initiale (au moment de la construction);

C' = Capacité actuelle (au moment du dernier relevé du niveau de sédimentation);

N = Âge du barrage (Année du dernier relevé – Année de construction).

La plupart des données utilisées ayant souvent été recueillies il y a plusieurs années, il est probable que l'intensité de sédimentation obtenue pour les pays respectifs ne représente pas une vision actualisée des intensités et des niveaux réels.

La manière dont les données ont été exploitées est expliquée en détail ci-dessous.

2.2.6.1. *Afrique du Sud*

La base de données des barrages d'Afrique du Sud, sélectionnée par rapport aux taux de décantation, est l'une des plus complètes que nous ayons utilisée lors de cette enquête. De nombreux barrages en Afrique du Sud, qui présentent un faible ratio capacité - Ruissellement Annuel Moyen (RAM), n'ont pas été pris en compte dans le calcul des intensités de sédimentation moyennes car on estime que leur taux de décantation est inférieur à 20% et que le volume de sédiments qu'ils retiennent est négligeable.

Les données disponibles pour l'Afrique du Sud correspondent aux intensités de sédimentation de 121 barrages. D'après le Registre Mondial des Barrages de la CIGB, 915 ouvrages sont enregistrés en tant que « grand » barrage en Afrique du Sud, ce qui signifie que le nombre de barrages ayant servi à calculer l'intensité de sédimentation moyenne représente environ 13% du total.

Pour le calcul, la formule (1) ci-dessus a été appliquée à chaque barrage, ce qui a ensuite permis de connaître la moyenne des résultats à prendre en compte : en Afrique du Sud, la valeur moyenne de l'intensité de sédimentation est évaluée à 0,37%/an.

2.2.6.2. *Algérie*

En Algérie, les données disponibles proviennent de 49 des barrages existants. Sur ce nombre, l'intensité de sédimentation n'a pu être calculée qu'à partir des données de 40 barrages, car les neuf autres présentaient des intensités de sédimentation de 0%/an. Ces barrages étant également les plus récents, il est probable que le résultat de 0%/an s'explique par le fait qu'ils n'étaient pas inclus dans les études les plus récentes, réalisées en 2000.

2.2.6. *Analyzing data from sedimentation surveys*

The data collected on sedimentation rates was gathered from many different countries. There is no standard method of quantifying dam sedimentation rates; hence, it was necessary to first format the data into a standard format so as to compare them correctly. For this investigation it was chosen to look at the storage capacity loss rate per year, a general formula for this is:

$$\text{Sedimentation rate } (\% \text{ loss / yr}) = \frac{(C - C')*100}{(C * N)}$$

Where:

C = Original capacity (at time of construction);

C' = Current capacity (at time of most recent sedimentation level survey);

N = Age of the dam (Year of last survey – Year of construction);

The bulk of the data that is used is often from a number of years ago, so the sedimentation rates obtained for the respective countries will more than likely not give a current updated view of what the levels and rates actually are.

A detailed look at what was actually done to the data from each source is provided below.

2.2.6.1. South Africa

The database of South African dams is one of the most complete databases that was used in this investigation. The database was screened on the basis of the trapping efficiency. There are numerous dams in South Africa that have a low capacity to Mean Annual Runoff (MAR) ratio. These dams were not considered for the purposes of calculating average sedimentation rates because the trapping efficiency for them was seen to be less than 20%, and the volume of sediment that is trapped by these reservoirs, is considered negligible.

The data for South Africa shows the sedimentation rates for 121 dams. The ICOLD World Register of Dams shows that 915 dams are registered as "large" dams in South Africa. This means that the dams used to predict the average sedimentation rate represent roughly 13% of the dam population.

The equation (1) above was applied to each dam and then the average of the results was taken. The average value of the sedimentation rate in South Africa was seen to be = 0.37%/yr.

2.2.6.2. Algeria

Data was available for 49 dams from Algeria. Of these 49 dams it was only possible to calculate the sedimentation rate using data for 40 of the dams. This is because the remainder of the dams showed sedimentation rates of 0%/yr. These dams also happen to be the youngest. The probable explanation for the outcome of 0%/yr is that the dams were not included in the most recent surveys, which were conducted in 2000.

Selon le Registre Mondial des Barrages de la CIGB, il existe 114 grands barrages en Algérie. Ainsi, le taux moyen de production de sédiments représente 35% des barrages. Ce taux a été calculé à partir de la valeur moyenne des résultats de la formule (1) et, après l'avoir appliqué à chaque réservoir individuel, il s'est avéré être de 0,81%/an.

2.2.6.3. *Organisation des Nations unies pour l'alimentation et l'agriculture (FAO)*

L'accumulation de sédiments dans les réservoirs est un sujet qui intéresse énormément la FAO en raison de ses implications directes sur la diminution d'eau disponible pour l'irrigation des récoltes. Deux bases de données ont servi à élaborer cette enquête : leur utilité, ainsi que les résultats qu'elles ont permis de fournir, sont présentés ci-dessous.

2.2.6.3.1 *Base de données des cours d'eau mondiaux et de leur production de sédiments (FAO, 2006)*

Cette base de données est internationale, ce qui la rend très utile pour les fins de cette enquête. Cependant, dans le cas du Maroc, par exemple, les données correspondent à un petit nombre de barrages. Elles ne fournissent donc pas forcément une représentation fidèle des intensités dans les pays respectifs de la base (notamment, pour les pays les plus importants).

Tableau 2.2-3
Données de la FAO (2006)

Pays	Nombre de réservoirs	Intensité de sédimentation moyenne (%/an)
Chine	7	6.64
Éthiopie	1	0.52
Kenya	4	1.45
Maroc	17	1.08
Népal	1	1.00
Philippines	2	0.84
Soudan	2	2.66
Tanzanie	1	3.27
Thaïlande	3	1.42

Le tableau 2.2-3 ci-dessus présente les résultats obtenus lorsque la formule (1) a été appliquée aux données disponibles pour chaque pays. Dans la mesure du possible, ces données ont été complétées par des informations provenant d'autres sources, mais cela n'a été applicable que pour la Chine, le Maroc et le Soudan.

2.2.6.3.2 *AQUASTAT – Liste des Barrages en Afrique (FAO, 2006).*

Cette base de données est une liste très exhaustive des barrages situés en Afrique. Comme le Registre Mondial des Barrages de la CIGB, elle précise la ville la plus proche et le pays/la région. Cependant, contrairement au registre de la CIGB, elle fournit aussi les coordonnées du barrage, ce qui permet de disposer d'une information précise quant à la localisation des barrages. L'autre champ important dans cette base de données est celui du niveau de sédimentation, fourni en pourcentage. Il est toutefois regrettable que la date à laquelle le niveau de sédimentation a été déterminé ne soit pas indiquée car il est alors impossible, dans le cas du petit nombre de barrages pour lesquels les données de sédimentation étaient disponibles, de calculer l'intensité de sédimentation. Par conséquent, dans le cadre de cette étude, cette base de données ne s'avère pas très utile. Les pays qui disposaient d'informations provenant de celle-ci sont l'Algérie, le Maroc, l'Afrique du Sud et la Tunisie.

According to the ICOLD World Register of Dams there are 114 large dams in Algeria. Thus, 35% of dams are represented by the average sediment yield rate. This rate was calculated using the average value of the results of equation (1) after it was applied to each individual reservoir, it was found to be 0.81%/yr;

2.2.6.3. *Food and Agriculture Organization (FAO)*

The FAO is very interested in the accumulation of sediment in reservoirs due to the direct implications on the decrease of water available for Irrigation of crops. Two databases were available for the purposes of this investigation. The usefulness, as well as the results obtained from these two databases, is discussed below.

2.2.6.3.1 Database of World Rivers and their sediment yields (FAO, 2006).

This is an international database and so was very useful for the purposes of this investigation. Besides for Morocco the data is for a small number of dams which means that (especially for the larger countries) the data might not give an accurate representation of the rates in the respective countries.

Table 2.2-3
Data from FAO (2006)

Country	**Number of Reservoirs**	**Average Sedimentation rate (%/yr)**
China	7	6.64
Ethiopia	1	0.52
Kenya	4	1.45
Morocco	17	1.08
Nepal	1	1.00
Philippines	2	0.84
Sudan	2	2.66
Tanzania	1	3.27
Thailand	3	1.42

Table 2.2-3 above lists the results that were obtained when equation (1) was applied to the data that was available for each country. When possible, this data was added to, with information from other sources, but that was only possible for China, Morocco and Sudan.

2.2.6.3.2 AQUASTAT – List of African Dams (FAO, 2006).

This database is a very comprehensive list of the dams in Africa. Similar to the ICOLD World Register of Dams, it lists the Nearest Town and State/Province. However, unlike the ICOLD register the co-ordinates of the dams are provided. This provides accurate information about the location of the dams in the database. One of the other fields of importance in this database is the Level of Sedimentation field. This gives the level of sedimentation as a percentage. Unfortunately, the date at which the level of sedimentation was determined is not supplied. This means that, for the few dams on which sedimentation data was available, it is impossible to calculate a sedimentation rate. So for the purposes of this study this database is not very useful. The countries which had information relating to sediment levels from this database are Algeria, Morocco, South Africa, Sudan and Tunisia.

2.2.6.3.3 *Académie d'agriculture de France*

Les conséquences de la sédimentation ont donné lieu à la rédaction d'un rapport destiné à l'Académie d'agriculture de France (Margat J, 2002). Dans celui-ci, un tableau fournit des informations, pour différents pays, sur la capacité initiale, la perte de capacité due à la sédimentation et le taux annuel de perte de capacité. Le Tableau 2.2-4 ci-dessous en constitue une version abrégée. Il rassemble les différents pays inclus, les réservoirs étudiés et le taux de perte de capacité dans ces pays.

Tableau 2.2-4
Académie d'agriculture de France (2002)

Pays	**Réservoir**	**Perte annuelle de capacité**	
		hm³/an	**%**
Algérie	19 Barrages (1882–1978)	14.8	0.8
	1957		0.5–1
	1995 (24 Barrages)	30	0.7
	2000		2 to 3
Chine	Somme des Barrages	2.3	
	236 Barrages en 1981	0.8	
Égypte	Aswan (1964–1990)	80	0.046
Espagne	101 Barrages (1980–1994)		<0.1–4
France	Rhone Bassin		
(1990)	Serre-Poncon	0.83	0.07
	Le Sautet	0.37	0.28
	L'Escale	0.42	2.8
Inde	8 Barrages		0.6
			(0.3–1.4)
Maroc	78 Barrages (1992)	50	0.5
	29 Barrages (1998)	38	0.4
	25 Grands Barrages en 2000	65	0.45
Pakistan	Tarbela (1974)	130	0.9
Tunisie	El Kebir (1930)	0.4	1.35
	Barrages (1998)	28	1.75
			(1–2.5)
USA	Barrages d'une capacité. >6.2 hm^3	2020	0.22
	USA (vers 1985)		
	"États des Montagnes"	373	0.18
	(Arizona, Colorado, N. Mexico, Nevada…)		
	"États du Pacifiques" (Californie, Oregon…)	544.5	0.49

2.2.6.3.3 ACADEMY OF AGRICULTURE OF FRANCE

A report about the consequences of sedimentation was written for the French Academy of Agriculture (Margat J, 2002). This report contains a table which gives information about the initial capacity, capacity lost due to sedimentation as well as the annual rate of capacity loss for various countries. A shortened version of this table is shown below as Table 2.2-4. It lists the countries that are included, the reservoirs in the country's that were surveyed and the rate of loss of capacity in those countries.

Table 2.2-4
French Academy of Agriculture (2002)

Country	**Reservoir**	**Annual Loss of capacity**	
		hm³/an	**%**
Algeria	19 Dams (1882–1978)	14.8	0.8
	1957		0.5–1
	1995 (24 Dams)	30	0.7
	2000		2 to 3
China	Sum of Dams	2.3	
	236 Dams in 1981	0.8	
Egypt	Aswan (1964–1990)	80	0.046
Spain	101 Dams (1980–1994)		<0.1–4
France	Rhone Bassin		
(1990)	Serre-Poncon	0.83	0.07
	Le Sautet	0.37	0.28
	L'Escale	0.42	2.8
India	8 Dams		0.6
			(0.3–1.4)
Morocco	78 Dams (1992)	50	0.5
	29 Dams (1998)	38	0.4
	25 Large Dams in 2000	65	0.45
Pakistan	Tarbela (1974)	130	0.9
Tunisia	El Kebir (1930)	0.4	1.35
	Dams (1998)	28	1.75
			(1–2.5)
USA	Dams with a CAP. >6.2 hm^3	2020	0.22
	USA (roughly 1985)		
	"Mountain States"	373	0.18
	(Arizona, Colorado, N.Mexico, Nevada...)		
	"Pacific States" (California, Oregon...)	544.5	0.49

Il a été décidé que ces données ne seraient utilisées que pour les pays ne disposant pas d'informations plus détaillées. En ce qui concerne l'intensité de sédimentation moyenne, celle qui a été retenue correspond à celle obtenue en Égypte, en France et en Tunisie.

2.2.6.4. CIGB 1980

Ce document, compilé par le Comité de la CIGB sur l'alluvionnement des retenues, inclut des références et des données sur la production de sédiments qui sont issues des contributions réalisées par les pays membres au cours des années 1980 (CIGB, 1980). Il fournit des données concernant de nombreux pays dans le monde et inclut celles relatives aux charges des rivières et aux dépôts des réservoirs. Pour les objectifs de ce rapport, les informations sur les dépôts de la retenue étaient essentielles car elles ont fourni des données supplémentaires dans le cas de nombreux pays, améliorant ainsi la représentation générale de cette étude. Le Tableau 2.2-5 ci-dessous présente les pays pour lesquels ces informations ont été utilisées, ainsi que l'intensité de sédimentation moyenne et le nombre de barrages utilisés pour la calculer:

Tableau 2.2-5
Données de la CIGB de 1980

Pays	**Nombre de Barrages**	**Perte %/an**
Australie	5	0.64
Allemagne	8	0.17
Corée	13	0.26
Nouvelle Zélande	5	1.14
Pologne	6	0.62
Espagne	21	0.46
Thaïlande	5	0.55
Botswana	3	1.08
Zimbabwe	10	0.22

Pour le Botswana et le Zimbabwe, les informations fournies incluaient le nom du réservoir, la surface du bassin versant (en km^2) et la production de sédiments sur cinquante ans (en $tonnes/km^2/an$). Cette dernière a été transformée en volume de dépôts par an (en m^3/an) et, pour ce faire, elle a été multipliée par la surface du bassin versant puis transformée en un volume (pour une densité relative des sédiments estimée à 1,35 $tonnes/m^3$). Ce volume de sédiments a été défini comme celui se déposant chaque année dans les barrages respectifs.

Il a alors fallu faire une recherche sur le Registre Mondial des Barrages pour trouver des informations sur l'année d'achèvement du barrage, ainsi que sur la capacité du réservoir (1 000 m^3) de chaque barrage concerné. Pour calculer le volume de sédiments accumulés dans le barrage depuis sa réalisation, le volume des sédiments déposés chaque année a été multiplié par son âge (de son année d'achèvement jusqu'en 2006).

La dernière étape permettant d'obtenir l'intensité de sédimentation consiste à exprimer le volume de sédiments accumulés sous la forme d'un pourcentage de la capacité du réservoir et de le diviser par l'âge de ce dernier en années. Cela donne le taux moyen de perte de capacité de stockage en pourcentage par an (%/an).

2.2.6.5. Rapport sur l'envasement des réservoirs en Inde

Ce rapport est un livre publié par la Commission Centrale de l'Eau indienne (Mathur P.C., et al, 2001), centré essentiellement sur la gestion en vigueur et la planification des ressources hydriques. Il est le fruit d'un effort global visant à recenser l'état actuel des réservoirs en Inde (en termes de perte de capacité de stockage). L'annexe de ce rapport inclut les données recueillies lors des relevés de capacité réalisés dans 144 barrages en Inde. Le taux moyen de perte, calculé pour l'Inde dans son ensemble et à l'échelle régionale, s'élève à 0,72%/an.

It was decided that this data would only be used for countries that lacked other, more detailed data sets. It turned out that the average sedimentation rate for Egypt, France and Tunisia were used.

2.2.6.4 ICOLD 1980

This document was compiled by the ICOLD Committee on Reservoir Sedimentation and is made up of References and Sediment Yield data that were contributed by ICOLD member countries during the 1980's (ICOLD, 1980). This document has data for many countries around the world and includes River Loads, and Reservoir deposits. The reservoir deposit information was crucial for the purposes of this bulletin, as it provided additional data from numerous countries which improved the overall global representation of this study. The countries, for which information was utilized, as well as the average sedimentation rate and the number of dams used to calculate these average rates, are shown in Table 2.2-5 below:

Table 2.2-5
ICOLD 1980 data

Country	No. of dams	Loss %/yr
Australia	5	0.64
Germany	8	0.17
Korea	13	0.26
New Zealand	5	1.14
Poland	6	0.62
Spain	21	0.46
Thailand	5	0.55
Botswana	3	1.08
Zimbabwe	10	0.22

For Botswana and Zimbabwe information was provided regarding the name of the reservoir, the catchment's area (km^2) and the 50-year sediment yield (tonnes/km^2/yr). The 50-year sediment yield was converted to volume deposited per year (m^3/year) by multiplying the Sediment yield by the catchment's area and converting it to a volume (assuming that the relative density of the sediment was 1.35 tonnes/m^3). This was assumed to be the volume of sediment deposited each year in the respective dams.

It was then necessary to search on the World Register of dams to find information about the year of completion, and also the reservoir capacity (1000 m^3) for the dams in question. The volume of sediment accumulated in the dam, over its life thus far, was calculated by multiplying the volume of sediment deposited each year by the age (from year of completion up till 2006).

The final step to obtain the sedimentation rate was to express the volume of sediment accumulated as a percentage of the reservoir capacity and to divide it by the age of the reservoir. This yielded the average rate of loss of storage capacity in percentage per year (%/year).

2.2.6.5. Compendium on Silting of Reservoirs of India

This is a book published by the Central Water Commission of India (Mathur P.C., et al, 2001). It focuses primarily on the effective management and planning of water resources. It is a comprehensive effort to establish the current state of the reservoirs in India (in terms of storage capacity loss). The Annexure of the compendium contain the data that was compiled through capacity surveys conducted on 144 dams throughout India. The average rate was worked out for India as a whole and on a provincial scale as 0.72%/yr.

Sur le plan régional, les taux de perte sont ceux indiqués sur le Tableau 2.2-6:

Tableau 2.2-6
Données régionales pour l'Inde

Région/État	**Nbre de barrages**	**Perte (%/an)**
Andhra Pradesh	13	0.81
Bihar	4	0.37
Gujarat	46	0.82
Himachal Pradesh	1	0.31
Karnataka	5	0.32
Kerala	15	0.64
Madhya Pradesh	1	0.27
Maharashtra	21	0.49
Meghalaya	1	0.32
Orissa	2	0.47
Punjab	1	0.35
Tamil Nadu	28	0.77
Uttar Pradesh	5	1.55
West Bengal	1	0.52
Total	144	
Moyenne		0.72

2.2.6.6. Sédimentation des réservoirs au Japon

La base de données japonaise témoigne du fait que le Japon prend très au sérieux la perte de capacité de stockage de ses réservoirs et souhaite obtenir un état des lieux très précis de sa situation actuelle en la matière. En effet, des études bathymétriques ont été réalisées sur tous les barrages, comme on peut le constater dans la base de données, une première fois en 2002 puis, de nouveau, en 2003. D'après le Registre Mondial des barrages de la CIGB, le Japon possède 1 171 « grands » barrages. Or, la base de données fournie par le Japon inclut des informations détaillées sur 420 barrages, ce qui représente 35% de ces « grands » barrages. On y trouve notamment l'année d'achèvement et la capacité du barrage (capacité initiale, capacité en 2002 et capacité en 2003) pour 1 000 m^3. Pour calculer le taux moyen de perte de capacité au Japon à partir de ces données, il faut appliquer la formule (1) à tous les barrages puis calculer la moyenne de ces taux de perte. Dans le cas du Japon, l'intensité de sédimentation constatée s'élève à 0,42%/an.

2.2.6.7. Puerto Rico

Depuis 1994, l'Institut d'études géologiques des États-Unis (USGS) et le gouvernement de Porto Rico ont entrepris de réaliser une enquête (Soler-López L.R., 2001) sur 14 des principaux réservoirs de Porto Rico. L'objectif était de mesurer le taux de perte de la capacité de stockage et les éventuels impacts sur la production d'électricité, l'irrigation et les approvisionnements en eau domestique et industrielle. Les ouragans et autres perturbations tropicales provoquent d'importantes inondations qui font augmenter rapidement l'intensité de sédimentation.

On a region wide basis the loss rates were, as given below in Table 2.2-6:

Table 2.2-6
Provincial data for India

Province/State	No. of dams	Loss (%/yr)
Andhra Pradesh	13	0.81
Bihar	4	0.37
Gujarat	46	0.82
Himachal Pradesh	1	0.31
Karnataka	5	0.32
Kerala	15	0.64
Madhya Pradesh	1	0.27
Maharashtra	21	0.49
Meghalaya	1	0.32
Orissa	2	0.47
Punjab	1	0.35
Tamil Nadu	28	0.77
Uttar Pradesh	5	1.55
West Bengal	1	0.52
Total	144	
Average		0.72

2.2.6.6. Sedimentation of Reservoirs in Japan

The Japanese database shows that Japan is taking the loss of storage capacity in its reservoirs very seriously and that they wish to have an accurate account of where the country stands at present. This is because bathymetric surveys were conducted on all the dams in the database in 2002 and again in 2003. The ICOLD World Register of dams shows that Japan has 1171 "large" dams. The database that was provided by Japan has detailed information on 420 dams, which is a 35% representation of the "large" dams. The data provided gives the year of completion, the capacity of the dam (original capacity, 2002 capacity and 2003 capacity) in 1 000 m^3. Using this data it is possible to calculate the average rate of loss of capacity in Japan by applying equation (1) to every dam and then calculating the average of these loss rates. It was seen that for Japan the sedimentation rate is 0.42%/yr.

2.2.6.7. Puerto Rico

An investigation by United States Geological Survey (USGS) and the Puerto Rican Government on 14 of the principal reservoirs in Puerto Rico (Soler-López L.R., 2001) was undertaken since 1994. This was an attempt to quantify the rate of loss of storage capacity and the potential impacts on power generation, irrigation as well as domestic and industrial water supplies. Hurricanes and other tropical disturbances cause major floods that rapidly increase the sedimentation rate.

Les résultats de cette étude, obtenus à partir des relevés bathymétriques réalisés dans l'ensemble de ces 14 réservoirs, ont fourni des informations utiles sur l'intensité de sédimentation dans les îles tropicales (notamment, les Caraïbes). Le taux constaté s'élève à 0,74%/an.

2.2.6.8. Iran

Dans le cas de la République Islamique d'Iran, les données recueillies figuraient dans une présentation réalisée par le Water Research Institute. Celle-ci incluait une carte permettant de localiser les barrages les plus importants du pays (Water Research Institute, 2005), affichée ci-dessous, en illustration 2.2-3.

Figure 2.2-3
Localisation des barrages en Iran (Water Research Institute, 2005)

Les données tirées de cette présentation, regroupées dans un tableau récapitulatif, ont montré que l'intensité de sédimentation moyenne en Iran, calculée à partir des informations fournies concernant les 23 barrages, s'élève à 165%/an.

2.2.6.9. États-Unis

Le tableau 2.2-7 ci-dessous présente les données obtenues, pour chaque État concerné, ainsi que la source des informations fournies, le nombre de barrages utilisés pour calculer les moyennes et l'intensité de sédimentation moyenne.

The results of this study, which comprised of bathymetric surveys on all 14 of these reservoirs, provided a useful source of information about sedimentation rates on tropical islands (specifically in the Caribbean). The sedimentation rate was found to be 0.74%/yr.

2.2.6.8. Iran

The data that was found for The Islamic Republic of Iran was a presentation that was prepared by the Water Research Institute. The presentation included a map showing the location of the major dams in Iran (Water Research Institute, 2005), this is shown below as Figure 2.2-3:

Figure 2.2-3
Location of dams in Iran (Water Research Institute, 2005)

The data from this presentation was consolidated into a single table. From this data it was shown that the average sedimentation rate in Iran, based on the data from the 23 dams provided, is 1.65%/yr.

2.2.6.9. United States of America

The data that was obtained is listed below in Table 2.2-7. This table shows the data obtained by state, with the source of this information referenced, the number of dams used to obtain the averages and the average sedimentation rate.

Tableau 2.2-7
Intensités de sédimentation par État, États-Unis

États	**Nbre de Barrages**	**Perte (% an)**
Indiana (Wilson J.T., et al, 1996)	2	0.45
Illinois (Bogner W.C., 2001)	1	0.4
Californie (Snyder N.P., et al, 2004) (Devine Tsrbell, et al, 2005)	2	0.61
Maryland (Ortt R.A., et al, 1999)	2	0.125
Kansas (Mau, D.P., et al, 2000)	4	0.28
Texas	72	0.36
Hawaii (Wong M.F., 2001)	1	0.84

M. Morris a déclaré (en 1998) que l'intensité de sédimentation moyenne nationale des réservoirs américains est de 0,27 pour cent par an. Or, plutôt que de calculer une moyenne à l'échelle du pays, il a été décidé de considérer la situation des États-Unis État par État. La moyenne pondérée des intensités de sédimentation obtenue pour les États ci-dessus s'élevait à 0,36 %/an.

Toutefois, le nombre de points de données disponibles au Texas est très élevé, ce qui influence en grande mesure cette moyenne, que l'on ne peut donc pas considérer comme une représentation fidèle de l'ensemble des États-Unis.

La base de données du Water Development Board au Texas, quant à elle, rassemble les données les plus complètes des États-Unis : elle fournit la compilation des données des relevés bathymétriques réalisés systématiquement depuis 1993.

2.2.6.10. Résumé

Les données obtenues à partir des différentes sources et méthodologies indiquées ci-dessus ont été compilées afin d'illustrer les taux actuels de sédimentation pour les pays où des données étaient disponibles. Les résultats sont synthétisés de manière graphique, dans l'illustration 2.2-5 ci-dessous, qui montre également le nombre de barrages qui ont permis d'obtenir ces moyennes, ainsi que sources des données considérées. Les taux sont inférieurs à 1% de perte/an dans la plupart des pays. Cependant, certains pays, comme la Tanzanie et la Chine, connaissent des intensités de sédimentation supérieures à 2% de perte/an.

Le taux en Tanzanie est très élevé car il s'agit du taux de sédimentation d'un seul réservoir. Il est possible que le taux des autres réservoirs de Tanzanie soit inférieur et la situation n'est donc certainement pas aussi mauvaise qu'il n'y paraît.

Le taux de sédimentation moyen en Chine est basé sur l'information en provenance de 29 barrages. Deux de ces barrages présentent des taux de sédimentation bien supérieurs; ils sont de 18,37%/an et 12,12%/an. Ces cas particuliers portent le taux moyen de la Chine à une valeur de 2,9%/an. Cependant, on peut s'attendre à des taux élevés en Chine et ce taux moyen n'est certainement pas très éloigné du taux réel de sédimentation des barrages chinois, les taux d'apport sédimentaire étant relativement élevés dans une grande partie du pays.

Si l'on prend une moyenne de ces valeurs pour chaque pays afin d'obtenir une moyenne mondiale (sur la base des meilleures données disponibles), on obtient un taux moyen de sédimentation annuelle de 0,96%/an.

Table 2.2-7
State sedimentation rates, America

State	No. of dams	Loss (%/yr)
Indiana (Wilson J.T., et al, 1996)	2	0.45
Illinois (Bogner W.C., 2001)	1	0.4
California (Snyder N.P., et al, 2004) (Devine Tsrbell, et al, 2005)	2	0.61
Maryland (Ortt R.A., et al, 1999)	2	0.125
Kansas (Mau, D.P., et al, 2000)	4	0.28
Texas	72	0.36
Hawaii (Wong M.F., 2001)	1	0.84

Morris (1998) stated that the national average sedimentation rate of American reservoirs is 0.27 percent per year. It was decided to examine America by state, rather than use a single average over the whole country. However, a weighted average of the sedimentation rates obtained above was found to be 0.36 %/yr.

This average is largely influenced by the number of data points available from Texas. So it cannot really be considered to be a good representation for the whole of America.

The database from the Texas Water Development Board was the most comprehensive data found for America, it compiles the bathymetric survey data from surveys that have been systematically conducted since 1993.

2.2.6.10. Summary

The data that was obtained from all the various sources and methods described above, was compiled in order to show the current sedimentation rate for countries where data was available. The results are best summarized in a graphical form, as shown below in Figure 2.2-5 which also shows the number of dams that the averages were obtained from, as well as the source name. The rates are well below 1.0% loss/ year for most of the countries, however there are countries such as Tanzania and China that have sedimentation rates well above 2.0% loss/ year.

Tanzania's rate is very high because it is the sedimentation rate for just one reservoir. The rate for other reservoirs in Tanzania could possibly be much lower, so the situation might not be as bad as it appears.

The average sedimentation rate for China is based on information from 29 dams. Two of those dams show exceedingly high sedimentation rates; these rates are 18.37%/year and 12.12%/year. These outliers push the average rate for China up to the given value of 2.9%/year. The rate in China is, however, expected to be high so this rate might not be too far off the actual sedimentation rate for Chinese dams and there are relatively high rates of sediment yield over most of China.

Taking an average from these values for each respective country to obtain a global average (based on the best available data) yielded a sedimentation rate of 0.96%/yr.

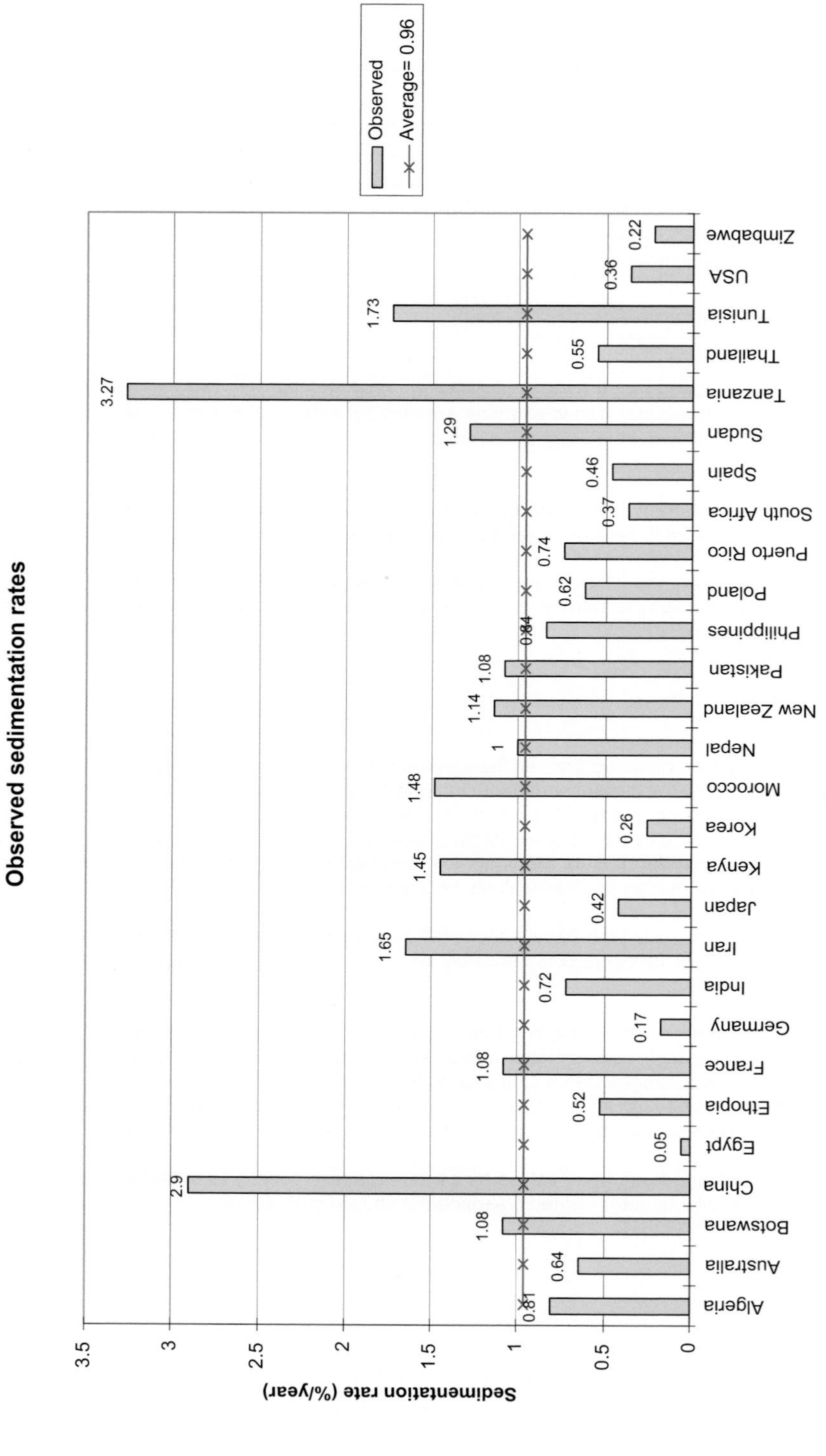

Observed sedimentation rates

Sedimentation rate (%/year)

3.5
3
2.5
2
1.5
1
0.5
0

Country	Observed
Algeria	0.81
Australia	0.64
Botswana	1.08
China	2.9
Egypt	0.05
Ethopia	0.52
France	1.08
Germany	0.17
India	0.72
Iran	1.65
Japan	0.42
Kenya	1.45
Korea	0.26
Morocco	1.48
Nepal	1
New Zealand	1.14
Pakistan	1.08
Philippines	0.84
Poland	0.62
Puerto Rico	0.74
South Africa	0.37
Spain	0.46
Sudan	1.29
Tanzania	3.27
Thailand	0.55
Tunisia	1.73
USA	0.36
Zimbabwe	0.22

Country

Observed
Average= 0.96

Figure 2.2-4
Taux de sédimentation observés

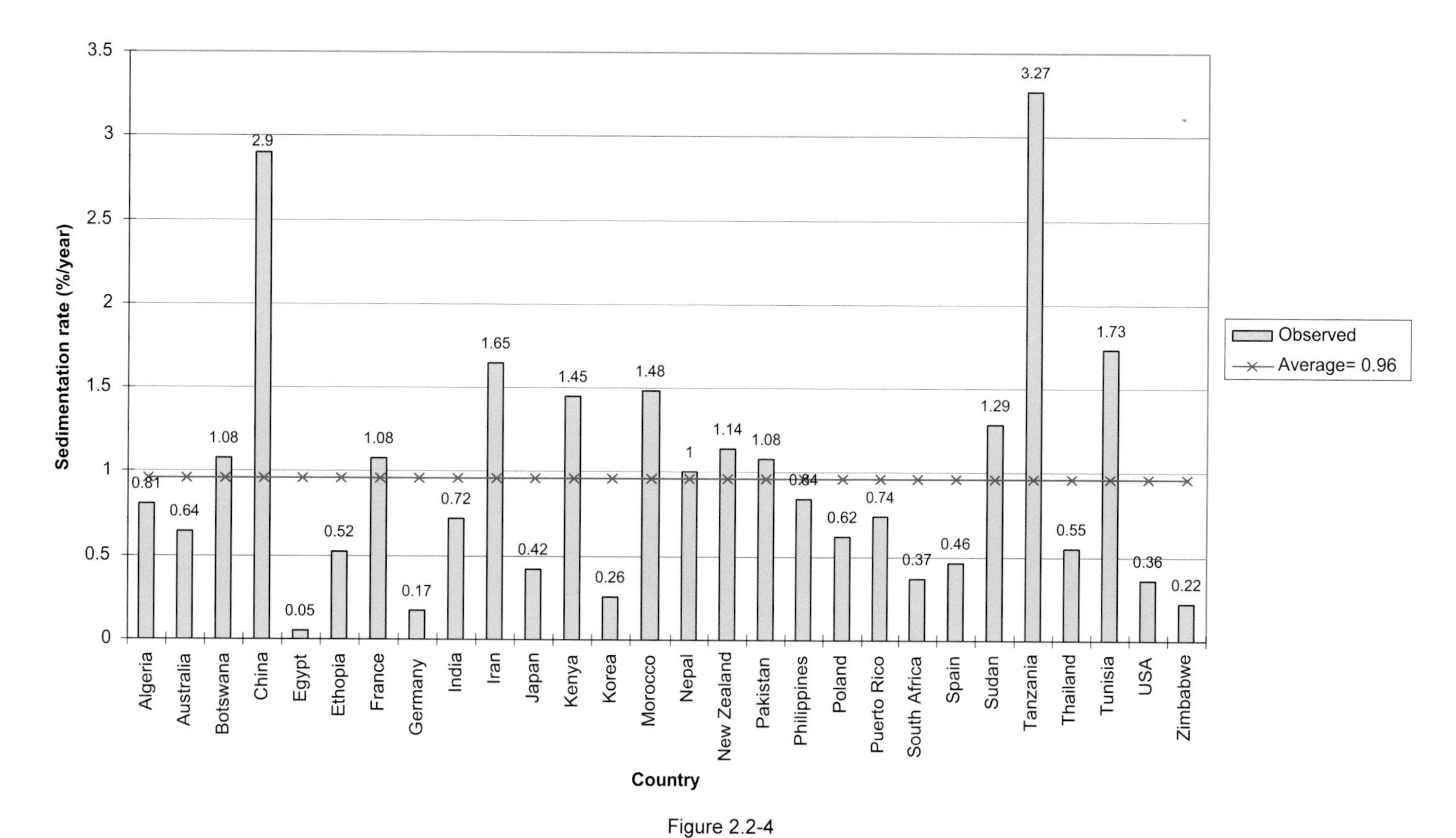

Figure 2.2-4
Observed sedimentation rates

Les pays pour lesquels ce taux a été calculé sont assez uniformément répartis dans le monde, tous les continents étant représentés, à l'exception de l'Amérique du Sud. Le taux de sédimentation moyen de 0,3%/an qui a été indiqué précédemment au paragraphe 0 extrait de « The International Journal on Hydro Power and Dams » semble être très inférieur au taux obtenu à partir des mesures et campagnes de suivi in situ.

2.2.7. Mise à l'échelle et application des taux de sédimentation

L'étape suivante de cette étude vise à établir une relation entre les taux de sédimentation obtenus ci-dessus et les informations concernant les apports en sédiments, afin de tenter de prévoir le taux de sédimentation qui s'établira au droit d'un site particulier, en fonction du flux entrant et des caractéristiques du barrage. La première étape a été de trouver une carte qui présentait une cartographie des taux d'apport sédimentaire à l'échelle mondiale. La carte sélectionnée a été tirée des travaux de Walling et Webb, 1983, et elle est présentée ci-dessous. (Cette carte a été trouvée dans un rapport publié par Hartmann, 2004.)

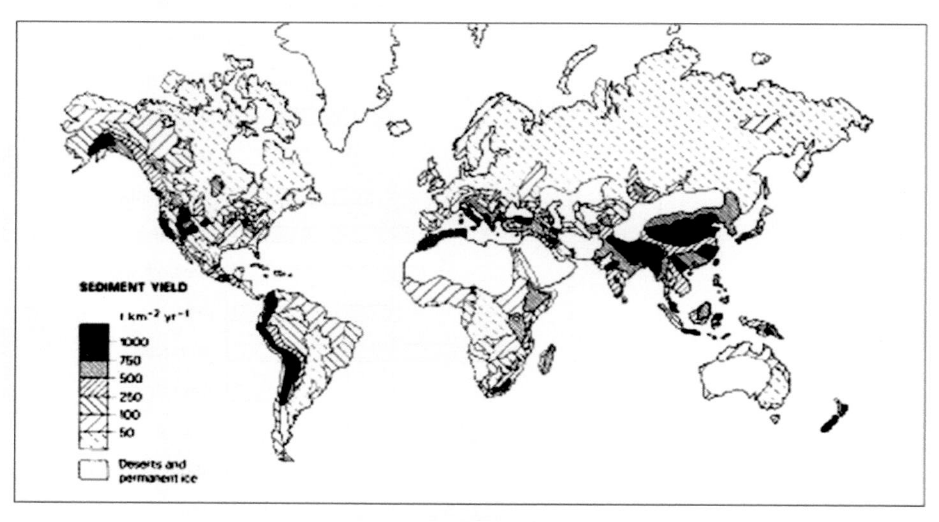

Figure 2.2-5
Cartographie des taux d'apport sédimentaire à l'échelle mondiale (Walling et Webb, 1983)

La carte présente huit classes différentes de taux d'apport sédimentaire, exprimés en tonnes par kilomètre carré par an (t/ km^2.an). La carte est présentée ci-dessus en Figure 2.2-5. La gamme des zones de production de sédiments s'étend des zones de flux nuls (déserts et glaces permanentes) à des zones où les taux d'apport sédimentaire dépassent 1 000 t/ km^2.an. La limite supérieure n'a pas été indiquée; il a été supposé qu'elle puisse atteindre 3 000 t/ km^2.an.

2.2.7.1. Taux de sédimentation moyen dans les zones de production de sédiments

Afin de représenter à l'échelle les taux de sédimentation, il a été nécessaire de déterminer dans quelle classe de taux d'apport sédimentaire se trouvaient les pays pour lesquels les données étaient disponibles. Cela a été effectué en superposant une carte du monde indiquant les frontières nationales, et la carte illustrant les taux d'apport sédimentaire. La carte utilisée est présentée ci-dessous en illustration 2.2-6. Il a ainsi été possible de déterminer les taux d'apport sédimentaire pour les différents

The countries from which this rate was calculated have a relatively even distribution around the globe, with all the continents being represented except for South America. The average sedimentation rate of 0.3%/year that was postulated earlier in paragraph 0 from the excerpt out of The International Journal on Hydro Power and Dams seems to be a good deal lower than the rate obtained from actual measurements and surveys.

2.2.7. Scaling and applying sedimentation rates

The next step in this investigation involved coupling the sedimentation rates, obtained above, with sediment yield information in an effort to predict the sedimentation rate that will occur at a specific place, given information about the sediment yield and other dam characteristics. The first step was to find a map that showed the global patterns of sediment yield. The selected map was taken from the work of Walling and Webb, 1983, and is shown below. (This map was found in a report by Hartmann, 2004.)

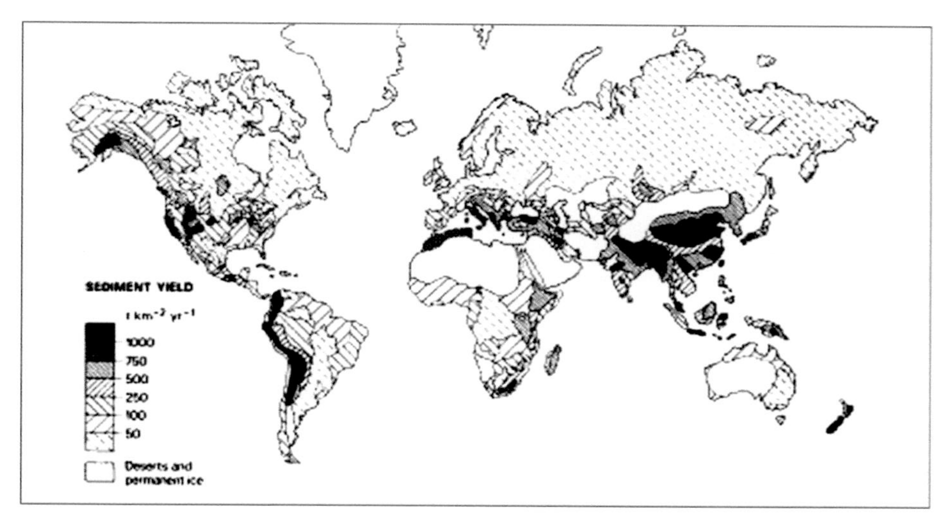

Figure 2.2-5
Global Patterns of Sediment Yield (Walling and Webb, 1983)

The map shows eight different sediment yield zones with the units of tonnes per square kilometer per year (t/ km^2.year). The map is shown above as Figure 2.2-5. The range of sediment yield starts at Deserts and Permanent Ice through to 1000 t/ km^2.year and upwards. The upper limit was not specified so it was assumed that the upper value was 3000 t/ km^2.year.

2.2.7.1. Average sedimentation rates for sediment yield zones

In order to scale the sedimentation rates, it was necessary to first determine in which sediment yield zone the countries, for which data was available, were placed. This was done by superimposing a map of the world, showing country boundaries, onto the sediment yield map. The map that was used is shown below as Figure 2.2-6. Thus, it was possible to determine the sediment yield rate for the

pays. Les cartes n'étant pas à grande échelle, il a parfois été difficile de délimiter précisément les frontières nationales, ainsi que les classes de taux d'apport sédimentaire à l'intérieur des pays.

Figure 2.2-6
Carte du monde présentant les frontières nationales (http://wgrass.media.osaka-cu.ac)

Il a été difficile de délimiter précisément les classes de taux d'apport sédimentaire au sein de chaque grand pays car chacun d'eux peut comporter des classes différentes. Par conséquent, il a été décidé de diviser les pays les plus grands en États/régions. Cela a été effectué pour les pays suivants:

- Inde
- Afrique du Sud
- État Unis

Les pays ont ensuite été regroupés en fonction de la sectorisation de leur taux d'apport sédimentaire. Il est souvent arrivé qu'il y ait plus d'une classe de taux d'apport sédimentaire dans un même pays ou État, comme nous l'avons mentionné ci-dessus. Si la majeure partie de la superficie d'un pays se trouve, par exemple, dans la classe de taux d'apport sédimentaire 100–250 t/ km^2.an, alors le pays est classé dans cette même zone. Cependant, dans les cas où 2 ou 3 classes différentes étaient présentes dans des proportions similaires sur la superficie d'un pays, il a été impossible de choisir une seule classe. Par conséquent, il a été décidé d'utiliser un système de moyennes pondérées afin de calculer les taux moyens de sédimentation pour les différentes classes.

Un exemple (ne contenant pas toutes les données de taux d'apport sédimentaire pour la classe de 100–250 t/ km^2.an, uniquement à titre d'exemple) est présenté ci-dessous afin de décrire la méthode plus en détail:

Les pays/États suivants sont présents dans la classe de taux d'apport sédimentaire 100–250 t/ km^2.an : Botswana, Zimbabwe, Texas (États-Unis) et Soudan, entre autres.

Le Botswana et le Zimbabwe sont essentiellement situés dans la classe de 100–250 t/ km^2.an, même s'il existe de petites superficies hors de cette classe. La majeure partie de la superficie se trouvant dans cette classe, le taux d'apport sédimentaire à l'échelle du pays a été considéré dans cette

various countries. The maps were not very large so it was difficult to accurately demarcate the country boundaries as well as the sediment yield zones within countries.

Figure 2.2-6
World map showing country borders (http://wgrass.media.osaka-cu.ac)

To try and accurately represent the sediment zones of large countries was difficult because each country can contain many different zones. Thus, it was decided to split some of the larger countries up by state/province. The countries for which this was done are:

- India
- South Africa
- United States of America

The countries were then grouped together according to their sediment yield zone. It often occurred that more than one sediment yield zone was present in a single country or state, as mentioned earlier. If the majority of area of a country lay in, for example, the sediment yield zone of 100–250 t/ km^2.year, then the country was classed as having a sediment yield zone of 100–250 t/ km^2.year. However, when it occurred that 2 or even 3 different zones were present in similar proportions over the area of a country, a single zone could not be chosen. As a result of this was decided to use a system of weighted averages to calculate the average sedimentation rates for the different zones.

An example (not the full data for sediment yield zone 100–250 t/ km^2.year, just for illustrative purposes) is provided below to describe the method more fully:

The following countries/states are present in the sediment yield zone 100–250 t/ km^2.year: Botswana, Zimbabwe, Texas (USA) and Sudan, to name a few.

Botswana and Zimbabwe lie mainly in the 100–250 t/ km^2.year zone, however there are small areas that lie outside this zone, but since the large majority of the area is in the 100–250 t/ km^2.year

classe. On estime que le Texas (États-Unis) et le Soudan ont la moitié de leur superficie respective située dans la classe 100–250 t/ km².an.

Les taux de sédimentation pour les pays/États ont été calculés plus haut et sont reportés ci-dessous:

- Botswana : 1.08%/ an;
- Zimbabwe : 0.22%/ an;
- Texas (USA) : 0.36%/ an;
- Sudan : 1.29%/ an;

Afin de compenser le fait que le Soudan et le Texas ne se trouvent pas entièrement dans la classe en question, la moyenne pondérée a été calculée de la manière suivante:

Moyenne pondérée = Somme des taux de sédimentation

Somme des proportions des classes

$$= \frac{(1.08 + 0.22 + 0.36 + 1.29)}{1 + 1 + 1/2 + 1/2)}$$

$$= \frac{2.95}{3}$$

$$\approx 0.98\%/\text{an}$$

Il a ensuite été considéré que ce taux était valable pour tous les pays qui se trouvent dans la classe de taux d'apport sédimentaire100 - 250 t/ km².an.

La méthode ci-dessus a été appliquée à toutes les classes de taux d'apport sédimentaire et à toutes les données calculées précédemment; les résultats qui ont été obtenus sont résumés ci-dessous dans le Tableau 2.2-8, les calculs complets étant présentés comme dans l'annexe. Les seuls pays qui n'ont pas pu être pris en compte étaient les Philippines, le Japon et Porto Rico, du fait de la résolution trop faible de la carte; il était en effet difficile de déterminer dans quelle classe de taux d'apport sédimentaire se trouvaient ces îles-États.

Tableau 2.2-8
Taux de sédimentation en fonction des classes de taux d'apport sédimentaire

Zone de production de sédiments (t/km².an)	**Intensité de sédimentation moyenne (%/ an)**
Déserts et banquises permanentes	1.33
0–50	0.6
50–100	0.63
100–250	0.68
250–500	0.64
500–750	0.8
750–1000	1.72
1000–3000	0.89

zone, this is taken to be its sediment yield. Texas (USA) and Sudan are seen to have roughly half of each of their respective areas lying within the 100–250 t/ km^2.year zone.

The sedimentation rates for the countries/state were calculated earlier and are listed below:

- Botswana : 1.08%/ year;
- Zimbabwe : 0.22%/ year;
- Texas (USA) : 0.36%/ year;
- Sudan : 1.29%/ year;

Now, to compensate for the whole of Sudan and Texas not being of the zone in question, the weighted average was calculated as follows:

Weighted Average = Sum of sedimentation rates

Sum of proportions of areas

$$= \frac{(1.08 + 0.22 + 0.36 + 1.29)}{1 + 1 + 1/2 + 1/2)}$$

$$= \frac{2.95}{3}$$

$$\approx 0.98\%/\text{year}$$

This rate was then assumed to be valid for all countries that lay in the sediment yield zone 100 - 250 t/ km^2.year.

The above method was applied to all the sediment yield zones and all the data calculated previously and the results that were obtained are summarized below in Table 2.2-8, with the full calculations laid out as in the Appendix. The only countries that could not be utilized were the Philippines, Japan, and Puerto Rico, because of the size of the map; it was unclear in what zone these island countries lay.

Table 2.2-8
Sedimentation Rates from Sediment Yield Zones

Sediment Yield Zone (t/km^2.year)	**Average sedimentation rate (%/ year)**
Desert and permanent ice	1.33
0 – 50	0.6
50 – 100	0.63
100 – 250	0.68
250 – 500	0.64
500 – 750	0.8
750 – 1000	1.72
1000 – 3000	0.89

2.2.7.2. Application des taux de sédimentation aux données des barrages de différents pays

Les taux moyens de sédimentation qui ont été obtenus ci-dessus ont ensuite été utilisés pour calculer la situation actuelle des barrages (2006) et ce qu'elle pourrait être en 2050, dans la plupart des pays du monde. Afin d'y parvenir, il fallait obtenir des données détaillées pour des réservoirs situés dans le plus grand nombre de pays possibles. Nous avons utilisé le Registre Mondial des Barrages de la CIGB. Le registre permet de télécharger des données provenant de 33 000 barrages environ.

Ci-dessous, se trouve un exemple des champs pertinents qui ont été utilisés lors des calculs.

Tableau 2.2-9
Registre Mondial des Barrages; champs pertinents

Nom du Barrage	**Nom du Pays**	**Année d'achèvement**	**Capacité du réservoir (1000 m^3)**	**Bassin versant du réservoir (km^2)**	**Objectif du réservoir**	
ABAYA	Tunisia	1993	1670	16	I/R	
EL AROUSSIA	Tunisia	1957	5000			H

Les données ont été téléchargées par continent dans l'ordre alphabétique. Ainsi, par exemple, sur la feuille de calcul de l'Afrique, il existe des feuilles de travail pour tous les pays d'Afrique (qui apparaissent sur le registre), de l'Algérie au Zimbabwe. Cela est également vrai pour les autres continents et régions qui sont indiqués ci-dessous:

- Afrique
- Asie
- Australie et Océanie
- Amérique Centrale
- Europe
- Moyen-Orient
- Amérique du Nord
- Amérique du Sud

Une liste des pays représentés dans le Registre Mondial et, par conséquent, dans cette base de données, est fournie ci-dessous dans le Tableau 2.2-10. Les pays ont été regroupés en fonction de la région où ils se trouvent, conformément aux pratiques habituelles en géographie.

Les pays les plus grands ont une fois de plus été divisés en États/régions. Ce fut le cas pour le Brésil, l'Argentine, la Chine et le Canada.

2.2.7.2. Applying the sedimentation rates to dam data from various countries

The average sedimentation rates that were obtained above were now used to calculate the current situation of dams (2006) and the situation as it could be in the year 2050, in most of the countries around the world. In order to do this it was necessary to obtain detailed data for the reservoirs from as many countries as possible. The ICOLD World Register of Dams was used. Data from roughly 33 000 dams is available for download from the register.

An example of the relevant fields, ones that were used during calculations, is provided below:

Table 2.2-9
World Register of Dams; Relevant fields

Dam name	**Country name**	**Year of completion**	**Reservoir capacity (1000 m^3)**	**Reservoir catchment (km^2)**	**Reservoir purpose**	
ABAYA	Tunisia	1993	1670	16	I/R	
EL AROUSSIA	Tunisia	1957	5000			H

The data was downloaded by Continent in alphabetical order. So, for example, in the Africa spreadsheet there are worksheets for all the African countries (that appear on the register) from Algeria through to Zimbabwe. The same holds true for the other continents and regions and they are listed below:

- Africa
- Asia
- Australia and Oceania
- Central America
- Europe
- The Middle East
- North America
- South America

A list of the countries represented by the World register, and consequently this database, is provided below as Table 2.2-10. The countries have been separated depending upon which region they fall into as is commonly practiced in geographic terms.

The larger countries were once again split by state/province. This was done for Brazil, Argentina, China, and Canada.

Tableau 2.2-10
Pays inclus dans la base de données

Région	Pays			
Afrique	Algérie	Éthiopie	Mali	Soudan
	Angola	Gabon	Ile Maurice	Swaziland
	Benin	Ghana	Maroc	Afrique du Sud
	Botswana	Guinée	Mozambique	Tanzanie
	Burkina Faso	Kenya	Namibie	Togo
	Cameroun	Lesotho	Nigeria	Tunisie
	Congo	Liberia	Sénégal	Ouganda
	Cote d'Ivoire	Libye	Seychelles	Zambie
	République Démocratique du Congo	Madagascar	Sierra Leone	Zimbabwe
	Égypte	Malawi	Somalie	
Asie	Bangladesh	Laos		
	Brunei	Malaisie		
	Cambodge	Myanmar		
	Chine	Népal		
	Inde	Philippines		
	Indonésie	Singapore		
	Japon	Sri Lanka		
	Kazakhstan	Thaïlande		
	Corée – Nord	Vietnam		
	Corée – Sud			
Australie Et Océanie	Australie			
	Fiji			
	Nouvelle Zélande			
	Papouasie-Nouvelle-Guinée			
Amérique Centrale	Antigua-et-Barbuda	Nicaragua		
	Costa Rica	Panama		
	Cuba	Puerto Rico		
	République Dominicaine	Trinité-et-Tobago		
	El Salvador			
	Guatemala			
	Haiti			
	Honduras			
	Jamaïque			
	Mexique			
Europe	Albanie	Danemark	Lettonie	Russie
	Arménie	Finlande	Lituanie	Serbie
	Autriche	France	Luxembourg	Slovaquie
	Azerbaïdjan	Géorgie	Macédoine	Slovénie
	Belgique	Allemagne	Moldavie	Espagne
	Bosnie-Herzégovine	Grèce	Pays Bas	Suède

Table 2.2-10
Countries included in database

Region	Countries			
Africa	Algeria Angola Benin Botswana Burkina Faso Cameroon Congo Cote d' Ivoire Democratic Republic of Congo Egypt	Ethiopia Gabon Ghana Guinea Kenya Lesotho Liberia Libya Madagascar Malawi	Mali Mauritius Morocco Mozambique Namibia Nigeria Senegal Seychelles Sierra Leone Somalia	Sudan Swaziland South Africa Tanzania Togo Tunisia Uganda Zambia Zimbabwe
Asia	Bangladesh Brunei Cambodia China India Indonesia Japan Kazakhstan Korea – North Korea – South	Laos Malaysia Myanmar Nepal Phillipines Singapore Sri Lanka Thailand Vietnam		
Australia and Oceania	Australia Fiji New Zealand Papua New Guinea			
Central America	Antigua Costa Rica Cuba Dominican Republic El Salvador Guatemala Haiti Honduras Jamaica Mexico	Nicaragua Panama Puerto Rico Trinidad and Tobago		
Europe	Albania Armenia Austria Azerbaijan Belgium Bosnia and Herzegovina	Denmark Finland France Georgia Germany Greece	Latvia Lithuania Luxemborg Macedonia Moldavia Netherlands	Russia Serbia Slovakia Slovenia Spain Sweden

Région	Pays			
	Bulgarie Croatie Chypre République Tchèque	Hongrie Islande Irlande Italie	Norvège Pologne Portugal Romanie	Suisse Ukraine Royaume Uni
Moyen Orient	Afghanistan Iran Irak Jordanie Kirghizstan Liban Oman Pakistan Arabie Saoudite Syrie	Tajikistan Turquie Uzbekistan		
Amérique du Nord	Canada États-Unis			
Amérique du Sud	Argentine Bolivie Brésil Chili Colombie Équateur Guyane Paraguay Pérou Suriname	Uruguay Venezuela		

Les calculs effectués sur les réservoirs pour chaque pays sont les mêmes dans tous les cas et, afin d'éviter des répétitions inutiles, la méthodologie suivie pour effectuer ces calculs sera expliquée pour l'Ukraine, à titre d'exemple.

2.2.7.2.1 Étapes de calcul

Après avoir téléchargé les données brutes du registre, la première étape a été de diviser la colonne Usage du réservoir en deux colonnes. L'une pour les barrages hydroélectriques et l'autre pour tous les autres usages. Les barrages ont souvent des usages multiples, la plupart des installations hydroélectriques étant utilisées également pour le stockage d'eau et l'irrigation. Cependant, afin de comprendre la manière dont l'augmentation de la capacité de stockage des réservoirs a évolué au fil du temps, il était intéressant de constater les différences entre les barrages construits pour des usages différents. Si un barrage était considéré comme ayant une capacité de production d'électricité, on supposait que son but premier était la production d'électricité. Ainsi, un barrage est classé soit en tant que barrage hydroélectrique, soit en tant que barrage destiné à tout autre usage.

Region	Countries			
	Bulgaria	Hungary	Norway	Switzerland
	Croatia	Iceland	Poland	Ukraine
	Cyprus	Ireland	Portugal	United Kingdom
	Czech Republic	Italy	Romania	
Middle East	Afghanistan	Tajikistan		
	Iran	Turkey		
	Iraq	Uzbekistan		
	Jordan			
	Kyrgzstan			
	Lebanon			
	Oman			
	Pakistan			
	Saudi Arabia			
	Syria			
North America	Canada			
	United States of America			
South America	Argentina	Uruguay		
	Bolivia	Venezuela		
	Brazil			
	Chile			
	Colombia			
	Ecuador			
	Guyana			
	Paraguay			
	Peru			
	Suriname			

The calculations that were performed on the reservoirs from each country are the same throughout so, to avoid unnecessary repetition, the procedures followed to perform these calculations will be explained for Ukraine, as a random example.

2.2.7.2.1 Calculation steps

Once the raw data was downloaded from the register, the first step was separating the Reservoir Purpose column into two columns. One was for Hydropower dams, and the other was for all other purposes. Dams often have multiple purposes, with most Hydropower schemes being used for water storage and irrigation as well. However, to get an idea of how the growth of storage capacity for reservoirs has evolved over time it was interesting to see the differences between dams built for various purposes. If a dam was seen to have power generating capacity, it was assumed that the primary purpose of this reservoir was power generation. Thus, a dam was classed as either a Hydropower dam or a dam for all other purposes.

Les autres usages sont les suivants:

- I – Irrigation
- S – Stockage
- F – Control des crues

2.2.7.2.1.1 *Taux de sédimentation*

Après la séparation des usages, l'étape suivante a été d'attribuer le taux de sédimentation convenant à chaque pays. Cela a été effectué en localisant l'Ukraine sur l'illustration 2.2-6 et ensuite en superposant la cartographie des taux d'apport sédimentaire sur l'illustration 2.2-6 afin d'identifier les classes de taux d'apport sédimentaire qui étaient représentées dans le pays, et les proportions dans lesquelles elles apparaissent.

Pour l'Ukraine, il a été constaté que les deux tiers du pays étaient représentés par la classe de 50 – 0 t/km^2.an et l'autre tiers du pays par la classe de 100 – 50 t/km^2.an. Cela a été effectué pour tous les pays, dans toutes les régions indiquées ci-dessus.

Après avoir identifié les proportions des classes pour l'Ukraine, l'étape suivante est le calcul du taux de sédimentation. Ceci est réalisé en décomposant les taux de sédimentation en taux de sédimentation définis par classe, déterminés au Tableau 2.2-11 afin d'établir le taux moyen de sédimentation pour le pays souhaité.

Donc, pour l'Ukraine:

Intensité de sédimentation = $^2/_3$(Taux pour la zone 50–0) +$^1/_3$(Taux pour la zone 100–50)

= $^2/_3$(0.6) +$^1/_3$(0.63)

= 0.61%/ an

Maintenant que le taux de sédimentation pour le pays a été déterminé, les prévisions concernant les niveaux de sédimentation dans le pays peuvent débuter.

2.2.7.2.1.2 *Calculs de prévision des niveaux de sédimentation actuels et futurs*

Ci-dessous sont indiquées les étapes, dans l'ordre où elles ont été suivies, pour parvenir au niveau de sédimentation en 2006 et à la sédimentation future en 2050. La procédure a été suivie pour tous les barrages du pays. Les étapes qui ont été suivies pour le barrage de Balanovo en Ukraine sont présentées ci-dessous:

1. L'âge actuel du barrage (en 2006) a été calculé simplement, en soustrayant l'année de mise en service à l'année en cours 2006 (si l'année de mise en service n'est pas connue, c'est l'année 1965 qui est choisie, car il y a eu une explosion du nombre de constructions de barrages dans les années 1960).

   Age (2006) = 2006 – 1974

   = 32 ans

2. Calcul du pourcentage de perte de capacité jusqu'en 2006 en multipliant le taux de sédimentation (% de perte de stockage par an) par l'âge actuel de l'ouvrage (en 2006).

   % Perte de capacité (2006) = 32 ans x 0.61%/ an

   = 19.52%

Some of the other purposes are:

- I – Irrigation
- S – Storage
- F – Flood control

2.2.7.2.1.1 Sedimentation rates

After the purposes were separated, the following step was to assign the correct sedimentation rate for the country. This was achieved by locating Ukraine on Figure 2.2-6 and then superimposing this map upon Figure 2.2-6 and identifying which sediment yield zones were represented in the country, and in what proportions they appeared.

For Ukraine it was seen that $^2/_3$ of the country was represented by the 50 – 0 t/ km^2.year zone and the other $^1/_3$ of the country the 100 – 50 t/ km^2.year zone. This was done for all the countries, in all the regions listed above.

Now that the proportions of the zones have been identified for Ukraine, the next step is to calculate the sedimentation rate. This is done by factoring the Rates determined in Table 2.2-11 to achieve the rate for the desired country.

So for Ukraine:

Sedimentation rate = $^2/_3$(Rate for zone 50–0) +$^1/_3$(Rate for zone 100–50)

= $^2/_3$(0.6) +$^1/_3$(0.63)

= 0.61%/ year

Now that the sedimentation rate for the country had been determined, the predictions about the levels of sedimentation in the country could begin.

2.2.7.2.1.2 Prediction calculations for current and future sediment levels

The steps used will be placed below in the order they were conducted to arrive at the level of sedimentation in 2006 and the future level of sedimentation in 2050. The procedure was then conducted for all the dams in the country. The steps used are for the Balanovo dam in Ukraine and are provided below:

1. The Current Age (2006) of the dam was calculated by simply subtracting the Year of Completion from 2006. (For cases when no Year of completion was known, the year 1965 was used, as there was a boom in dam building worldwide in the 1960's).

   Age (2006) = 2006 – 1974

   = 32 years

2. Multiplying the Sedimentation rate (% storage loss per year) by the Current Age (2006) to calculate the Percentage loss of capacity up until 2006.

   % Loss of capacity (2006) = 32 years x 0.61%/ year

   = 19.52%

3. La capacité restante (en millier de m^3) a été calculée en soustrayant le volume perdu par sédimentation (calculé en multipliant le pourcentage de perte de capacité (en 2006) par la capacité initiale du réservoir) à la capacité initiale du réservoir (en millier de m^3)(en millier de m^3)

   Capacité restante (2006) = 5000 – (5000 x 0.1952)

   = 4024 (1000 m^3)

4. La durée de vie restante prévue pour le réservoir a été calculée en estimant la durée de vie totale du réservoir (calculée en divisant 100% par le taux de sédimentation), puis en soustrayant l'âge actuel du réservoir de cette valeur.

   Durée de vie prévue = (100 ÷ 0.61) – 32

   ≈ 132 ans;

5. Pour calculer l'âge du réservoir en 2050, le pourcentage de perte de capacité jusqu'en 2050 et la capacité restante en 2050, les étapes 1 à 3 sont suivies à nouveau, en remplaçant l'année 2006 par l'année 2050.

   Age (2050) = 76 ans

   % Perte de capacité (2050) = 46.36%

   Capacité restante (2050) = 2682 (1000 m^3)

Après avoir effectué les calculs ci-dessus pour chaque barrage, la capacité totale des réservoirs dans le pays a été ajoutée. Un résumé de ces résultats pour l'Ukraine est présenté ci-dessous dans le Tableau 2.2-11.

Tableau 2.2-11
Résumé de la perte de stockage de l'Ukraine au fil du temps

	Capacité du réservoir (1000 m^3)	**Capacité restante (2006)**	**Capacité restante (2050)**
TOTAL	46,884,550.00	33,106,529.72	20,522,716.50
Restante	100.00%	70.61%	43.77%

Dans le tableau ci-dessus, la colonne Capacité du réservoir présente la capacité potentielle de tous les barrages du pays si aucune sédimentation n'est constatée. La deuxième colonne présente la capacité actuelle des barrages avec les sédiments qui se sont accumulés à ce jour, elle indique aussi la capacité restante comme un pourcentage de la capacité totale (sans aucun sédiment). La troisième colonne est la capacité restante projetée en 2050. Cette valeur est aussi exprimée comme un pourcentage de la capacité totale.

Comme on peut le constater, si aucune action n'est entreprise pour limiter le phénomène de sédimentation (en supposant que le taux appliqué dans cette méthode soit précis), au terme des 44 prochaines années il ne restera que 44% de la capacité initiale des barrages en Ukraine, du fait de la sédimentation observée.

2.2.7.2.1.3 Augmentation de la capacité de stockage des réservoirs au fil du temps

Une donnée supplémentaire a été introduite, qui consistait à créer un tableau présentant l'augmentation de la capacité de stockage des barrages au fil du temps. L'intervalle de temps choisi est la décennie (périodes de 10 ans) et la date de départ est 1900. Des barrages ont été construits avant 1900, mais leur volume est négligeable en comparaison de ceux construits après 1900.

3. The Remaining capacity (1000 m^3) was calculated by multiplying the Percentage loss of capacity (2006) by the Reservoir Capacity (1000 m^3), then subtracting this value from Reservoir Capacity (1000 m^3).

   Remaining Capacity (2006) = 5000 – (5000 x 0.1952)

   = 4024 (1000 m^3)

4. The Expected Remaining Life of reservoir was calculated by dividing 100% by the Sedimentation rate, to calculate the total expected life, and then subtracting the Current Age from this value.

   Expected Remaining life = (100 ÷ 0.61) – 32

   ≈ 132 years;

5. To calculate the Age at 2050, the Percentage loss of capacity up until 2050 and the Remaining Capacity at 2050 the steps 1 through 3 are used again, with the year 2050 being substituted for the year 2006.

   Age (2050) = 76 years

   % Loss of capacity (2050) = 46.36%

   Remaining Capacity (2050) = 2682 (1000 m^3)

Once the above calculations were completed for each dam, the Total capacity of reservoirs in the country was summed. A summary of these results for Ukraine are shown below as Table 2.2-11.

Table 2.2-11
Summary of Ukraine's Storage loss over time

	Reservoir capacity (1000 m^3)	**Remaining Capacity (2006)**	**Remaining Capacity (2050)**
TOTAL	46,884,550.00	33,106,529.72	20,522,716.50
Remaining	100.00%	70.61%	43.77%

In the above table, the Reservoir Capacity column shows the potential capacity of all the dams in the country if no sedimentation occurred. The second column shows the current capacity of dams with the sediment that has accumulated till the present, as well as expresses this remaining capacity as a percentage of the total capacity (without any sediment). The third column is the projected remaining capacity in 2050. This value is also expressed as a percentage of the total capacity.

As can be seen, if no actions are taken to mitigate the sedimentation rate (assuming that the rate applied in this method is accurate), after the next 44 years there will be only 44% of the capacity of the dams in Ukraine left unfilled by sediment.

2.2.7.2.1.3 Growth of reservoir storage capacity over time

An additional step that was taken was to formulate a table which shows the growth of dam storage capacity over time. The time intervals that were chosen were decades (10 – year blocks) and the starting date was selected as 1900. Although there are dams constructed prior to 1900 the volume of these dams in comparison with the volume of post-1900 dams, is almost negligible.

Lors du calcul de la perte de volume de stockage au fil du temps, il était impossible de calculer avec précision le volume perdu par an pour chaque barrage. Nous avons donc utilisé une méthode simplifiée, qui consiste à considérer que tous les barrages construits pendant une décennie ont été construits au début de cette décennie. Le taux de sédimentation du pays (pour l'Ukraine 0,61%/ an) a ainsi été multiplié par 10 ans pour obtenir une perte de stockage de 0,061 fois la capacité sur cette période de 10 ans. Par exemple:

En Ukraine, pendant la décennie de 1930 à 1940, la capacité de stockage est passée de 0 m^3 à la valeur de 3 320 x 10^6 m^3. Ainsi,

Perte de stockage (volume de sédiments déposés) = (0.61%/ an x 10 ans) x 3320 x 10^6 m^3

= 0.061 x 3320 x 10^6 m^3

= 202.52 x 10^6 m^3

La valeur d'accumulation des sédiments sur une période de 10 ans est alors additionnée au fil du temps. Si aucun barrage n'est construit pendant une décennie, le taux de perte par sédimentation restera le même que pour la décennie précédente (car la capacité de stockage est la même) et il sera ajouté au cumul de perte de volume de stockage. Pour continuer avec l'exemple ukrainien, le Tableau 2.2-12 a été inclus afin d'illustrer dans le détail la méthode utilisée.

Après la décennie de 2010, l'augmentation de la capacité de stockage n'est plus prise en compte car il est impossible de prévoir le nombre et la taille des barrages qui seront construits dans le futur. La projection de la perte de stockage pour les réservoirs de 2010 à 2050 est alors la valeur de la perte de stockage à venir, même si aucun barrage n'est construit.

Le Tableau 2.2-12 est présenté sous forme de graphique dans l'illustration 2.2-7.

Tableau 2.2-12
Croissance de la capacité de stockage en Ukraine

	Capacité de stockage (en millier de m^3)	
Années (<)	**Croissance**	**Perte**
1900	0	
1910	0	0
1920	0	0
1930	0	0
1940	3320000	202520
1950	3320000	405040
1960	21536000	1718736
1970	44282000	4419938
1980	46792500	7274280.5
1990	46884550	10134238.05
2000	46884550	12994195.6
2010	46884550	15854153.15
2020		18714110.7
2030		21574068.25
2040		24434025.8
2050		27293983.35

When representing the loss of storage volume over time, it was not possible to calculate accurately the volume lost per year, for each dam. Thus, a simplified method was used that assumed that all dams constructed during a decade were built at the start of that decade. Then the sedimentation rate of the country (Ukraine = 0.61%/ year) was multiplied by 10 years to obtain a loss of storage of 0.061 times the capacity during that 10-year block. For example:

In Ukraine during the decade from 1930 to 1940 the storage capacity was increased from 0 m^3 to the value of 3320 x 10^6 m^3. Thus

Loss of storage (Volume of sediment) = (0.61%/ year x 10 years) x 3320 x 10^6 m^3

= 0.061 x 3320 x 10^6 m^3

= 202.52 x 10^6 m^3

The value of sediment accumulation during a 10-year block is then summed cumulatively as time progresses. If it occurs that no dams were constructed during a decade, then the sediment loss rate will remain the same as for the previous decade (because the storage capacity is the same) and be added to the cumulative loss of storage. Continuing with the Ukrainian example, Table 2.2-12 has been included to further illustrate the method used.

After the decade 2010 there is no more growth of dams as it is impossible to predict how large and at what rate dams will be constructed in the future. The projection of storage loss for reservoirs from 2010 until 2050 is the value of storage loss that will occur, even if no more dams are built.

Table 2.2-12 is better illustrated in a graphical manner as shown below in Figure 2.2-7.

Table 2.2-12
Growth of storage capacity in Ukraine

	Storage Capacity (1000m³)	
Year (<)	**Growth**	**Loss**
1900	0	
1910	0	0
1920	0	0
1930	0	0
1940	3320000	202520
1950	3320000	405040
1960	21536000	1718736
1970	44282000	4419938
1980	46792500	7274280.5
1990	46884550	10134238.05
2000	46884550	12994195.6
2010	46884550	15854153.15
2020		18714110.7
2030		21574068.25
2040		24434025.8
2050		27293983.35

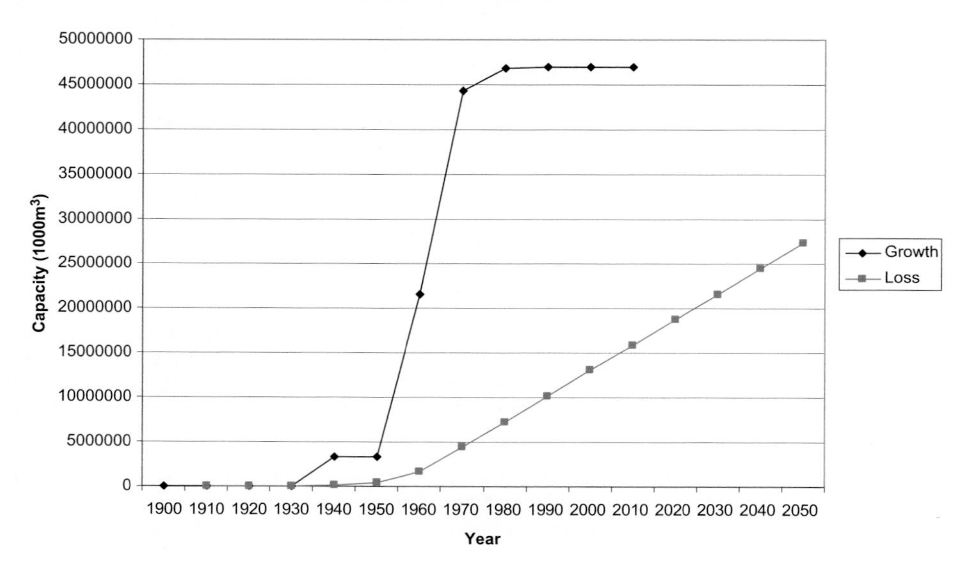

Figure 2.2-7
Augmentation de la capacité de stockage des barrages en Ukraine depuis 1900

Il a été constaté que, jusqu'en 2010, la perte de stockage a été de 15 854,15 x 10^6 m^3 et que, sur les 40 prochaines années, la perte de stockage supplémentaire, au-delà de cette valeur, sera de 11 439,83 x 10^6 m^3. Cela signifie que si l'Ukraine souhaite maintenir sa capacité de stockage actuelle, il sera nécessaire de construire des réservoirs afin d'augmenter la capacité de stockage de 12 000 x 10^6 m^3. On considère que les régions qui ont des taux de sédimentation plus élevés que l'Ukraine auront perdu la quasi-totalité de leur capacité de stockage en 2050.

Ce type de graphique montre le rythme de construction des barrages pour chaque pays. Pour l'Ukraine, on peut observer que le rythme de construction des barrages est resté faible jusque dans les années 1950, puis dans les années 1960 et 1970, l'essentiel de la capacité de stockage de l'Ukraine s'est constituée en amont des barrages. Il s'en suit une légère hausse de la capacité mais, comme on peut le voir sur le graphique, le rythme se stabilise et aucune construction de barrage n'a eu lieu au cours des 20 dernières années. Ainsi, on peut affirmer qu'après une période d'accélération du rythme de croissance des barrages, la construction de barrages en Ukraine s'est ralentie et se trouve actuellement à l'arrêt.

En comparaison, le taux de sédimentation montre une tendance encore à la hausse, et cela remet en question la durabilité des barrages sur le long terme.

La procédure ci-dessus consiste à présenter la croissance de la capacité de stockage au fil du temps, ainsi que la perte de stockage qui l'accompagne. Cette même procédure a également été suivie afin de décrire la croissance des barrages hydroélectriques au fil du temps, ainsi que la croissance des barrages destinés à d'autres usages. Ces valeurs ont été tracées sur le même graphique afin que l'impact de la sédimentation puisse être observé sur les réservoirs construits pour des usages multiples. L'illustration 2.2-8 ci-dessous donne une indication du résultat de cette comparaison.

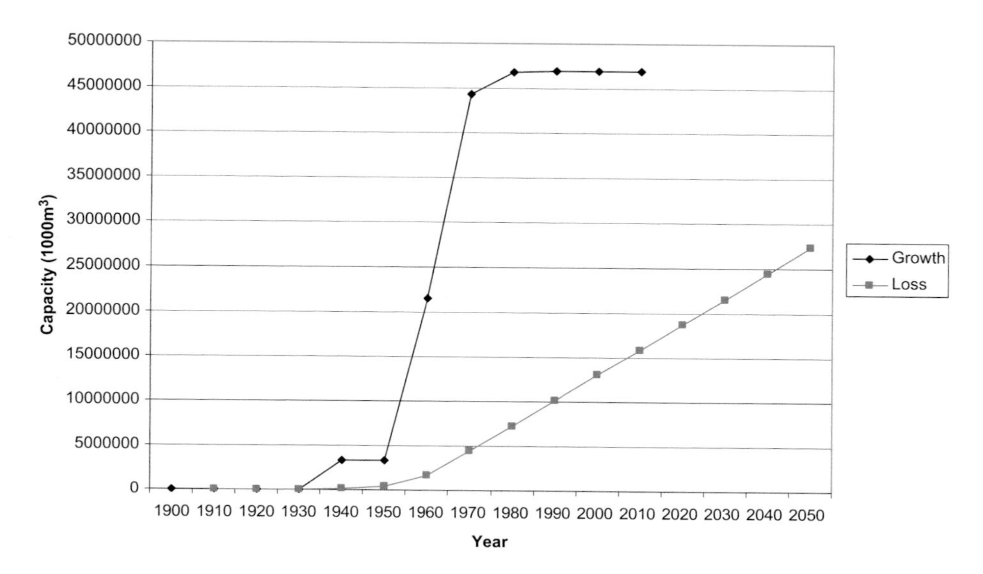

Figure 2.2-7
Growth of dams in Ukraine since 1900

It was noticed that up until 2010 the loss of storage was 15 854.15 x 10^6 m^3 and that over the next 40 years, the additional loss of storage, over and above this value, will be 11 439.83 x 10^6 m^3. This means that if Ukraine wishes to maintain the current storage capacity an increase in storage capacity exceeding 12 000 x 10^6 m^3 will need to be constructed. Regions that have a higher sedimentation rate than Ukraine are seen to have lost almost the total storage capacity by 2050.

This category of graph shows the rate at which countries constructed dams. It is seen that for Ukraine the rate of dam construction remained low until the 1950's, then during the 1960's and 1970's the bulk of the storage capacity for Ukraine was captured behind dams. There was a small increase in the capacity but, as can be seen from the graph, the rate levels off and no dam construction has taken place during the last 20 years. Thus, it can be said that after a period of acceleration of growth rate of dams, Ukraine's dam building has currently slowed down to a stop.

Comparatively, the sedimentation rate shows an ever increasing trend, and this clearly points out the questionable sustainability of dams over the long term.

The above procedure of showing the growth of storage capacity over time, as well as the loss of storage that goes hand in hand with it, was also conducted to show the growth of Hydropower dams over time and also the growth of dams for all other purposes. These values were plotted on the same graph so that the impact of sedimentation can be seen on the reservoirs built for different purposes. Figure 2.2-8 below gives an indication of the outcome of this comparison.

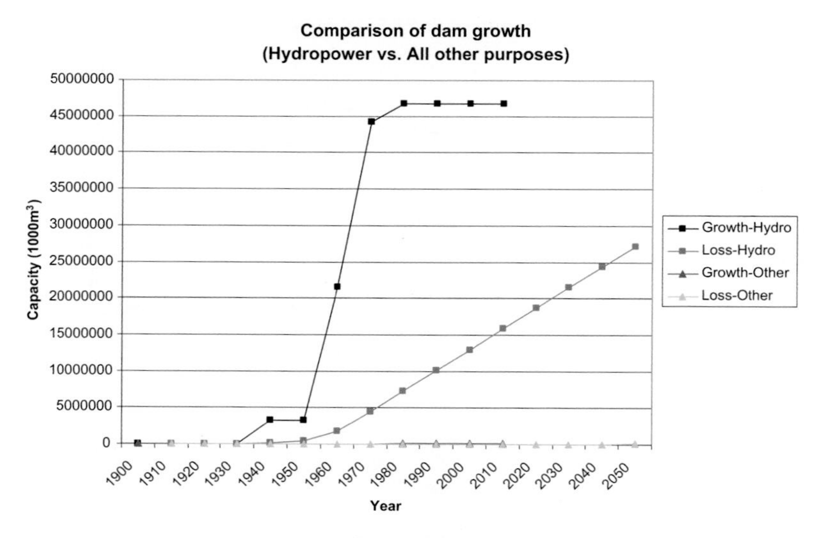

Figure 2.2-8
Comparaison de la croissance des barrages à buts multiples en Ukraine

Comme on peut l'observer ci-dessus, sur l'illustration 2.2-8, le volume de la capacité de stockage en Ukraine est quasi entièrement utilisé pour la production électrique. La capacité de stockage destinée aux autres usages est particulièrement faible. En 2006, environ 34% de la capacité totale de stockage hydroélectrique de l'Ukraine était remplie de dépôts de sédiments. Ce chiffre devrait atteindre 58% de la capacité totale de stockage pour l'hydroélectricité. Le volume de stockage perdu dans les barrages hydroélectriques était, en 2006, de 15 811 million de mètres cubes (Mm^3) et, en 2050, de 27 209 Mm^3.

Pour tous les autres usages, la perte de capacité de stockage en 2006 est de 25% de la capacité de stockage totale, soit une valeur de 42,8 Mm^3. Cette perte pourrait atteindre 49%, soit une valeur de 84,5 Mm^3 en 2050.

Les phases de calcul et les tableaux qui présentent les taux de croissance et de perte pour l'ensemble du pays, ainsi que ceux qui montrent la comparaison des barrages en fonction de leur usage, ont été effectués pour tous les pays qui apparaissent dans le Tableau 2.2-10. Cependant, les graphiques présentés ci-dessus ont été créés uniquement pour les pays où des taux de sédimentations non nuls avaient été observés, c'est à dire les pays qui apparaissent dans l'illustration 2.2-4. (Les graphiques présentés pour l'Ukraine avaient pour but d'expliquer la méthodologie employée et les résultats obtenus de cette méthode). Les graphiques pour les pays qui étaient considérés comme importants et/ou pour lesquels on prévoyait des problèmes potentiels sont présentés ci-dessous au paragraphe 2.2.8.

2.2.8. Résultats et conclusions

Après avoir suivi la méthode et les procédures sur tous les pays cités ci-dessus, ainsi que les groupements de continents/régions, il était possible d'analyser les résultats obtenus et d'en faire le bilan.

2.2.8.1. Taux de sédimentation prévus et réels

Comme il a été mentionné précédemment, la procédure expliquée au paragraphe 2.2.7.2 ci-dessus a été appliquée à chaque pays/État et les taux de sédimentation calculés ont été utilisées pour estimer les niveaux de sédimentation actuels (en 2006) et futurs. À partir du résumé de ces résultats et de la feuille de calcul des taux d'apport sédimentaire, des diagrammes ont été tracés avec les groupements par continents/régions. Ces diagrammes sont fournis ci-dessous pour l'Afrique, l'Asie, l'Australie et l'Océanie, le Moyen-Orient, l'Amérique du Nord, l'Amérique du Sud et Centrale.

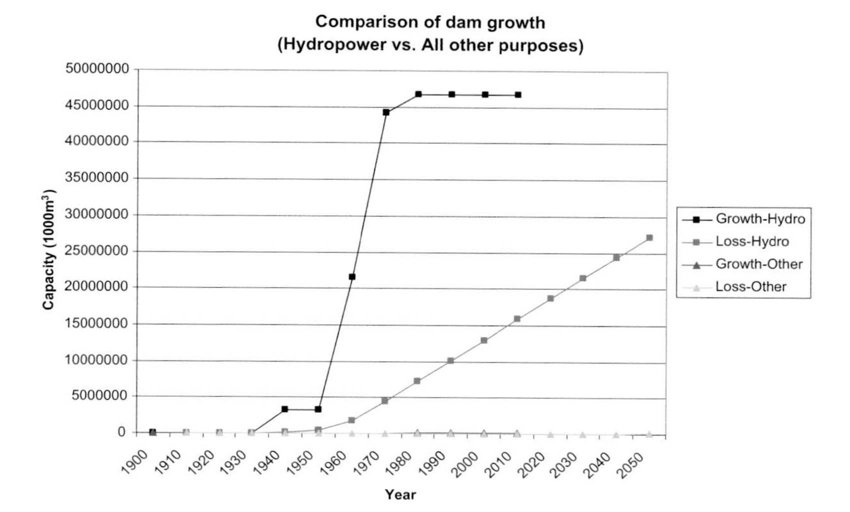

Figure 2.2-8
Comparison of the growth of dams used for different purposes in Ukraine

As can be seen above, in Figure 2.2-8, the bulk of the storage capacity in Ukraine is used for power generation. The storage capacity for all other purposes is practically negligible. By the year 2006, approximately 34% of Ukraine's total hydropower storage capacity had been filled with sediment. This figure is projected to increase to a value of 58% of the total hydropower storage capacity. The volume of storage lost on hydropower dams was, in 2006, 15 811 million cubic meters (mcm) and, in 2050, 27 209 mcm.

For all other purposes the loss of storage capacity by 2006 is 25% of the total storage capacity which is a value of 42.8 mcm. This loss could increase to 49% or a value of 84.5 mcm by the year 2050.

The calculation steps and the tables showing growth and loss rates for the country as a whole as well as the ones showing the comparison of dams by purpose were done for all of the countries that appear in Table 2.2-10. However, the graphs that are shown above were only compiled for the countries for which there were observed sedimentation rates, the countries that appear in Figure 2.2-4. (The graphs shown for Ukraine were compiled for the purposes of explaining the procedure and the results obtained from this procedure). The graphs for countries that were deemed important and/or where potential problems were expected are shown below in section 2.2.8.

2.2.8. Results and finding

Once the method and procedures had been conducted on all of the countries above, as well as on the continental/regional groupings, it was possible to analyze the outcomes and results obtained.

2.2.8.1. Predicted and Actual sedimentation rates

As stated previously, the procedure laid out in section 2.2.7.2 above was applied to each country/state and these sedimentation rates were used to project what the current (2006), as well as future, levels of sedimentation might be. From the summary of these results and the Sediment Yield Zones spreadsheet, charts were plotted along the continental/regional groupings. These charts appear below for Africa, Asia Australia and Oceania, the Middle East, North-, South-, and Central America.

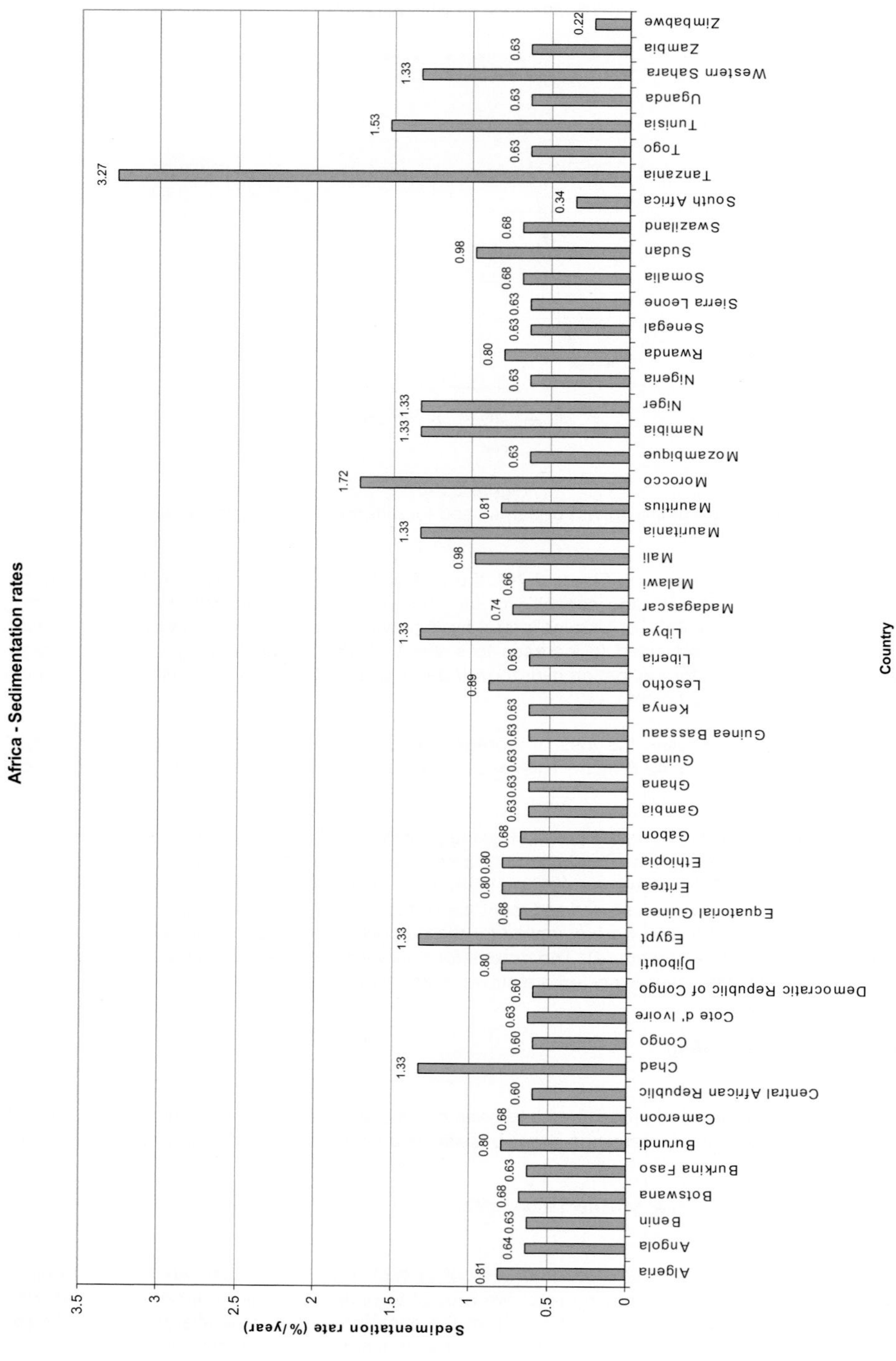

Figure 2.2-9
Taux de sédimentation réels et prévus en Afrique

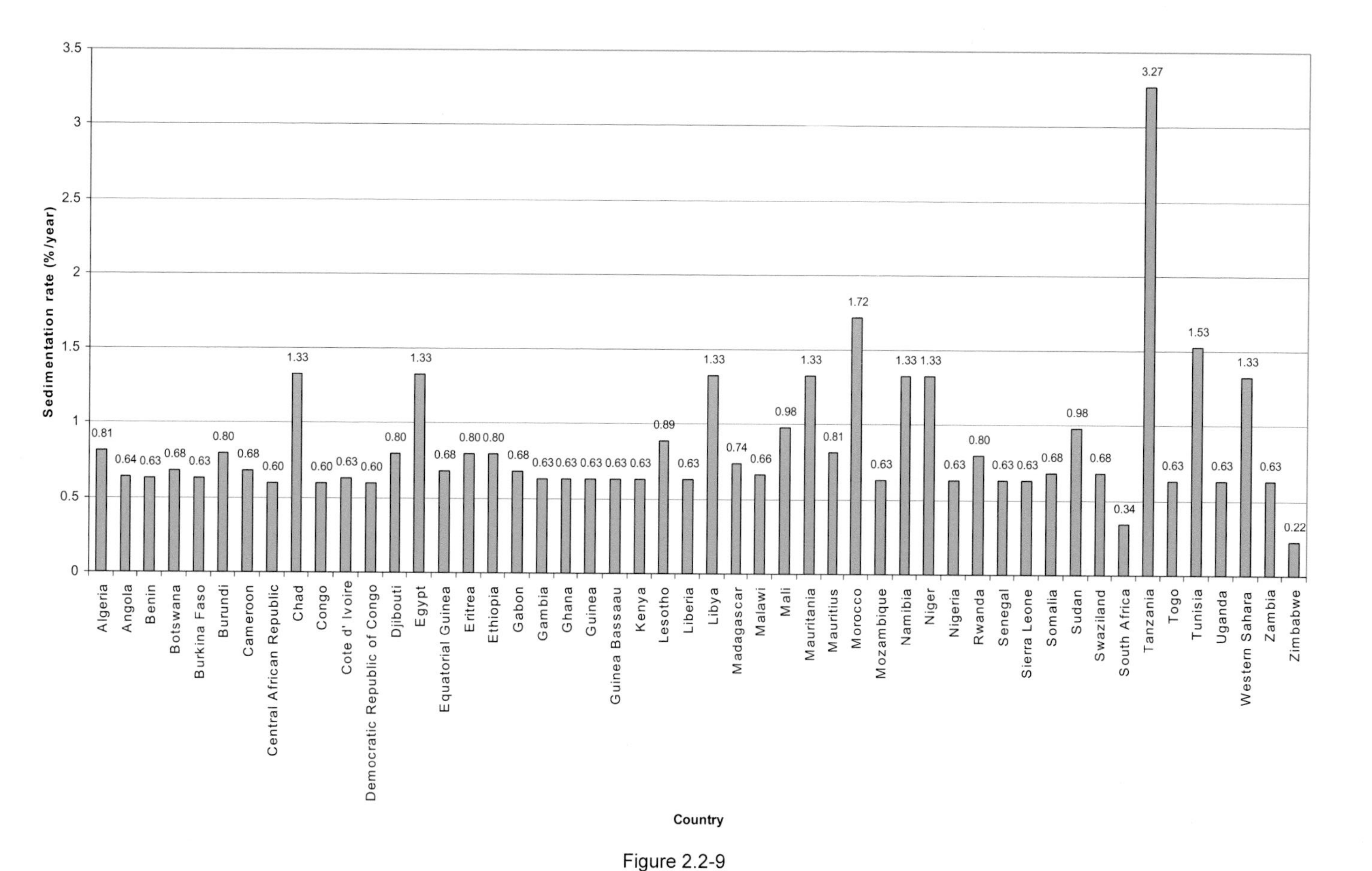

Figure 2.2-9
Actual and predicted sedimentation rates in Africa

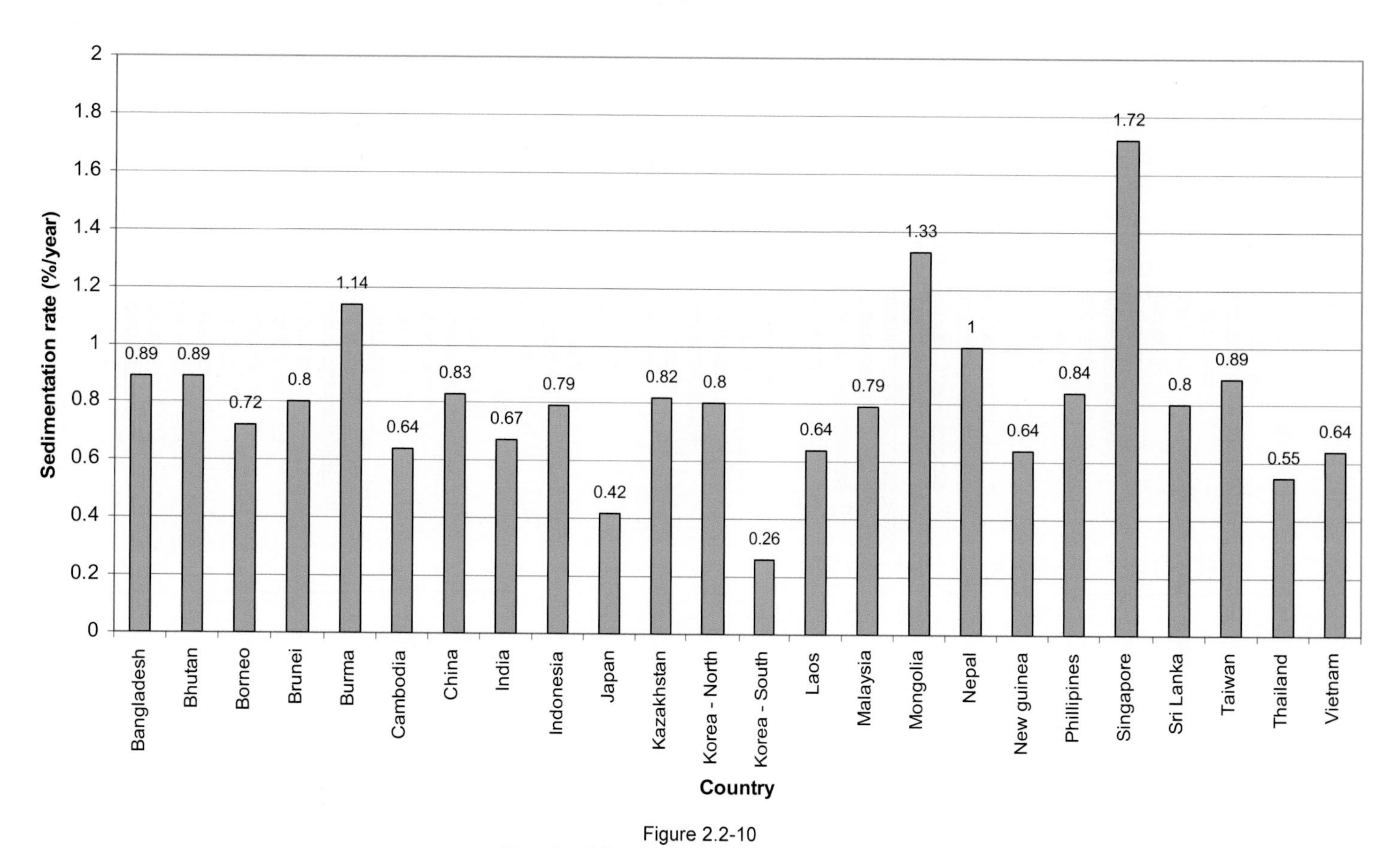

Figure 2.2-10
Taux de sédimentation réels et prévus en Asie

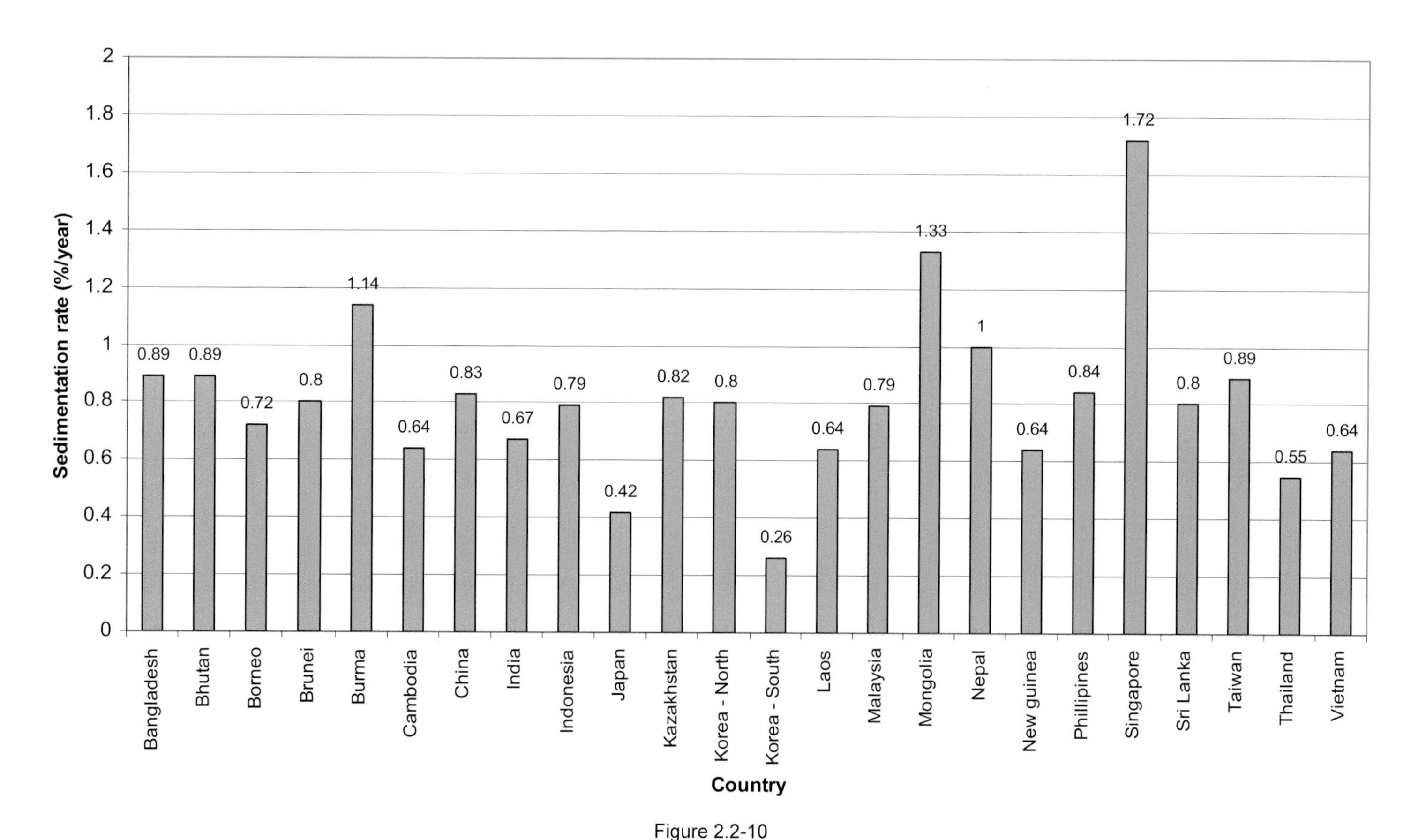

Figure 2.2-10
Actual and predicted sedimentation rates in Asia

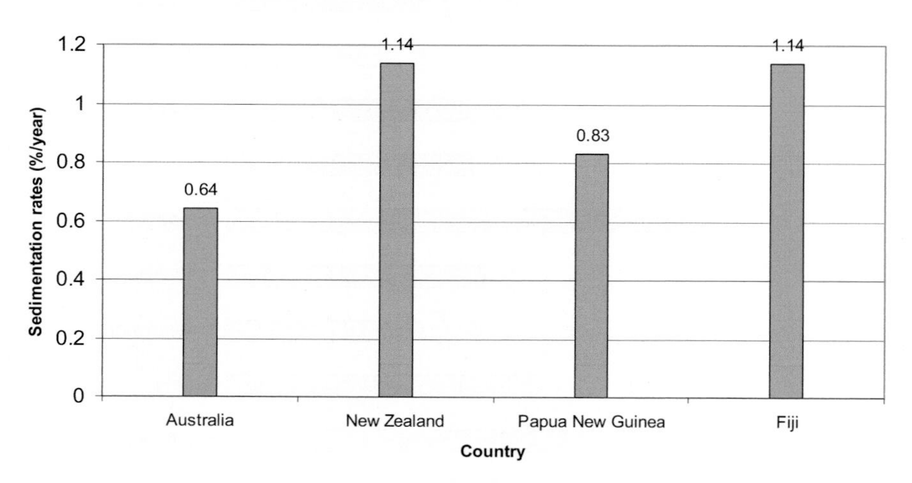

Figure 2.2-11
Taux de sédimentation réels et prévus en Australie et Océanie

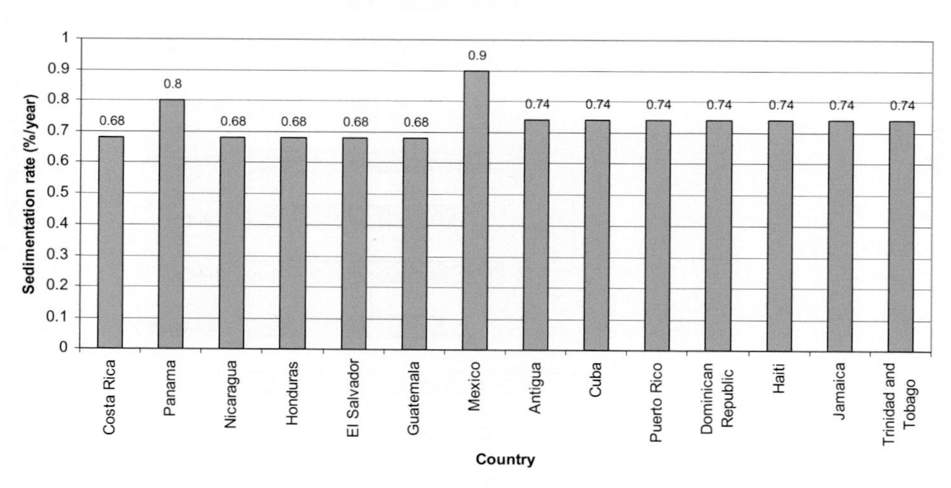

Figure 2.2-12
Taux de sédimentation réels et prévus en Amérique Centrale

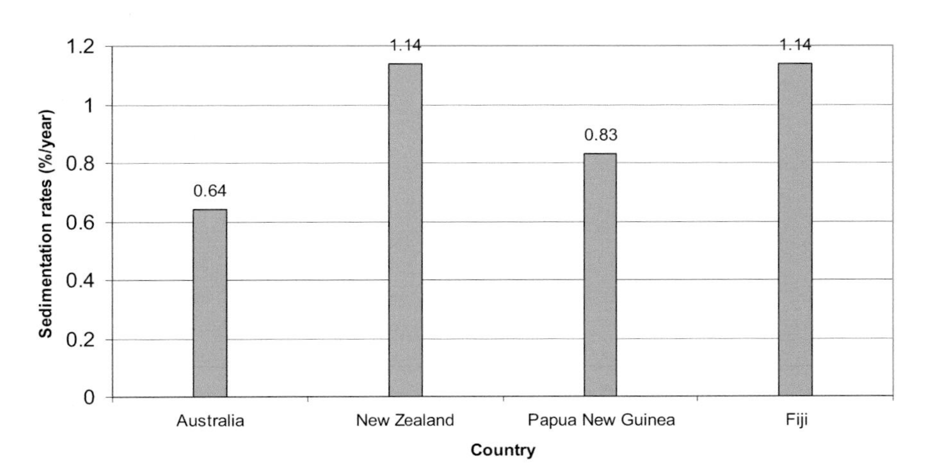

Figure 2.2-11
Actual and predicted sedimentation rates in Australia and Oceania

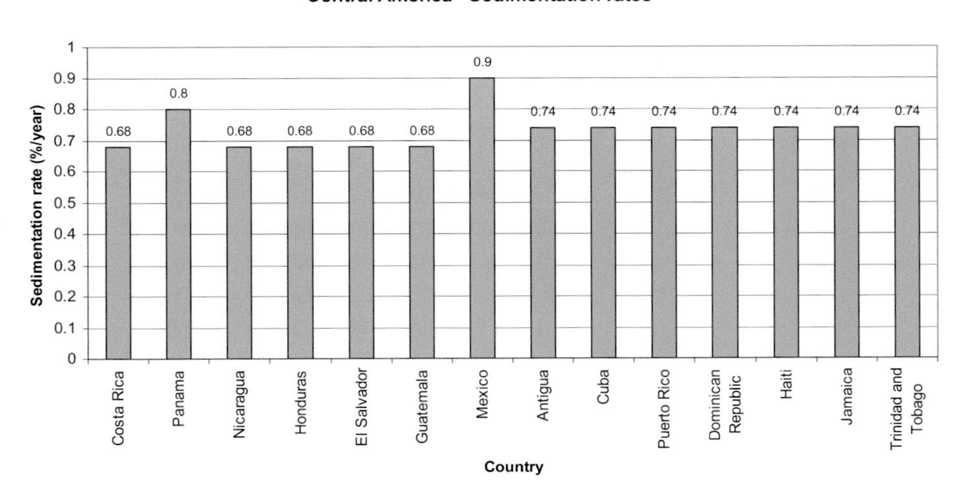

Figure 2.2-12
Actual and predicted sedimentation rates for Central America

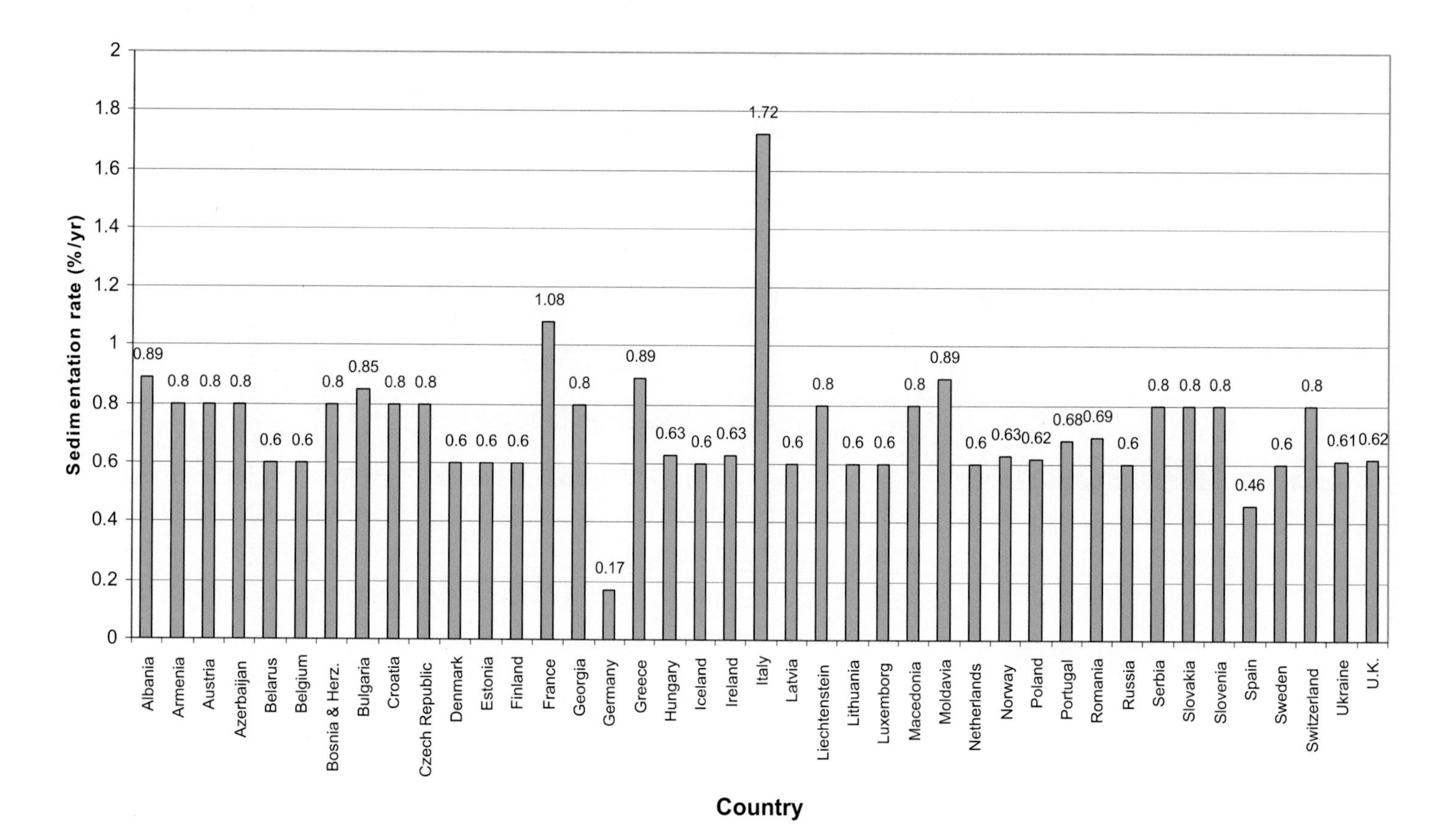

Figure 2.2-13
Taux de sédimentation réels et prévus en Europe

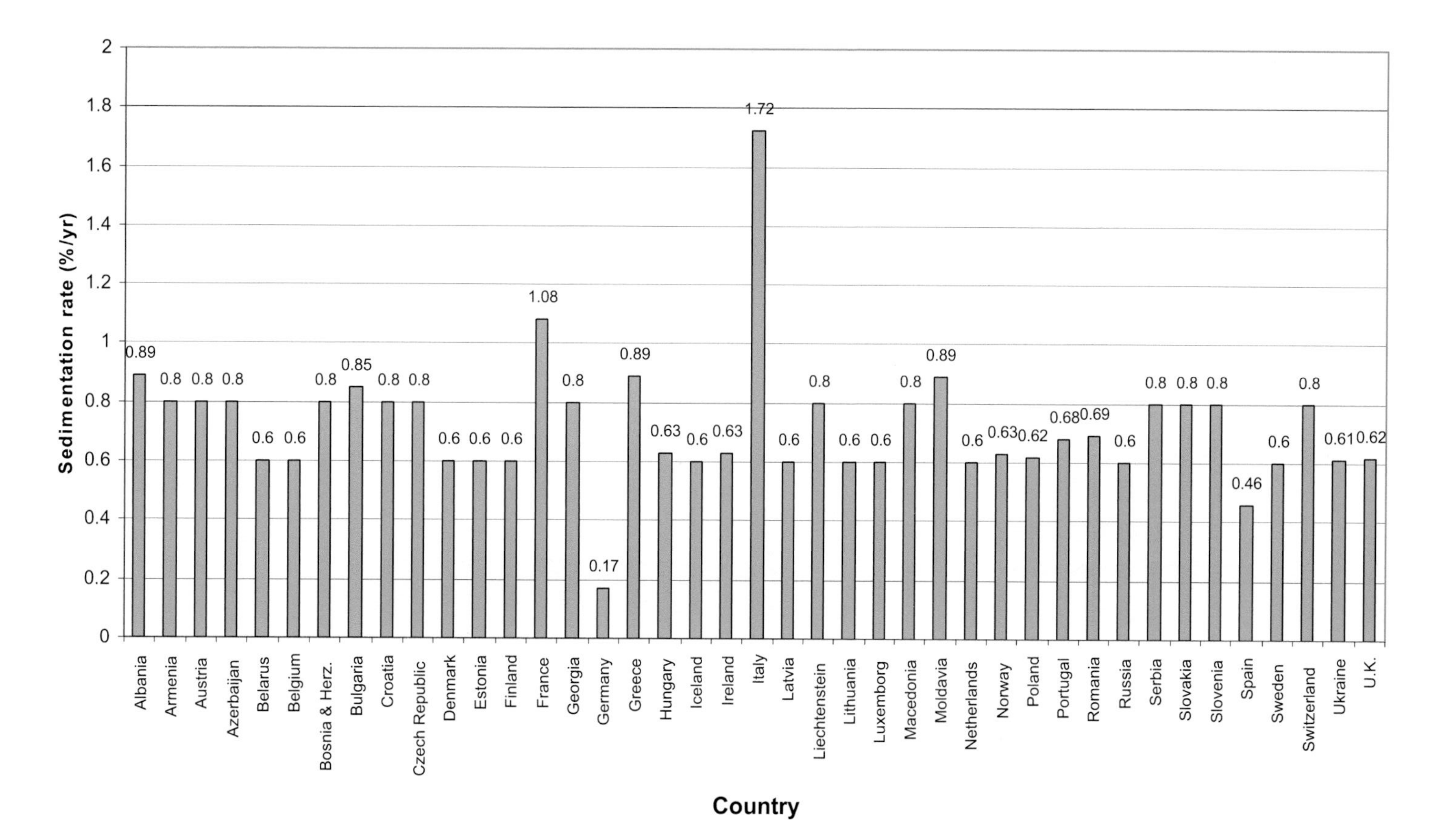

Figure 2.2-13
Actual and predicted sedimentation rates in Europe

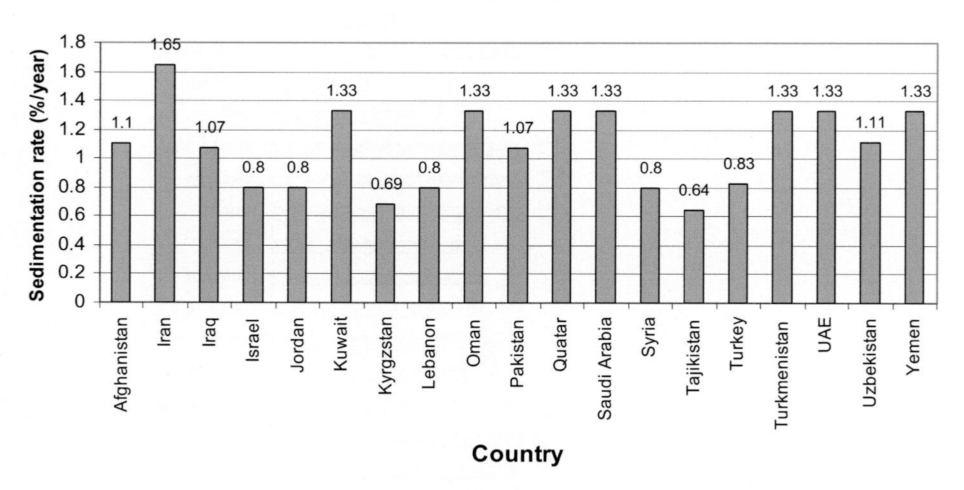

Figure 2.2-14
Taux de sédimentation réels et prévus au Moyen-Orient

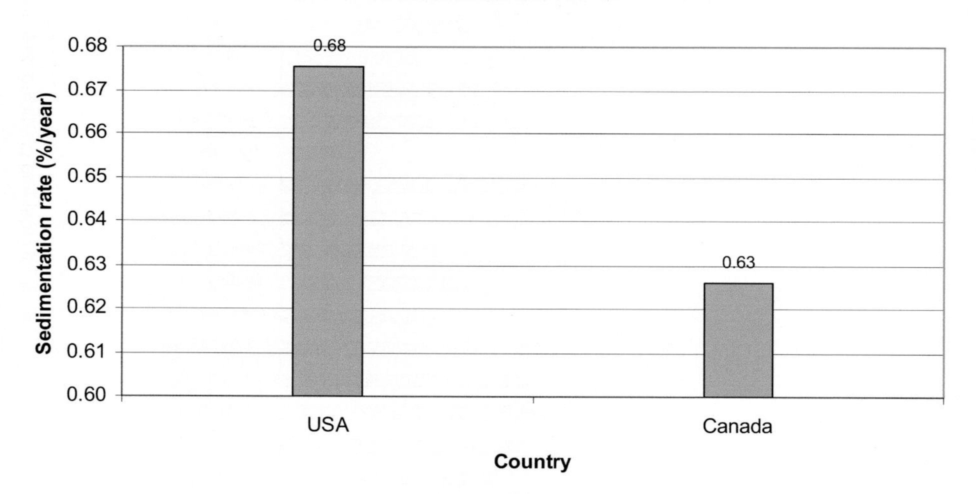

Figure 2.2-15
Taux de sédimentation réels et prévus en Amérique du Nord

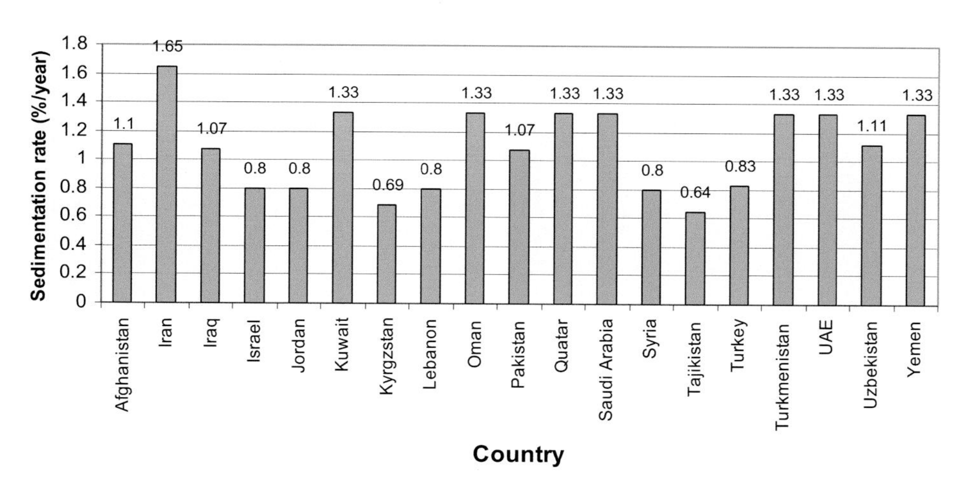

Figure 2.2-14
Actual and predicted sedimentation rates in the Middle East

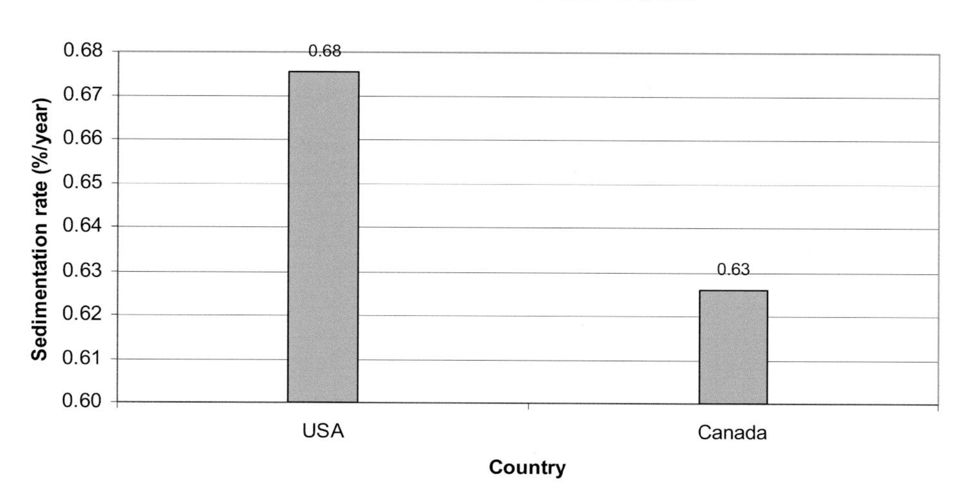

Figure 2.2-15
Actual and predicted sedimentation rates for North America

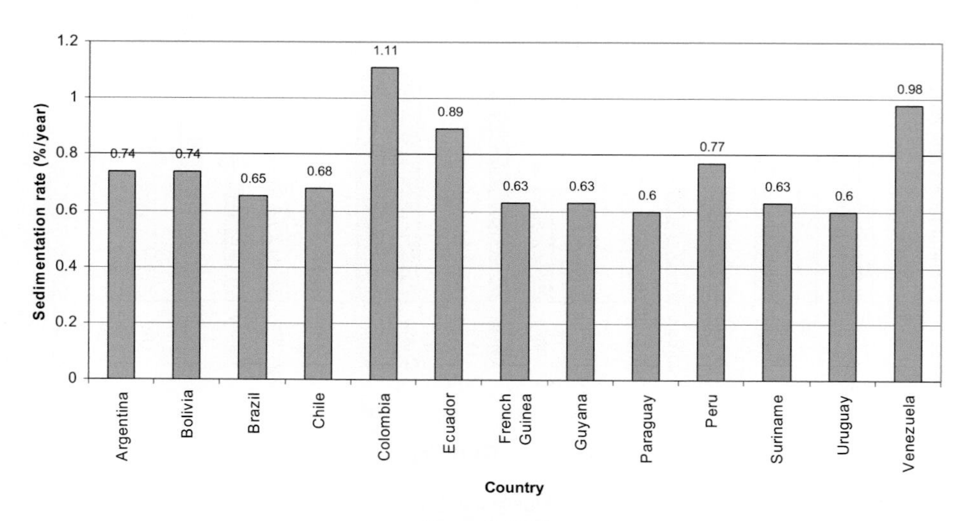

Figure 2.2-16
Taux de sédimentation réels et prévus en Amérique du Sud

Pour montrer le taux de sédimentation de chaque région, deux approches ont été utilisées et les résultats sont résumés ci-dessous, Tableau 2.2-13.

Tableau 2.2-13
Intensités de sédimentation moyennes par régions

Région	Intensité de sédimentation moyenne (%/an)	Intensité de sédimentation moyenne pondérée (%/an)
Afrique	0.85	0.59
Asie	0.79	0.73
Australie & Oceanie	0.94	0.74
Amérique Centrale	0.74	0.86
Europe	0.73	0.65
Moyen Orient	1.02	1.01
Amérique du Nord	0.68	0.68
Amérique du Sud	0.75	0.72

Le taux de sédimentation moyen a été calculé simplement en obtenant la valeur moyenne à partir des valeurs données pour chaque pays, et ils ont été calculés par région. Le taux de sédimentation moyen pondéré est obtenu :

1. En multipliant la capacité de stockage totale de chaque pays par le taux de sédimentation (soit prévu, soit observé).

2. Les résultats de l'étape 1 ci-dessus sont ensuite additionnés pour tous les pays en fonction de la région.

3. La somme obtenue à l'étape 2 ci-dessus est alors divisée par la capacité de stockage totale de la région. Cela nous donne le taux de sédimentation moyen pondéré.

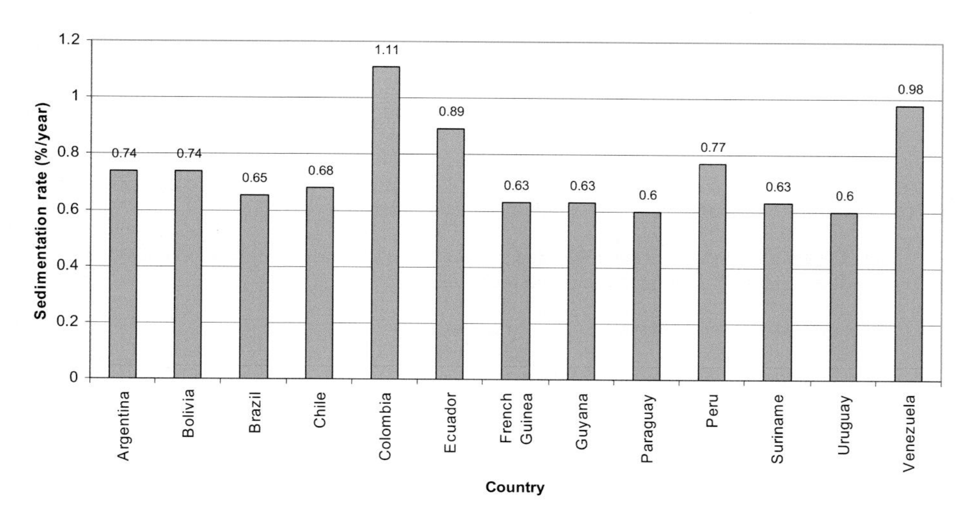

Figure 2.2-16
Actual and predicted sedimentation rates in South America

To show what the average sedimentation rate was for each region two approaches were used, and the results are summarized below Table 2.2-13.

Table 2.2-13
Average sedimentation rates for regions

Region	**Average Sedimentation rate (%/year)**	**Weighted Average Sedimentation rate (%/year)**
Africa	0.85	0.59
Asia	0.79	0.73
Australia & Oceania	0.94	0.74
Central America	0.74	0.86
Europe	0.73	0.65
Middle East	1.02	1.01
North America	0.68	0.68
South America	0.75	0.72

The Average sedimentation rate was calculated simply by obtaining the mean value from the values provided for each country, and were calculated by region. The weighted average sedimentation rate is obtained by:

1. Multiplying the total storage capacity of each country by the sedimentation rate (either predicted or observed).
2. The results of step 1. above are then summed together for all the countries in a given region.
3. The sum from step 2. above is then divided by the total storage capacity of the region. This gives the weighted average sedimentation rate.

Cette méthode de pondération des taux de sédimentation a été appliquée afin de prendre en compte le fait que certains pays, comme la Chine, les États-Unis, etc., ont une capacité de stockage bien supérieure à celle du Botswana ou de l'Uruguay, et qu'ils contribuent ainsi dans une plus large mesure à l'intensité de la sédimentation moyenne globale.

Dans l'article mentionné précédemment (Lempérière, 2006), il était indiqué qu'un taux de perte de stockage de 0,3%/an était un taux plausible au niveau mondial. La méthode décrite dans ce Bulletin, qui se base sur des données enregistrées, montre que, au niveau régional, le taux de sédimentation moyen n'est en aucun cas inférieur à 0,5%/ an. Les résultats de ce rapport semblent ainsi contredire les arguments mis en avant dans l'article ci-dessus.

En utilisant les données et les méthodes ci-dessus, un taux de sédimentation moyen plausible qui pourrait être considéré comme la moyenne mondiale est :

Taux de sédimentation moyen = 0.8%/ an

Taux de sédimentation moyen pondéré = 0.7%/ an

Ce taux mondial, dans les deux cas, fait plus que doubler le taux plutôt faible de 0,3 %/ an.

2.2.8.2. Prévisions pour les pays cruciaux/importants

Les résultats de l'application de la méthodologie décrite dans ce Bulletin aux pays où des informations détaillées sur le suivi de la sédimentation étaient disponibles seront examinés ci-dessous, et ils sont regroupés en fonction de la région à laquelle ils appartiennent. Afin de raccourcir ce paragraphe, seuls les pays cruciaux qui pourraient être confrontés à des problèmes majeurs ou ceux pour lesquels des informations très détaillées ont été fournies seront abordés.

2.2.8.2.1 Afrique

Les données étaient disponibles pour 11 pays d'Afrique. Parmi ces pays, la situation la plus préoccupante est, de loin, la Tanzanie. L'intensité de sédimentation pour la Tanzanie était de 3,27%/ an. Cette valeur a été obtenue, comme nous l'avons dit, à partir des bases de données des cours d'eau mondiaux et de leurs taux d'apports sédimentaires, pour un barrage unique (à savoir le Barrage Ikowa), qui a permis d'estimer ce taux. Il s'agit d'un barrage de taille réduite en Tanzanie et il n'apparaît pas dans le Registre Mondial des Barrages. Ainsi, bien que la situation semble préoccupante à cause de ce taux de sédimentation élevé, la situation des autres réservoirs n'est probablement pas aussi préoccupante qu'il n'y paraît.

2.2.8.2.1.1 Afrique du Sud

Le graphique de l'Afrique du Sud est présenté ci-dessous en illustration 2.2-17.

This method of weighting the sedimentation rates was applied to take into account that some countries, for example China, Unites States of America, etc., have a much larger storage capacity, than Botswana or Uruguay, and thus, will contribute in a larger extent to the global average sedimentation rate.

In the article mentioned previously (Lempérière, 2006) it was stated that a rate of loss of storage of 0.3%/year was a likely rate that should be expected globally. The sedimentation rates calculated using the method described in this Bulletin which is based on recorded data shows that on a regional level the average sedimentation rate is in no case less than 0.5%/ year. Thus, the outcomes of this report seem to dispute the arguments put forward in the article above.

Using the data and methods above, a likely average sedimentation rate that could be called the global average is seen to be:

Average sedimentation rate = 0.8%/ year

Weighted average sedimentation rate = 0.7%/ year

This global rate, in both cases, more than doubles the rather low rate of 0.3 %/ year.

2.2.8.2. *Predictions for crucial/important countries*

The outcomes of applying the methods described in this Bulletin to the countries where detailed survey information was available will be discussed below and are grouped by whichever region they belong to. To shorten this section only the crucial countries that could be experiencing major problems, or the ones where there was very detailed information will be discussed.

2.2.8.2.1 *Africa*

Data was available from 11 countries in Africa. From these countries the situation is by far the worst in Tanzania. The sedimentation rate for Tanzania was 3.27%/ year. This value was obtained, as discussed, from the database of World Rivers and their sediment *yields* with the specific, single dam, which provided this rate being the Ikowa Dam. This is a small dam in Tanzania and does not appear on the World Register of Dams. Thus, though the situation seems bad because of this high sedimentation rate, the situation in the other reservoirs is probably not as bad as it seems.

2.2.8.2.1.1 *South Africa*

The graph for South Africa is shown below in Figure 2.2-17.

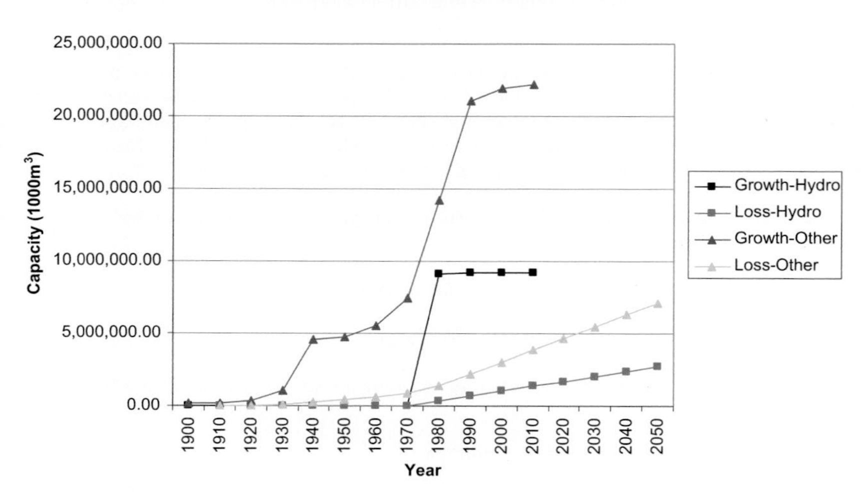

Figure 2.1-17
Comparaison de l'augmentation de la capacité de stockage des barrages en Afrique du Sud

Ce graphique montre que l'Afrique du Sud ne possède pas beaucoup d'infrastructures hydroélectriques et celles qui existent sont antérieures à 1980. Le taux de sédimentation pour l'Afrique du Sud est de 0,37%/ an et il n'y a donc pas de problème à prévoir à court terme. Les barrages hydroélectriques représentent uniquement 30% de la capacité de stockage en Afrique du Sud.

2.2.8.2.1.2 Algérie

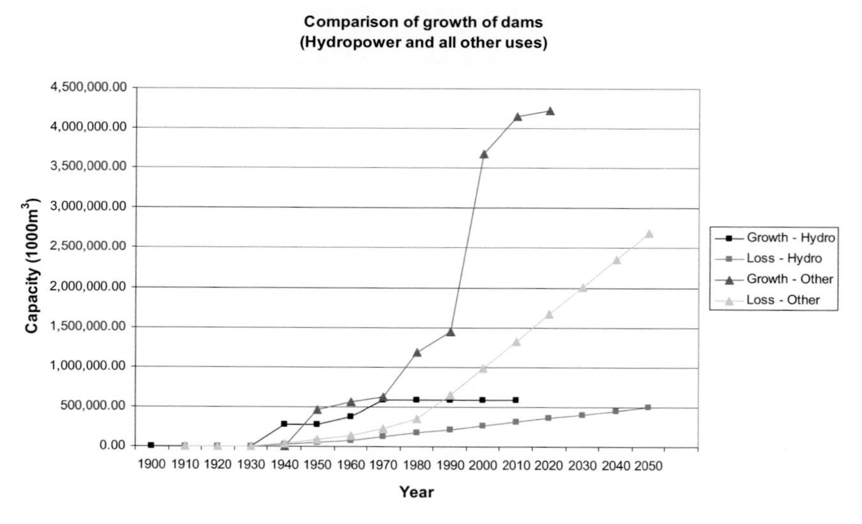

Figure 2.2-18
Comparaison de l'augmentation de la capacité de stockage des barrages en Algérie

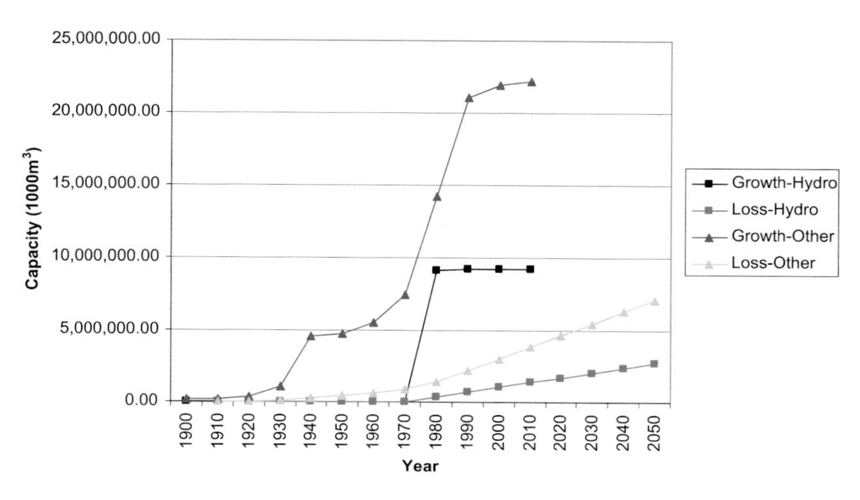

Figure 2.2-17
Comparison of growth of dams in South Africa

This chart shows that South Africa does not have many hydropower schemes and that the ones that are in place were completed prior to 1980. The sedimentation rate for South Africa is 0.37%/ year and thus there are no short-term problems predicted. Hydropower dams make up only 30% of the storage capacity in South Africa.

2.2.8.2.1.2 ALGERIA

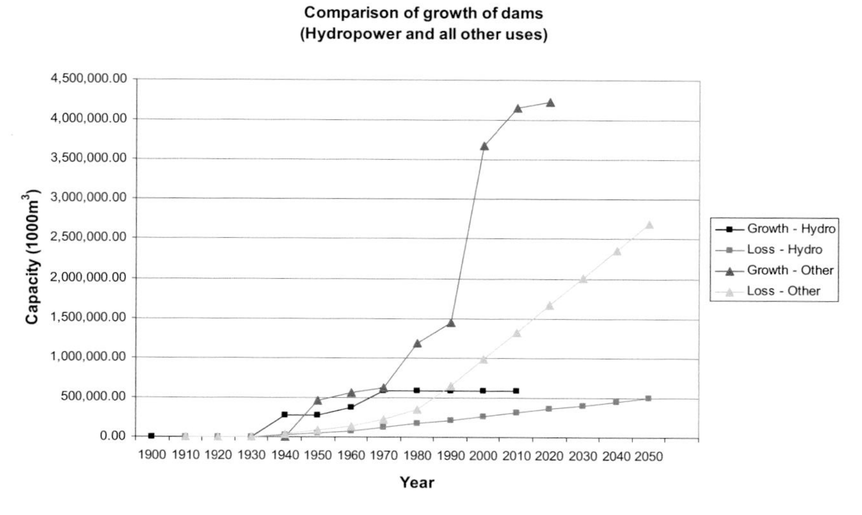

Figure 2.2-18
Comparison of growth of dams in Algeria

Le graphique de l'Algérie est présenté ci-dessous en illustration 2.2-18. On peut observer qu'aucun barrage hydroélectrique n'a été construit en Algérie depuis 1970.Le taux de sédimentation en Algérie est de 0,81%/ an et cela signifie que, sur les 30 dernières années, la capacité de stockage hydroélectrique du pays a progressivement diminué. Le pourcentage restant de la capacité de stockage hydroélectrique est de 46%, et il ne resterait en 2050 que de 14% de la capacité de stockage hydroélectrique totale initiale. Les impacts sur les barrages à usages multiples ne sont pas aussi importants, car la construction a été continue au fil des années.

2.2.8.2.1.3 Maroc

Le Maroc disposait également d'informations détaillées, et l'évolution des volumes de stockage et des pertes par sédimentation pour les réservoirs à usages multiples est présenté ci-dessous.

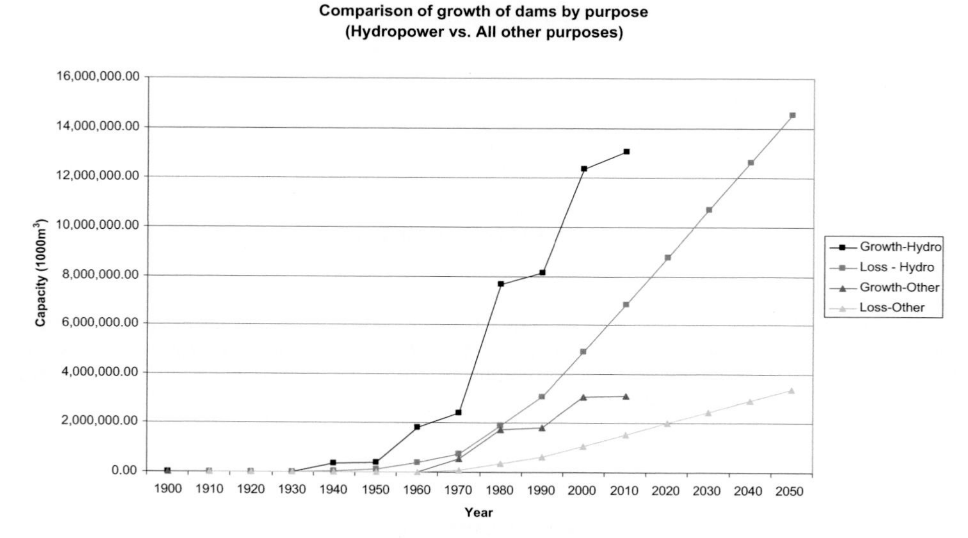

Figure 2.1-19
Comparaison de l'augmentation de la capacité de stockage des barrages au Maroc

Ce graphique montre que bien que le taux de sédimentation soit élevé au Maroc, le rythme de construction des barrages reste élevé, ce qui permet d'assurer la durabilité des barrages au Maroc pour un certain temps. Cependant, un ralentissement de la construction de nouveaux barrages aurait un impact majeur sur la capacité de stockage à l'échelle du pays.

En 2006, la perte de capacité de stockage due au phénomène de sédimentation était de l'ordre de 52% pour la production hydroélectrique et de 49% pour tous les autres usages. Cette valeur devrait augmenter et dépasser la capacité de stockage totale actuelle pour le Maroc au cours des années 2040. Cela signifie que, si la capacité de stockage totale des réservoirs n'augmente pas dans les 44 ans à venir, le Maroc ne disposera plus d'aucune capacité de stockage en 2050.

2.2.8.2.2 Asie

2.2.8.2.2.1 Chine

La Chine est considérée comme le pays qui dispose du plus grand nombre de barrages recensés. Il ne semblait pas satisfaisant de calculer le taux de sédimentation à partir des données qui étaient disponibles sur ces 29 barrages. Ainsi, il a été décidé de diviser la Chine en États et

The graph for Algeria is shown above in Figure 2.2-18. It can be seen that no hydropower dams have been constructed in Algeria since before 1970. The sedimentation rate in Algeria is 0.81%/ year and this means that for the last 30 years the Algerian hydropower storage capacity has slowly been depleted. The remaining percentage of hydropower storage is 46%, and the predicted value in 2050 is only 14% of the total hydropower storage capacity. The impacts on dams used for other purposes are not so large, as there has been continued construction over the years.

2.2.8.2.1.3 Morocco

Detailed information was also available for Morocco, and the graph comparing growth rates for reservoirs of different purposes is included below.

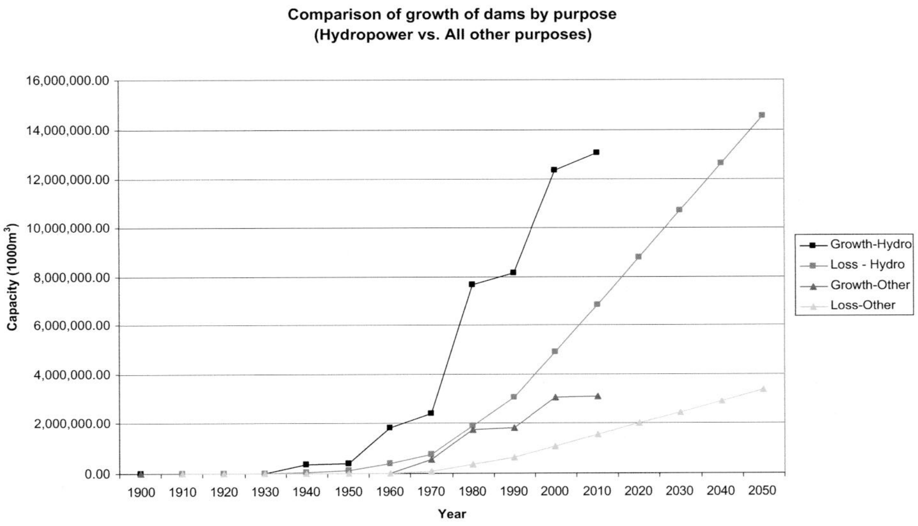

Comparison of growth of dams by purpose (Hydropower vs. All other purposes)

Figure 2.2-19
Comparison of growth of dams in Morocco

This graph shows that even though the sedimentation rate is high in Morocco the rate at which dams are being constructed is also still high, and this might ensure the sustainability of dams in Morocco for a while. However, if the rate of new dam construction slows, there could be major impacts on the storage capacity.

In 2006 the loss of storage capacity due to sediment build up was in the order of 52% for hydropower and 49% for all other purposes. This value was seen to increase and surpass the current total storage capacity for Morocco during the 2040's. This means, that if no further increases in total reservoir storage capacity occurs within the next 44 years that Morocco will have no storage capacity left by 2050.

2.2.8.2.2 Asia

2.2.8.2.2.1 China

China is considered to be the country with the highest number of dams. It was not deemed satisfactory to base the average sedimentation rate from the data that was available from 29 dams. Thus, it was decided to split China up by state and use the sedimentation yield zones to calculate the

d'utiliser le taux d'apport sédimentaire pour calculer les taux de perte de capacité de stockage pour chaque province, comme décrit dans le paragraphe précédent. Les résultats de cette comparaison sont présentés sur le graphique ci-dessous.

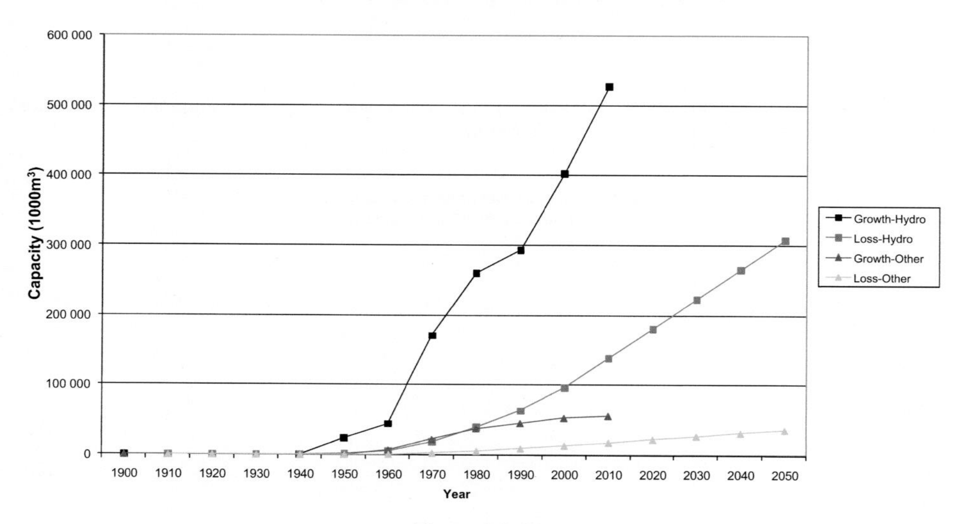

Figure 2.2-20
Comparaison de différent taux de sédimentation pour la Chine

Si le taux de sédimentation de 2,32%/ an, comme l'indiquent les données en provenance de 29 barrages, est utilisé pour les calculs de la Chine, la capacité de stockage actuelle de la Chine sera complètement comblée par les sédiments au cours de la prochaine décennie. En 2006, on considère que la capacité de stockage restante est de seulement 44% de la capacité de stockage totale initiale. Ce taux semble extrêmement élevé, et il n'est probablement pas représentatif de la majorité des barrages chinois.

Si la méthode décrite est utilisée, avec le taux de sédimentation calculé pour chaque province, alors, en 2006, on considère que la capacité de stockage restante est de 80% de la capacité de stockage totale initiale. Il n'est pas certain que ces taux soient corrects, mais le taux de sédimentation supérieur ne peut pas être considéré comme représentatif de la majorité des barrages car il est bien supérieur au taux moyen mondial. Ainsi, afin de représenter la majorité des barrages le plus précisément possible, il a été décidé d'utiliser le taux de sédimentation calculé province par province pour la Chine.

La majorité des barrages chinois sont des barrages hydroélectriques. En 2006, on considère que 26% de la capacité de stockage hydroélectrique a été comblée par les sédiments et que 32% de la capacité de stockage des barrages à usages multiples a été comblée. Ces chiffres devraient passer à respectivement 58% et 65% en 2050. Le fait que le taux de sédimentation de la Chine soit potentiellement très élevé est compensé par le taux de construction des barrages, qui est lui aussi très élevé.

2.2.8.2.2.2 Inde

La qualité de l'information disponible et les recherches qui ont été menées en Inde devraient être considérés comme la référence, le modèle vers lequel les autres pays devraient tendre. L'Inde a mené des recherches et a réalisé des études de sédimentation importantes dans de nombreuses

loss rates for each province as described in section. The results of this comparison are shown below on the graph.

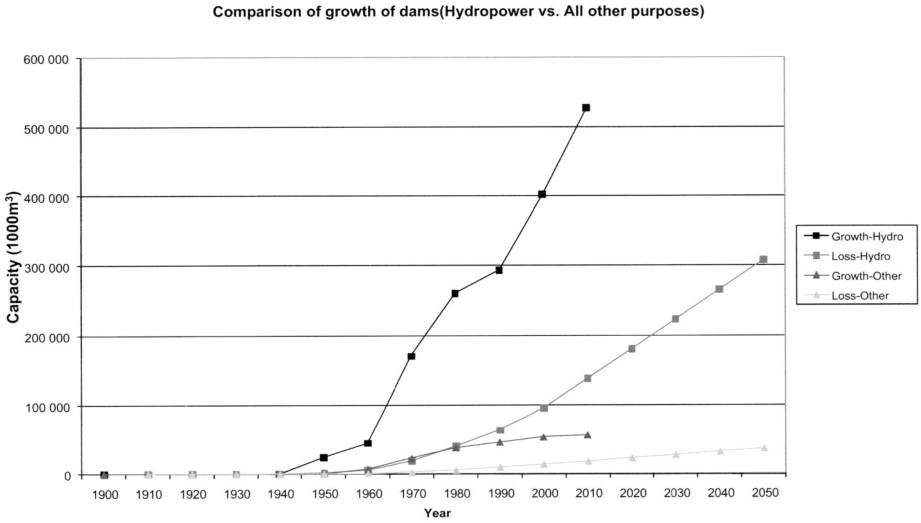

Figure 2.2-20
Comparing different sedimentation rates for China

If the sedimentation rate of 2.32%/ year, as obtained from the data for 29 dams, is used for the calculations for China, China's current storage capacity will be completely filled by sediment within the next decade. In 2006 the remaining storage capacity is seen to be only 44% of the total storage capacity. This rate seems to be extremely high, and it is probably not representative for most of the dams in China.

If the method as described is used, with the sedimentation rate calculated for each province then in 2006 the remaining storage capacity is seen to be 80% of the total storage capacity. It is unclear whether or not either of these rates is correct, but the higher sedimentation rate cannot be assumed to be representative of a large majority of dams because it is much greater than the average global rate. Thus, in an attempt to represent most of the dams more accurately, it was decided to utilize the sedimentation rate, calculated province-by-province, for China.

The majority of dams in China are hydropower dams. It was seen that, by 2006, 26% of the hydropower storage capacity had been filled with sediment and 32% of the storage capacity for all other dam purposes had been filled. These figures are set to rise to 58% and 65% respectively, by 2050. The fact that China's sedimentation rate is potentially very high is negated by the very high rate at which dams are being constructed there.

2.2.8.2.2.2 India

The quality of information available and the research that has been conducted in India should be considered the benchmark, the standard to which other countries should strive. India was seen to

régions, semblable à ce qui a été réalisé dans ce rapport. Le graphique de l'Inde est présenté ci-dessous en illustration 2.2-21. En Inde, la majorité des barrages qui sont construits sont utilisés pour l'irrigation, mais les barrages hydroélectriques sont généralement plus grands et, par conséquent, il existe une capacité de stockage hydroélectrique plus importante que celle des barrages à usages multiples.

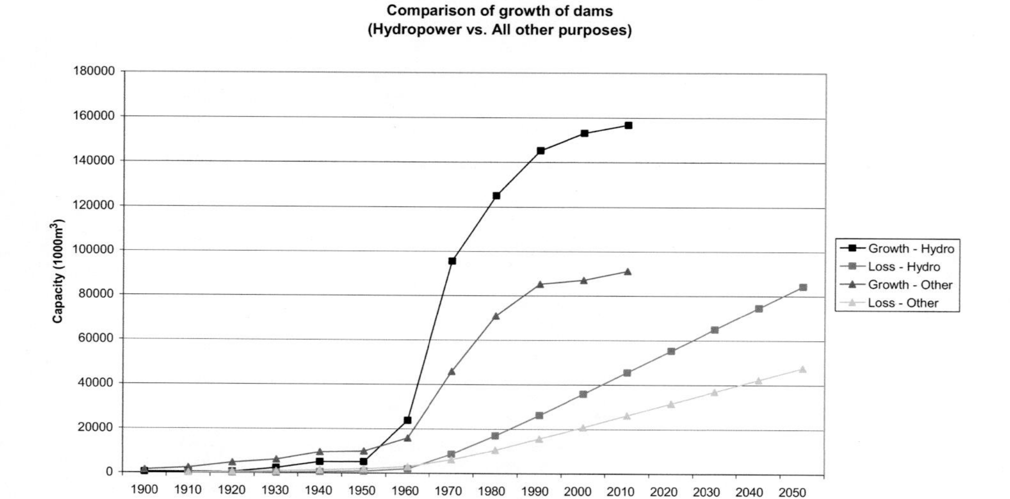

Figure 2.2-21
Comparaison de l'augmentation de la capacité de stockage des barrages en Inde

Le taux de sédimentation moyen pour l'Inde était de 0,72%/ an. Cependant, le graphique ci-dessus a été créé en additionnant les graphiques réalisés (du même type, en comparant la croissance des barrages sur la base de l'usage du réservoir) pour chaque province, en utilisant le taux de sédimentation de chaque province. Si une province ne disposait pas de données recueillies relative à la sédimentation, le taux de sédimentation pris en compte a été calculé en utilisant la méthode basée sur la classe des taux d'apports sédimentaire dans laquelle se trouve cette province en particulier.

En 2006, le niveau de sédimentation est de l'ordre de 29% de la capacité de stockage totale incluant les barrages hydroélectriques et ceux à usages multiples. Il est prévu qu'en 2050, cette valeur atteigne 54% du stockage total pour l'hydroélectricité et 52% du stockage total actuel pour les autres usages à buts multiples.

2.2.8.2.2.3 JAPON

Bien que la structure de l'information ne soit pas aussi présentable que pour l'Inde, le Japon dispose de la base de données la plus actualisée et la plus importante. Les relevés qui ont été réalisés ont tous été effectués en 2002 et 2003 et ils ont été réalisés sur 420 réservoirs. En tenant compte du fait que le Japon est l'un des pays les plus modestes (en taille géographique) pour lesquels des données étaient disponibles, il possède les résultats de relevés les plus denses. Cependant, il était impossible de déterminer, à partir de l'illustration 2.2-6, la classe d'apport sédimentaire dans laquelle se trouvait le Japon et, par conséquent, le taux de sédimentation du Japon (probablement le pays où base de données est la plus précise) n'a pas été utilisé pour calculer les moyennes régionales présentées dans le tableau 2.2-9.

have conducted extensive research and sedimentation surveys for various regions already, similar to what was performed in this report. The chart for India is provided below as Figure 2.2-21. In India, the majority of dams that are constructed are used for irrigation, but the hydropower dams are generally the larger dams, thus, there is more hydropower storage capacity than that for all other dam purposes.

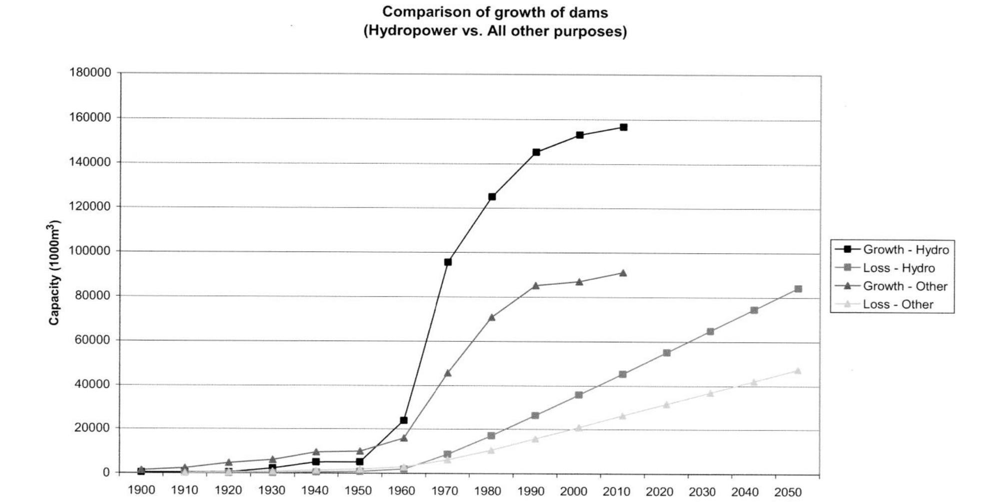

Figure 2.2-21
Comparison of growth of dams in India

The average sedimentation rate for India was found in to be 0.72%/ year. However, the above graph was compiled by summing the graphs made (of the same type, comparing the growth of dams based on reservoir purpose) for each province, using each province's own sedimentation rate. If a province had no data collected from it, the sedimentation rate used for it was found by using the method based on what sediment yield zone that particular province lay in.

In 2006 the level of sedimentation is in the order of 29% of the current total storage capacity for both hydropower and dams used for any other purpose. This value is predicted to increase to 54% of the current total storage for Hydropower and 52% of the current total storage for all other dam purposes by the year 2050.

2.2.8.2.2.3 Japan

Although the layout of the information might not be as presentable as that of India, Japan has the most current and largest database available. The surveys that were conducted were all done so in 2002 and in 2003 and these were done on 420 reservoirs. Considering that Japan is one of the smaller countries (in geographical size) that data was available for, it had the highest number of survey findings. However, from Figure 2.2-6 it was impossible to determine the sediment yield zone that Japan was in, and thus the sedimentation rate from Japan (probably the most accurate database) was not used in calculating the regional averages seen in Table 2.2-9.

Le taux de sédimentation pour le Japon est faible, et ainsi aucun problème de sédimentation n'est à prévoir dans un avenir proche. Le Japon possède toujours un taux de croissance de sa capacité de stockage élevé. Combiné à un faible taux de sédimentation de 0,42%/an, le pays affiche une croissance durable qui reste légèrement en avance sur la sédimentation.

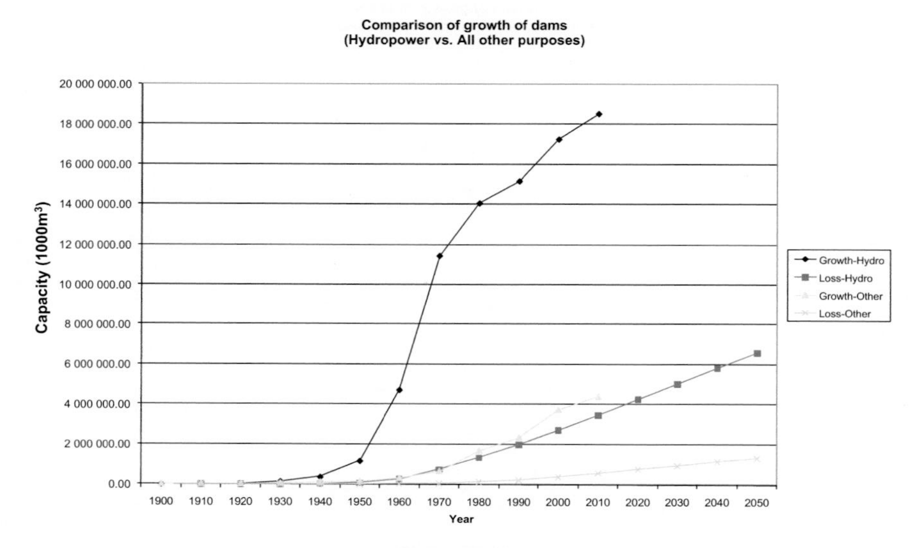

Figure 2.1-22
Comparaison de l'augmentation de la capacité de stockage des barrages au Japon

2.2.8.2.3 Australie et Océanie

Dans cette région, le pays le plus critique était la Nouvelle-Zélande. Le taux de sédimentation, moyen calculé à partir de 5 réservoirs, était de 1,14%/ an. Il s'agit d'un taux de sédimentation relativement élevé et il apparaît sur l'illustration 2.2-23.

La plus grande partie de la capacité de stockage en Nouvelle-Zélande est constituée de barrages hydroélectriques. Une explosion de la construction de nouveaux ouvrages a été observée dans les années 1970. En revanche, depuis les années 1990, il n'y a eu pratiquement aucune construction de barrages en Nouvelle-Zélande.

Pour la production hydroélectrique, le niveau de sédimentation est de 51% de la capacité de stockage totale. Cette valeur atteindra 96% de la capacité de stockage totale en 2050. La situation est aussi préoccupante pour les barrages à usages multiples.

The sedimentation rate for Japan is low, and thus no sedimentation problems are foreseen in the near future. Japan still has a high growth rate of storage capacity and this, coupled with the low sedimentation rate of 0.42%/ year, means that Japan is showing good sustainable growth that is keeping slightly ahead of sedimentation.

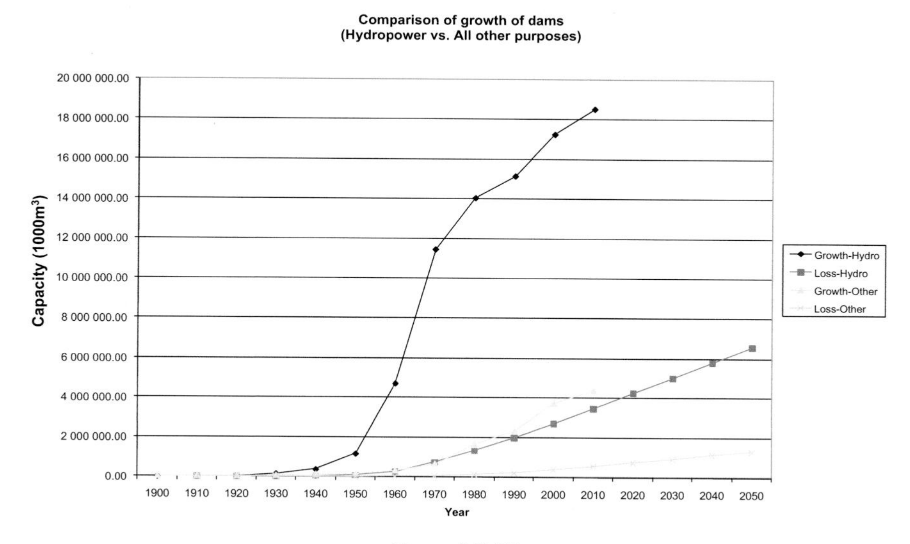

Figure 2.2-22
Growth of dams in Japan

2.2.8.2.3 *Australia and Oceania*

In this region the most critical country was seen to be New Zealand. The sedimentation rate that was the average from 5 reservoirs was seen to be 1.14%/ year. This is a relatively high sedimentation rate and is illustrated on Figure 2.2-23.

The bulk of the storage capacity in New Zealand is made up of Hydropower dams. The boom in construction was seen in the 1970's, and since the 1990's there has been practically no dam building in New Zealand.

For hydropower the level of sedimentation is 51% of the total current storage capacity. This value will increase to 96% of the current total supply capacity by 2050. The situation is similarly bad for all other dam purposes.

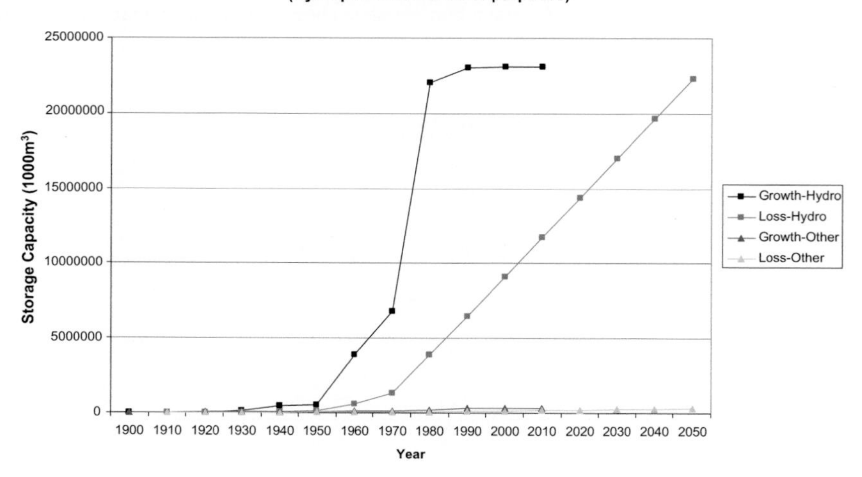

Figure 2.2-23
Comparaison de l'augmentation de la capacité de stockage des barrages en Nouvelle-Zélande

2.2.8.2.4 Amérique Centrale

Le seul pays de la région qui disposait d'informations était Porto Rico, et ces données montraient que le taux de sédimentation était de 0,74%/ an. La courbe de croissance de la capacité de stockage est présentée ci-dessous en illustration 2.2-24.

Pour la production hydroélectrique, aucune construction de barrage n'a eu lieu depuis les années 1960 et cela signifie qu'il y a eu une baisse de la capacité de stockage à partir des années 1960, sous l'effet de la sédimentation. La perte de capacité de stockage total pour l'hydroélectricité est estimée à52% en 2006 et elle devrait atteindre 81% en 2050. Pour les autres barrages à usages multiples, en 2006, 39% de la capacité de stockage totale a été perdue et ce chiffre pourrait atteindre 69% en 2050.

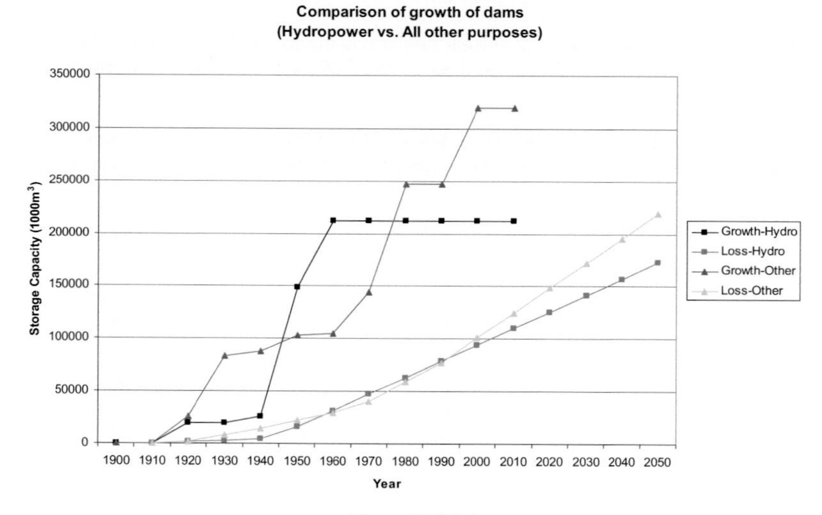

Figure 2.2-24
Comparaison de l'augmentation de la capacité de stockage des barrages à Porto Rico

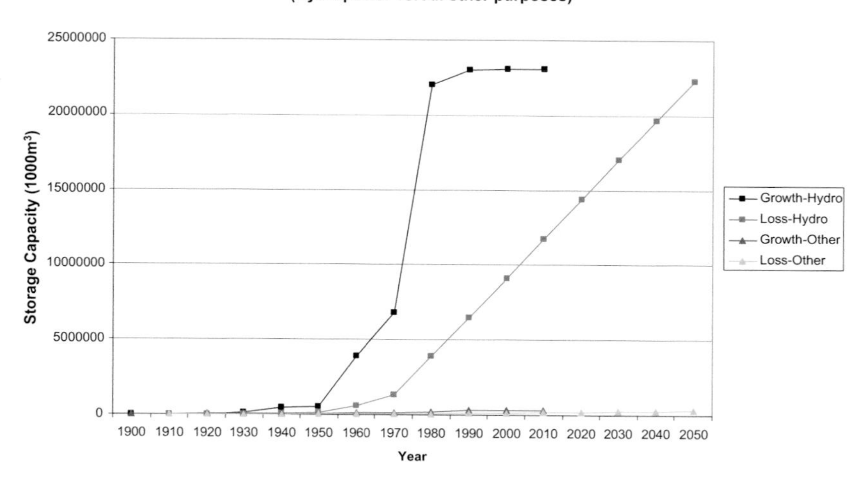

Figure 2.2-23
Comparison of growth of dams in New Zealand

2.2.8.2.4 Central America

The only country in this region that had information available was Puerto Rico, and this data showed that the sedimentation rate was 0.74%/ year. The growth curve is shown in Figure 2.2-24.

For hydropower there has been no dam construction since the 1960's and this means that there has only been a decreasing storage capacity since the 1960's. The proportion of the total current storage capacity lost by 2006 is, for hydropower, 52% which will increase to 81% by 2050. For all other dam purposes, in 2006, 39% of the total storage capacity has been lost, set to increase to 69% by 2050.

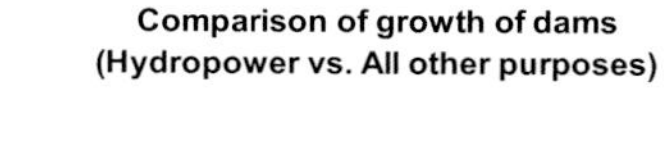

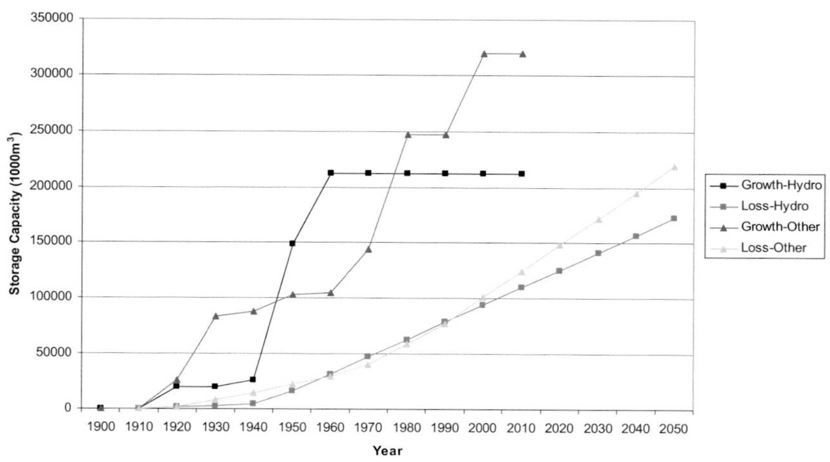

Figure 2.2-24
Comparison of growth of dams in Puerto Rico

2.2.8.2.5 Europe

2.2.8.2.5.1 France

Les intensités de sédimentation qui étaient disponibles en Europe étaient généralement inférieures aux intensités moyennes de sédimentation au niveau mondial, excepté pour l'intensité observée en France, qui s'est avérée être de 1.08%/an. La situation de la France au regard de cette intensité de sédimentation est présentée à l'illustration 2.2-25 ci-dessous.

Que ce soit pour les barrages hydroélectriques ou les barrages destinés à tous les autres usages, il n'y a presque pas eu de nouvelles constructions depuis les années 1990. Pour tous les autres usages, excepté l'hydroélectricité, on prévoit que 48% de la capacité de stockage totale sera perdue d'ici 2006, cette valeur passant à 91% de la capacité de stockage totale actuelle d'ici 2050.

Pour l'hydroélectricité, la perte de capacité de stockage en 2006 a été estimée à 50%, cette valeur devant atteindre 93% de la capacité de stockage totale actuelle d'ici 2050.

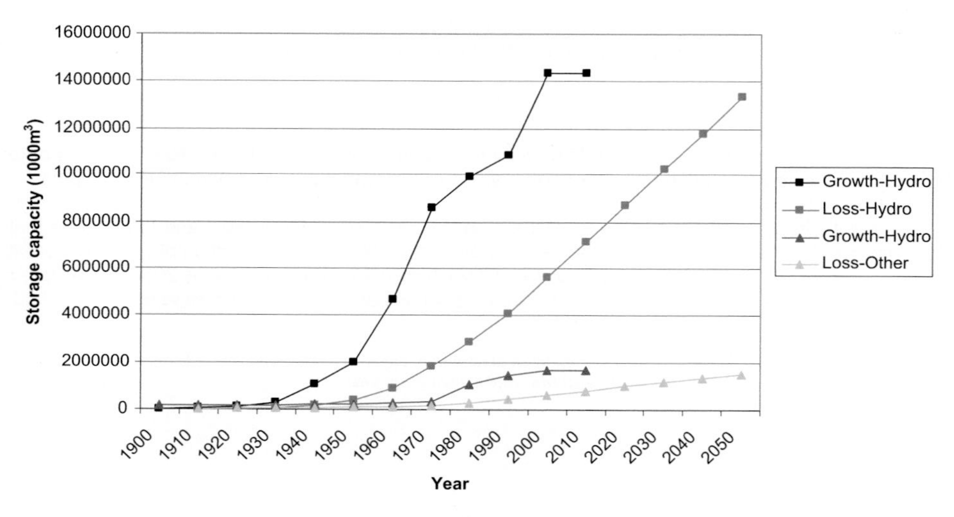

Figure 2.2-25
Comparaison de la croissance des barrages en France

2.2.8.2.5.2 Italie

L'illustration 2.2-26 présente le graphique pour l'Italie. L'intensité de sédimentation moyenne est estimée à 0,25% par an. La plupart des barrages sont situés au nord de l'Italie, dans la région des Alpes, où l'intensité de sédimentation est de 0,15%/an. Dans les autres régions, des intensités de sédimentation comprises entre 0,68 et 0,8% ont cependant été signalées.

2.2.8.2.5 *EUROPE*

2.2.8.2.5.1 *FRANCE*

The sedimentation rates that were available from Europe were generally lower than the average sedimentation rates for the world as a whole, except for the rate seen from France, which was found to be 1.08%/ year. The situation for France using this sedimentation rate is shown as Figure 2.2-25 below.

For both hydropower and dams for all other purposes there has been almost no new dam construction since the 1990's. For all other purposes, besides hydropower, it is expected that 48% of the total storage capacity will have been lost by 2006, with this value increasing to 91% of the current total storage capacity by 2050.

For hydropower by 2006 the loss of storage capacity was seen to be 50%, with this value rising to 93% of the current total storage capacity by 2050.

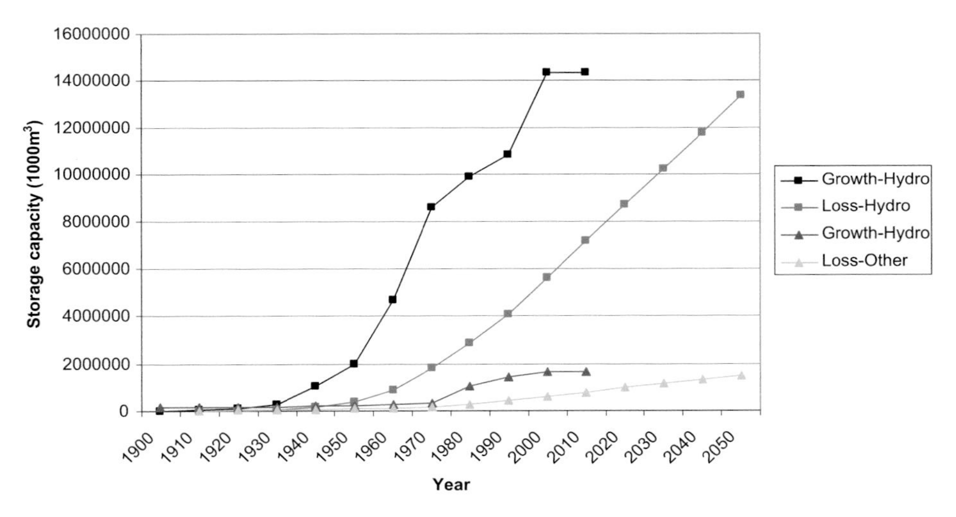

Figure 2.2-25
Comparison of growth of dams in France

2.2.8.2.5.2 *ITALY*

Figure 2.2-26 shows the graph for Italy. The average sedimentation rate is estimated at 0.25% per year. Most of the dams are located in the north of Italy in the Alpine region where the sedimentation rate is about 0.15%/year. In other areas of Italy sedimentation rates of 0.68 to 0.8% per year has however been reported.

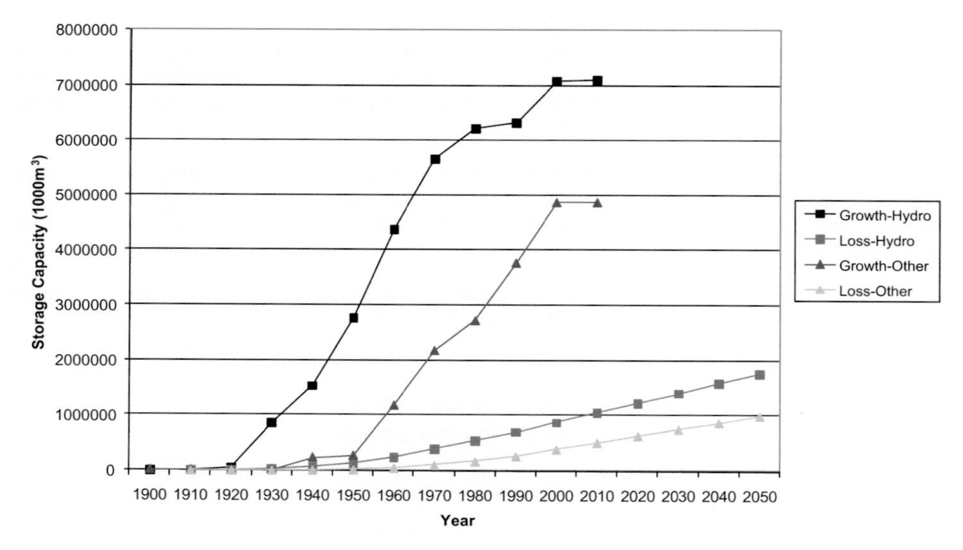

Figure 2.2-26
Comparaison de la croissance des barrages en Italie

Il est attendu que la capacité de stockage hydroélectrique de l'Italie soit réduite de 25% en 2050. Pour les barrages destinés à tous les autres usages, la capacité de stockage totale d'ici 2050 sera réduite d'environ 20% à cause de la sédimentation.

2.2.8.2.5.3 Russie

La Russie possède relativement peu de barrages apparaissant sur le Registre Mondial des barrages au regard de la taille du pays. Cependant, il a été observé que ceux qui y figuraient étaient tous de très grands barrages, la capacité de stockage moyenne étant de 14 862 millions de m^3 pour les barrages présents. Cette valeur s'est avérée la plus élevée tous pays confondus. Il a également été observé que la majorité de ces barrages a été construite pour la production hydroélectrique. Cela apparaît clairement sur l'illustration 2.2-27 ci-dessous. Aucune donnée n'a été fournie pour la Russie, donc le taux a été estimé à partir de la méthode décrite précédemment.

Il a été constaté que l'intensité de sédimentation prédite à 0,6%/ an signifie que cette importante capacité de stockage sera relativement épargnée par les problèmes de sédimentation. En 2050, pour les barrages hydroélectriques, 51% de la capacité de stockage aura été comblée de sédiments. Cette valeur est inférieure à ce qui est observé dans la plupart des pays.

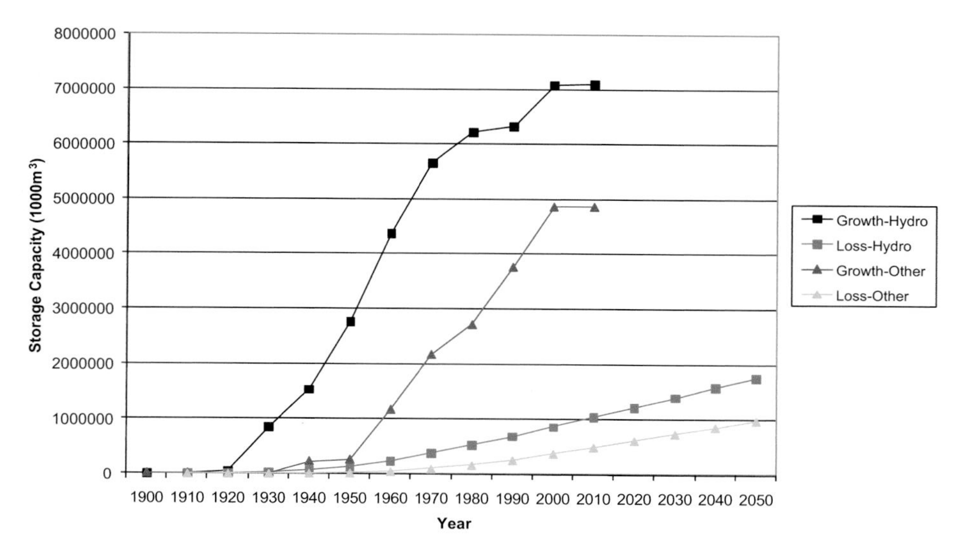

Figure 2.2-26
Comparison of growth of dams in Italy

It is expected that Italy's Hydropower storage capacity will be depleted by 25% by 2050 in Italy. For dams for all other purposes by 2050 about 20% of the total storage capacity would be depleted by sedimentation.

2.2.8.2.5.3 Russia

Russia has relatively few dams appearing on the World Register, when one considers the size of the country. It was, however, seen that the dams present were all very large dams 14 862 million m^3 being the average storage capacity for the dams present. This was seen to be the highest value for any country. It was also noted that the majority of these dams were built for hydropower generation. This can clearly be seen in Figure 2.2-27 below. There was no data provided for Russia, so the rate was predicted using the method described earlier.

It was seen that the predicted sedimentation rate of 0.6%/ year means that this large storage capacity will be relatively free of sedimentation problems. By the year 2050, for Hydropower dams, 51% of the storage capacity would have been filled with sediment. This value is lower than that seen in most countries.

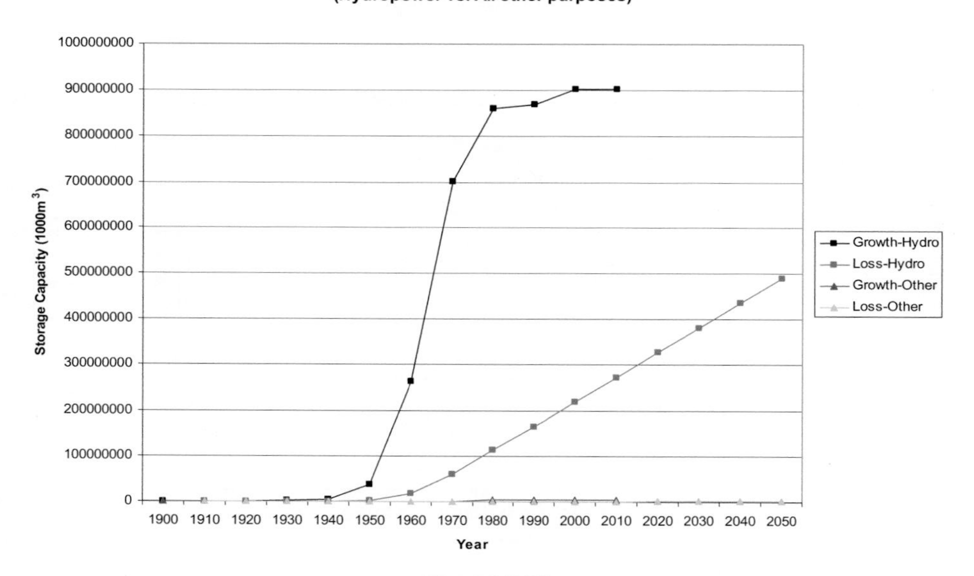

Figure 2.2-27
Comparaison de la croissance des barrages en Russie

2.2.8.2.6 *Moyen Orient*

Dans cette région, les données étaient disponibles uniquement pour le Pakistan et l'Iran. De ces deux pays, l'Iran était considéré comme celui possédant la pire intensité de sédimentation, de 1,65%/ an. Le graphique de l'Iran est présenté ci-dessous en illustration 2.2-28.

L'Iran affiche un taux de croissance élevé de la capacité de stockage pour tous les types de barrages. L'explosion de la construction de barrages en Iran a commencé plus tard que celle observée généralement, et le taux de croissance actuel est le plus rapide, tous pays confondus. L'intensité de sédimentation est élevée, mais si l'Iran peut construire de nouveaux barrages qui incorporent des techniques de transfert par les vannes, et que de nouvelles méthodes de réduction du taux de décantation sont introduites dans la conception, alors la situation pourrait être neutralisée.

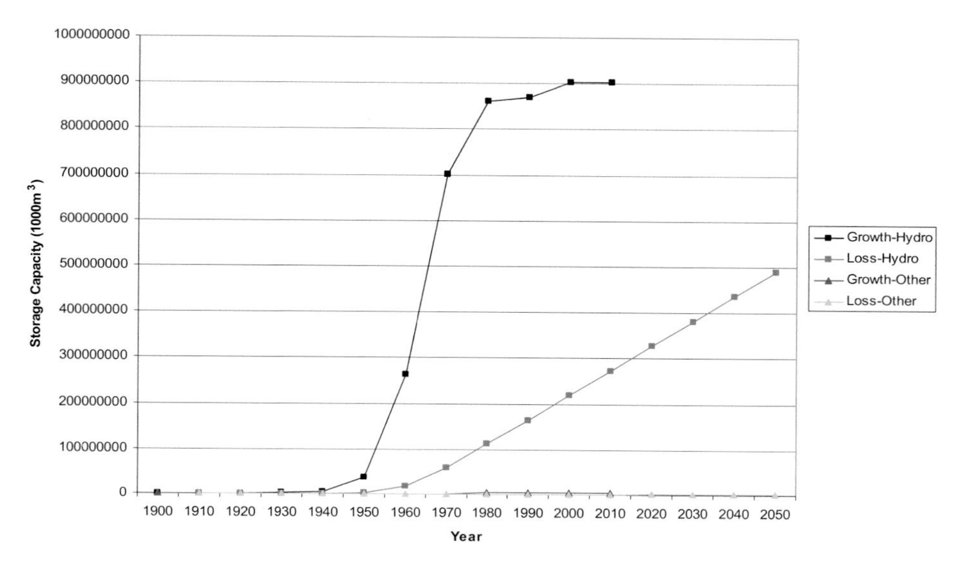

Figure 2.2-27
Comparison of growth of dams in Russia

2.2.8.2.6 Middle East

There was only data available for Pakistan and for Iran from this region. Of the two of these countries, Iran was seen to have the worse sedimentation rate, of 1.65%/ year. The graph for Iran is shown below as Figure 2.2-28.

Iran is seen to exhibit a high growth rate of storage capacity for all purposes of dams. The boom in dam construction for Iran started later than is typically seen, and the current rate of increase is the most rapid seen for any country. The sedimentation rate is high, but if Iran can build new dams that incorporate sluicing, and other new methods of lowering the trapping efficiency into the design then the situation could be neutralized.

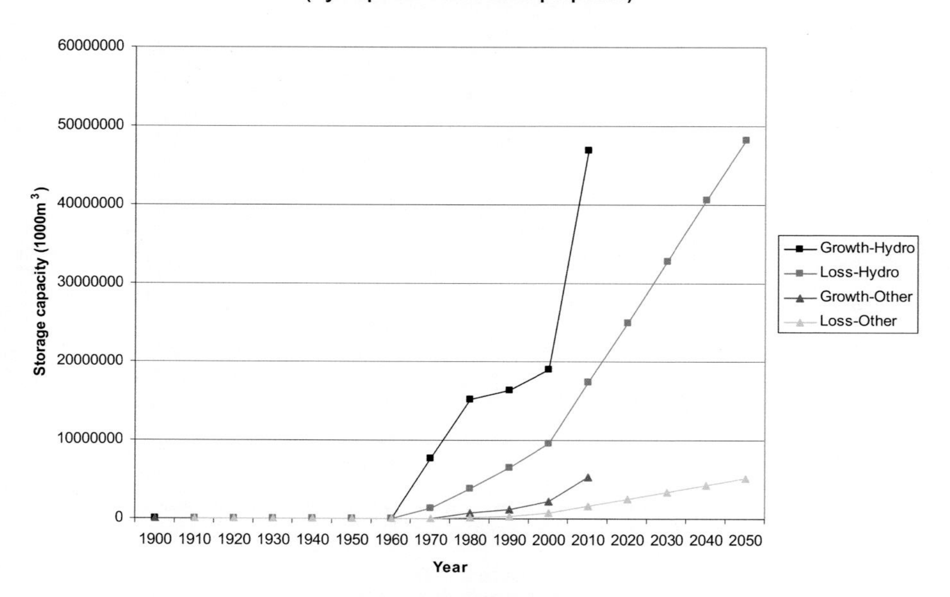

Figure 2.2-28
Comparaison de la croissance des barrages en Iran

2.2.8.2.7 Amérique du Nord et du Sud

Pour l'Amérique du Nord, il a été observé que la capacité des barrages au Canada était anormalement élevée. Elle a été considérée comme étant de la même ampleur que la somme de tous les autres barrages dans le monde. Après une inspection plus précise, il semble que certaines valeurs répétées plusieurs fois ont été incluses dans le Registre Mondial des Barrages. Il a été décidé de ne pas considérer le Canada dans toutes les autres parties de cette étude, en raison des doutes suscités. Pour montrer les résultats obtenus, en utilisant les méthodes présentées dans ce rapport, les graphiques pour les États-Unis et le Brésil sont fournis ci-dessous.

2.2.8.2.7.1 États Unis

Comme expliqué précédemment, les données pour les États-Unis étaient disponibles uniquement pour sept des États d'Amérique. Ces valeurs ont été utilisées pour les États concernés et les valeurs manquantes ont été estimées à partir de la méthode présentée ci-dessus. Pour tracer la courbe, les données de tous les États ont été additionnées pour représenter l'ensemble du pays, comme affiché ci-dessous dans l'illustration 2.2-29, l'unité étant le million de m^3.

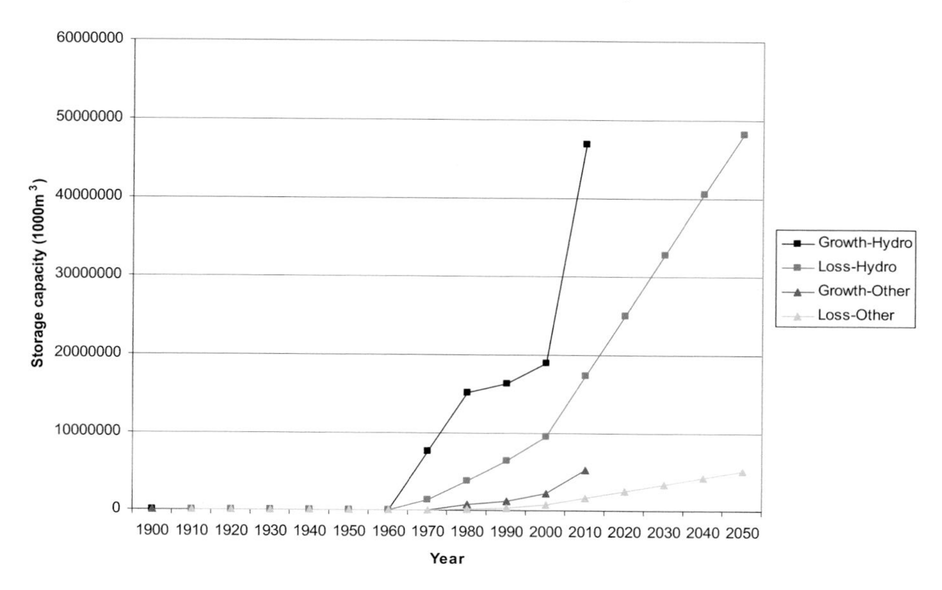

Figure 2.2-28
Comparison of growth of dams in Iran

2.2.8.2.7 North and South America

For North America, it was seen that the capacity of dams in Canada was disproportionately large. It was seen to be the same magnitude as the sum of all other dams in the world. On closer inspection it seems as though there are values repeated numerous times that have been included in the World Register on Dams. It was decided to leave Canada out of any further part of this study, because of the doubt involved. To show the results obtained, using the methods laid out in this report, the graphs for USA and for Brazil are given below.

2.2.8.2.7.1 United States of America

As stated previously, data for America was only available from seven of the States of America. These values were used for the respective States, and the unknown values were predicted using the method put forward above. To plot the curve, the data was summed for all the States to represent the whole country, as shown below in Figure 2.2-29 with the units of million m^3.

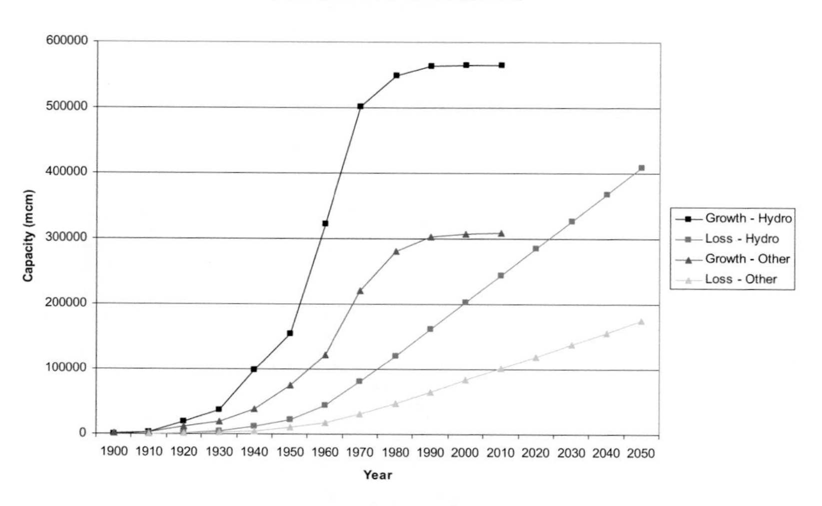

Figure 2.2-29
Comparaison de la croissance des barrages aux États-Unis

Contrairement à la plupart des pays, les barrages destinés à d'autres buts que l'hydroélectricité représentent à peine plus d'un tiers de la capacité de stockage totale. Comme expliqué précédemment, les résultats obtenus à partir de cette méthode semblent montrer une surestimation des intensités de sédimentation aux États-Unis. Ces intensités surestimées montrent déjà que l'accumulation de sédiments n'est pas un sujet de préoccupation pressant aux États-Unis, comme c'est le cas dans d'autres parties du monde.

2.2.8.2.7.2 *Brésil*

Aucune donnée n'a pu être obtenue pour le Brésil. La méthode, comme expliqué précédemment, a été appliquée à chaque province séparément. L'illustration 2.2-30 a été tracée en utilisant les données cumulées et se présente comme suit.

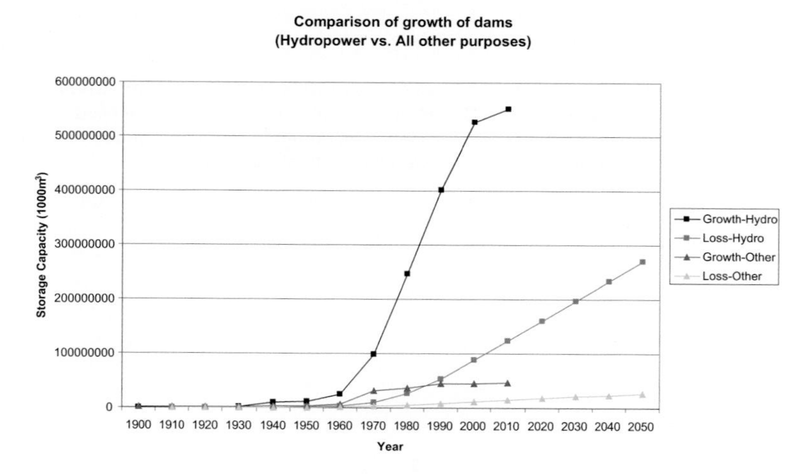

Figure 2.2-30
Comparaison de la croissance des barrages au Brésil

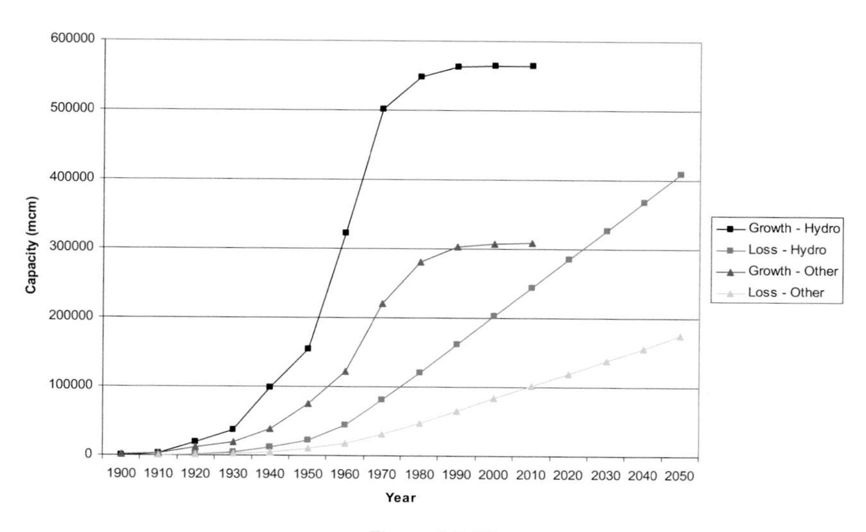

Figure 2.2-29
Comparison of growth of dams in USA

Unlike most countries, dams for purposes other than hydropower make up just over one third of the total storage capacity. As stated in earlier, the results using this method seem to show an over-estimation of the sedimentation rates in America. These over-estimated rates already show that sediment accumulation is not a pressing area of concern in America, as it is in other parts of the world.

2.2.8.2.7.2 Brazil

No data could be obtained for Brazil. The method, as stated in earlier, was applied to each province separately. Figure 2.2-30 was plotted using the cumulative data and appears as seen below.

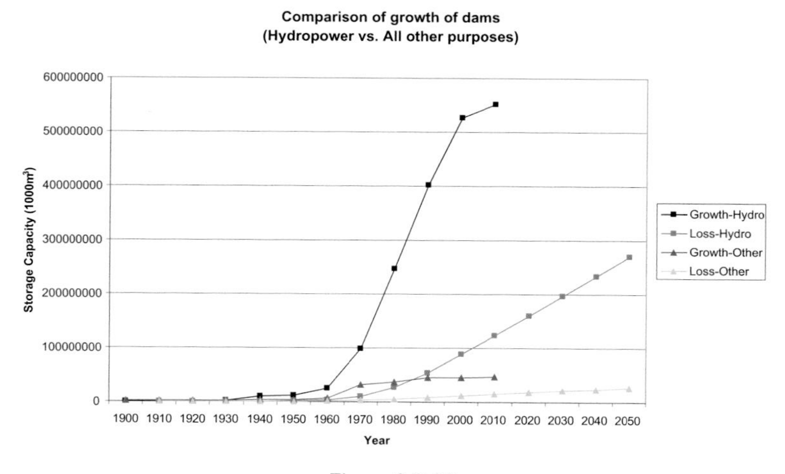

Figure 2.2-30
Comparison of growth of dams in Brazil

La courbe montre que la construction de barrages pour l'hydroélectricité est toujours soutenue de nos jours au Brésil. L'intensité de sédimentation semble très faible et, par conséquent, aucun problème n'est attendu pour le stockage hydroélectrique pour de nombreuses années. La construction des barrages destinés à d'autres usages s'est arrêtée avant 1990 et par conséquent il pourrait potentiellement y avoir des problèmes pour ces barrages. En 2006, la perte de volume attendue en raison des sédiments est de 31% et elle devrait atteindre la valeur de 58% en 2050.

2.2.8.3. Croissance de la capacité de stockage par régions

Comme on peut l'observer sur l'illustration 2.2-8 ci-dessus, les courbes de croissance et de perte cumulées dans le temps ont été calculées pour chaque pays. Elles ont ensuite été additionnées ensemble afin de produire les courbes pour la globalité de la région. Ces courbes sont représentées ci-dessous, de l'illustration 2.2-31 à l'illustration 2.2-38. L'unité de ces graphiques est exprimée en "mcm" qui signifie million de mètres cubes, soit 10^6 m^3.

2.2.8.3.1 Afrique

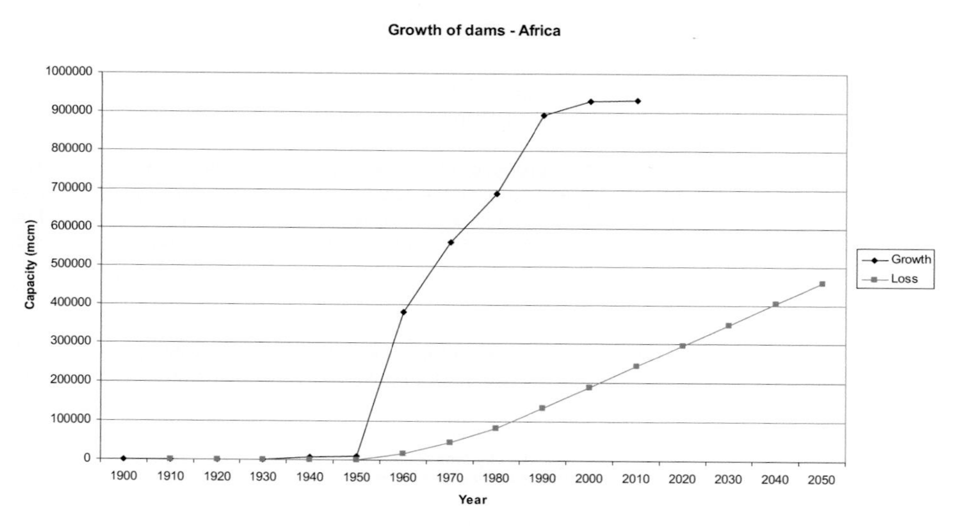

Figure 2.2-31
Croissance des barrages – Afrique

L'illustration 2.2-31 montre que la construction des barrages en Afrique a significativement démarré dans les années 1950. Le taux de croissance était encore élevé mais a ralenti durant les décennies 1960 et 1970. Il y a eu une autre hausse du taux de croissance dans les années 1980 puis un taux en baisse à partir de cette période et jusqu'à nos jours. La capacité de stockage totale en Afrique en 2006 est d'environ 932 000 mcm.

Il a été calculé que la capacité de stockage restante en 2006 était de l'ordre de 81% de la capacité d'approvisionnement théorique totale, ce qui représente une accumulation de sédiments égale à 19% de la capacité totale. Cela représente un volume de sédiments d'environ 178 000 mcm.

En 2050, l'accumulation de sédiments devrait avoir atteint 44% de la capacité de stockage totale, ne laissant que 56%, soit 523 000 mcm.

The curve shows that dam construction, for Hydropower is still going forward in Brazil at present. The sedimentation rate appears to be very low, and thus no problems are expected for the Hydropower storage for numerous years. Construction of all other purpose dams stopped before 1990, and thus there could potentially be problems for these dams. In 2006 the expected volume lost to sediment is 31%, and this will increase to a value of 58% by 2050.

2.2.8.3 Growth of storage capacity for regions

As seen in Figure 2.2-8 above the cumulative growth and loss curves over time were calculated for each country. These were then summed together to produce the curves for the region as a whole. These curves are attached below as Figure 2.2-31 through to Figure 2.2-38. The units for these graphs are expressed as "mcm" which stands for million cubic meters or 10^6 m^3.

2.2.8.3.1 Africa

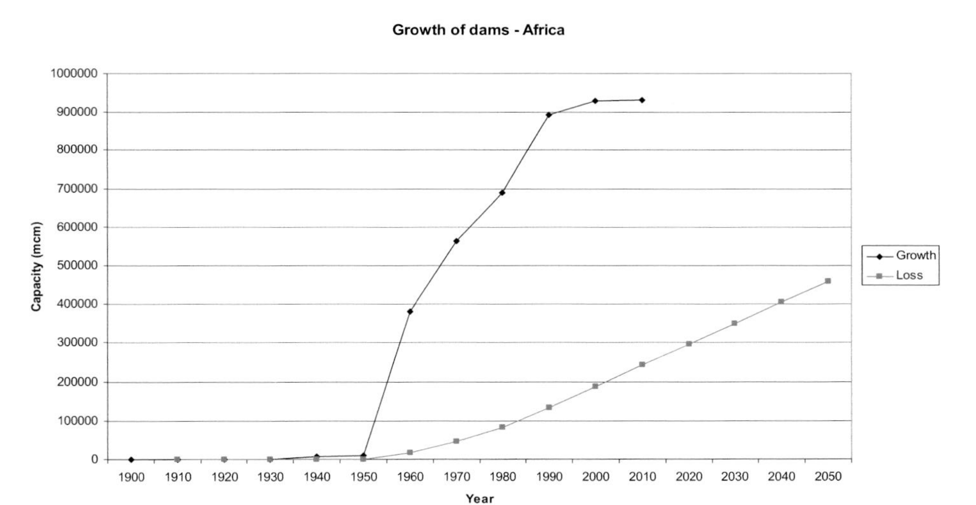

Figure 2.2-31
Growth of Dams – Africa

Figure 2.2-31 shows that dam construction started in earnest in the 1950's in Africa. The growth rate was still high but was slowing down through the 1960's and 1970's. There was another surge in the growth rate in the 1980's with a decreasing rate of growth from then through to the present. The total storage capacity for Africa in 2006 is approximately 932 000 mcm.

By 2006 it was calculated that the remaining storage capacity was roughly 81% of the theoretical full supply capacity, which represents an accumulation of sediment of 19% of the total capacity. This relates to a volume of sediment of approximately 178 000 mcm.

By 2050, the sediment accumulation would have increased to 44% of the total storage capacity, leaving only 56%, or 523 000 mcm.

2.2.8.3.2 Asie

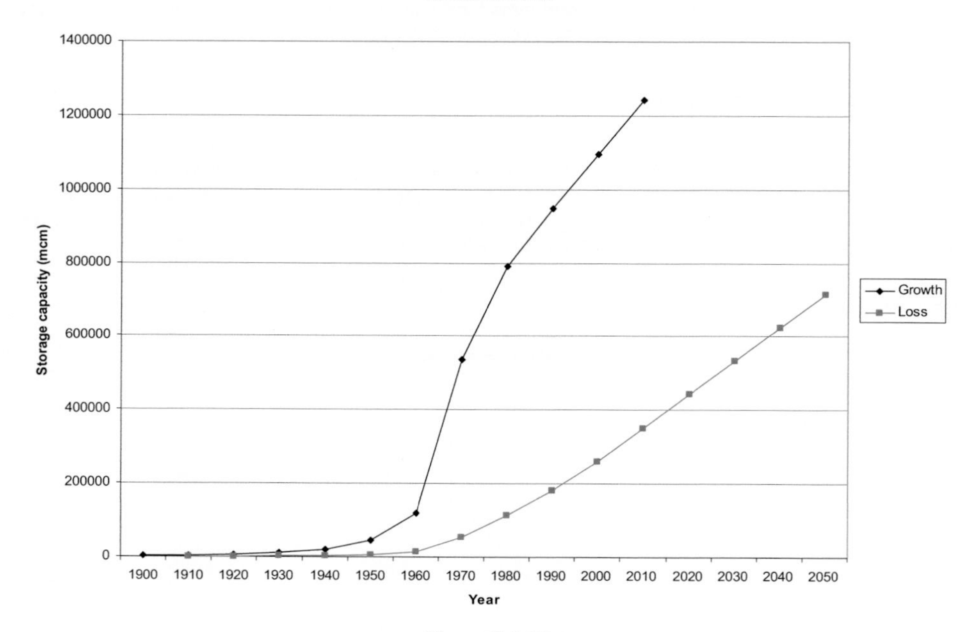

Figure 2.2-32
Croissance des barrages - Asie

L'image pour l'Asie, comme le montre l'illustration 2.2-32, est celle d'une forte croissance à partir des années 1960 qui continue jusqu'à aujourd'hui. Le taux de croissance est moins élevé qu'au démarrage, mais à la différence de la plupart des autres régions, il ne semble pas y avoir de ralentissement. Ce taux de croissance élevé peut être attribué principalement à la Chine, qui continue de construire de grands barrages (par ex., le Barrage des Trois-Gorges qui devait être terminé en 2009) à un rythme relativement rapide.

La capacité totale de stockage pour l'Asie est de 1 242 000 mcm, et à l'heure actuelle (2006), on estime qu'environ 80% de cette capacité de stockage est exempte de sédiments. Il y a environ 252 000 mcm de sédiments accumulés actuellement. En 2050, cependant, près de 53% de la capacité de stockage totale actuelle aura été perdue en raison des dépôts de sédiments, correspondant à un volume d'environ 652 000 mcm.

2.2.8.3.2 Asia

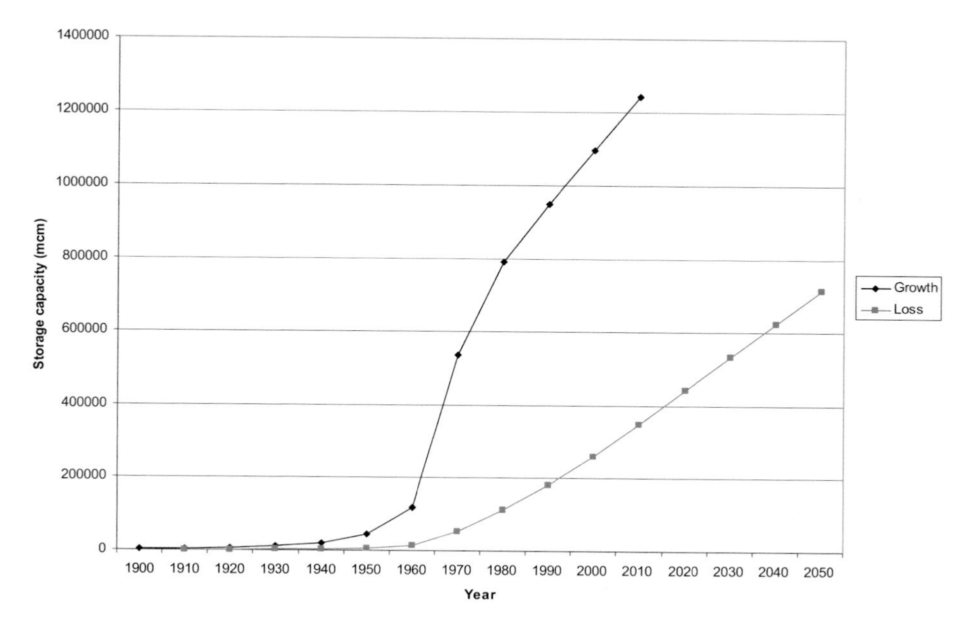

Figure 2.2-32
Growth of dams – Asia

The image for Asia, as shown above in Figure 22-32, is one of high dam growth from the 1960's that continues right on till the present. The rate of increase has slowed since the initial boom, but unlike most of the other regions there seems to be no slowing down. This large growth rate can be mainly attributed to China, which continues to build large dams (e.g. the Three Gorges dam, due for completion in 2009) at a relatively fast rate.

The total capacity of storage for Asia is 1 242 000 mcm, and at present (2006) it is estimated that roughly 80% of that storage capacity is free of sediment. There has been approximately 252 000 mcm of sediment accumulated at present. By 2050, however, almost 53% of the current total storage capacity would have been lost to sediment, correlating to a volume of approximately 652 000 mcm.

2.2.8.3.3 *Australie et Océanie*

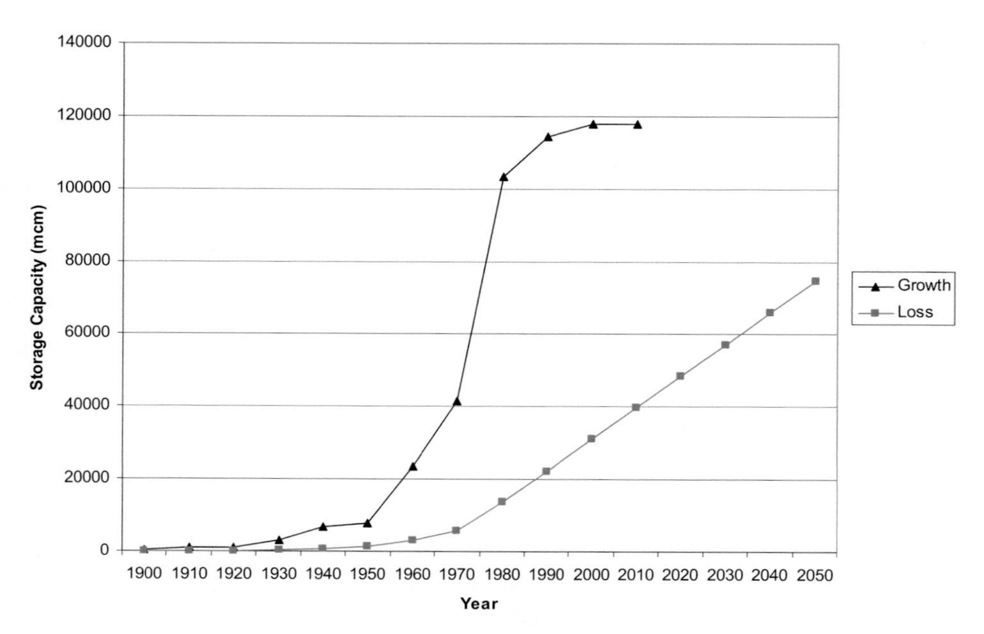

Figure 2.2-33
Croissance des barrages - Australie et Océanie

La capacité des barrages a connu une croissance relativement précoce à partir des années 1920, mais le l'essor principal a commencé dans les années 1950. À partir de 1980, il n'y a eu que peu ou pas de construction de grands barrages. (Voir illustration 2.2-33 ci-dessus.)

La capacité de stockage totale pour cette région est d'environ 118 000 mcm en 2006. En 2006, la perte de capacité de stockage due à la sédimentation a conduit à ce que 73% de cette capacité totale soit exempte de sédiments.

Le volume de sédiments accumulés en 2006 est de 32 000 mcm ou 27% de la capacité de stockage totale. En 2050, ce volume de sédiments aura dépassé les 70 000 mcm, ne laissant dans ces régions que 41% de la capacité de stockage totale actuelle exempte de sédiments.

2.2.8.3.3 *Australia and Oceania*

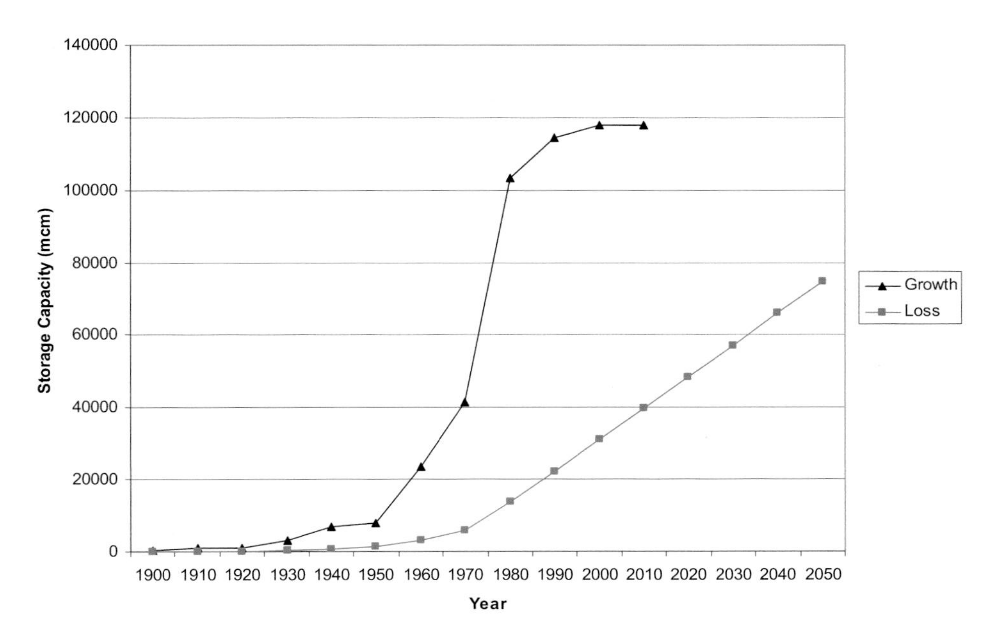

Figure 2.2-33
Growth of dams - Australia and Oceania

Relatively early growth of dam capacity was seen starting in the 1920's, but with the major boom beginning in the 1950's. From 1980 onwards there has been little or no large dam construction. (See Figure 2.2-33 above.)

The total storage capacity for this region is almost 118 000 mcm in 2006. By 2006 the loss of storage capacity due to sedimentation has resulted in 73% of this total capacity being free of sediment.

The volume of sediment that has accumulated at 2006 is 32 000 mcm or 27% of the total storage capacity. By 2050 this volume of sediment would have increased to 70 000 mcm leaving only 41% of the region's current total storage capacity free of sediment.

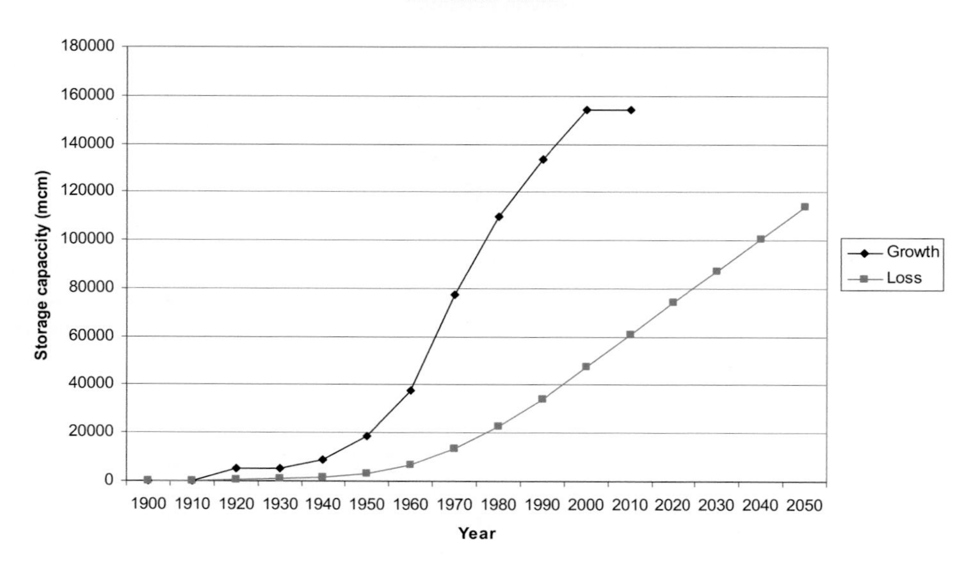

Figure 2.2-34
Croissance des barrages - Amérique Centrale

La construction de barrages a également commencé relativement tôt en Amérique Centrale, et a atteint son pic de taux de croissance pendant les années 1960. Il y a eu un taux d'augmentation de capacité régulier jusqu'au début du siècle (2000) et depuis, peu de barrages ont été construits. (Voir illustration 2.2-34 ci-dessus.)

La capacité de stockage totale en 2006 pour l'Amérique Centrale est de l'ordre de 154 000 mcm. Actuellement, la capacité de stockage exempte de sédiments est de 104 000 mcm, soit 68% de la capacité de stockage totale.

Le volume des sédiments accumulés à ce jour est de 49 000 mcm, une valeur qui devrait continuer à augmenter pour atteindre 107 000 mcm d'ici à l'an 2050. La proportion de la capacité de stockage actuelle qui restera en 2050 sera de seulement 31%.

2.2.8.3.4 Central America

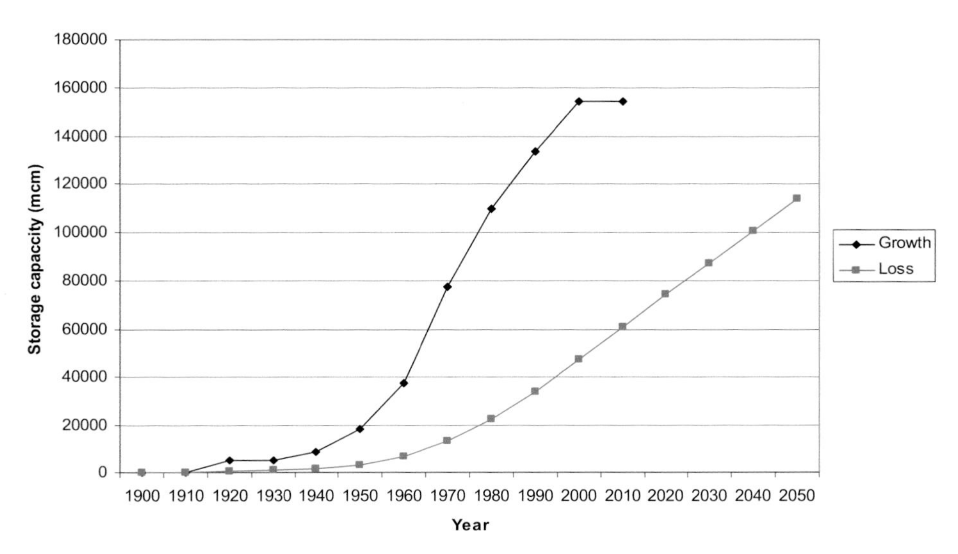

Figure 2.2-34
Growth of dams - Central America

Dam construction started relatively early in Central America as well, and reached its peak growth rate during the 1960's. There was a steady increasing rate of capacity, until the beginning of this century (2000) and since then there have been few dams constructed. (See Figure 2.2-34 above.)

The total storage capacity in 2006 for Central America is in the order of 154 000 mcm. Currently the storage capacity free of sediment is 104 000 mcm, or 68% of the total storage capacity.

The volume of sediment accumulated thus far, is 49 000 mcm, which will continue to increase to a value of 107 000 mcm from now till the year 2050. The remaining proportion of the current storage capacity left at 2050 will be only 31%.

2.2.8.3.5 EUROPE

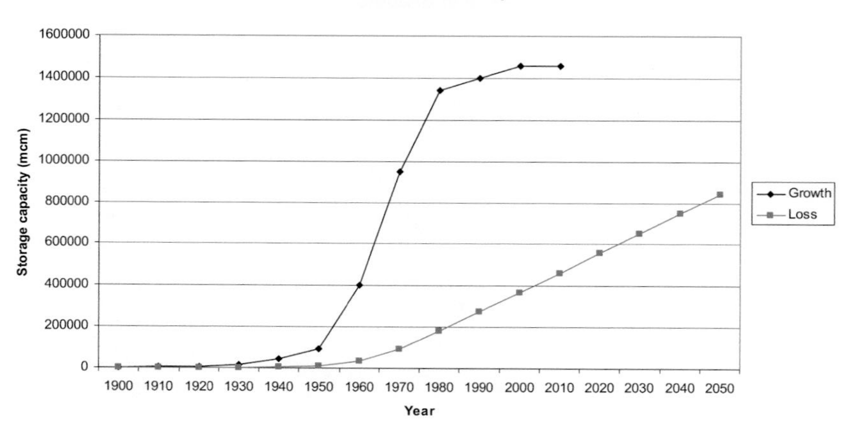

Figure 2.2-35
Croissance des barrages - Europe

L'Europe montre la tendance typique d'une explosion de la construction de barrages dans les années 1950 jusque dans les années 1980, suivie d'une baisse du taux de croissance jusqu'en 2000. Après cette date, aucun grand barrage n'a été construit.

La capacité de stockage totale pour l'Europe est de 1 461 000 mcm, l'accumulation de sédiments ayant fait que la capacité de stockage disponible en 2006 est de 1 077 000 mcm, ce qui représente 74% de la capacité de stockage potentielle. Le volume de sédiments, de 384 000 mcm en 2006, va augmenter durant les 44 prochaines années, pour atteindre 796 000 mcm en 2050. Cela représente près de 55% de perte de capacité de stockage totale.

2.2.8.3.6 MOYEN-ORIENT

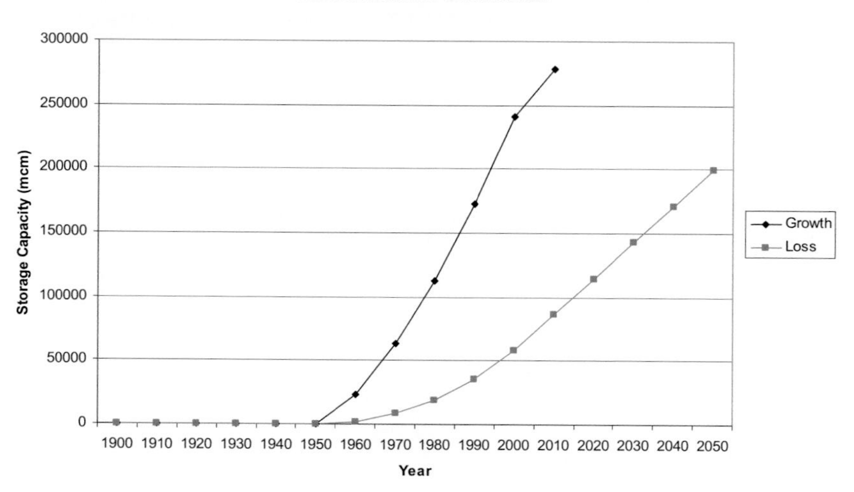

Figure 2.2-36
Croissance des barrages - Moyen-Orient

2.2.8.3.5 EUROPE

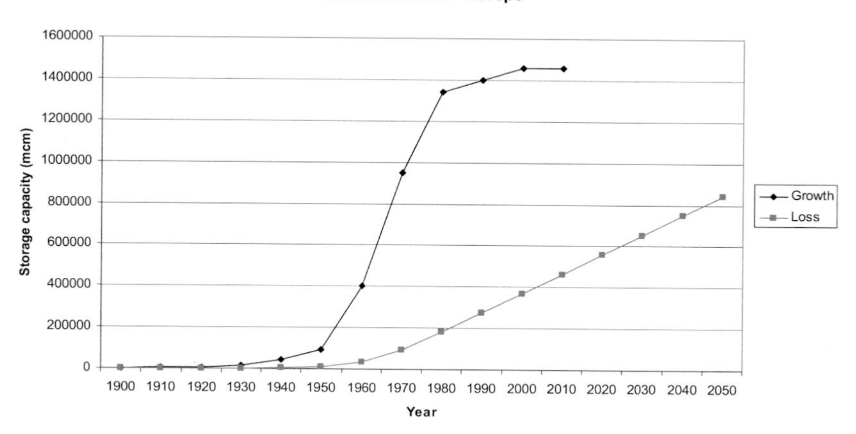

Figure 2.2-35
Growth of dams – Europe

Europe shows the typical tendency of a boom in dam construction in the 1950's through to 1980; followed by an ever-decreasing rate until 2000, thereafter no significantly large dams have been constructed.

The total storage capacity for Europe is 1 461 000 mcm, with sediment accumulation resulting in the available storage capacity in 2006 being 1 077 000 mcm, which is 74% of the potential storage capacity. The volume of sediment in 2006 of 384 000 mcm will increase over the next 44 years so that in 2050 it will be 796 000 mcm. This represents almost 55% loss of the total storage capacity.

2.2.8.3.6 MIDDLE EAST

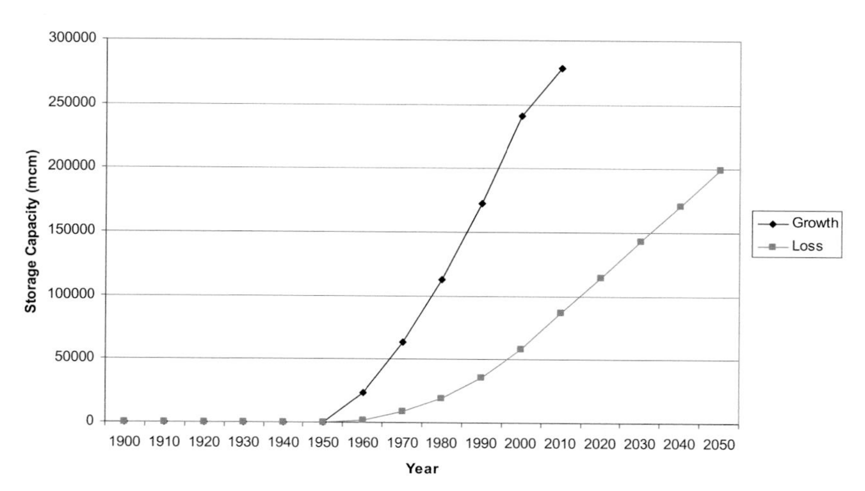

Figure 2.2-36
Growth of dams - Middle East

La courbe de croissance pour le Moyen-Orient, Illustration 2.2-36, semble s'établir plus tard dans le temps que les autres régions. L'explosion dans la construction est apparue généralement dans les années 1950 ou 1960, cependant, pour le Moyen-Orient, elle semble avoir réellement commencé dans les années 1970. On a observé un léger déclin de ce taux de croissance, mais la construction progresse encore à une plus grande échelle que dans la plupart des autres régions. Cela se voit, par exemple, en Iran, qui serait actuellement en train de construire des barrages au rythme le plus rapide de tous les pays du monde.

Cependant, selon le Tableau 2.2-36, le Moyen-Orient possède l'intensité de sédimentation la plus élevée. Ainsi, le volume de sédiments accumulés en 2006 est de 63 000 mcm, soit 23% de la capacité de stockage totale. Il est prévu que ce volume atteigne 181 000 mcm en 2050. Cela signifiera que seulement 35% de la capacité totale de stockage actuelle sera exempte de sédiments.

2.2.8.3.7 Amérique du Nord

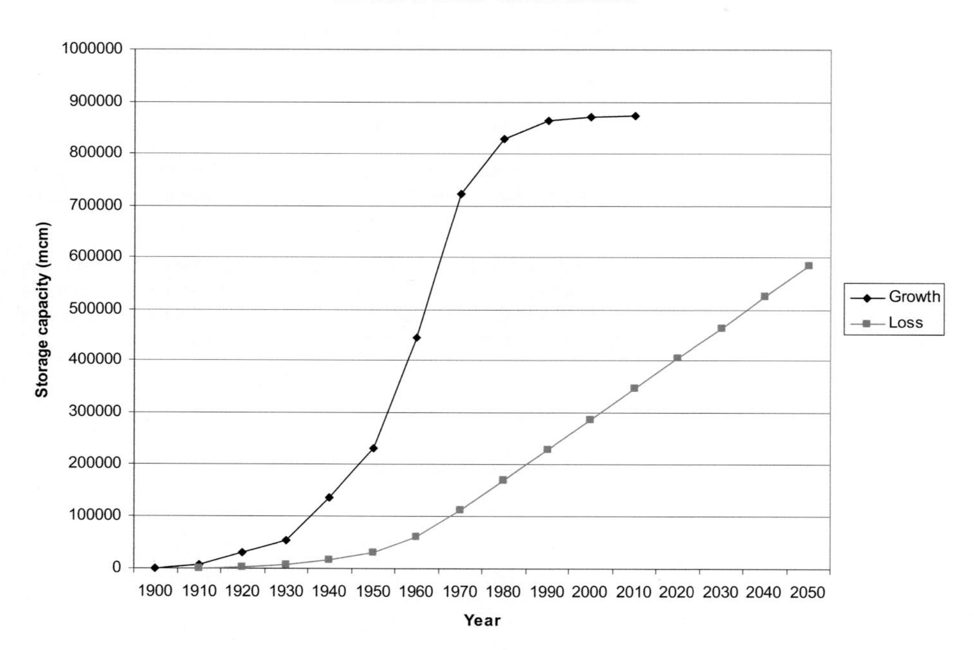

Figure 2.2-37
Croissance des barrages - Amérique du Nord

La courbe pour l'Amérique du Nord se base sur les résultats de l'Amérique du Nord uniquement. La courbe présente une forme typique. La capacité de stockage totale pour l'Amérique est de 872 482 mcm en 2006, 66% de la capacité de stockage totale actuelle étant exempte de sédiments.

Le volume de sédiments accumulés jusqu'à 2006 est de 296 000 mcm et cette valeur devrait atteindre les 543 000 mcm d'ici 2050. Cela laissera 38% de la capacité de stockage totale actuelle exempte de sédiments en 2050.

The growth curve for the Middle East, Figure 2.2-36, is seen to be set later in time than other regions. The boom in construction generally occurred in the 1950's or 1960's, however, for the Middle East it is seen to have really started in the 1970's. There has been a slight decline in the growth rate, but construction is still going on a larger scale than in most other regions. This is seen, for example, in Iran which is currently said to be constructing dams at the fastest rate for any country in the world.

However, according to Table 2.2-36 above, the Middle East has the highest sedimentation rate. Thus in 2006 the volume of sediment accumulated is 63 000 mcm, or 23% of the total storage capacity. This is forecasted to increase to a volume of 181 000 mcm by 2050. This will mean that only 35% of the current total storage supply will be free of sediment.

2.2.8.3.7 *North America*

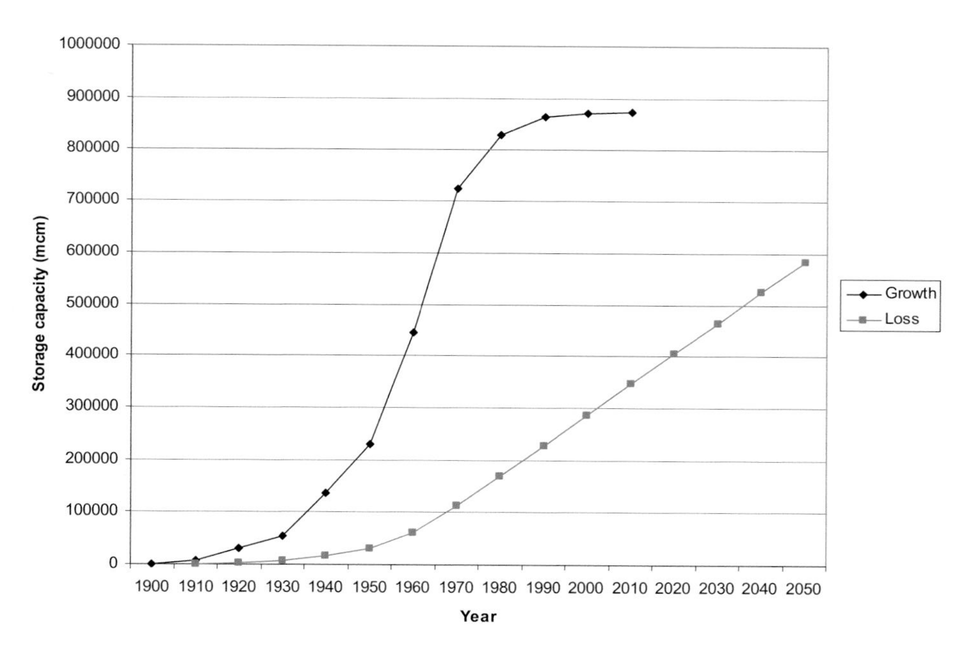

Figure 2.2-37
Growth of dams - North America

The curve for North America is based on the results found for America only. The curve was seen to show the typical shape. The total storage capacity for America is 872 482 mcm in 2006, with a value 66% of the current total storage capacity being free of sediment.

The volume of sediment that has accumulated up until 2006 is 296 000 mcm, this will increase to a value of 543 000 mcm by the year 2050. This will leave 38% of the current total storage capacity free of sediment at 2050.

2.2.8.3.8 *Amérique du Sud*

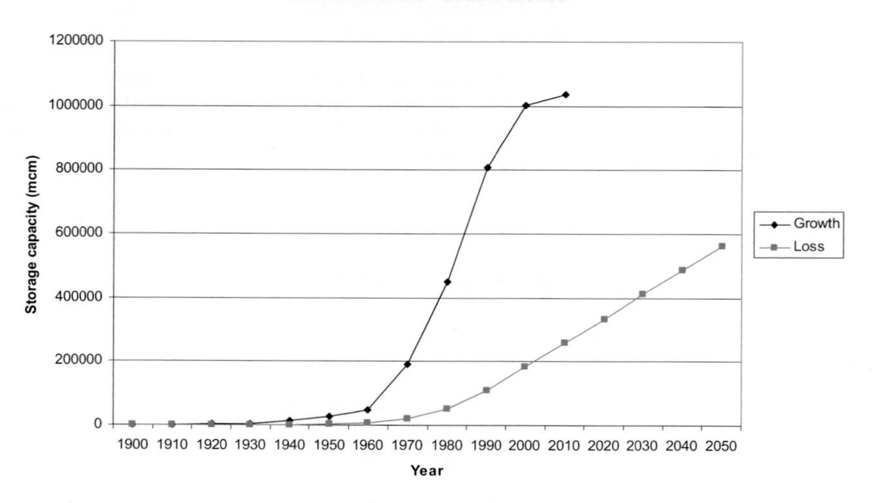

Figure 2.2-38
Croissance des barrages - Amérique du Sud

Une fois de plus, la courbe de l'Amérique du Sud semble présenter des tendances moyennes. Il y a toujours des constructions de barrages en Amérique du Sud actuellement mais à un rythme inférieur à ce qui a été observé à la fin du siècle dernier. (Voir illustration 2.2-38 ci-dessus.)

La capacité de stockage totale de l'Amérique du Sud est de 1 038 000 mcm, dont 81%, soit 845 000 mcm, sont exempts de sédiments en 2006. Le volume total de sédiments accumulés en 2006 est de 192 000 mcm. Cette valeur augmentera pour atteindre 522 000 mcm en l'an 2050. Cela montre que 50% environ de la capacité de stockage sera exempte de sédiments en 2050.

Pour résumer ce qui précède, de l'illustration 2.2-31 à l'illustration 2.1-38, les données régionales ont été cumulées afin de produire la courbe de croissance de la capacité de stockage mondiale. Elle est présentée ci-dessous dans l'illustration 2.2-39.

2.2.8.3.9 *Résumé mondial*

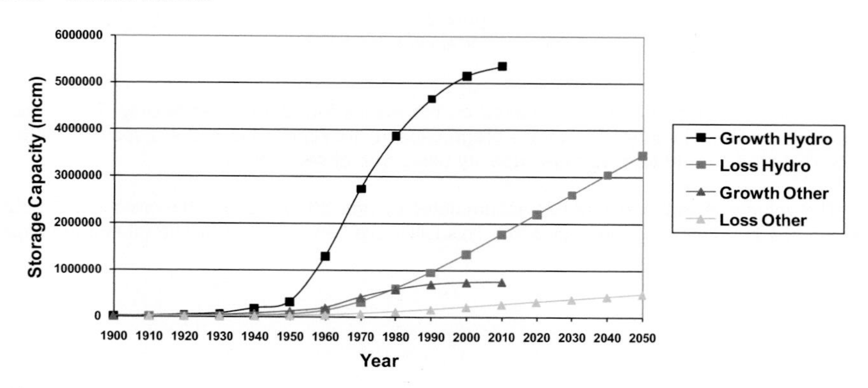

Figure 2.2-39
Croissance mondiale de la capacité de stockage

2.2.8.3.8 South America

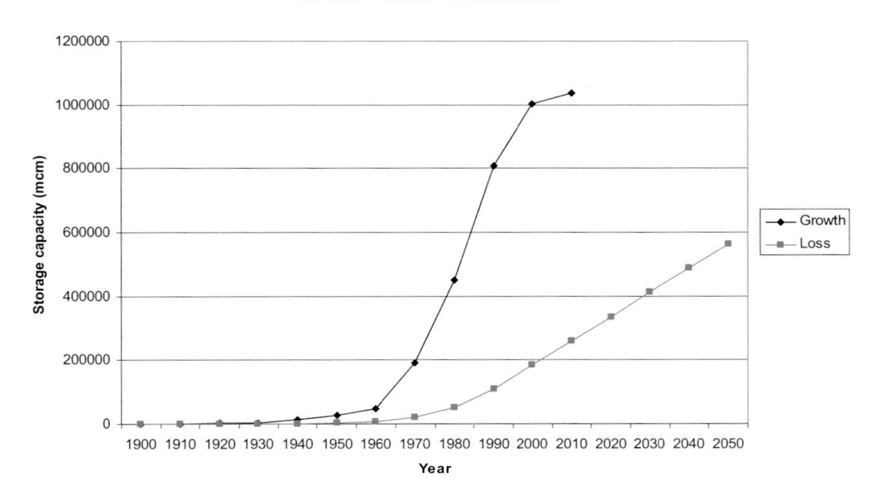

Figure 2.2-38
growth of dams - South America

Once again the curve for South America seems to show average tendencies. There is still dam construction occurring at present in South America, but at a much lower rate than was seen in the later stages of the last century. (See Figure 2.2-38 above.)

The total storage capacity for South America is 1 038 000 mcm, of this value 81%, or 845 000 mcm, is free of sediment in 2006. The total volume of sediment accumulated by 2006 is 192 000 mcm. This value will increase to reach 522 000 mcm by the year 2050. This shows that about 50% of the storage capacity will remain free in 2050.

As a summary to the above from Figure 2.2-31 to Figure 2.1-38, the region-wide data was summed together to produce the Global storage capacity growth curve. This has been provided below as Figure 2.2-39.

2.2.8.3.9 Global Summary

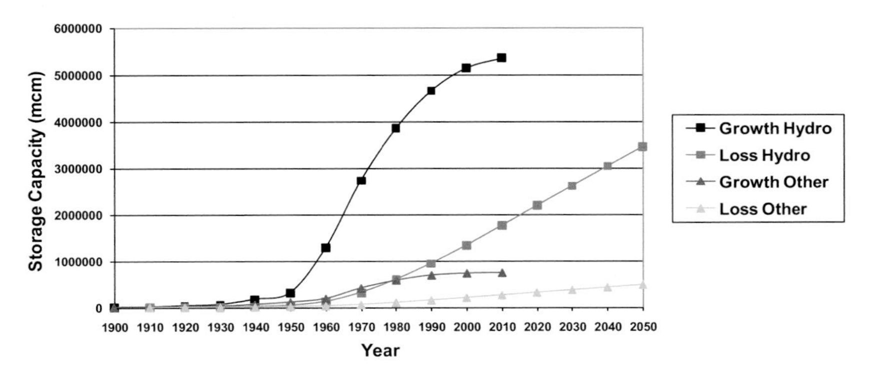

Figure 2.2-39
Global growth of storage capacity

Le taux de croissance mondial des barrages a une forme similaire à celle de beaucoup de courbes apparaissant ci-dessus. Cela montre que la majeure partie de la capacité de stockage mondiale a été construite entre 1950 et 1980. Le taux de croissance a brutalement baissé après 1980 et il est toujours en progression lente, mais le nombre et la taille des barrages construits aujourd'hui représentent une petite fraction des ouvrages qui ont déjà été réalisés.

La capacité de stockage totale des réservoirs dans le monde est de l'ordre de 6,1 x 10^{12} m^3. En 2006 le pourcentage de cette capacité exempte de sédiments est de 4,4 x 10^{12} m^3. Cela représente une accumulation de sédiments de 1,7 x 10^{12} m^3 (28%) qui, si elle est laissée sans contrôle, pourrait potentiellement atteindre un volume de sédiments de 3,5 x 10^{12} m^3 en l'an 2050. Cela signifie qu'en 2050, environ 42% de la capacité de stockage des réservoirs mondiaux pourrait avoir été comblée par des sédiments.

Illustration 2.2-40 ci-dessous présente la croissance de la capacité des réservoirs au fil du temps pour les différentes régions afin d'illustrer les contributions respectives de chacune à la capacité de stockage globale.

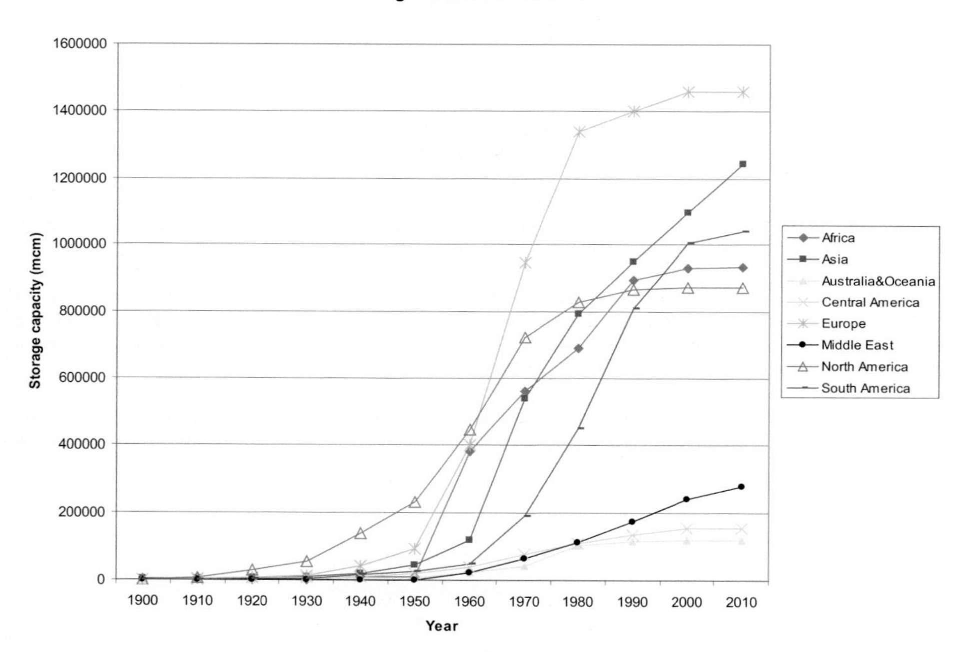

Figure 2.2-40
Composantes de la capacité mondiale des réservoirs

Afin d'illustrer au mieux les pays potentiellement problématiques, la capacité de stockage en 2006 a été tracée en parallèle à la capacité de stockage en 2050 pour montrer l'ampleur de la diminution sur cette période. Cela a été effectué par région comme présenté ci-dessous:

The global growth rate of dams is similar in shape to many of the curves provided above. It shows that most of the world's storage capacity was constructed between 1950 and 1980. The rate of growth reduced abruptly after 1980, and is still slowly climbing, but the number and size of dams that are being constructed today are just a small fraction of the works that have already been completed.

The total reservoir storage capacity for the world is in the order of 6.1 x 10^{12} m^3. In 2006 the percentage of this capacity left free of sediment is 4.4 x 10^{12} m^3. That means a buildup of sediment of 1.7 x10^{12} m^3 (28%), which, if left unchecked could potentially increase to a volume of sediment of 3.5 x 10^{12} m^3 by the year 2050. That means that by 2050 roughly 42% of the world's current reservoir storage capacity could have been filled with sediment.

Figure 2.2-40 below shows the reservoir capacity growth over time for the various regions to illustrate the proportions contributed to the global storage capacity.

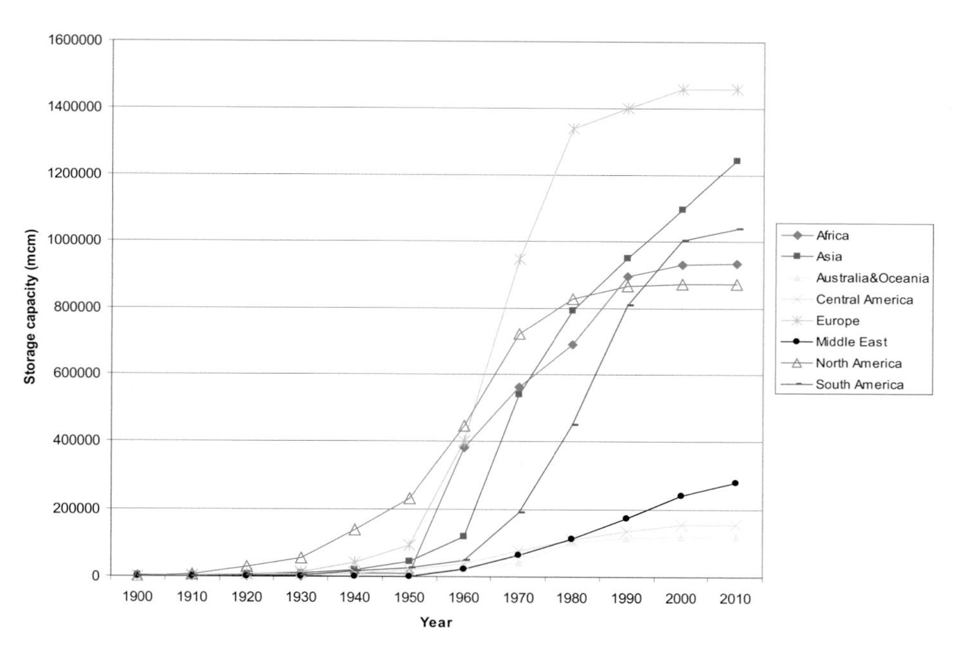

Figure 2.2-40
Components of global reservoir capacity

In an attempt to better illustrate potential problem countries, the storage capacity in 2006 was plotted alongside the storage capacity in 2050 to show how much of a reduction will occur during that period. This was done per region as shown below:

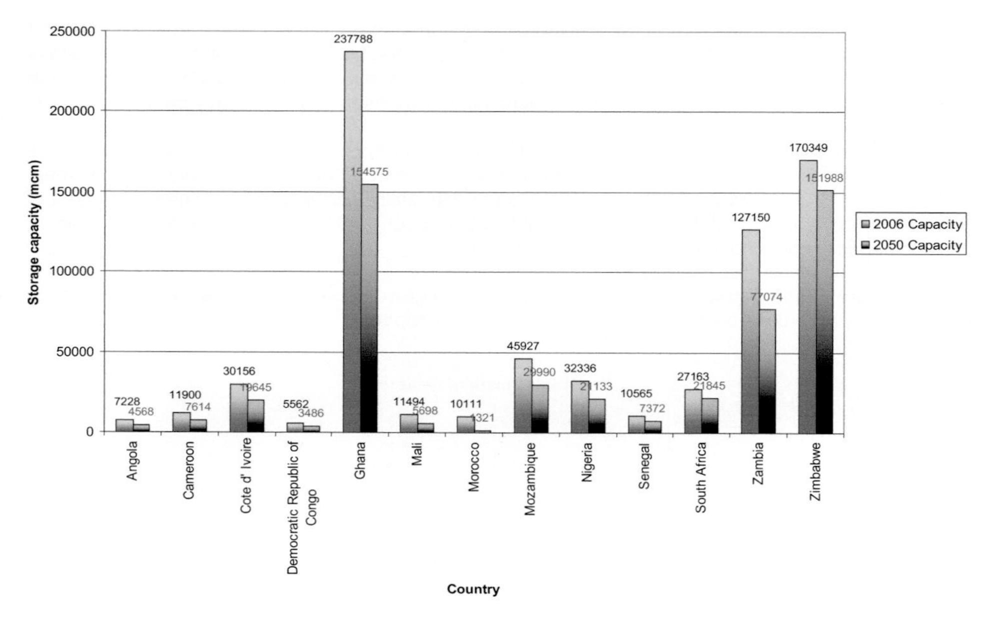

Figure 2.2-41
Capacité de stockage actuelle et future (Afrique 1)

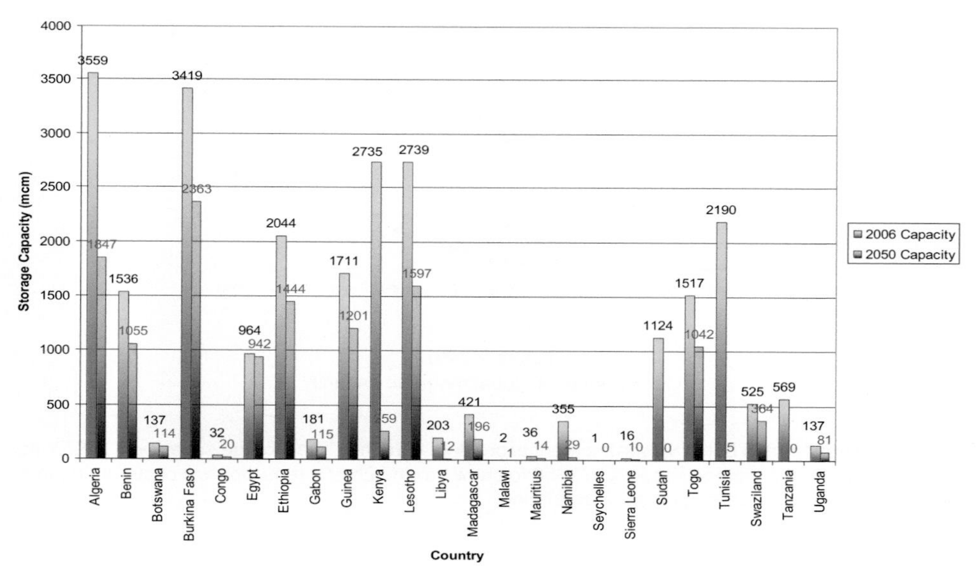

Figure 2.2-42
Capacité de stockage actuelle et future (Afrique 2)

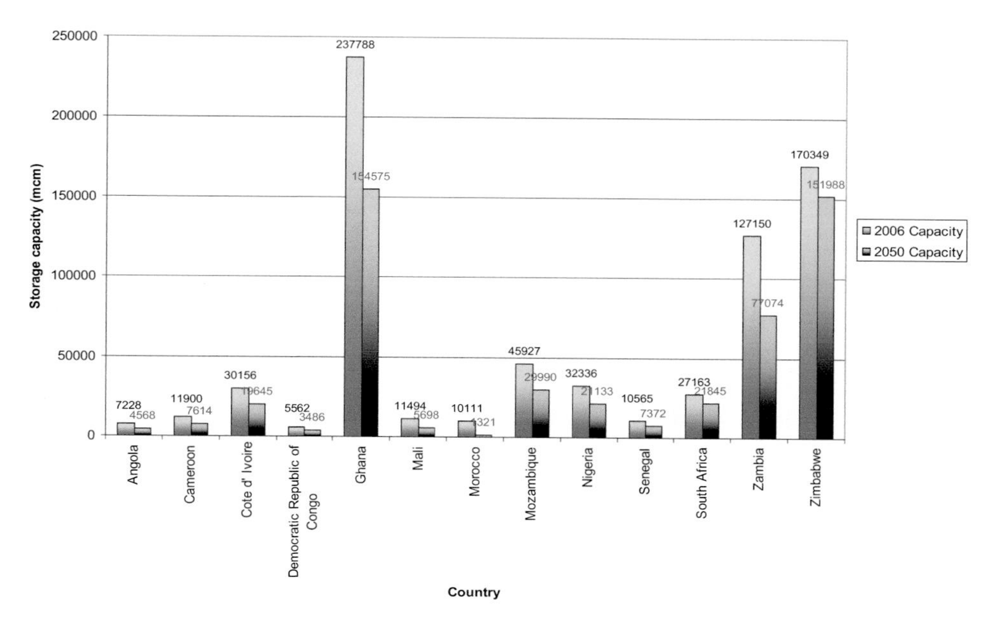

Figure 2.2-41
Current and future storage capacity (Africa 1)

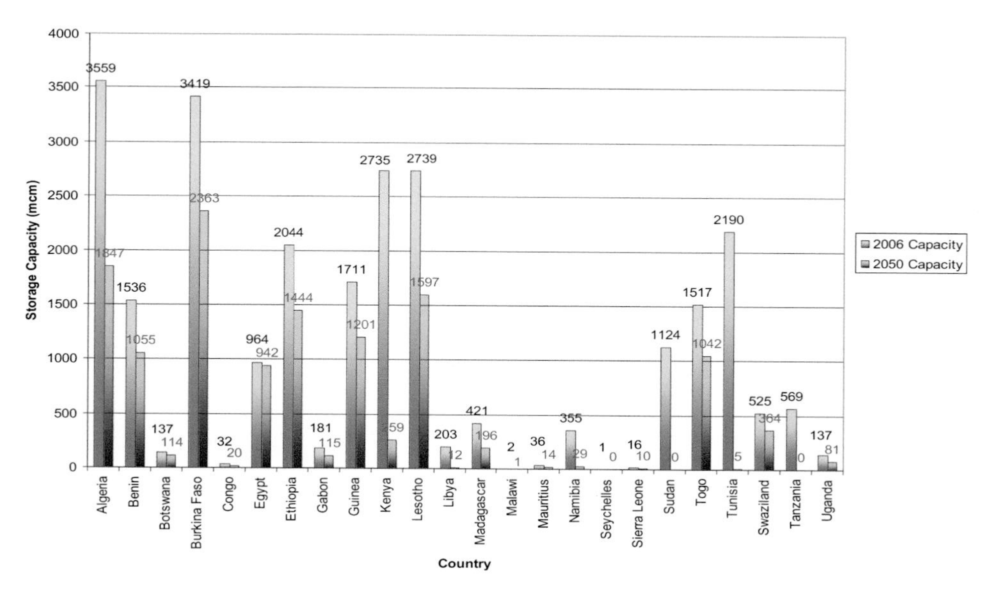

Figure 2.2-42
Current and future storage capacity (Africa 2)

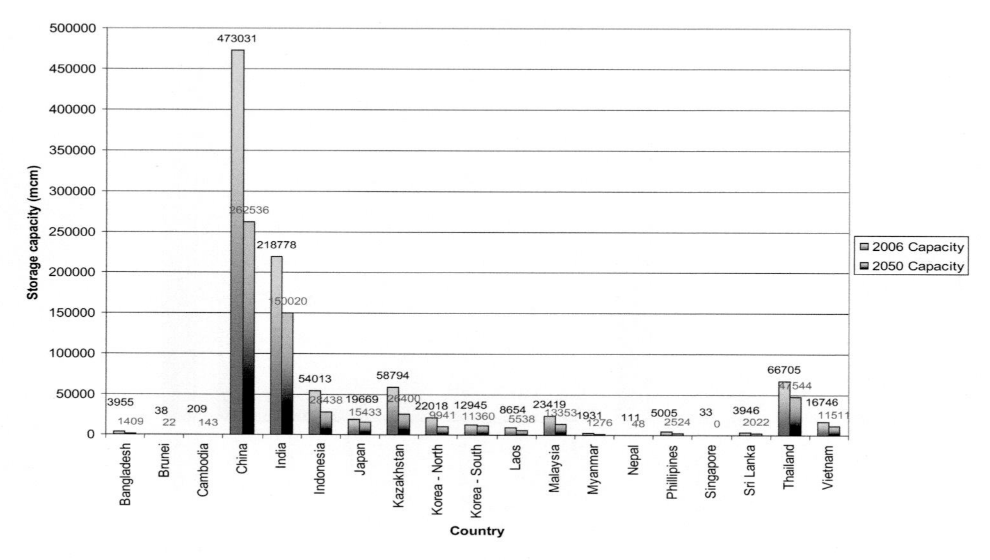

Figure 2.2-43
Capacité de stockage actuelle et future (Asie)

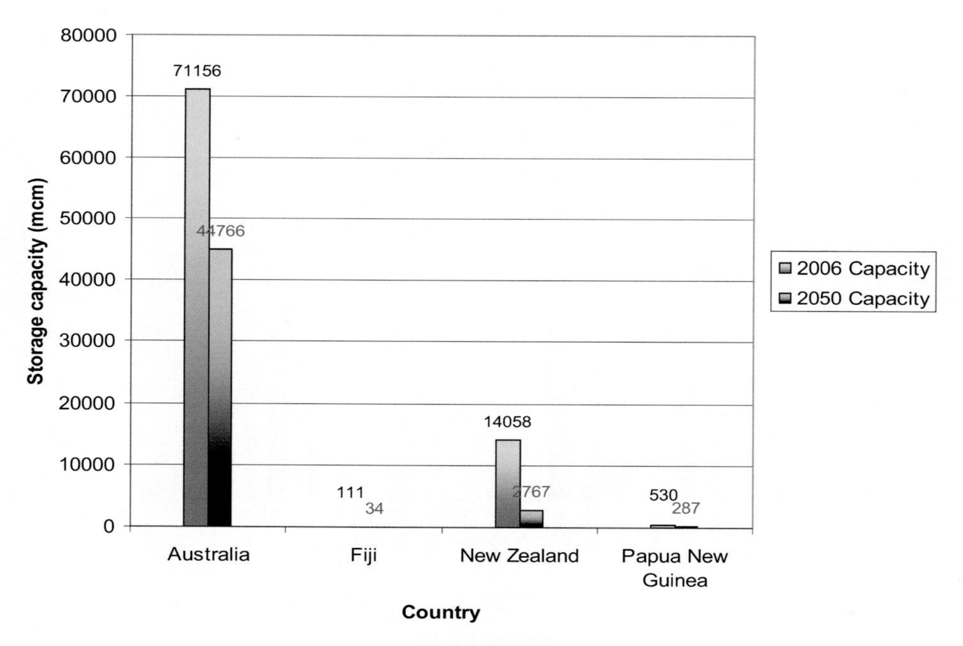

Figure 2.2-44
Capacité de stockage actuelle et future (Australie et Océanie)

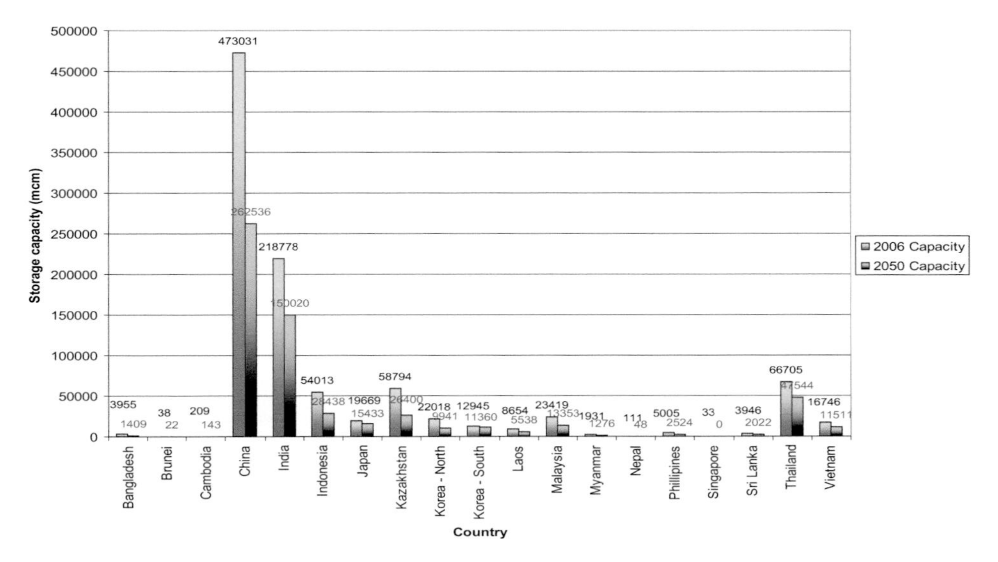

Figure 2.2-43
Current and future storage capacity (Asia)

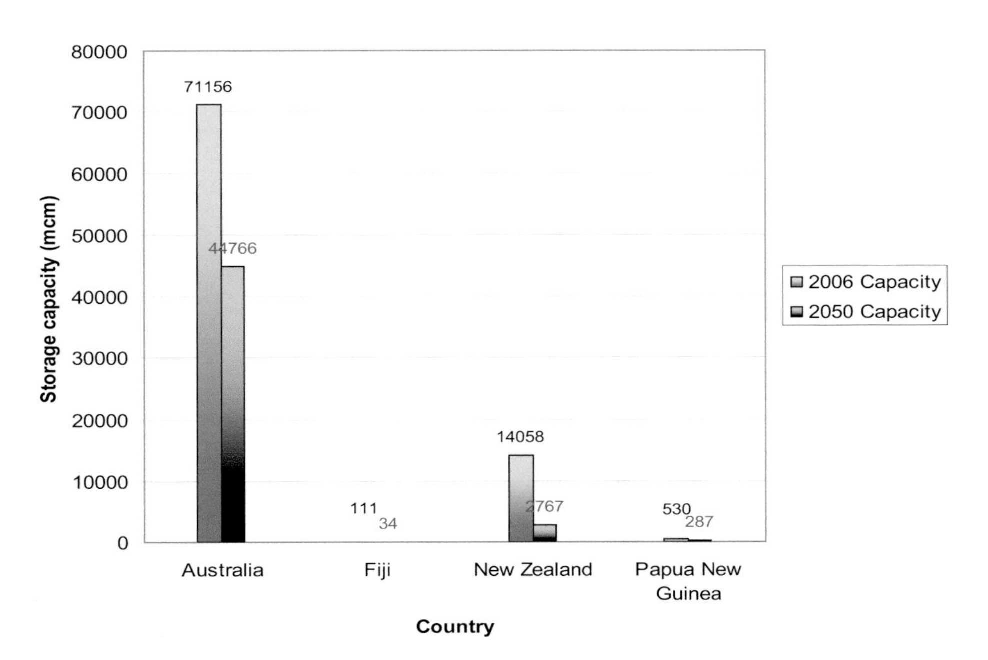

Figure 2.2-44
Current and future storage capacity (Australia & Oceania)

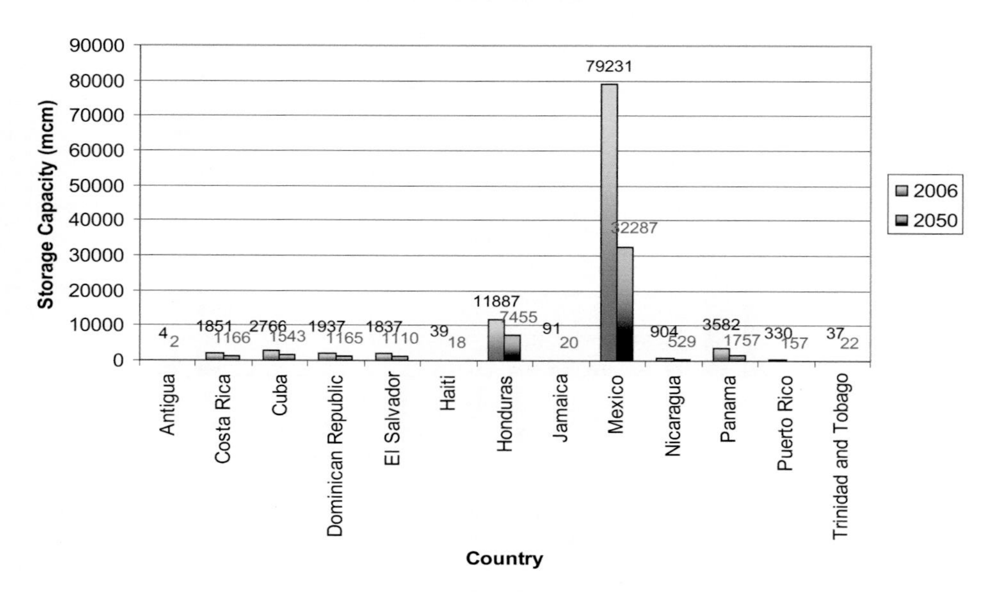

Figure 2.2-45
Capacité de stockage actuelle et future (Amérique Centrale)

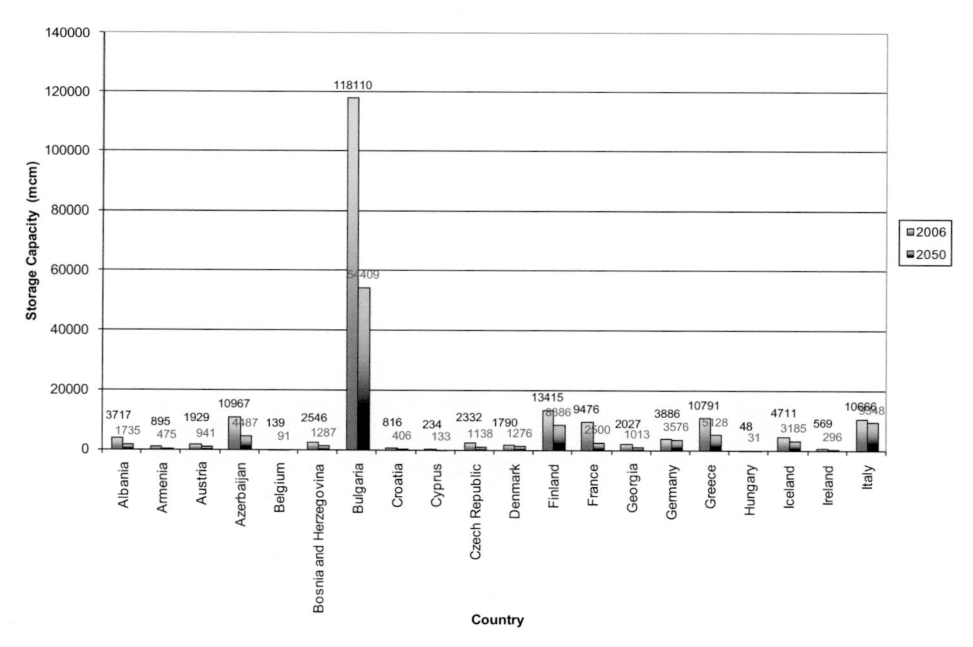

Figure 2.2-46
Capacité de stockage actuelle et future (Europe 1)

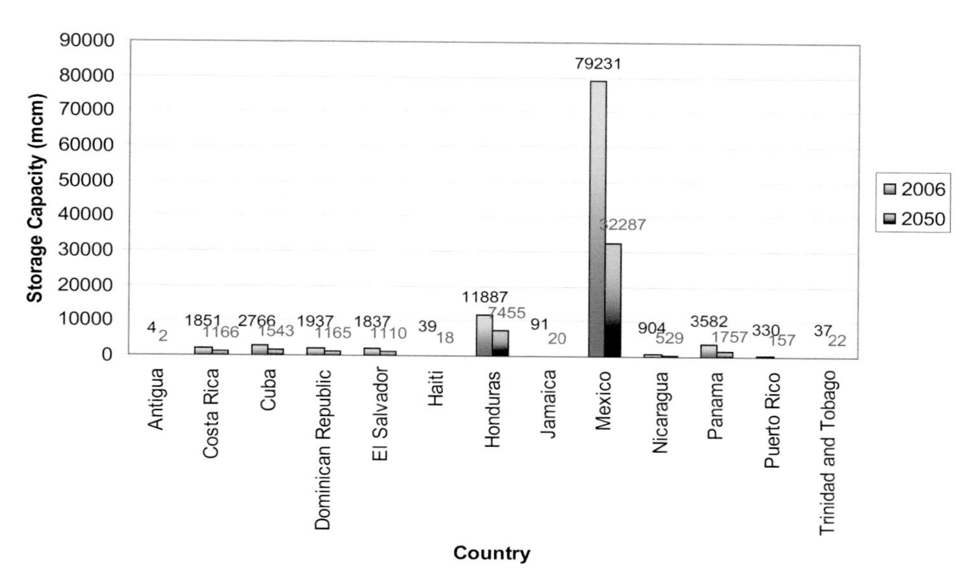

Figure 2.2-45
Current and future storage capacity (Central America)

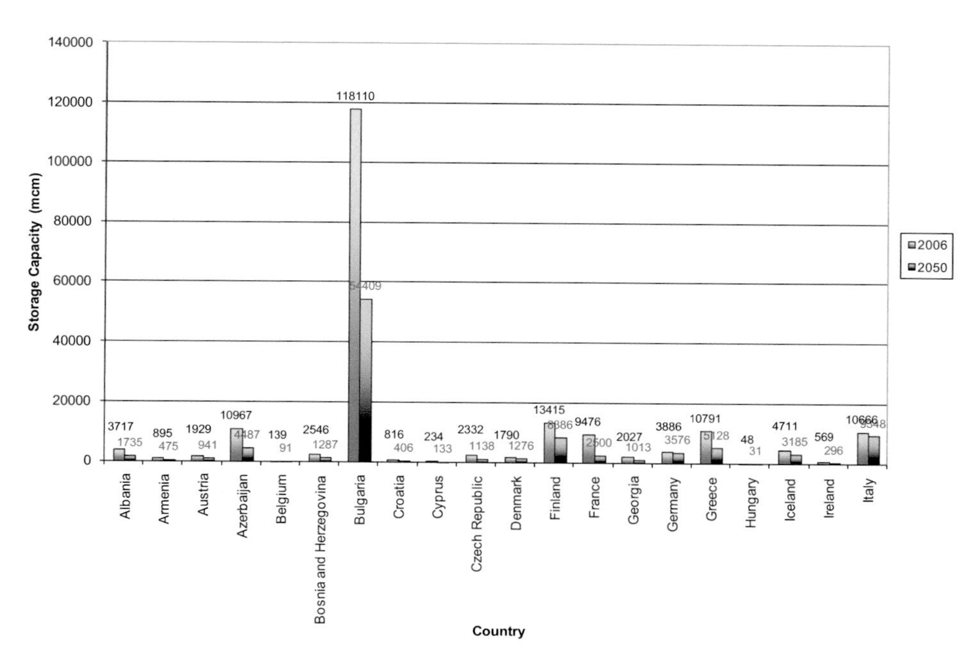

Figure 2.2-46
Current and future storage capacity (Europe 1)

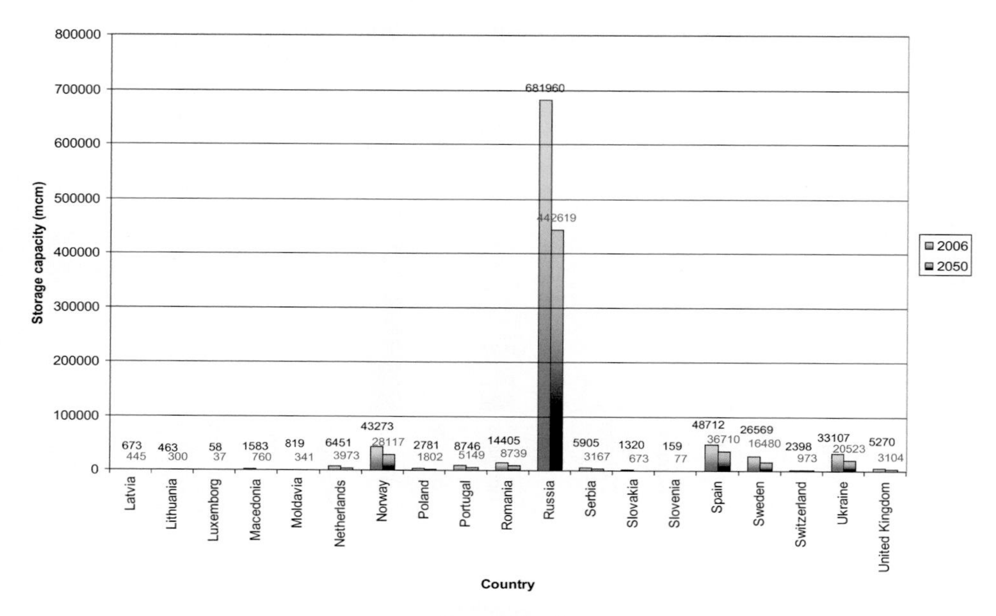

Figure 2.2-47
Capacité de stockage actuelle et future (Europe 2)

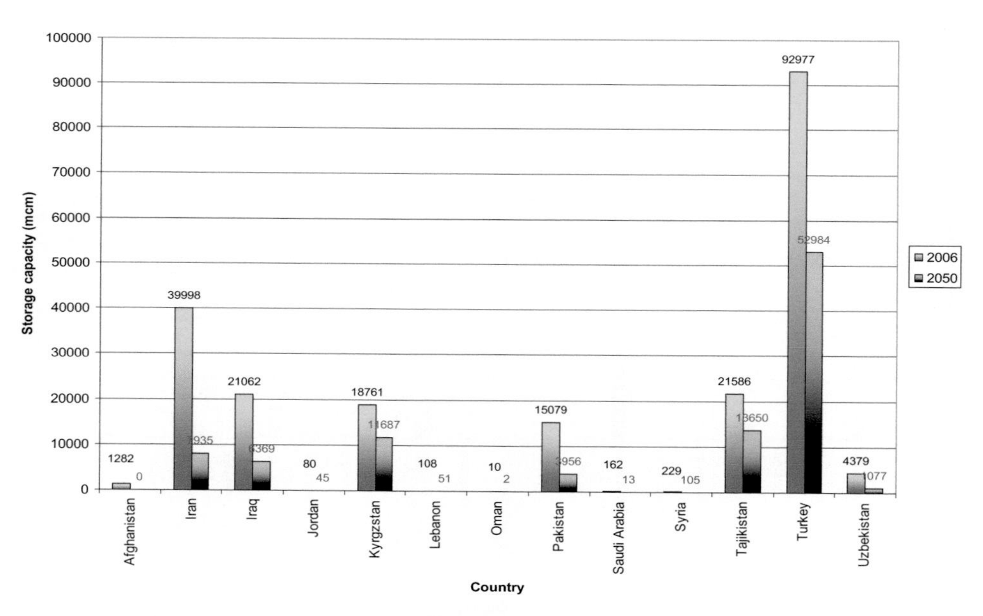

Figure 2.2-48
Capacité de stockage actuelle et future (Moyen-Orient)

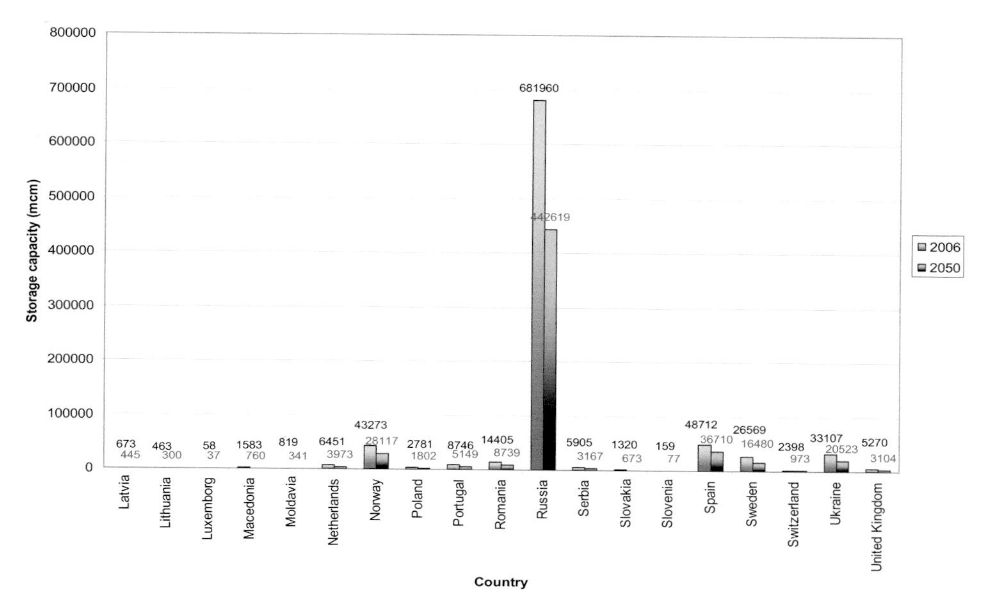

Figure 2.2-47
Current and future storage capacity (Europe 2)

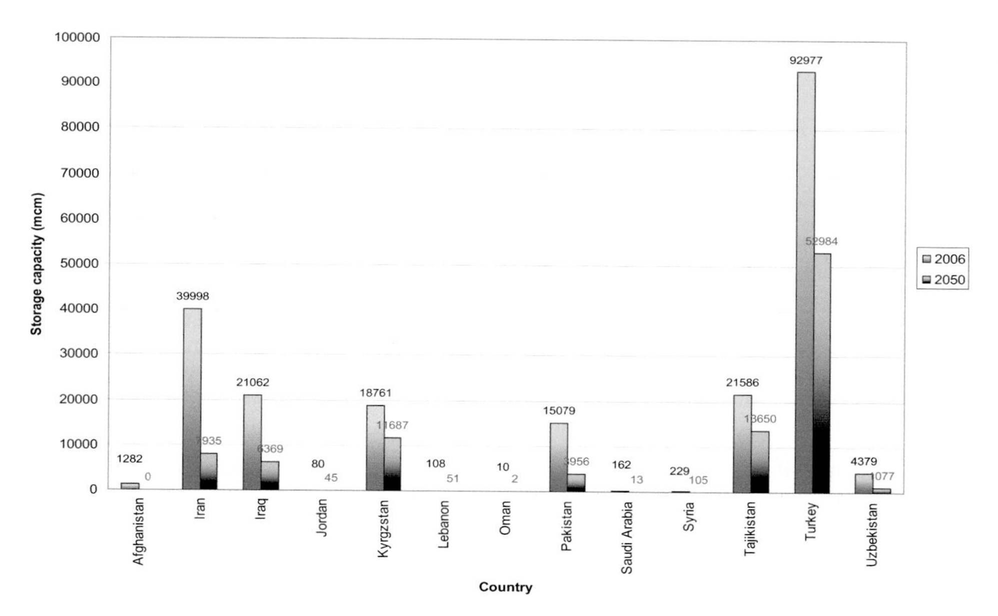

Figure 2.2-48
Current and future storage capacity (Middle East)

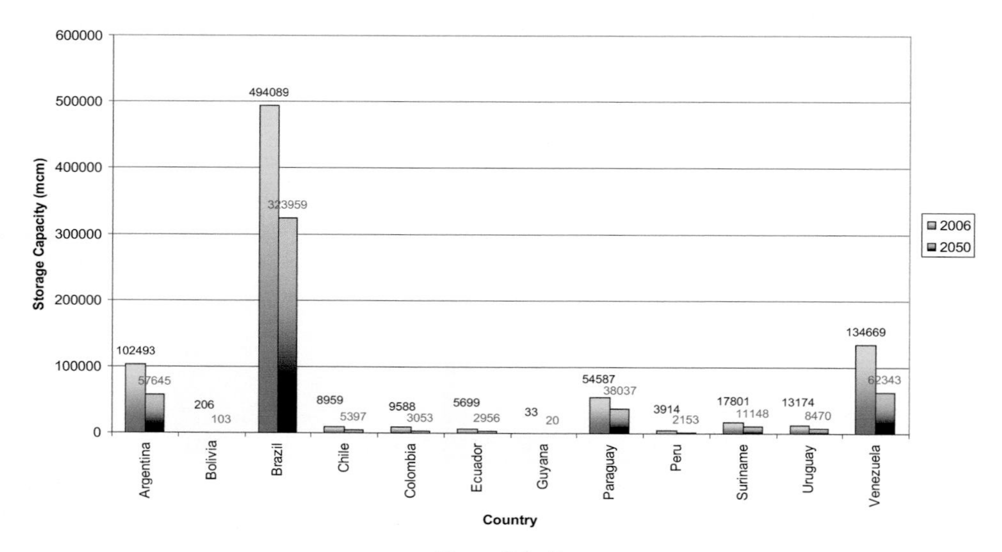

Figure 2.2-49
Capacité de stockage actuelle et future (Amérique du Sud)

Les régions d'Europe et d'Afrique ont été divisées en deux graphiques séparés au paragraphe précédent. Ceci a été fait pour améliorer leur lisibilité. Le graphique pour l'Amérique du Nord a été omis étant donné que le seul pays qui s'y trouvait était les États-Unis. Pour les États-Unis, en 2006, la capacité de stockage disponible est de 576 171 mcm et cette valeur devrait baisser à 329 243 mcm en 2050.

2.2.8.4. *Impacts potentiels sur la capacité de stockage pour les réservoirs à buts multiples*

L'article mentionné précédemment dans ce rapport (Lempérière, 2006) indique également ce qui suit:

« L'impact de la sédimentation n'est en aucun cas le même pour l'hydroélectricité que pour les autres fonctions des barrages. Pour la production hydroélectrique, qui correspond à plus de 80 pour cent du stockage total, une partie des dépôts de sédiments se trouve dans la tranche morte, avec peu ou pas d'impact, et une partie affecte la réserve utile, où une réduction de 50% signifie une baisse bien inférieure de la production électrique. Une réduction du stockage de 0,3% par an représente une réduction de puissance bien inférieure à 0,1% de la production, c'est-à-dire moins de 10% en un siècle. »

Selon la méthode expliquée dans ce rapport, il a été observé qu'à l'échelle mondiale, il y a eu une intensité de sédimentation moyenne de 0,8%/ an et une intensité de sédimentation en moyenne pondérée de 0,7%/ an. Après avoir cumulé les courbes régionales de taux de croissance pour arriver à la courbe de taux de croissance mondiale, il a été découvert que les barrages hydroélectriques représentent 81,5% de la capacité de stockage actuelle totale au niveau mondial. Par conséquent, l'extrait de l'article ci-dessus était juste lorsqu'il indiquait que 80% de la réserve totale était consacrée à la production hydroélectrique. Il a également été observé qu'en 2006, 35% de la capacité de stockage totale pour l'hydroélectricité avait été comblée par des sédiments. En 2050, cette proportion de la capacité de stockage totale actuelle qui aura été remplie de sédiments atteindra 70%. (Voir illustration 2.2-50 ci-dessous.)

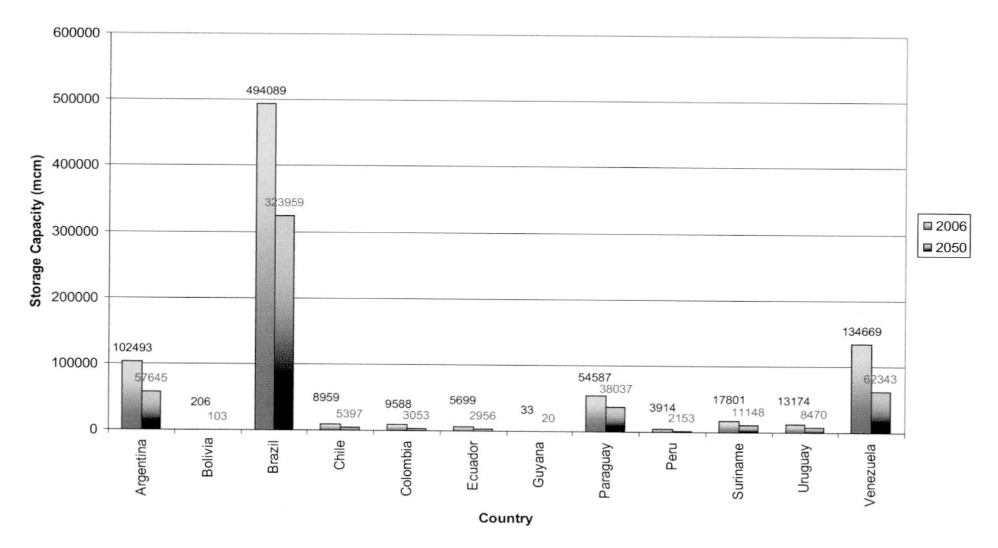

Figure 2.2-49
Current and future storage capacity (South America)

The regions of Europe and Africa were split onto two separate graphs in the preceding section. This was done to increase the readability of them. The graph for North America was omitted, as the only country on it was USA. For the USA in 2006 the available storage capacity is 576 171 mcm and this will decrease to a value of 329 243 mcm by the year 2050.

2.2.8.4 *Potential impacts on storage capacity for different reservoir purposes*

The article mentioned previously in this report (Lempérière, 2006) also states the following:

"The impact of sedimentation is by no means the same for hydropower as for other dam functions. For hydropower, corresponding to more than 80 per cent of the total storage, part of the sedimentation is in the dead storage, with little or no impact, and part affects the live storage, where a reduction of 50 percent means a much lower reduction in power production. A reduction of storage of 0.3 percent per year means a reduction of power of much less than 0.1 percent of production, that is, less than 10 percent in a century."

Using the method explained in this report it was seen, that globally, there was an average sedimentation rate of 0.8%/ year and a weighted average sedimentation rate of 0.7%/ year. After summing the regional growth rate curves to arrive at the global growth rate curve, it was found that hydropower dams made up 81.5% of the worlds total current storage capacity. So the excerpt from the above article was accurate when it said that 80% of the total storage was for hydropower. It was also seen that in 2006, 35% of the total storage capacity for hydropower had been filled with sediment. In 2050 this proportion of current total capacity that would have been filled with sediment has risen to 70%. (See Figure 2.2-50 below)

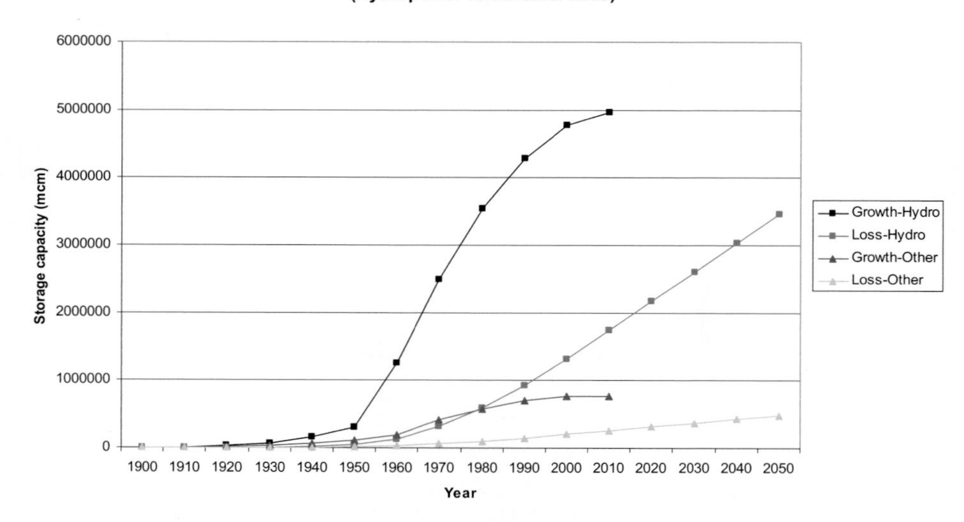

Figure 2.2-50
Comparaison globale de la croissance des barrages par buts

Pour les barrages destinés à d'autres buts, en 2006, 33% de la capacité disponible était comblée par des sédiments et cette valeur devrait atteindre 62% en 2050. Elle n'est donc pas aussi élevée que pour les barrages hydroélectriques.

Afin de quantifier les impacts réels sur le rendement de ces barrages, nous avons effectué ce qui suit:

2.2.8.4.1 Barrages non hydroélectriques

On s'attend à ce que les barrages non hydroélectriques soient sévèrement impactés lorsqu'ils atteignent un niveau de sédimentation de 70%. Une fois ce niveau de sédimentation atteint, la production hydrique baissera de 40% à 50% et il commencera à y avoir des problèmes au niveau des prises d'eau. Sur la base des données mondiales, cette situation pourrait se produire en 2065 et se présentera par région comme indiqué ci-dessous dans le Tableau 2.2-14:

Tableau 2.2-14
Date d'épuisement du volume de stockage à 70% des barrages non hydroélectriques actuels

Région	**Barrages non hydroélectriques : Date correspondant à un comblement de 70% par les sédiments**
Afrique	2090
Asie	2025
Australasie	2080
Amérique Central	2040
Europe and Russie	2060
Moyen Orient	2030
Amérique du Nord	2070
Amérique du Sud	2060

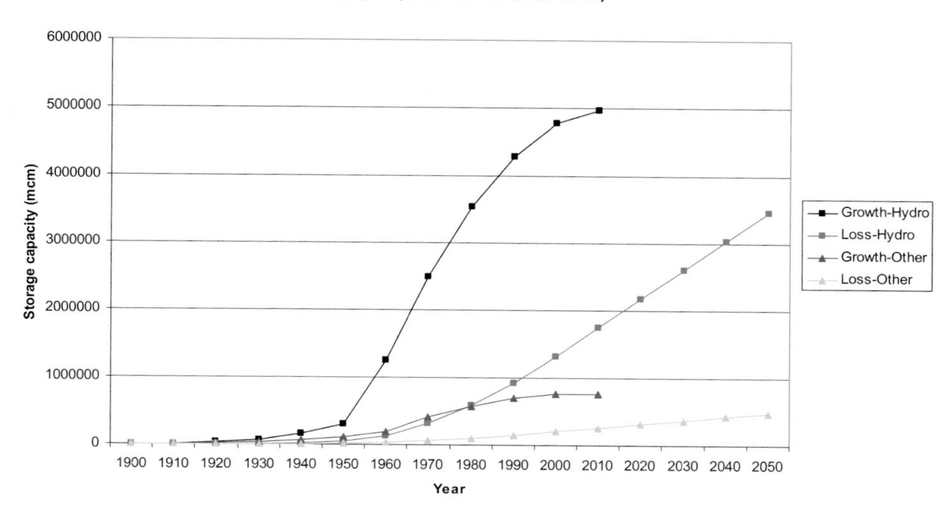

Figure 2.2-50
Global comparison of growth of dams by purpose

For dams for any other purpose, in 2006, 33% of the available capacity was filled with sediment, rising to a value of 62% by 2050. So it is not as high as that for hydropower dams.

To quantify the actual impacts on the yield from these dams, the following was done:

2.2.8.4.1 *Dams for all other purposes*

It is expected that non-hydropower dams will be severely impacted on when they reach a 70% sedimentation level. At this sedimentation level there will be about a 40% to 50% water yield reduction, and there will begin to be problems at the intakes. Based on the Global data this could occur by the year 2065, and will occur per region as indicated below in Table 2.2-14:

Table 2.2-14
Current non-hydropower 70% depletion date

Region	Non-hydropower dams: Date 70% filled with sediment
Africa	2090
Asia	2025
Australasia	2080
Central America	2040
Europe and Russia	2060
Middle East	2030
North America	2070
South America	2060

2.2.8.4.2 BARRAGES HYDROÉLECTRIQUES

En général, les barrages hydroélectriques peuvent être comblés à un niveau plus élevé que les barrages non hydroélectriques, car il faut surtout maintenir la hauteur de chute pour la production d'électricité et une capacité de stockage suffisante pour répondre à toutes les demandes d'énergie attendues. On s'attend à ce que les barrages hydroélectriques soient sévèrement impactés lorsqu'ils atteindront un niveau de sédimentation de 80%. Sur la base des données mondiales, cette situation pourrait se produire en 2070, et par région comme indiqué dans le Tableau 2.2-15:

Tableau 2.2-15
Date d'épuisement de 80% des barrages hydroélectriques actuels

Région	Barrages hydroélectriques : Date 80% comblés par les sédiments
Afrique	2100
Asie	2035
Australasie	2070
Amérique Central	2060
Europe and Russie	2080
Moyen Orient	2060
Amérique du Nord	2060
Amérique du Sud	2080

2.2.9. *Résumé*

Il est intéressant de constater que le nombre de grands barrages (>15m) qui a été construit dans le monde l'a été à un rythme de 1,2 barrages/jour depuis 1930. Cette illustration est basée sur le nombre de grands barrages inscrits au Registre Mondial des Barrages de la CIGB. Sur la base des résultats contenus dans ce rapport, il est possible de tirer les conclusions suivantes:

L'article extrait de The International Journal of Hydropower and Dams (Lempérière, 2006), mentionné précédemment dans ce rapport, indique qu'une intensité de sédimentation de 0,3%/ an est ce à quoi on peut s'attendre à l'échelle mondiale. Les résultats de ce bulletin montrent que l'intensité de sédimentation était:

Pour les pays disposant de données enregistrées = 0.96%/ an;

Intensité de sédimentation estimée en moyenne = 0.8%/ an;

Intensité de sédimentation estimée en moyenne pondérée = 0.7%/ an.

2.2.8.4.2 Hydropower dams

Hydropower dams can generally be filled to a higher level than non-hydropower dams, as it is mainly necessary to maintain the head for the power generation, and a storage capacity sufficient to meet all expected demands for power. It is expected that hydropower dams will be severely impacted when they reach a level of sedimentation of 80%. Based on the global data this could occur by the year 2070, and per region as indicated in Table 2.2-15:

Table 2.2-15
Current hydropower 80% depletion date

Region	Hydropower dams: Date 80% filled with sediment
Africa	2100
Asia	2035
Australasia	2070
Central America	2060
Europe and Russia	2080
Middle East	2060
North America	2060
South America	2080

2.2.9 Summary

It is interesting to see that the number of large dams (>15m) that have been constructed worldwide occurred at a rate of 1.2 dams/ day since 1930. This figure is based on the number of large dams registered on the ICOLD World Register of Dams. Based on the findings of this report, the following conclusion can be drawn:

The article from the International Journal of Hydropower and Dams (Lempérière, 2006), mentioned previously in this report, states that a sedimentation rate of 0.3%/ year was what should be expected on a global scale. The findings in this bulletin show that the sedimentation rate was:

For countries with recorded data = 0.96%/ year;

Predicted average sedimentation rate = 0.8%/ year;

Predicted weighted average sedimentation rate = 0.7%/ year.

La première valeur est simplement l'intensité de sédimentation moyenne pour les pays desquels des données ont été collectées. La deuxième valeur est composée des pays pour lesquels les données enregistrées ont été intégrées aux valeurs estimées, pour les autres pays, et il s'agit uniquement d'une moyenne numérique. Enfin, la troisième valeur est une moyenne des données estimées et enregistrées puis pondérées par la capacité de stockage de chaque pays.

La capacité de stockage totale actuelle des réservoirs de grands barrages dans le monde est de 6 100 km^3. En 2006, la capacité de stockage exempte de sédiments était de 4 100 km^3, ce qui représente une accumulation de sédiments de 2 000 km^3 (33%), laquelle, si elle n'est pas contrôlée, pourrait potentiellement augmenter jusqu'à un volume de sédiments de 3 900 km^3 d'ici 2050 (sur la base de la capacité de stockage actuelle). Cela signifie qu'en 2050, environ 64% de la capacité de stockage actuelle des réservoirs mondiaux pourraient être comblée par des sédiments.

Les barrages hydroélectriques représentent 81,5% de la capacité de stockage actuelle totale dans le monde et ils ne sont affectés par les sédiments que lorsque plus de 80% de la capacité de stockage totale est perdue, alors que pour les barrages non hydroélectriques, le rendement est sérieusement affecté lorsque 70% de la réserve totale est perdue.

Les pays qui pourraient connaître des volumes critiques de sédimentation en 2050 sont : l'Afghanistan, l'Albanie, l'Algérie, la Bolivie, le Botswana, la Chine, la Colombie, l'Équateur, la France, les Îles Fidji, l'Iran, l'Irak, la Jamaïque, le Kenya, la Libye, la Malaisie, la Macédoine, le Maroc, le Mexique, la Namibie, la Nouvelle-Zélande, Oman, le Pakistan, Porto Rico, l'Arabie Saoudite, Singapour, le Sri Lanka, le Soudan, la Tanzanie, la Tunisie et l'Ouzbékistan. Près d'un tiers de ces pays se trouve en Afrique. L'illustration 2.2-51 montre les régions dont les économies sont directement affectées par la sécheresse et bon nombre de ces pays où le niveau de sédimentation est critique (en 2050) se trouvent dans des zones vulnérables à la sécheresse.

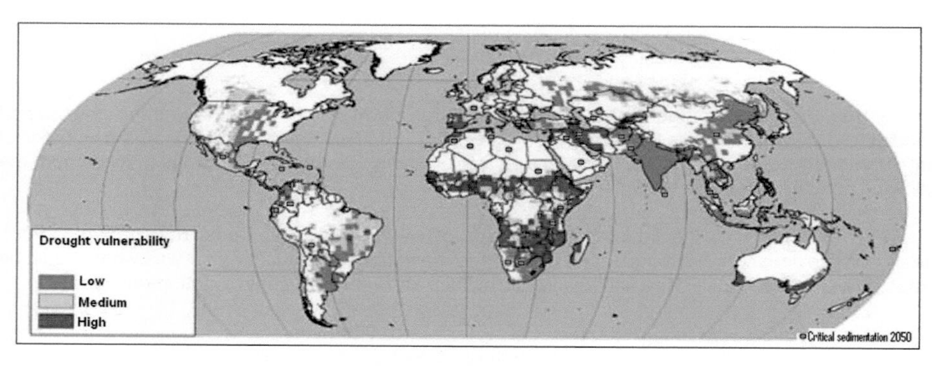

Figure 2.2-51
Perte économique proportionnelle à la sécheresse (UNDP)

The first value is simply the average sedimentation rate for the countries that data was collected from. The second value is comprised of the countries with recorded data incorporated with the predicted values, for the remainder of the countries, and is just a numerical average. Finally, the third value is average of the predicted and recorded data weighted by the storage capacity of each country.

The current total large dam reservoir storage capacity for the world is 6100 km^3. In 2006 the storage capacity left free of sediment was 4100 km^3 which means a buildup of sediment of 2000 km^3 (33%), which, if left unchecked could potentially increase to a volume of sediment of 3900 km^3 by the year 2050 (based on current storage capacity). This means that by 2050 roughly 64% of the world's current reservoir storage capacity could be filled with sediment.

Hydropower dams make up 81.5% of the world's total current storage capacity and are typically only affected by sediment when more than 80% of the total storage capacity is lost, while for non-hydropower dams the yield is seriously affected when 70% of the total storage is lost.

Countries that could experience critical sedimentation volumes by year 2050 are: Afghanistan, Albania, Algeria, Bolivia, Botswana, China, Columbia, Ecuador, France, Fiji, Iran, Iraq, Jamaica, Kenya, Libya, Malaysia, F.Y.R.O. Macedonia, Morocco, Mexico, Namibia, New Zealand, Oman, Pakistan, Puerto Rico, Saudi Arabia, Singapore, Sri Lanka, Sudan, Tanzania, Tunisia and Uzbekistan. Almost one third of these countries are in Africa. Figure 2.2-51 shows the regions where the economies are directly affected by drought, and many of these critical sedimentation (by 2050) countries are in the high drought vulnerability zones.

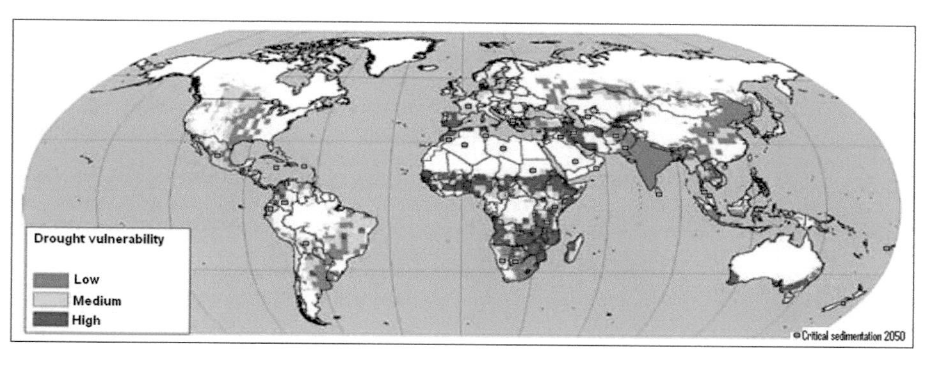

Figure 2.2-51
Drought proportional economic loss (UNDP)

2.3. IMPACTS EN AMONT

La création d'un barrage entraîne une réduction de la capacité de transport des sédiments en amont du barrage et un dépôt de sédiments. Le dépôt de sédiments entraîne une perte de la réserve utile. Dans de nombreux cas, le dépôt de sédiments se produit également au-dessus du niveau normal de retenue, constituant parfois plus de 10% des sédiments déposés. À mesure que le dépôt de sédiments se poursuit, le delta sédimentaire s'élève et, finalement, le niveau des crues commence à augmenter. Le niveau des crues est affecté, mais aussi le drainage des terres agricoles, la capacité de débit des ponts, la station de pompage, l'exploitation hydroélectrique et la navigation. Dans des climats semi-arides comme ceux de certaines régions d'Afrique, l'effet principal de l'alluvionnement des retenues est la perte de capacité de stockage pour l'approvisionnement domestique ou industriel et l'irrigation.

2.3. UPSTREAM IMPACTS

Damming created by a dam result in reduced sediment transport capacity upstream of the dam and sediment deposition. Sediment deposition results in the loss of live storage capacity. In many cases sediment deposition also occurs above the full supply level of the reservoir, sometimes constituting more than 10% of the deposited sediment. As sediment deposition continues, the sediment delta grows higher and eventually flood levels start to rise. Not only flood levels are affected, but also drainage from agricultural land, bridge discharge capacity, pump station and hydropower operation and navigation. In the semi-arid climate such as in parts of Africa, the primary effect of reservoir sedimentation is however the loss in storage capacity for domestic or industrial supply and irrigation.

3. IMPACTS MORPHOLOGIQUES D'UN BARRAGE SUR L'AVAL DU COURS D'EAU ET MESURES ÉVENTUELLES D'ATTÉNUATION

3.1. CONTEXTE

Le réservoir de Kariba situé sur le fleuve Zambèze (Zimbabwe/Zambie) s'étend sur une superficie de 5 500 km^2 pour le niveau normal de retenue et a une capacité normale de plus de 180 km^3. Le réservoir de Gariep, situé sur le fleuve Orange, en Afrique du Sud, a une capacité normale originelle de 5 950 millions de m^3. Compte tenu des tailles importantes de ces barrages et des autres barrages construits ces 100 dernières années, il n'est pas étonnant qu'ils aient un impact majeur sur les cours d'eau en aval. Cependant, ce ne sont pas uniquement les grands réservoirs qui exercent des modifications sur les cours d'eau, car même les petites structures peuvent perturber un cours d'eau stable. Un cours d'eau compense les changements imposés par un barrage en s'ajustant vers un nouvel état quasi-stable. La fermeture d'un barrage a un impact immédiat sur le lit en aval du cours d'eau car il modifie le débit naturel et le transport de sédiments. L'ampleur de cet impact dépend de différents facteurs:

- La capacité de stockage du bassin par rapport au ruissellement annuel moyen (RAM):

  Les réservoirs avec de grandes capacités de stockage par rapport au RAM absorbent généralement la plupart des plus petites crues, atténuent les plus importantes et retiennent la majeure partie des sédiments qui pénètrent dans le réservoir (Chien, 1985). Le réservoir de Tarbela, situé sur le fleuve Indus au Pakistan, possède une réserve relativement modeste par rapport au volume de crue et, par conséquent, il a un impact réduit sur les crues dont la durée de retour excède 10 ans. D'autre part, le lac Nasser, situé derrière le haut barrage d'Assouan, possède une capacité de stockage tellement élevée par rapport au volume de crue que même les crues les plus importantes sont partiellement absorbées (Acreman, 2000).

- Procédure opérationnelle du barrage :

  Les barrages sont généralement construits pour l'une des raisons suivantes : réserve, production hydroélectrique, irrigation ou rétention des crues. De nombreux barrages sont également construits pour de multiples buts. Les impacts de chaque type d'exploitation sont différents. Alors qu'un réservoir de stockage ne rejette quasiment pas d'eau tant que sa capacité de stockage n'est pas dépassée, un barrage hydroélectrique peut rejeter un débit élevé relativement constant à certains moments de la journée.

- Matériaux du lit :

  Les matériaux du fond du lit plus grossiers, comme les blocs, cailloux ou même les graviers, réduisent dans une certaine mesure la dégradation en aval d'un barrage, alors que les cours d'eau à lit de sable sont plus exposés à la dégradation ou à l'érosion.

- Structures d'évacuation :

  Si un barrage dispose des structures d'évacuation nécessaires, les sédiments peuvent être évacués d'un réservoir, grâce à un transfert par les vannes des sédiments entrants ou une chasse des sédiments déposés. L'effet des sédiments déversés dans le lit de la rivière dépend bien sûr du fonctionnement des ouvrages de vidange.

3. DOWNSTREAM FLUVIAL MORPHOLOGICAL IMPACTS OF A DAM AND POSSIBLE MITIGATING MEASURES

3.1. BACKGROUND

Kariba Reservoir on the Zambezi River, Zimbabwe/Zambia, has a surface area of about 5500 km^2 at full supply level and a full supply capacity of over 180 km^3. Gariep Reservoir on the Orange River, South Africa, has an original full supply capacity of 5950 million m^3. Considering the large sizes of these and most of the other dams built during the past 100 years, it is not surprising that they have major impacts on the rivers downstream. However, it is not only large reservoirs that bring about changes in the rivers, but even small structures can disturb an otherwise stable river. A river compensates for the imposed changes due to a dam by adjusting to a new quasi-stable form. The closure of a dam has an immediate impact on the downstream river channel by changing the natural water discharge and sediment load. The magnitude of this impact depends on various factors:

- Storage capacity of the impoundment in relation to mean annual runoff (MAR):

  Reservoirs with large storage capacities relative to the MAR, typically absorb most of the smaller floods, attenuate larger floods and trap most of the sediments that enter the reservoir (Chien, 1985). Tarbela Reservoir on the River Indus, Pakistan, has a relatively small storage in comparison to flood volume, and thus has little impact on floods with return periods greater than 10 years. Lake Nasser behind the High Aswan Dam on the other hand has such a large storage capacity in relation to the flood volume that even the largest floods are partially absorbed (Acreman, 2000).

- Operational procedure of the dam:

  Typically, dams are built for one of the following reasons: storage, hydropower, irrigation or flood detention. Many dams are also built for multiple purposes. The impacts of each type of operation are different. While a storage reservoir may release almost no water unless its storage capacity has been exceeded, a hydropower dam may release a relatively constant high flow for certain times of the day.

- Bed materials:

  Coarser bed materials like cobbles and boulders and even gravel reduce the degradation below a dam to some degree, whereas sand bed rivers are more susceptible to degradation or erosion.

- Outlet structures:

  If a dam has the necessary outlet structures, sediment can be released from a reservoir, through sluicing incoming sediments or flushing deposited sediments. The effect of the released sediment on the river channel of course depends on the operation of the outlet works.

- Charge de sédiments:

  Un barrage aura un impact bien plus important sur un cours d'eau à forte charge sédimentaire naturelle que sur un cours d'eau à faible charge sédimentaire naturelle. En effet, dans le premier cas, on aura une plus grande réduction de la charge sédimentaire que dans le second cas. Les sédiments apportés par des affluents en aval d'un barrage peuvent aussi avoir un effet majeur sur un cours d'eau car le débit peut être saturé si la capacité de transport de sédiments du cours d'eau est limitée.

Il y a eu une augmentation importante du nombre et de la taille des barrages construits après la seconde guerre mondiale, le pic mondial étant atteint dans les années 1970. Cette augmentation de la taille et de la capacité des réservoirs a rendu l'impact des barrages encore plus évident. De nombreuses études (p. ex. : Williams et Wolman (1984), Chien (1985) et Hadley et Emmett (1998)) ont été menées et ont décrit à la fois les impacts et leurs causes. Les principales conséquences sont l'atténuation des pics de crue et la retenue de sédiments dans les réservoirs, ce qui entraîne des changements au niveau des sections en travers du lit, de la taille des particules de fond, du style fluvial et de la rugosité.

3.2. MODIFICATIONS DU DÉBIT

L'ampleur et la durée des débits déversés varient d'un barrage à l'autre, selon les différents buts pour lesquels les barrages ont été construits. En raison des capacités de stockage relativement importantes de la plupart des réservoirs, les crues sont absorbées ou tout au moins atténuées et seules les très grandes crues traversent un réservoir en étant relativement peu modifiées. Il en résulte une diminution de la variabilité naturelle du débit des cours d'eau, comme c'est le cas en aval du barrage Gariep sur le fleuve Orange, en Afrique du Sud (WCD, 2000b). Les illustrations 3.2-1 et 3.2-2 donnent une indication de ce que pourrait être l'impact éventuel du projet de barrage Jana sur le fleuve Thukela, en Afrique du Sud, sur le débit au niveau du barrage, lorsque le réservoir est complètement utilisé, sans déversement de crues dans l'environnement.

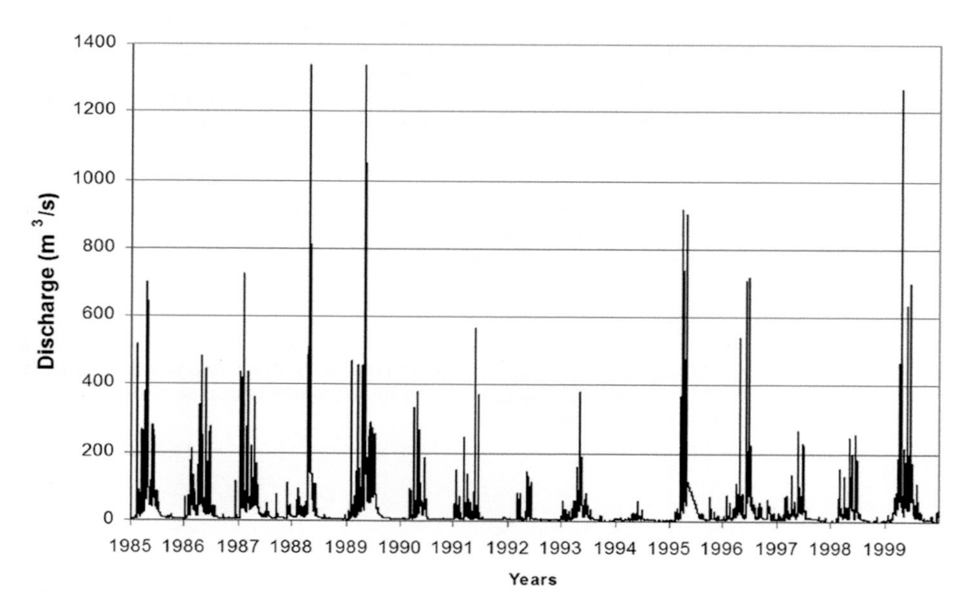

Figure 3.2-1
Débit liquide (données horaires) avant le barrage projeté sur le site de Jana, sur le fleuve Thukela, en Afrique du Sud

- Sediment load:

  A dam will have a much greater impact on a river with a high natural sediment load than on a river with a low natural sediment load, because the former will experience a much greater reduction in sediment load than the latter. Also the sediments supplied by tributaries downstream of a dam can have a major effect on a river in that the flow can become oversaturated if the sediment transport capacity of the river is reduced.

There was a dramatic increase in the number and size of the dams being built after the Second World War, peaking during the 1970's worldwide. This increase in both size and capacity of reservoirs has made the impacts of dams even more obvious. Numerous studies (e.g., Williams and Wolman (1984), Chien (1985), and Hadley and Emmett (1998)) have been carried out that describe both the impacts and their causes. The primary impacts are the attenuation of flood peaks and the trapping of sediments in reservoirs, leading to changes in channel cross-section, bed particle size, channel pattern and roughness.

3.2. CHANGES IN DISCHARGE

The magnitude and duration of the flows released vary from one dam to another, because of the different purposes for which dams are built. Due to the relatively large storage capacities of most reservoirs, floods are either absorbed or at least attenuated and only very large floods move through a reservoir relatively unchanged. The result is a decrease in the natural variability of streamflow, as is the case below Gariep Dam on the Orange River, South Africa (WCD, 2000b). Figures 3.2-1 and 3.2-2 give an indication of what the possible impact of the proposed Jana Dam on the Thukela River, South Africa, could be on the streamflow at the dam, once the reservoir is fully utilised, without any environmental flood releases.

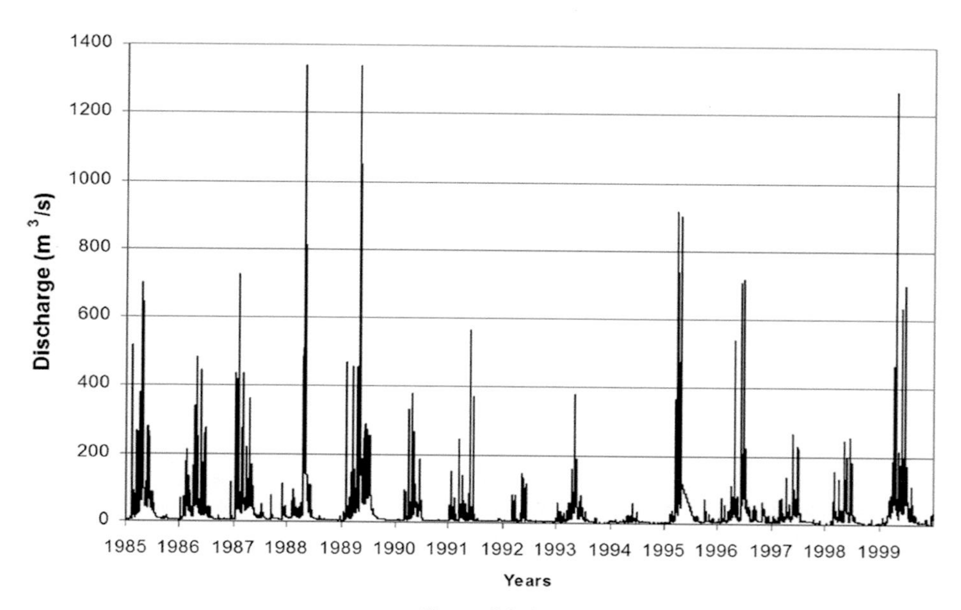

Figure 3.2-1
Pre-dam streamflow (hourly data) at proposed Jana Dam site,
Thukela River, South Africa

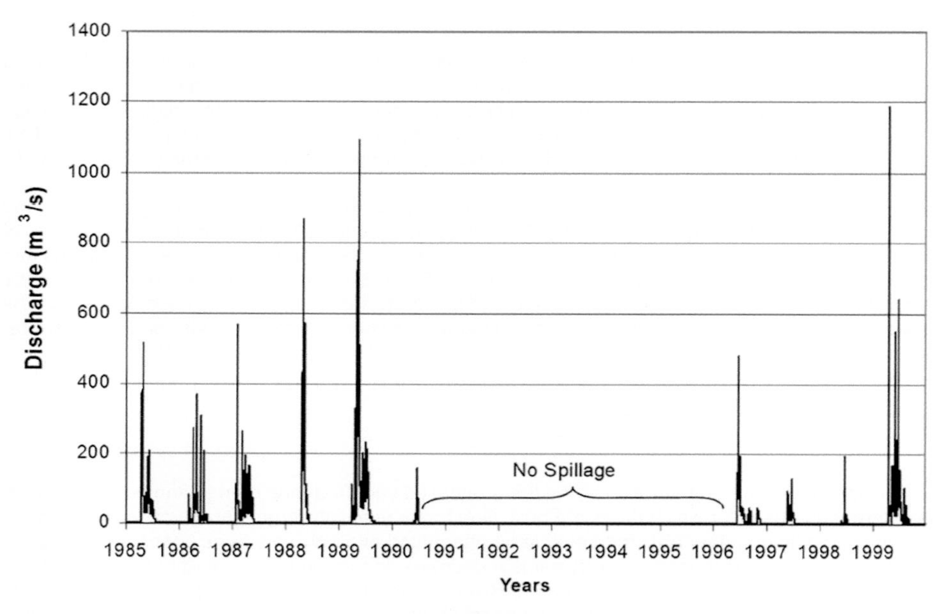

Figure 3.2-2
Débit liquide (données horaires) après le barrage projeté sur le site de Jana, sur le fleuve Thukela, en Afrique du Sud

Généralement, la durée de la période de basses eaux augmente et l'ampleur des pics de crue diminue. Les gorges de Gunnison, sur le fleuve Gunnison, aux États-Unis, se trouvent en aval de quatre réservoirs et d'un transfert entre bassins versants. Le pic de crue de retour 10 ans a diminué de 53%, passant de 422 m^3/s à 198 m^3/s tandis que la durée de la période de basses eaux a été multipliée par trois, selon Hadley et Emmett (1998). Andrews (1986) a indiqué que les débits déversés du réservoir de Flaming Gorge, sur la Green River, aux États-Unis, n'ont jamais dépassé les 5 000 ft^3/s (environ 142 m^3/s), alors que le ruissellement annuel moyen n'a pas changé.

Dans les réservoirs de rétention des crues, les débits faibles et moyens peuvent généralement passer par le réservoir sans rétention ou de manière limitée, mais les crues plus importantes sont fortement atténuées. Selon Chien (1985), le réservoir de Guanting sur le Fleuve Jaune, en Chine, a fait baisser les pics de crue de 78%, passant de 3 700 m^3/s à 800 m^3/s. Le réservoir de Sanmenxia, également sur le Fleuve Jaune, a été exploité pour la rétention des crues, avec des chasses de sédiments et un stockage depuis 1974, après avoir été utilisé exclusivement pour le stockage depuis sa construction en 1960 jusqu'en 1964. Les pics de crue ont été réduits, passant de 12 400 m^3/s à 4 870 m^3/s, tandis que la durée des débits journaliers moyens (1 000–3 000 m^3/s) est passée de 130 jours par an à 204 jours par an.

Les réservoirs utilisés pour l'irrigation font baisser le débit lors de la saison des pluies afin de stocker l'eau, et le font monter lors de la saison sèche, ce qui permet de maintenir des débits relativement constants, généralement supérieurs aux conditions avant construction du barrage. Les barrages hydroélectriques, en revanche, présentent un schéma d'écoulement très variable, avec des débits relativement importants à certaines périodes de la journée et des débits faibles ou nuls le reste du temps, bien que le réservoir de Kariba sur le fleuve Zambèze (Zimbabwe/Zambie) parvienne à libérer un débit minimum de 283 m^3/s (SI et CESDC, 2000), ce qui est plutôt une exception. L'effet de la production hydroélectrique au barrage de Glen Canyon, aux États-Unis, sur le débit du fleuve Colorado, peut s'observer sur l'illustration 3.2-3. Les travaux de construction ont commencé officiellement sur le Barrage de Glen Canyon en 1956, les turbines et les générateurs ayant été installés entre 1963 et 1966 (Site Internet du Barrage de Glen Canyon, 2002).

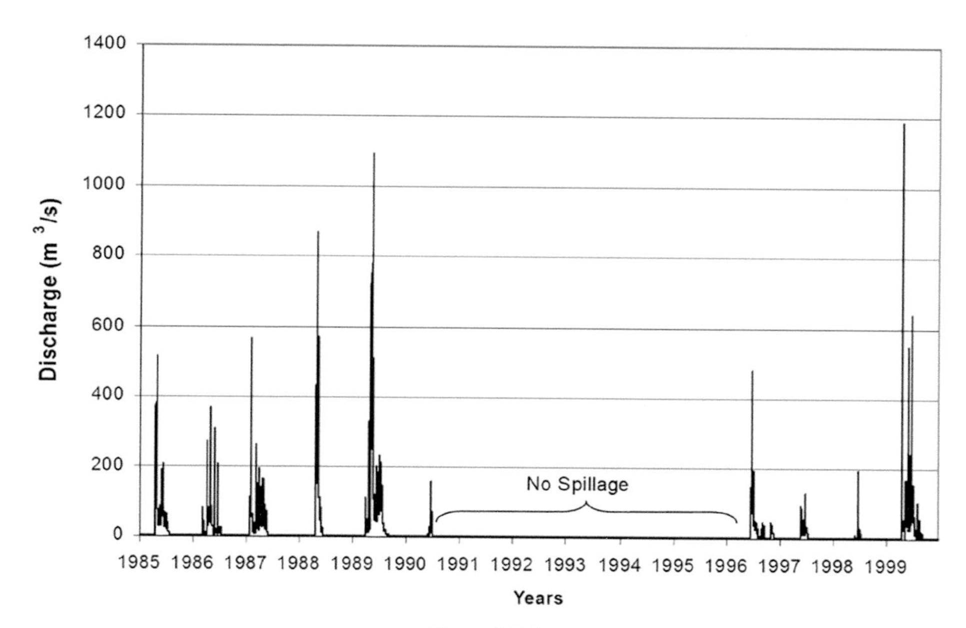

Figure 3.2-2
Post-dam streamflow (hourly data) at proposed Jana Dam site,
Thukela River, South Africa

Generally, the low flow duration increases and the magnitude of the flood peaks decreases. Gunnison Gorge on the Gunnison River, USA, is downstream of four reservoirs and an interbasin transfer. The 1:10-year flood peak has decreased by 53% from 422 m³/s to 198 m³/s while the low flow duration increased threefold according to Hadley and Emmett (1998). Andrews (1986) reported that no flows larger than 5000 ft³/s (about 142 m³/s) have been released from Flaming Gorge Reservoir on the Green River, USA, while the mean annual flow has not changed.

In flood detention reservoirs the low and medium flows are usually allowed to pass through the reservoir with no or limited damming, but the larger floods are greatly attenuated. According to Chien (1985), Guanting Reservoir on the Yellow River, China, has reduced the peaks by 78% from 3700 m³/s to 800 m³/s. Sanmenxia Reservoir, also on the Yellow River, has been operated for flood detention, with sediment sluicing, and storage since 1974, after being used solely for storage from the time it was built in 1960 to 1964. The flood peaks have been reduced from 12400 m³/s to 4870 m³/s, while the duration of the mean daily flows (1000–3000 m³/s) has increased from 130 days a year to 204 days a year.

Reservoirs operated for irrigation decrease flows during the wet season to store water, and increase flows during the dry season, thereby maintaining relatively constant low flows, usually higher than pre-dam conditions. Hydropower dams on the other hand possess highly variable release patterns, with relatively large flows being released during certain times of the day and no or low flows during the rest, although Kariba Reservoir on the Zambezi River, Zimbabwe/Zambia, manages to release a minimum flow of 283 m³/s (SI and CESDC, 2000), which is rather the exception. The effect of hydropower generation at Glen Canyon Dam, USA, on the Colorado River streamflow can be seen in Figure 3.2-3. Construction work officially began on Glen Canyon Dam in 1956 and turbines and generators were installed between 1963 and 1966 (Glen Canyon Dam Website, 2002).

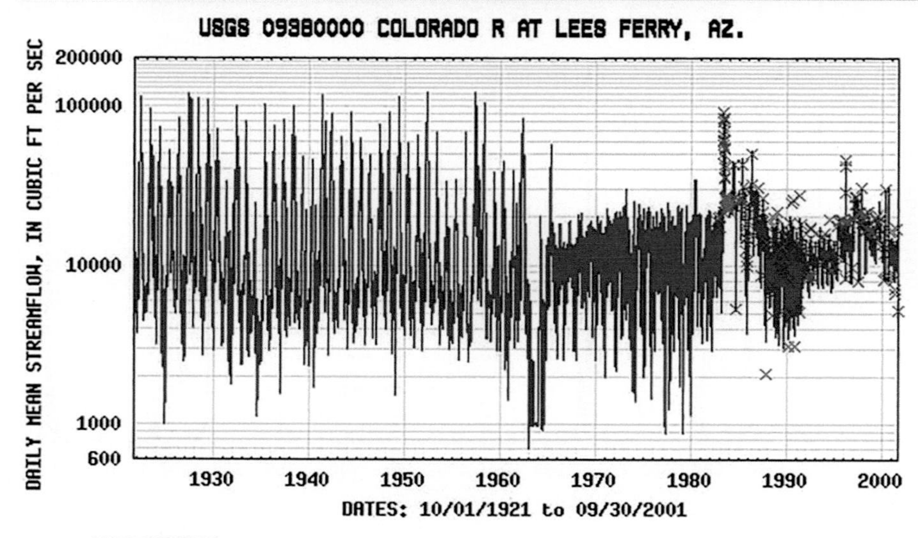

Figure 3.2-3
Débit du fleuve Colorado en aval du barrage de Glen Canyon, États-Unis, avant et après la construction du barrage (USGS, 2002a)

3.3. MODIFICATIONS DE LA CHARGE SÉDIMENTAIRE

En plus de la réduction des pics de crue, on constate une baisse drastique des volumes de sédiments libérés depuis un réservoir, à moins que le barrage ne soit équipé pour transférer les sédiments entrant au travers du réservoir par les vannes ou pour chasser les sédiments déposés. Williams et Wolman (1984) ont indiqué que le taux de décantation des grands réservoirs aux États-Unis est généralement supérieur à 99%.

Le réservoir de Glen Canyon (Illustration 3.3-1), sur le fleuve Colorado, a réduit la charge annuelle moyenne de sédiments en suspension de 87%, passant de 126 millions de tonnes/an à 17 millions de tonnes/an (Williams et Wolman, 1984). La station en aval où les mesures ont été effectuées se trouve à 150 km du barrage, ce qui prouve que l'influence du barrage s'étend à une certaine distance en aval. L'impact d'un barrage sur la charge sédimentaire diminue cependant à mesure que l'on s'éloigne de celui-ci, comme on peut l'observer en aval du barrage de Canton sur la North Canadian River, aux États-Unis (Illustration 3.3-2). La station de contrôle qui apparaît sur l'illustration indique que la charge sédimentaire en amont est restée inchangée alors que, en aval, on observe une réduction considérable de celle-ci. De même, en aval du barrage de Flaming Gorge, sur la Green River, aux États-Unis, les affluents ont réapprovisionné les apports en sédiments sur une distance de 68 miles en aval, selon Andrews (1986).

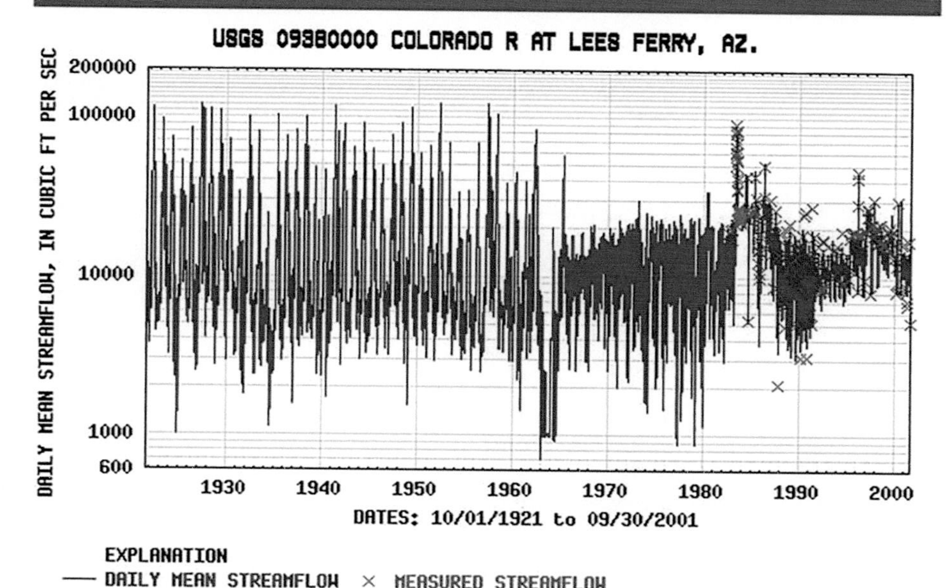

Figure 3.2-3
Colorado River streamflow downstream of Glen Canyon Dam, USA, before and after dam construction (USGS, 2002a)

3.3. CHANGES IN SEDIMENT LOAD

Together with the reduction in flood peaks a drastic decrease in the sediment volumes released from a reservoir is experienced, unless the dam is equipped to sluice or flush sediments through the reservoir. Williams and Wolman (1984) reported that the trap efficiency of large reservoirs is commonly greater than 99% in the USA.

Glen Canyon Reservoir (Figure 3.3-1) on the Colorado River has reduced the average annual suspended sediment load by 87% from 126 million tons/a to 17 million tons/a (Williams and Wolman, 1984). The downstream station at which the measurements were taken is 150 km away from the dam, which shows that the dam's influence extends far downstream. The impact of a dam on the sediment load however decreases with distance from the dam, as can be seen downstream of Canton Dam on the North Canadian River, USA (Figure 3.3-2). The control station included in the figure indicates that the upstream sediment load has remained unchanged, whereas the downstream reach has experienced a considerable reduction in sediment load. Also below Flaming Gorge Dam on the Green River, USA, tributaries have replenished the sediment supply within 68 miles downstream according to Andrews (1986).

Figure 3.3-1
Barrage de Glen Canyon avec le lac Powell en fond

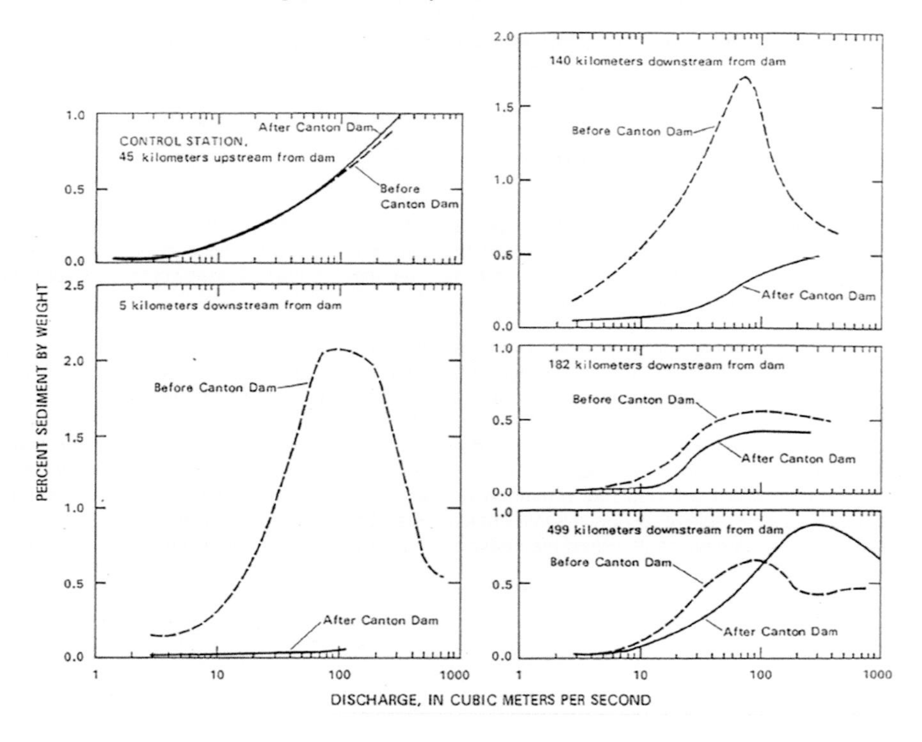

Figure 3.3-2
Flux de sédiments en suspension dans les stations aval successives avant et après la fermeture du barrage de Canton sur la North Canadian River, États-Unis (Williams et Wolman, 1984)

Figure 3.3-1
Glen Canyon Dam with Lake Powell in the background

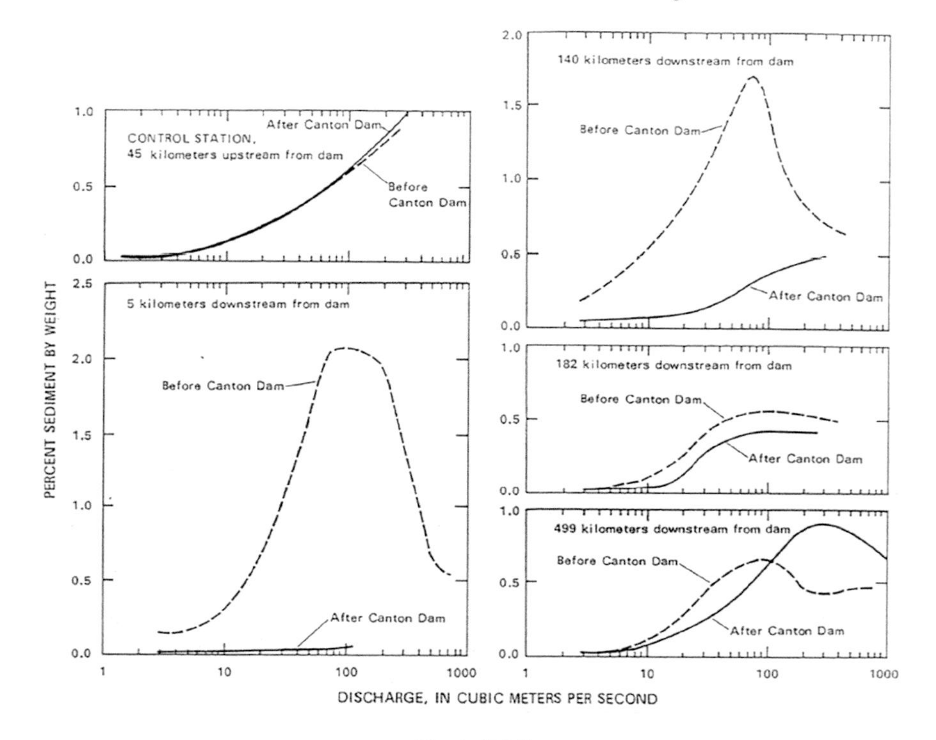

Figure 3.3-2
Suspended sediment loads at successive downstream stations before and after the closure of Canton Dam on the North Canadian River, USA (Williams and Wolman, 1984)

Non seulement les sédiments sont retenus dans un réservoir, mais la capacité de transport dans le lit en aval diminue également à cause de l'atténuation des pics de crue, ainsi que de l'armurage du fond et des pentes plus douces associées à l'érosion du lit. En aval du barrage de Danjiangkou, sur le fleuve Han, en Chine, les concentrations en sédiments à des débits de 3 000 m^3/s été réduite de 60,4% (Chien, 1985) et en aval du haut barrage d'Assouan sur le Nil, la concentration de sédiments en suspension mesurée au mois d'août a baissé de 3 500 mg/ℓ à 100 mg/ℓ (Schumm et Galay, 1994).

3.4. MODIFICATIONS DE LA PROFONDEUR DU LIT

Les modifications du régime d'écoulement et la charge sédimentaire ont un effet spectaculaire sur la morphologie du lit, car ce sont deux des facteurs de contrôle. En raison des grandes quantités d'eau claire relâchées par la plupart des réservoirs, la conséquence la plus courante sur le lit du cours d'eau en aval est l'érosion. Après la construction du barrage de Sanmenxia, l'érosion moyenne du lit était comprise entre 0,6 m et 1,3 m pendant les quatre premières années de l'exploitation du stockage (Chien, 1985). Williams et Wolman (1984) ont indiqué des impacts bien supérieurs en aval du barrage de Hoover sur le fleuve Colorado, aux États-Unis, où l'érosion maximale 13 ans après la construction du barrage était de 7,5 m. Dans la plupart des cas, l'érosion maximale interviendra directement en aval ou à proximité du barrage, ce qui est le cas du haut barrage d'Assouan avec une érosion maximale de 0,7 m (Schumm et Galay, 1994), alors que pour le barrage de Glen Canyon, un abaissement du niveau du lit de 7,25 m a été mesuré à 16 km en aval du barrage (Williams et Wolman, 1984). L'illustration 3.4-1 présente la variation spatiale de l'érosion du lit, neuf ans après la construction du barrage, en fonction de la distance en aval du barrage.

Le niveau d'érosion dépendra des contrôles locaux, comme l'assise rocheuse ou la création d'une couche d'armurage. La couche d'armurage se forme lorsque les matériaux fins du lit de la rivière sont érodés, laissant derrière eux les fractions plus grossières. Cela constitue une couche de protection qui limite l'érosion des particules sous-jacentes. De même, l'aplanissement de la pente du lit diminuera la capacité d'écoulement, ce qui permettra de contrôler l'érosion.

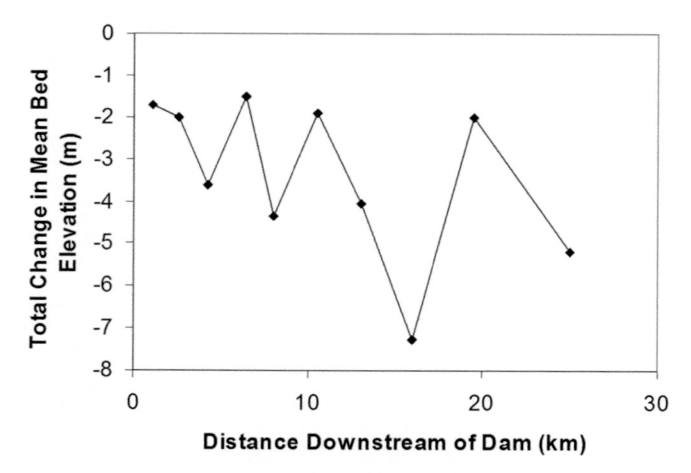

Figure 3.4-1
Variation spatiale de l'érosion du lit (neuf ans après la fermeture du barrage) en aval du barrage de Glen Canyon, États-Unis (Williams et Wolman, 1984)

Le tunnel du Lesotho Highlands Water Project (LHWP) permet de transférer de l'eau du Lesotho vers l'Afrique du Sud. Le Lesotho produit de l'électricité, avant que l'eau ne soit déversée, par le tunnel d'écoulement, dans le fleuve Ash, en Afrique du Sud. La centrale hydroélectrique a été construite seulement après que le système d'acheminement de l'eau ait été opérationnel pendant un

Not only are sediments trapped in a reservoir, but the transport capacity in the downstream channel also decreases due to the attenuated flood peaks and is diminished by coarsening of the bed and flatter bed slopes associated with bed degradation. Downstream of Danjankou Dam on the Han River, China, the sediment concentration at flows of 3000 m³/s was reduced by 60.4% (Chien, 1985) and downstream of the High Aswan Dam on the Nile, the suspended sediment concentration typically measured during August decreased from 3500 mg/ℓ to 100 mg/ℓ (Schumm and Galay, 1994).

3.4. CHANGES IN CHANNEL DEPTH

The changes in flow regime and sediment load have a dramatic effect on the channel morphology, since these are two of the controlling factors. Due to the large amounts of clear water released from most reservoirs the most common response of the river channel downstream is degradation. After the completion of Sanmenxia Dam, the average bed degradation was between 0.6 m and 1.3 m during the first four years of storage operation (Chien, 1985). Williams and Wolman (1984) reported much greater impacts below Hoover Dam on the Colorado River, USA, where the maximum degradation 13 years after the completion of the dam was 7.5 m. In most cases the maximum degradation will occur directly below or near the dam, which is the case at the High Aswan Dam with a maximum degradation of 0.7 m (Schumm and Galay, 1994), whereas at Glen Canyon Dam a 7.25 m bed level lowering was measured 16 km downstream of the dam (Williams and Wolman, 1984). Figure 3.4-1 shows the variation in bed degradation, nine years after the completion of the dam, with distance downstream of the dam.

The amount of degradation will depend on local controls such as bedrock or the development of an armour layer. Armouring occurs when fine materials in the bed are eroded, leaving the coarser fractions behind. These create a protective layer that limits erosion of the underlying particles. Likewise flattening of the channel slope will decrease the flow competence, which will control degradation.

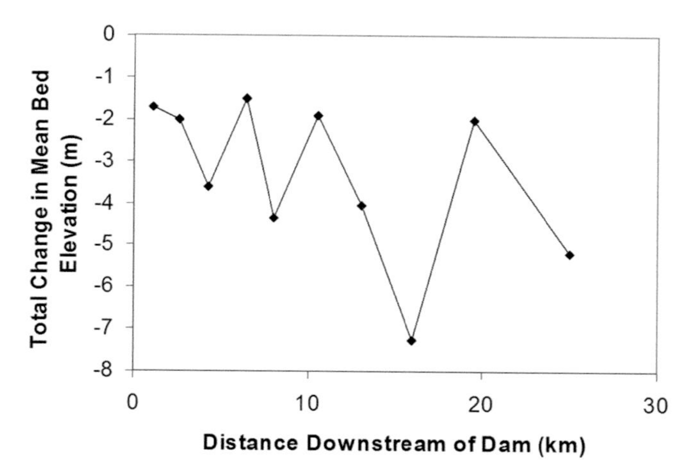

Figure 3.4-1
Variation of bed degradation (nine years after closure of the dam) downstream of Glen Canyon Dam, USA (Williams and Wolman, 1984)

The Lesotho Highlands Water Project (LHWP) tunnel transfers water from Lesotho to South Africa. En route electricity is generated in Lesotho before the water is discharged, via the Delivery Tunnel, into the Ash River, South Africa. The hydropower station was constructed only after the water transfer system had been operational for some time and once the hydropower station was operated

certain temps, et dès que la centrale hydroélectrique a été exploitée à son débit de pointe (avec des débits pouvant atteindre un maximum de 50 m³/s -équivalent à une crue décennale au déversoir-pendant quelques heures par jour), des problèmes sont apparus au bout d'un an. Le débit variable, qui conduit alternativement à la mise en eau et à l'assèchement des berges du cours d'eau, a provoqué une érosion substantielle du lit (de 3 à 5 m) et un affaissement des berges, ce qui a transformé un petit ruisseau en rivière large et profonde (voir illustrations 3.4-2 à 3.4-5). L'illustration 3.4-2 montre l'érosion du lit qui a été observée dans les deux ans, avec 6 m d'érosion par endroits. L'illustration présente également les profils de lit simulés et estimés avec un seuil projeté qui est supposé limiter l'érosion. Le seuil projeté entraînera un dépôt local juste en amont, mais plus haut en amont l'érosion aura toujours lieu, à moins d'être limitée par des contrôles naturels locaux.

Heureusement, des mesures ont été prises assez rapidement et, en 2001, un barrage d'atténuation des crues a été construit juste en aval de la sortie du tunnel (Illustration 3.4-6), réduisant les fluctuations de niveau d'eau à environ 300 mm et dissipant la plus grande partie de l'énergie excédentaire. En conséquence, les berges du cours d'eau se sont aplanies et la végétation a pu s'y établir (Illustration 3.4-7), ce qui a permis de les stabiliser. La pente du lit du cours d'eau s'est progressivement adoucie grâce à l'utilisation de contrôles naturels et artificiels sur le cours d'eau.

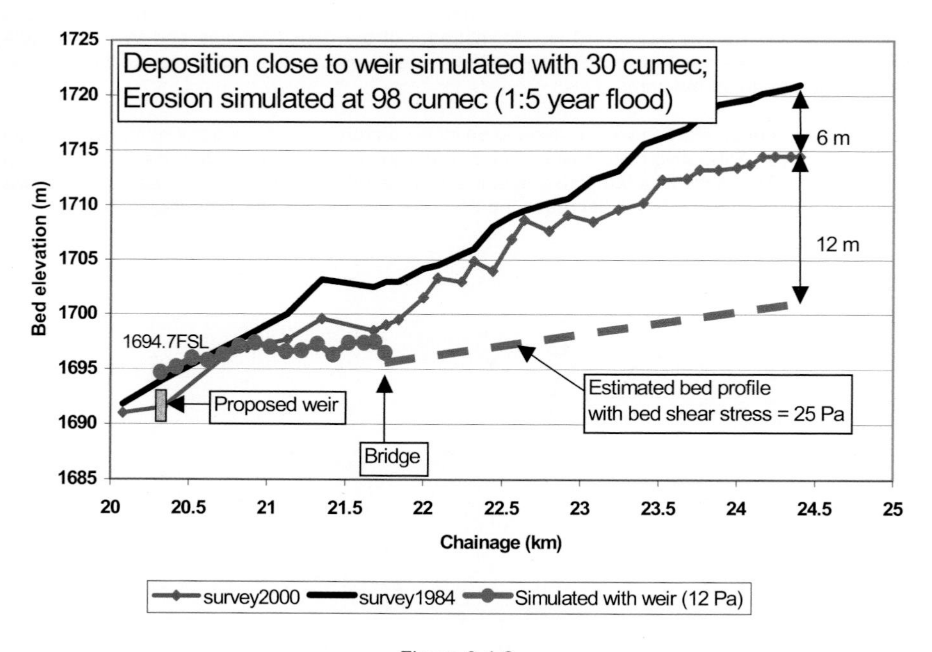

Figure 3.4-2
Profil longitudinal du fleuve Ash (sur le site 26, avec le site 1 au déversoir du tunnel et le site 87 au barrage de Saulspoort)

at peak discharge (with discharges up to a maximum of 50 m³/s (equivalent to a 1:10-year flood at the outfall) for a few hours each day), problems became apparent within a year. The variable discharge, leading to alternate wetting and drying of the riverbanks, caused substantial degradation of the riverbed (3 to 5 m) and slumping of the riverbanks, changing the river from a small stream to a deep, wide river (see Figures 3.4-2 to 3.4-5). Figure 3.4-2 shows the observed bed degradation that took place within two years, with as much as 6 m scour in places. Also indicated in the figure are the simulated and estimated bed profiles with a proposed weir that is supposed to limit the erosion. The proposed weir will cause local deposition just upstream, but further upstream the erosion will still take place, unless limited by local natural controls.

Fortunately, measures were taken fairly quickly and in 2001 a flood attenuation dam was built just downstream of the tunnel outlet (Figure 3.4-6), reducing the water level fluctuations to about 300 mm and dissipating much of the excess energy. As a result, the riverbanks have flattened to some degree and vegetation has had a chance to establish itself on the riverbanks (Figure 3.4-7), thereby stabilising the banks. The bed slope of the river has gradually become flatter again by utilising natural and man-made controls on the river.

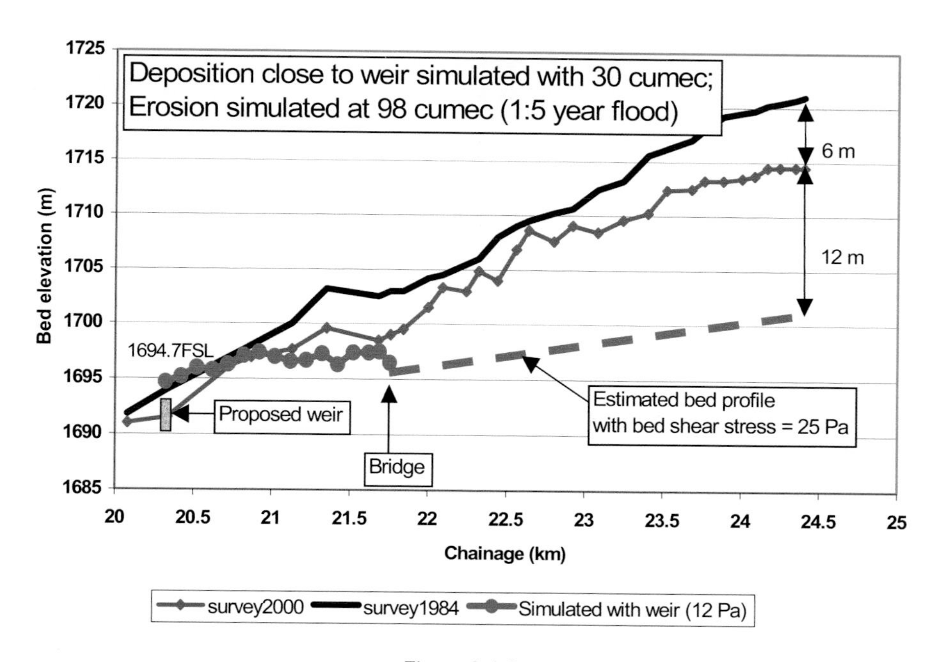

Figure 3.4-2
Ash River longitudinal profile (at site 26, with site 1 at the tunnel outfall and site 87 at Saulspoort Dam)

Figure 3.4-3
Fleuve Ash (site 20) en 1991 (HTDC, 1999)

Figure 3.4-4
Fleuve Ash (site 20) en 1997 (HTDC, 1999)

Figure 3.4-3
Ash River (site 20) in 1991 (HTDC, 1999)

Figure 3.4-4
Ash River (site 20) in 1997 (HDTC, 1999)

Figure 3.4-5
Erosion du lit du fleuve Ash (HTDC, 2000)

Figure 3.4-6
Barrage d’atténuation de l’écoulement (site 7) (HDTC, 2002)

Figure 3.4-5
Ash River bed degradation (HDTC, 2000)

Figure 3.4-6
Flow attenuation dam (site 7) (HDTC, 2002)

Figure 3.4-7
Végétation établie sur les berges (site 79) (HDTC, 2000)

Rutherford (2000) a signalé la présence d'affouillement sous le barrage de Keepit sur Dumaresq Creek, en Australie, mais, généralement, l'affouillement sous les barrages a été limité en Australie, soit par l'exposition du substratum soit par le phénomène d'armurage, ce qui s'est produit sous le barrage de Glenbawn, sur le fleuve Hunter, et le barrage Eildon sur le fleuve Goulburn. L'autre raison expliquant l'érosion limitée sous les barrages australiens est celle de l'apport naturellement faible de sédiments des cours d'eau, de sorte que les lits sont déjà adaptés à des taux de transport de sédiments faibles (Rutherford, 2000).

D'autre part, lorsqu'une certaine quantité de sédiments est libérée d'un réservoir, le fleuve subit un alluvionnement. Le barrage de Naodehai sur le fleuve Liu, en Chine, a été construit pour retenir les crues. La plupart des sédiments sont déversés avec les débits plus faibles après le passage d'une crue. La capacité de transport des débits est dépassée par les sédiments ajoutés, qui se déposent donc dans le lit de la rivière. En conséquence, le lit s'est élevé de 1,5 m sur une période de 10 ans (Chien, 1985). Chien a également indiqué que l'alluvionnement maximal était intervenu pendant la phase de rétention de crue du réservoir de Sanmenxia.

L'alluvionnement peut également être dû à des débits très faibles, qui se produisent lorsque très peu d'eau est libérée d'un réservoir ou que les rejets sont épuisés par des extractions pour l'irrigation, par exemple. Williams et Wolman (1984) citent le barrage d'Elephant Butte sur le Rio Grande, aux États-Unis, où la baisse des débits et les sédiments apportés par les affluents ont fait monter le lit de la rivière à la même hauteur quasiment que les terres alentours.

Figure 3.4-7
Vegetation established on riverbanks (site 79) (HDTC, 2000)

Rutherford (2000) reported some scour below Keepit Dam on Dumaresq Creek, Australia, but generally scour below dams has been limited in Australia either by the exposure of bedrock or by armouring, which occurred below Glenbawn Dam, Hunter River, and Eildon Dam on the Goulburn River. Another reason for the limited amount of erosion below Australian dams is the naturally low sediment yield of the rivers, so that channels may already be adjusted to low sediment transport rates (Rutherford, 2000).

On the other hand, when a certain amount of sediment is released from a reservoir the river experiences aggradation. Naodehai Dam on the Liu River, China, was built for flood detention where most of the sediment is released with the lower flows after a flood has passed. The sediment carrying capacity of the flows is exceeded by the added sediments and thus deposits in the river channel. This resulted in the bed being raised by 1.5 m over a period of 10 years (Chien, 1985). Chien also reported that the maximum aggradation occurred during the flood detention phase of Sanmenxia Reservoir.

Aggradation can also occur due to very low flows, which take place when very little water is released from a reservoir, or the releases are depleted by extractions for irrigation for example. Williams and Wolman (1984) cite the Elephant Butte Dam on the Rio Grande, USA, where the decreased flows and sediment contributed by tributaries have allowed the riverbed to rise almost to the same height as the surrounding lands.

3.5. MODIFICATIONS DE LA LARGEUR DU LIT

Contrairement aux modifications de profondeur du lit, qui dépendent généralement du débit, de la charge sédimentaire et des caractéristiques des sédiments, ainsi que des contrôles locaux du lit, les modifications de la largeur dépendent aussi des matériaux et de la végétation des berges. La cohésion des berges retarde l'érosion dans une certaine mesure et une augmentation de la végétation améliore la stabilité des berges, ainsi que le piégeage des sédiments. En revanche, la réduction des flux sédimentaires et l'allongement de la durée d'écoulement entraînent un élargissement du lit, particulièrement s'ils s'accompagnent d'une augmentation de la profondeur, ce qui contribue à saper les berges et provoque leur effondrement (Williams et Wolman, 1984).

Généralement, le lit d'une rivière s'élargit lorsqu'il connaît des périodes régulières de sécheresse et d'humidité, caractéristiques des barrages hydroélectriques. Cela pourrait être une conséquence de l'instabilité des berges à cause de l'alternance entre humidification and assèchement de celles-ci. Le barrage de Garrison sur le fleuve Missouri, aux États-Unis, a été construit pour le contrôle des crues et la production hydroélectrique en 1953. Après 23 ans, sa largeur maximale a augmenté de 625 m (passant de 525 m à 1 150 m) à 47 km en aval du barrage. À l'inverse, un cours d'eau peut devenir plus étroit si ses débits sont faibles pendant une période prolongée. Pendant cette période, la végétation peut empiéter sur le lit du cours d'eau. Les débits faibles parviennent rarement à atteindre les plaines inondables et, même si c'est le cas, ils ne suffisent pas à éliminer la végétation établie. Cela réduit effectivement la largeur du lit de la rivière. L'élargissement du lit de la rivière a été signalé par Rutherford (2000) pour plusieurs cours d'eau en Australie, y compris les rivières Upper Murray et Swampy Plains. L'élargissement du lit de la rivière est le résultat de lâchers réglementés réguliers qui augmentent la durée des débits de quasi-plein bord.

La contraction du lit survient généralement dans les cours d'eau où les débits sont faibles voire complètement interrompus une grande partie du temps. Le barrage de Jemez Canyon sur la rivière Jemez, aux États-Unis, a été construit pour le contrôle des crues et des sédiments, et la conséquence à 1,6 km en aval du barrage est une largeur de lit réduite de 250 m, passant de 270 m à seulement 20 m (Williams et Wolman, 1984). Le barrage de Parangana sur la rivière Mersey, en Australie, dérive une partie du débit et, par conséquent, les sédiments provenant des affluents s'accumulent dans le lit de la rivière et la végétation autochtone empiète sur celui-ci. Rutherford (2000) a également signalé un rétrécissement du lit de rivières en aval de plusieurs autres barrages en Australie, y compris le barrage de Windamere, sur le fleuve Cudgegong, et le barrage de Jindabyne, sur la rivière Snowy. La contraction du lit peut aussi s'observer en aval du lac Manapouri sur le fleuve Waiau, en Nouvelle-Zélande (Brierly et Fitchett, 2000). Le projet de la centrale de Manapouri a diminué le débit moyen de 75%, ce qui a entraîné une diminution de la largeur du lit de 250 m à 175 m.

Les deux exemples des barrages de Garrison Dam et de Jemez Canyon montrent également que le changement le plus important ne survient pas directement au-dessous du barrage. En réalité, il ne semble pas y avoir de tendance dans l'ampleur de la modification de la largeur en aval des barrages.

Le tableau 3.5-1 présente certains cours d'eau d'Afrique du Sud qui ont été affectés par des barrages. Généralement, une contraction du lit est observée.

Le barrage de Chelmsford sur le fleuve Ngagane, en Afrique du Sud, a été construit en 1961 et surélevé dans les années 1980, de sorte qu'il s'agit désormais d'un réservoir dont la capacité permet de stocker le double des apports moyens annuels du bassin versant. Grâce à cette importante capacité de stockage, les crues de période de retour 2 ans et 5 ans ont toutes considérablement diminué, avec une crue biennale qui passe de 30 m^3/s à 15 m^3/s depuis 1961 (sur la base de l'analyse statistique). Les photos aériennes prises depuis 1944 ont été comparées aux orthophotographies des années 1990 qui montrent à différents endroits que le fleuve s'est rétréci sur les 10 premiers kilomètres en aval du barrage (Illustration 3.5-1).

3.5. CHANGES IN CHANNEL WIDTH

Unlike the changes in channel depth, which are generally dependent on the discharge, sediment load and sediment characteristics as well as local bed controls, the changes in width are also a function of the bank materials and vegetation. Cohesive banks retard erosion to some degree and an increase in vegetation adds to the stability of the banks as well as trapping of sediments. Reduced sediment loads and longer flow durations on the other hand result in widening of the channel, especially when accompanied by an increase in depth, which leads to bank undercutting and subsequent bank collapse (Williams and Wolman, 1984).

Generally, a river channel widens when the channel experiences regular dry and wet periods, characteristic of hydropower dams. This could be a result of bank instability due to alternate wetting and drying of the riverbanks. Garrison Dam on the Missouri River, USA, was built for flood control and hydropower in 1953. After 23 years the maximum width increase was 625 m (from 525 m to 1150 m) 47 km downstream of the dam. In contrast a river can become narrower when it carries only low flows for long periods. During this time vegetation can encroach onto the river channel. The low flows rarely manage to reach the flood plains and even then are not competent enough to remove the established vegetation. This effectively reduces the channel width. Channel widening has been reported by Rutherford (2000) for several rivers in Australia including the Upper Murray and Swampy Plains Rivers. The channel widening is a result of consistent regulated releases that increase the duration of the near-bankfull flows.

Channel contraction usually occurs on rivers where the flows are low or are cut off completely for most of the time. Jemez Canyon on the Jemez River, USA, was built for flood and sediment control and as a result 1.6 km downstream of the dam the channel width was reduced by 250 m from 270 m to only 20 m (Williams and Wolman, 1984). Parangana Dam on the Mersey River, Australia, diverts the water and as a result the sediment delivered from the tributaries accumulates in the channel and native vegetation encroaches on the river channel. Rutherford (2000) also reported channel narrowing below several other dams in Australia, including Windamere Dam, on the Cudgegong River, and Jindabyne Dam on the Snowy River. Channel contraction can also be seen below Manapouri Lake on the Waiau River, New Zealand (Brierly and Fitchett, 2000). The Manapouri Power Scheme reduced the mean flow by 75%, resulting in a decrease in channel width from 250 m to 175 m.

The two examples from Garrison Dam and Jemez Canyon also show that the maximum change does not occur directly below a dam. In fact there seems to be no trend in the magnitude of the change in width downstream of dams.

Table 3.5-1 lists some South Africa's rivers that have been affected by dams. Generally channel contraction has occurred.

Chelmsford Dam on the Ngagane River, South Africa, was built in 1961 and raised during the 1980's, so that it is now a 2 MAR reservoir. Because of this large storage capacity, the annual, 1:2-year and 1:5-year floods are all significantly reduced, with the 1:2-year flood decreasing from 30 m^3/s to 15 m^3/s since 1961 (based on statistical analysis). Aerial photographs from 1944 have been compared with orthophotos of the 1990's, which show in many places that the river has narrowed over the first 10 km downstream of the dam (Figure 3.5-1).

Tableau 3.5-1
Modifications de la largeur des cours d'eau en Afrique du Sud

Barrage	Cours d'eau	Largeur avant barrage (m)	Largeur après barrage (m)	% Modifications
Erfenis	Groot Vet	24	26	+8.3
Roodeplaat	Pienaars	26	15	-42
Bloemhof	Vaal	92	82	-11
Allemanskraal	Sand	49	21	-57
Krugersdrift	Modder	32	24	-25
Spioenkop	Tugela	53	36	-32
Albertfalls	Mgeni	32	28	-13
Theewaterskloof	Riviersonderend	37	33	-11
Glen Alpine	Mogalakwena	36	24	-33
Gamkapoort	Gamka	67	55	-18
Gariep	Orange	269	255	-5

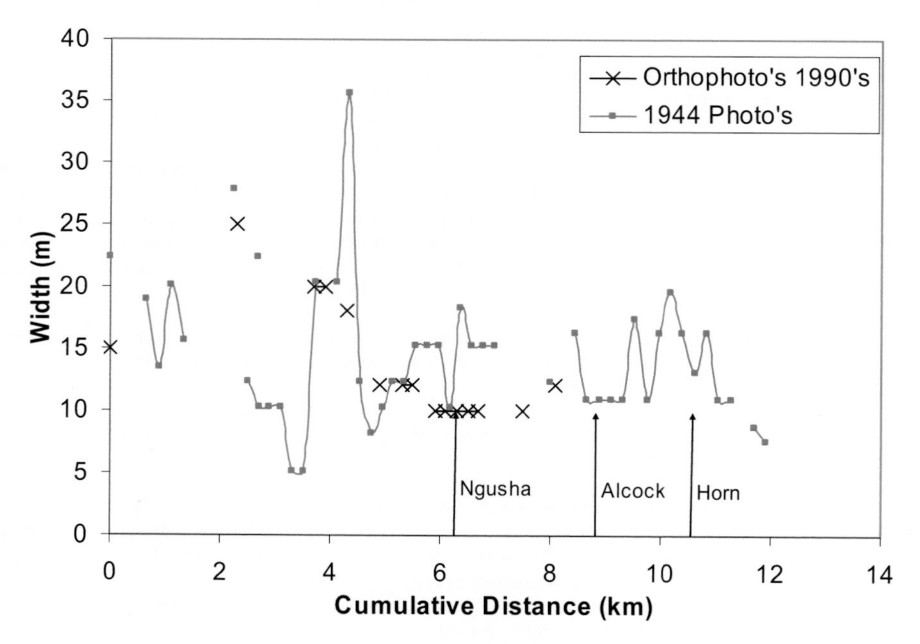

Figure 3.5-1
Modifications de la largeur du fleuve Ngagane en aval du barrage de Chelmsford, en Afrique du Sud

Le barrage de Pongolapoort sur le fleuve Pongola a été utilisé comme étude de cas et les modifications de la largeur ont été définies à partir des cartes topographiques réalisées avant la construction du barrage en 1973, et des photographies aériennes à 1:15 000 depuis 1996. Sur les 158 sections en travers analysées, 90% se sont rétrécies et seules 10% se sont élargies. L'illustration 3.5-2 montre les différences de largeur. En moyenne, le fleuve Pongola s'est rétréci de 35% sur les 80 km analysés. À partir de l'illustration, on peut aussi observer que les changements les plus importants ont eu lieu à proximité du barrage, avec une réduction de 50% de la largeur sur les 20 premiers kilomètres. La largeur est restée quasiment inchangée à une section proche de l'affluent Lubambo.

Table 3.5-1
River width changes in South Africa

Dam	River	Pre-dam width (m)	Post-dam width (m)	% Change
Erfenis	Groot Vet	24	26	+8.3
Roodeplaat	Pienaars	26	15	-42
Bloemhof	Vaal	92	82	-11
Allemanskraal	Sand	49	21	-57
Krugersdrift	Modder	32	24	-25
Spioenkop	Tugela	53	36	-32
Albertfalls	Mgeni	32	28	-13
Theewaterskloof	Riviersonderend	37	33	-11
Glen Alpine	Mogalakwena	36	24	-33
Gamkapoort	Gamka	67	55	-18
Gariep	Orange	269	255	-5

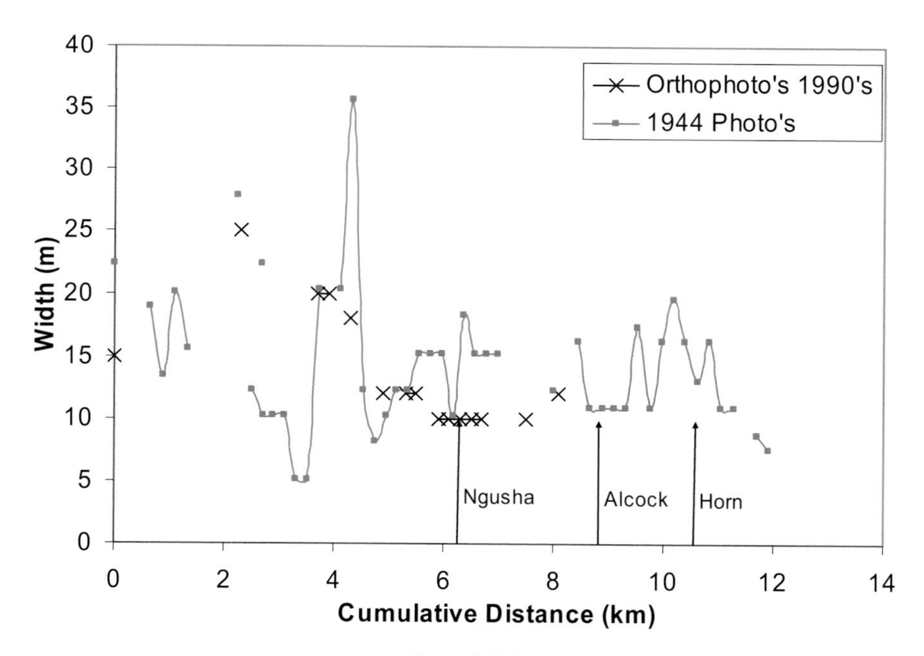

Figure 3.5-1
Ngagane River width changes downstream of Chelmsford Dam,
South Africa

Pongolapoort Dam on the Pongola River was used as a case study, and the changes in width were determined from contour maps compiled before the dam was built in 1973, and 1:15 000 aerial photographs from 1996. Of the 158 cross-sections analysed, 90% have narrowed and only 10% have widened. Figure 3.5-2 shows the difference in the widths. On average the Pongola River has narrowed by 35% over the 80 km analysed. From the figure it can also be seen that the greatest changes have taken place close to the dam, with a 50% reduction in width over the first 20 km. The width has remained almost unchanged at a section close to the Lubambo tributary.

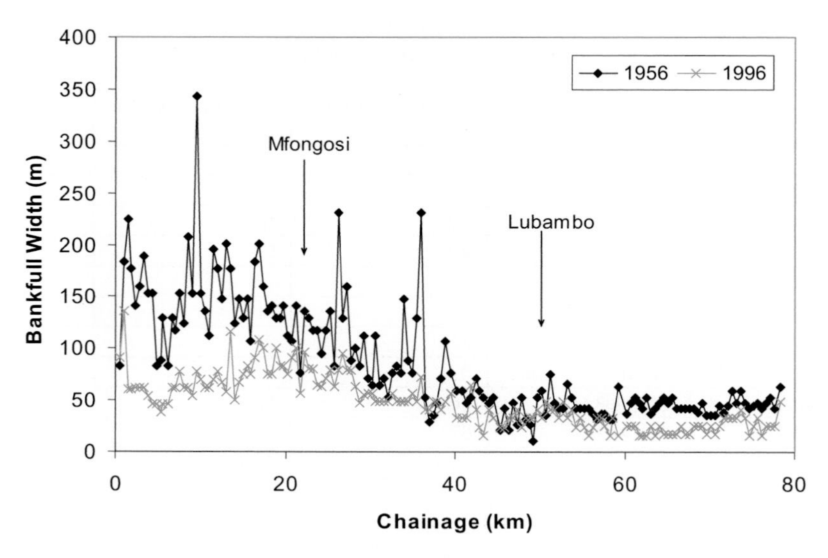

Figure 3.5-2
Modifications de la largeur du lit du fleuve Pongola entre 1956 et 1996 en aval du barrage de Pongolapoort, Afrique du Sud (position des affluents indiquée)

3.6. MODIFICATIONS DES MATÉRIAUX DU LIT

À cause de la diminution de l'intensité et de la fréquence des forts débits causée par un réservoir, les débits libérés ne peuvent plus transporter la même quantité et la même taille de particules qu'avant la construction du barrage. D'autre part, l'eau relâchée depuis un réservoir est généralement peu concentrée et les débits peuvent ainsi entraîner les matériaux fins du lit du cours d'eau tandis que les fractions plus grossières du fond ne sont pas mobilisées. Les déversements d'eau relativement claire peuvent également mobiliser complètement les couches superficielles du lit si celles-ci sont composées de matériaux plus fins, exposant ainsi les couches plus grossières.

En aval du barrage de Hoover sur le fleuve Colorado, aux États-Unis, la granulométrie moyenne du lit (d_{50}) a augmenté de 0,2 mm pour atteindre 80 mm dans les sept ans suivant la construction du barrage (Williams et Wolman, 1984). Le réservoir de Guanting a exercé un effet similaire mais dans des proportions moindres sur les matériaux du lit. La granulométrie moyenne d_{50} a augmenté de 0,4 mm pour atteindre 7 mm (Chien, 1985). Dans le cas du barrage de Hoover, l'augmentation considérable de d_{50} est une conséquence de l'exposition d'une couche de gravier, tandis que les débits en aval du barrage de Guanting n'étaient pas assez importants pour transporter des granulométries supérieures à 5 mm. Dans le cas du barrage de Glen Canyon, non seulement l'apport annuel en sédiments fins était considérablement réduit mais aussi le cycle saisonnier de stockage et d'érosion (Topping *et al,* 2000). La conséquence est que les nouveaux apports de sable ne resteront en stock que pendant deux mois, contrairement à neuf mois en moyenne avant la construction du barrage.

Les modifications de la taille moyenne des particules commencent immédiatement après la construction du barrage, mais elles se réduisent au fil du temps, car la disponibilité des matériaux fins diminue. L'illustration 3.6-1 montre la variation de la granulométrie moyenne au fil du temps en aval du barrage de Parker après la création du barrage sur le fleuve Colorado, aux États-Unis. La stabilisation pourrait être une conséquence de l'apport en sédiments fins par les affluents ou de la mise à nu des matériaux fins à cause de l'érosion (Williams et Wolman, 1984).

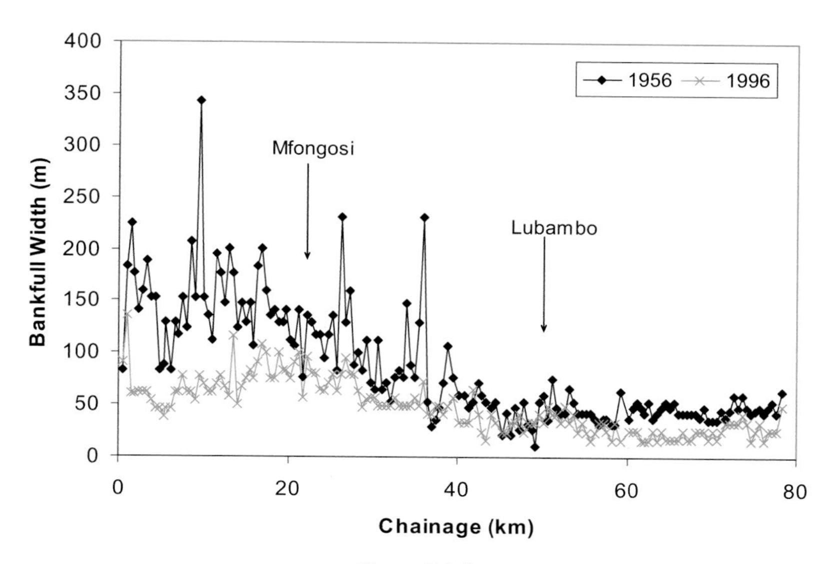

Figure 3.5-2
Changes in channel width of the Pongola River between 1956 and 1996 downstream of Pongolapoort Dam, South Africa (position of tributaries indicated)

3.6. CHANGES IN BED MATERIAL

Due to the decrease in magnitude and frequency of the high flows caused by a reservoir, the released flows are unable to transport the same amount and size of particles as before the dam was built. On the other hand, the water released from a reservoir is usually clear and the flows are therefore able to entrain fine materials from the riverbed, while the coarser fractions in the bed are left behind. The relatively clear water releases can also be responsible for removing complete surface layers from the riverbed if they are composed of finer materials and thereby expose coarser layers.

Downstream of Hoover Dam on the Colorado River, USA, the median bed-particle diameter (d_{50}) increased from 0.2 mm to about 80 mm within seven years after closure of the dam (Williams and Wolman, 1984). Guanting Reservoir has had a similar but less dramatic effect on the bed material of the river. The median particle diameter d_{50} increased from 0.4 mm to about 7 mm (Chien, 1985). In the case of Hoover Dam the substantial increase in d_{50} was a result of the exposure of a layer of gravel, while the released flows downstream of Guanting Dam were not large enough to transport sizes greater than 5 mm. In the case of Glen Canyon Dam, not only was the annual fine sediment supply considerably reduced but also the seasonal pattern of storage and erosion (Topping *et al,* 2000). The result is that newly input sand will only be in storage for about two months, unlike the nine months that it was stored on average before the dam was built.

Changes in mean particle size start taking place immediately after completion of a dam, but will reduce with time, because the availability of the fine materials decreases. Figure 3.6-1 shows the variation in mean particle diameter with time after dam closure below Parker Dam on the Colorado River, USA. The stabilization could have been the result of fine sediment input from tributaries or the uncovering of fine materials through erosion (Williams and Wolman, 1984).

Le taux d'accroissement de la granulométrie des matériaux du lit diminue en fonction de la distance par rapport à un barrage. Cela pourrait être dû au fait que des affluents en aval apportent à nouveau une certaine quantité de sédiments plus fins qui peuvent se déposer dans le lit de la rivière. Une autre raison pourrait être la diminution de l'érosion du lit, ce qui signifie que la probabilité de mise à nu des matériaux est plus faible. L'illustration 3.6-2 montre cette tendance pour le barrage Pongolapoort, où d_{50} passe de 1,7 mm à 0,17 mm sur une distance de 60 km. La taille des particules était encore plus élevée à proximité du barrage, avec une exposition du substratum. La granulométrie moyenne de 0,18 mm avant la construction du barrage a été estimée à partir des distributions granulométriques des échantillons prélevés en amont du barrage (Kovacs *et al.*, 1985), comme on peut le voir sur l'illustration 3.6-2.

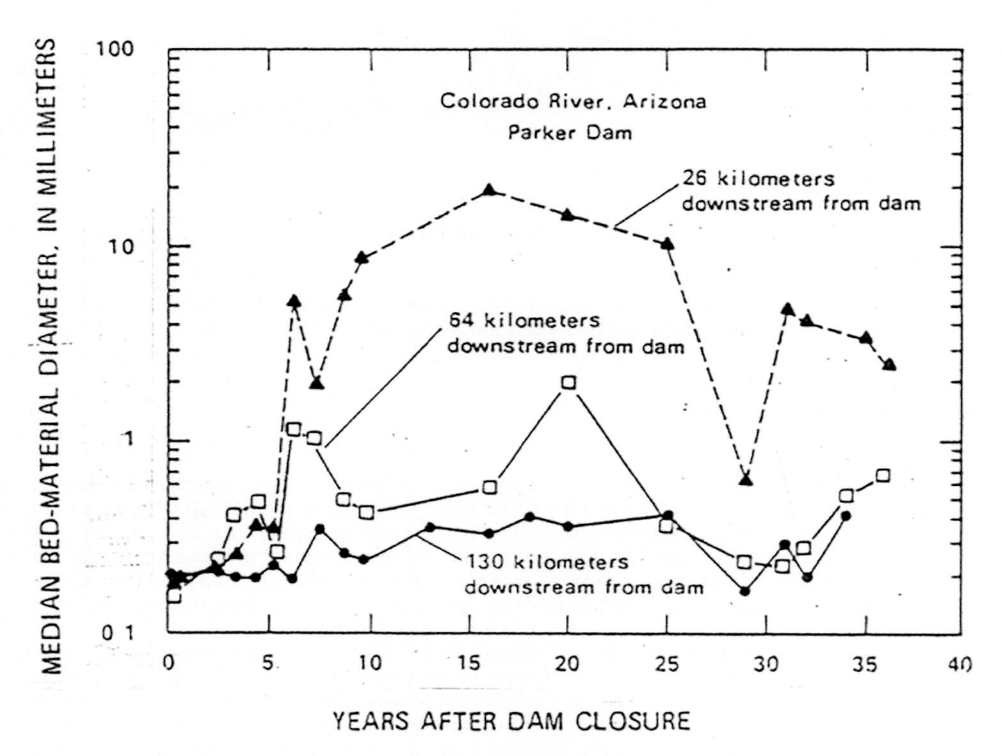

Figure 3.6-1
Variation du d_{50} en aval du barrage de Parker, États-Unis (Williams et Wolman, 1984)

The coarsening of the bed decreases with distance from a dam. This could be because further downstream tributaries again supply a certain amount of finer sediments, which could be deposited in the river channel. Another reason could be the decrease in bed degradation, which means that the likelihood of uncovering coarser materials is lower. Figure 3.6-2 shows this trend for Pongolapoort Dam, where d_{50} decreases from 1.7 mm to 0.17 mm over a distance of 60 km. Particle sizes were even bigger nearer the dam, with exposed bedrock at the dam. The mean particle diameter of 0.18 mm before the dam was built was estimated from particle size distributions of samples taken upstream of the dam (Kovacs *et al.*, 1985), such as that shown in Figure 3.6-2.

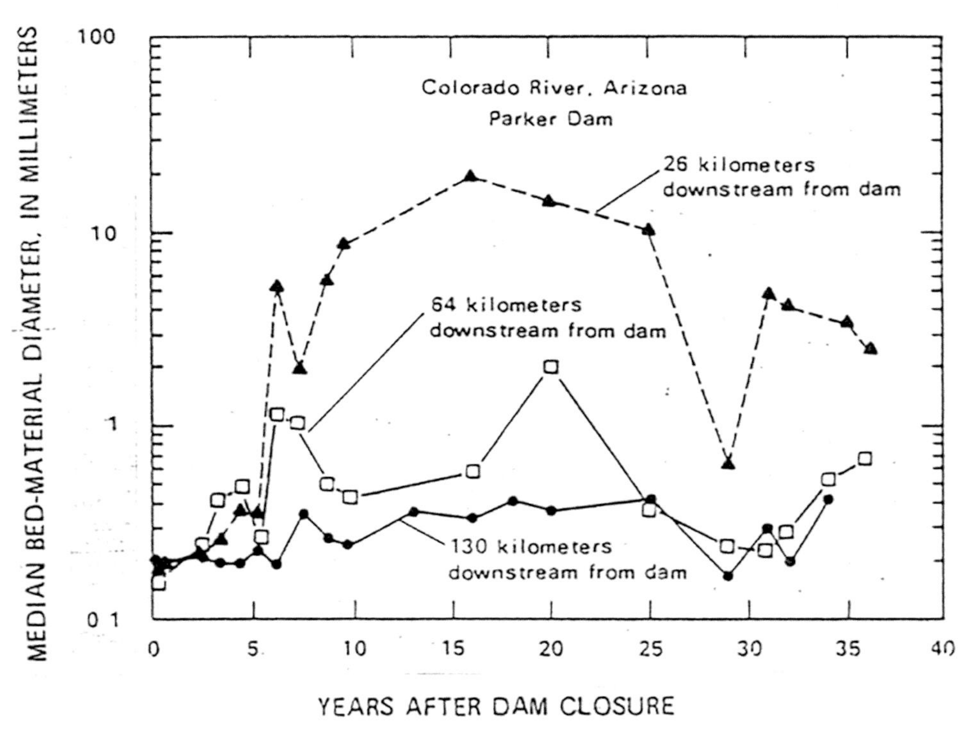

Figure 3.6-1
Variation of d_{50} downstream of Parker Dam, USA (Williams and Wolman, 1984)

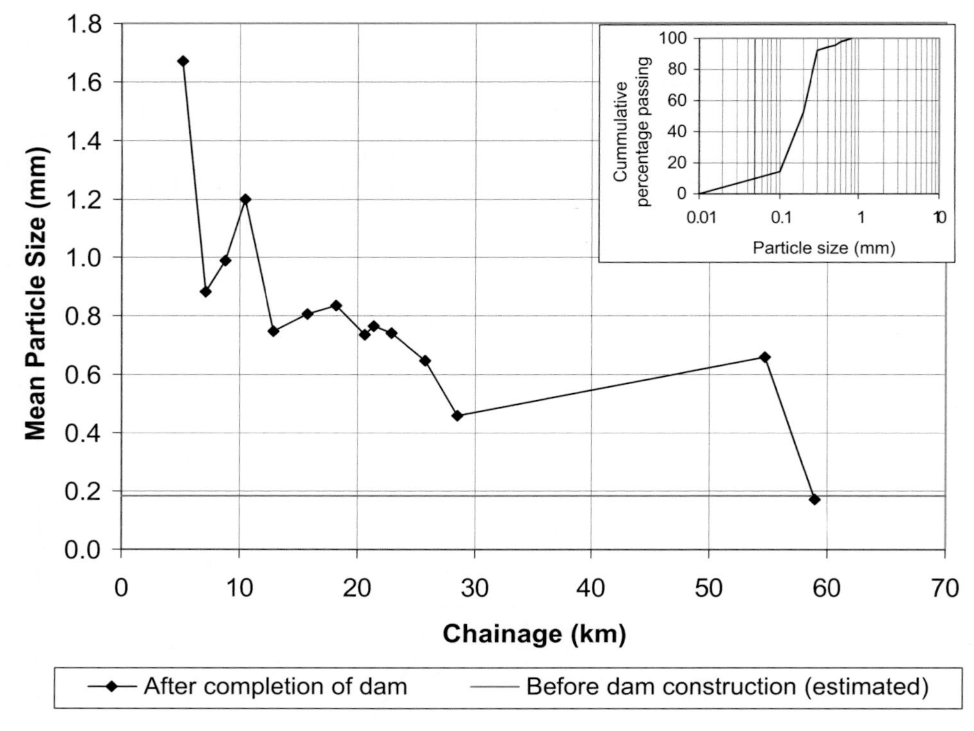

Figure 3.6-2
Variation du d_{50} en aval du barrage de Pongolapoort, en Afrique du Sud

Comme indiqué ci-dessus, le réservoir de Sanmenxia a connu différents modes opératoires et leur effet sur le diamètre moyen des particules est présenté à l'illustration 3.6-3. Lors des phases de rétention des crues, de l'eau boueuse a été libérée après le passage des crues par le réservoir, tandis que de l'eau claire a été déversée lors des périodes de stockage. Le renversement de tendance a été immédiat et le diamètre moyen des particules est resté à peu près constant entre 1964 et 1972.

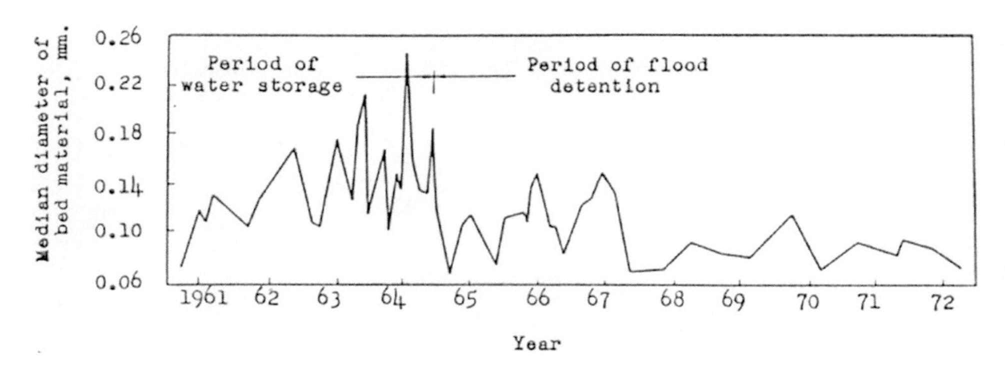

Figure 3.6-3
Variation du d_{50} en aval du barrage de Sanmenxia, en Chine, avec différents modes opératoires (Chien, 1985)

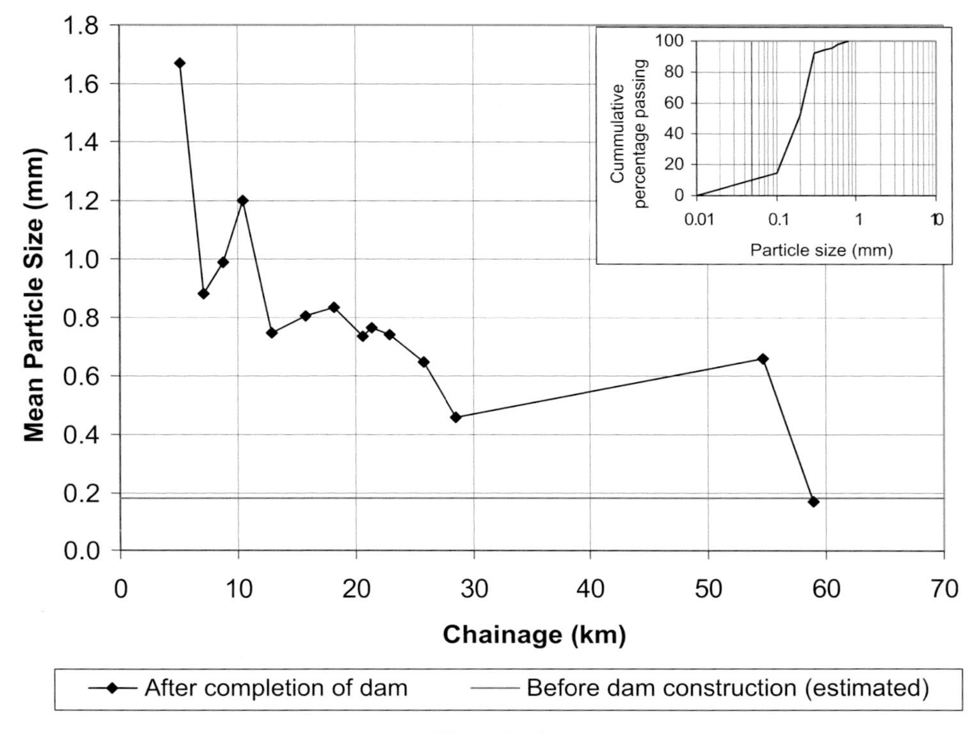

Figure 3.6-2
Variation of d_{50} downstream of Pongolapoort Dam, South Africa

As mentioned above, Sanmenxia Reservoir has had different modes of operation and the effect on the mean particle diameter is shown in Figure 3.6-3. During the flood detention phases muddy water was released after the floods had passed through the reservoir, whereas clear water was released during the storage periods. The reversal in trend was immediate, and the mean particle diameter remained relatively constant between 1964 and 1972.

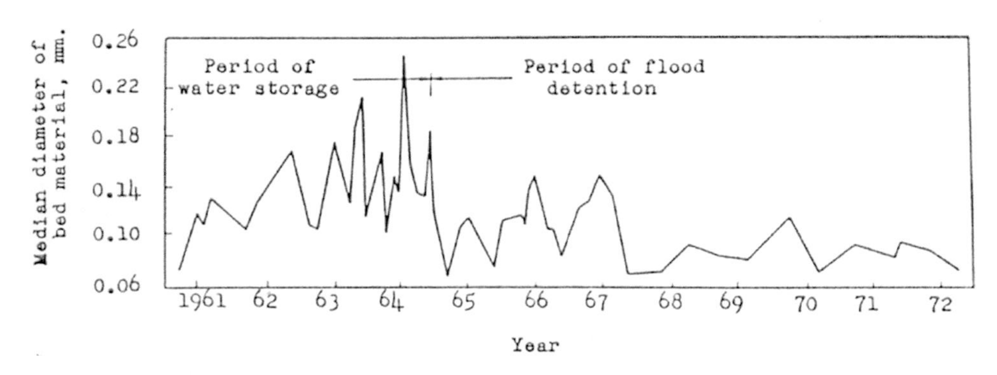

Figure 3.6-3
Variation of d_{50} downstream of Sanmenxia Dam, China, with different modes of operation (Chien, 1985)

L'augmentation de la taille des matériaux du lit entraîne une augmentation de la rugosité et une baisse ultérieure de la capacité de transport du cours d'eau. Chien (1985) a indiqué qu'une augmentation de la granulométrie moyenne de 0,1 mm à 0,13 mm pourrait réduire la capacité de transport de 65%. Le développement d'une couche armurée est également important, car elle contrôle l'érosion. Sur la Red River, en aval du barrage de Dennison, aux États-Unis, une couche composée de 30 à 50% de gravier limite l'érosion (Williams et Wolman, 1984). Schumm et Galay (1994) ont également indiqué que le Nil ne s'est pas érodé autant que prévu en aval du haut barrage d'Assouan en raison des matériaux grossiers qui ont été introduits par les oueds sur toute sa longueur.

3.7. MODIFICATIONS DE LA PENTE ET DU STYLE FLUVIAL

Une charge en sédiments réduite dans un chenal en aval d'un barrage est associée à une baisse de la capacité de transport. Ceci peut être obtenu, soit en augmentant la rugosité du lit, soit en diminuant la pente du lit. L'adoucissement de la pente est généralement mineur car il est plus facile de diminuer la capacité de transport en augmentant la taille des sédiments du lit qu'en modifiant la pente (Chien, 1985). Des ajustements importants de la pente sont difficiles à réaliser car le tronçon concerné est généralement très long et l'érosion induite serait considérable. Dans de nombreux cas, le degré d'érosion est également limité par la présence du substrat rocheux, ce qui arrive souvent sous le barrage. Dans de nombreux cas, il peut ne pas y avoir de changement apparent de la pente sur un long tronçon, mais pour la plupart des cours d'eau de petites modifications pourraient être visibles sur des distances plus courtes. D'autre part, les modifications de la pente du lit peuvent aussi survenir en raison d'un accroissement de la sinuosité (Williams et Wolman, 1984).

Le fleuve Yong-ding, en aval du barrage de Guanting, ne présente quasiment aucun changement de pente sur une distance de 60 km. Six ans après sa construction, le lit a été abaissé de la même hauteur sur toute sa longueur (Chien, 1985). La même tendance a été observée en aval du haut barrage d'Assouan (Schumm et Galay, 1994), contrairement au fleuve Colorado en aval du barrage de Glen Canyon, où la pente a diminué légèrement dans les trois ans qui ont suivi la construction du barrage, pour ensuite augmenter considérablement, comme le montre l'illustration 3.7-1.

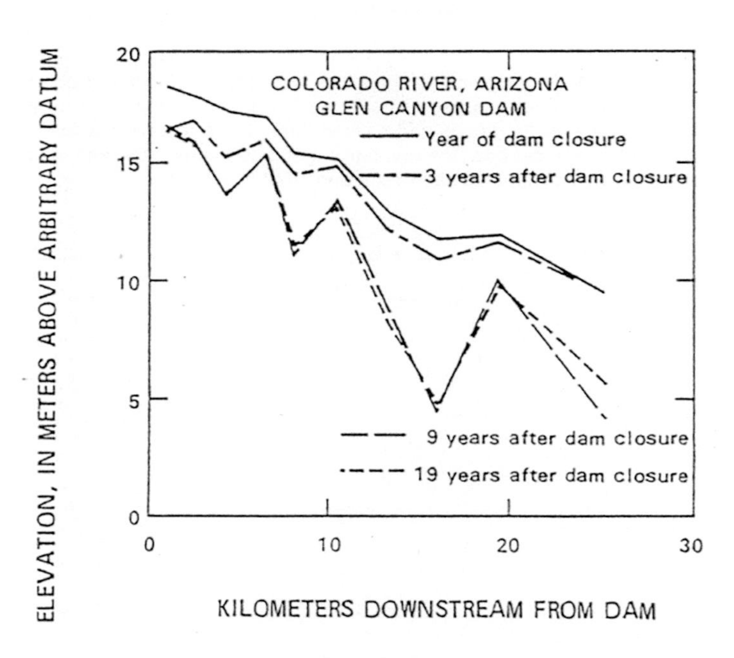

Figure 3.7-1
Modifications de la pente du fleuve Colorado en aval du barrage de Glen Canyon, États-Unis (Williams et Wolman, 1984)

Coarsening of the bed leads to an increase in roughness and a subsequent decrease in the transport capacity of the river. Chien (1985) reported that an increase in the mean particle diameter from 0.1 mm to 0.13 mm could reduce the transport capacity by 65%. Development of an armour layer is also important, because it controls degradation. On the Red River downstream of Dennison Dam, USA, 30 to 50% gravel cover limits degradation (Williams and Wolman, 1984). Schumm and Galay (1994) also reported that the Nile River has not degraded as much as expected downstream of the High Aswan Dam because of the coarse material being introduced by wadis along its length.

3.7. CHANGES IN SLOPE AND CHANNEL PATTERN

A reduced sediment load in a river channel downstream of a dam is associated with a decrease in transport capacity. This can be achieved by either increasing the bed roughness or by decreasing the channel slope. Flattening of the slope is usually only minor because it is easier to decrease the transport capacity by coarsening of the riverbed than by changing the slope (Chien, 1985). Large adjustments of the slope are difficult to achieve because the affected reach is usually very long, and degradation would have to be considerable. In many cases the degree of degradation is also limited by the presence of bedrock, which is generally present below dam walls. In many cases there might therefore be no noticeable change in slope over a long reach, but on most rivers, there could be small changes over shorter distances. On the other hand, bed slope changes can also occur as a result of an increase in sinuosity (Williams and Wolman, 1984).

The Yong-ding River downstream of Guanting Dam shows virtually no change in slope over a 60 km distance. Six years after closure the bed was lowered by the same distance over the full distance (Chien, 1985). The same trend was observed downstream of the High Aswan Dam (Schumm and Galay, 1994), unlike the Colorado River below Glen Canyon Dam where the slope has decreased slightly within three years after the dam was built, and after that increased considerably as shown in Figure 3.7-1.

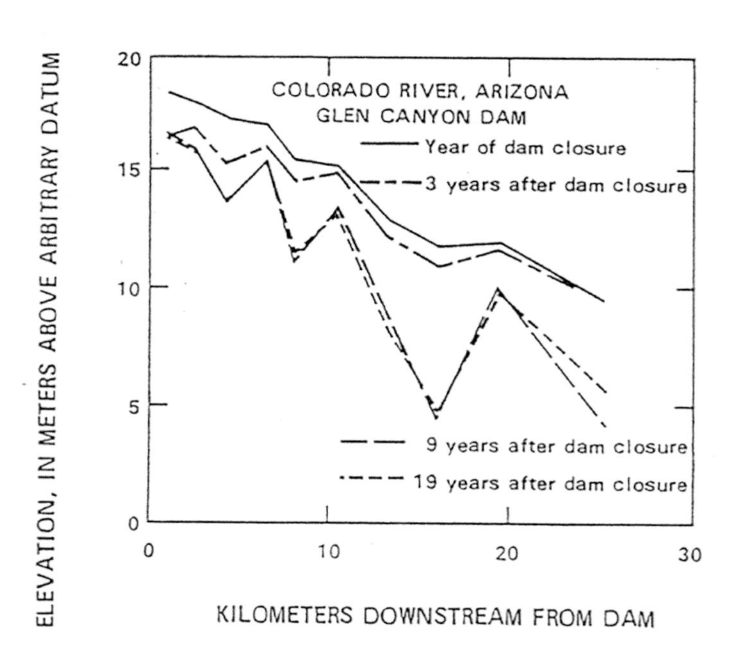

Figure 3.7-1
Changes in slope of the Colorado River below Glen Canyon Dam, USA (Williams and Wolman, 1984)

Puisque le profil du lit en aval d'un barrage dépend de facteurs tels que les variations des matériaux du lit, le débit liquide, les contrôles locaux et les apports des affluents, les modifications de la pente sur un certain tronçon sont généralement très variables. Cette variabilité est évidente en aval du barrage de Fort Randall, dans la rivière Missouri, où l'alluvionnement, la dégradation et l'absence de modification se sont produits d'une section transversale à l'autre (Williams et Wolman, 1984).

Une modification de la pente peut s'accompagner d'une modification du style fluvial. Leopold et Wolman (1957) ont indiqué que le type de style fluvial d'un cours d'eau dépend, entre autres, de la pente du lit. Les rivières en tresses apparaissent généralement sur des pentes plus fortes que dans des rivières à méandres. Lors de l'ajustement de la pente par la rivière, en réponse à la construction d'un barrage, un changement peut survenir sur le style du cours d'eau d'un style en tresses à un style en méandres, ou vice-versa.

Chien (1985) a indiqué que le style fluvial en aval du barrage de Naodehai est devenu encore plus en tresses après la mise en service du barrage, alors que le barrage de Sanmenxia a eu pour effet de réduire les tresses lors de la phase de remplissage du fait d'un forte érosion du lit de la rivière (Zhou et Pan, 1994). L'effet du lac Nasser sur le Nil, qui est un fleuve relativement rectiligne, ne s'est pas fait sentir aussi rapidement que pour les deux exemples mentionnés ci-dessus, mais Schumm et Galay (1994) ont indiqué que le talweg a commencé à présenter des signes de sinuosité sur de courts tronçons.

3.8. MODIFICATIONS DE LA VÉGÉTATION

Généralement, les faibles débits en aval d'un barrage réduisent également la fréquence de débordement, mais dans le même temps, le chenal principal peut connaître des périodes de basses eaux plus longues. Le fait que le chenal principal transporte de l'eau sur des périodes plus longues favorise la croissance d'une végétation plus proche du chenal principal. La réduction de la fréquence des inondations du lit majeur signifie qu'il y a moins d'érosion dans le lit majeur et que la végétation pourra donc se développer plus facilement.

La croissance de la végétation peut bloquer une partie du cours d'eau, ainsi réduire la débitance et également piéger des sédiments, ce qui entraîne un alluvionnement du lit. La végétation peut également accroître la stabilité des berges grâce à ses effets de liaison et de protection (Williams and Wolman, 1984).

Selon Schumm et Galay (1994), l'érosion des berges du Nil a en partie été contrôlée par la croissance de végétation naturelle. La même situation a été décrite par Hadley et Emmett (1998) pour Bear Creek, aux États-Unis, en aval du lac de Bear Creek. La largeur a augmenté de seulement 0,5 m sur une période de 15 ans, ce qui a été attribué à la croissance de végétation ligneuse.

Le développement de la végétation sur les berges et les plaines inondables entraîne une augmentation de la rugosité hydraulique. Cela peut donner lieu à des niveaux de crues plus élevés.

3.9. DISTANCE CONCERNÉE

Le tronçon de rivière touché par un barrage augmente au fil du temps, jusqu'à ce que le cours d'eau se soit adapté au nouveau régime d'écoulement et sédimentaire. La longueur du tronçon concerné par un barrage dépend de plusieurs facteurs. L'emplacement et le nombre des affluents majeurs ont un effet considérable car ils sont essentiels pour réapprovisionner les apports en sédiments et en eau, et le type de matériaux qu'ils transportent est aussi important. Andrews (1986) a indiqué, pour la Green River en aval du barrage de Flaming Gorge, que les affluents ont renfloué l'apport en sédiments après 68 miles (environ 109 km).

Since the bed profile downstream of a dam is dependent on factors like variations in bed material, water discharge, local controls and tributary contributions, the changes in slope along a certain reach are generally highly variable. This variability is evident downstream of Fort Randall Dam, Missouri River, where aggradation, degradation and no change occurred from one cross-section to another (Williams and Wolman, 1984).

A change in slope can be accompanied by a change in channel pattern. Leopold and Wolman (1957) have pointed out that the kind of channel pattern, which a river follows, depends amongst others on the channel slope. Braided rivers generally occur on steeper slopes than meandering rivers. As the river may adjust its slope in response to the construction of a dam, there may occur a corresponding change from braided to meandering or vice versa.

Chien (1985) reported that the river channel downstream of Naodehai Dam has become even more braided after the dam came into operation, while the effect of Sanmenxia Reservoir was a reduction in braiding during the impoundment phase due to severe degradation of the riverbed (Zhou and Pan, 1994). The effect of the Lake Nasser on the relatively straight Nile River has not occurred as rapidly as for the two abovementioned examples, but Schumm and Galay (1994) reported that the thalweg has begun to show meandering tendencies over short reaches.

3.8. CHANGES IN VEGETATION

The reduced flows downstream of a dam will generally also reduce the frequency of overbank flooding, but at the same time the main channel can experience longer periods of low lows. The fact that the main channel carries water for longer periods encourages vegetation to grow closer to the channel. The reduced overbank flooding means that there is less overbank scouring and the vegetation will therefore develop a stronger hold.

The increased vegetation can block part of the river channel and thereby reduce the flow area and also trap sediments, which leads to aggradation of the bed. The vegetation can also increase bank stability due to the binding and protective effects of the vegetation (Williams and Wolman, 1984).

According to Schumm and Galay (1994) the bank erosion of the Nile River has in part been controlled by the growth of natural vegetation. The same was reported by Hadley and Emmett (1998) for Bear Creek, USA, downstream of Bear Creek Lake. The width increased only by 0.5 m over a period of 15 years, which they accredited to the growth of woody vegetation.

The increase in vegetation on the banks and floodplains leads to an increase in hydraulic roughness. This can result in higher flood levels.

3.9. AFFECTED DISTANCE

The river reach affected by a dam increases with time, until the river has adjusted to the new flow and sediment regime. The length of the reach affected by a dam depends on several factors. The location and number of major tributaries has a significant effect, as they are essential in replenishing both the sediment and water discharge, and the type of material they transport is also important. Andrews (1986) has reported for the Green River below Flaming Gorge Dam that tributaries have replenished the sediment supply within 68 miles (about 109 km).

Des contrôles du niveau de base en aval, comme un autre réservoir ou un seuil, peuvent interrompre la progression de l'érosion, de même que la réduction de la capacité de transport (soit par une réduction de la pente soit par l'augmentation de la taille des matériaux du lit). Tous ces facteurs rendent difficiles la prévision exacte de l'étendue du tronçon concerné. Dans le cas du fleuve Ash, en Afrique du Sud, seuls 15 km ont été touchés par la production hydroélectrique, en partie à cause de la présence d'un réservoir (barrage de Saulspoort) 15 km en aval de la sortie du tunnel. Cependant, certains signes indiquaient que, juste en amont du barrage, le fleuve était proche d'atteindre un état d'équilibre, ce qui indique que, même sans le barrage, le tronçon concerné n'aurait probablement pas été beaucoup plus long.

Chien (1985) a tenté de décrire le processus d'érosion en aval d'un barrage. L'eau claire relâchée des barrages s'enrichit en sédiments provenant du lit jusqu'à ce que la charge solide atteigne la capacité de transport des sédiments de l'écoulement et que l'écoulement soit saturé. On appelle cela le point de rétablissement de la concentration et, au début de l'exploitation du réservoir, cela représente également le point vers lequel l'érosion progresse. Après un certain temps, la taille des matériaux du lit augmente en amont du point de rétablissement de la concentration, ce qui signifie que les sédiments transportés deviennent plus grossiers et la charge est inférieure à la capacité de transport. D'autre part, l'augmentation de la taille des matériaux du lit entraîne également une forte réduction de la capacité de transport de l'écoulement. Le résultat est que le point de rétablissement de la concentration se déplace vers le barrage au fil du temps. Cependant, en aval du point de rétablissement de la concentration, on trouve encore suffisamment de matériaux fins et la capacité de transport de l'écoulement est supérieure au flux sédimentaire arrivant de l'amont. Cela entraîne une nouvelle augmentation de l'érosion et de la taille des matériaux en aval. Si les conditions d'écoulement restent inchangées, le processus se poursuit, entraînant une érosion qui peut s'étendre sur une longue distance en aval du barrage. Cependant, Chien n'a pas pris en compte l'effet des affluents ou des contrôles en aval.

La longueur du tronçon en érosion en aval du barrage de Hoover était de 120 km, 13 ans après la mise en service, et aucun indice ne laissait présager que le phénomène allait s'arrêter (Williams et Wolman, 1984). En aval du barrage de Sanmenxia, le tronçon concerné était encore plus long, de 480 km, comme indiqué par Chien (1985). Cela est dû en partie au fait qu'il n'y a pas d'affluents majeurs sur le fleuve Jaune en aval du barrage de Sanmenxia et il est à craindre que l'ensemble du fleuve, de plus de 800 km, ne se dégrade au fil du temps.

3.10. MESURES D'ATTÉNUATION

Le déclenchement de crues artificielles et de chasses en crue peut représenter des options viables afin de restaurer et de maintenir la morphologie fluviale aval qui a été altérée à la suite d'un barrage, car la réduction des pics de crue et la retenue des sédiments à l'intérieur du réservoir sont les deux facteurs clés qui jouent un rôle sur l'étendue de l'impact du barrage. Le déclenchement de crues artificielles et la conception et l'exécution de chasses en crue doivent être planifiés et exécutés avec soin, car une mauvaise gestion peut avoir des effets négatifs en aval du cours d'eau. De même, de nombreux barrages, à cause de leur conception, ne peuvent pas libérer de crues artificielles ou laisser passer des sédiments, mais si cela s'avère possible, ils peuvent aider à restaurer l'équilibre naturel des sédiments en aval de la rivière ou au moins maintenir un état souhaité.

3.10.1. Gestion des lâchers de crues artificielles à but écologique

3.10.1.1. Barrage de Glen Canyon, États-Unis

Le barrage de Glen Canyon sur le fleuve Colorado, aux États-Unis, (Illustration 3.10-1) a été terminé en 1963 et les débits ont été considérablement réglementés depuis 1965. L'objectif principal du barrage est de distribuer les eaux de ruissellement entre différents États américains, la production d'hydroélectricité étant un objectif secondaire, bien qu'important, du barrage. La production d'hydroélectricité a provoqué d'importantes fluctuations du débit journalier, parfois compris entre

Downstream base-level controls such as another reservoir or a weir can stop the progression of erosion, as can a reduction in transport capacity (either by a reduction in the slope or through coarsening of the bed material). All of these factors make it difficult to predict the exact extent of the affected reach. In the case of the Ash River, South Africa, only 15 km were affected by hydropower generation, partly as a result of the presence of a reservoir (Saulspoort Dam) 15 km downstream of the tunnel outlet. However, there were indications that just upstream of the dam the river was close to achieving an equilibrium state, which indicates that even without the dam the affected reach would probably not have been much longer.

Chien (1985) attempted to describe the process of degradation below a dam. The clear water released from the dam picks up sediment from the channel until the incoming load becomes equal to the sediment transporting capacity of the flow and the flow becomes saturated. This is called the point of concentration recovery and at the beginning of reservoir operation this also represents the point to which degradation progresses. After some time has elapsed, the bed material becomes coarser upstream of the point of concentration recovery, which means the transported sediment becomes coarser and the load becomes less than the transport capacity. On the other hand the coarsening of the bed material also results in a considerable reduction in the transport capacity of the flow. The result is that the point of concentration recovery actually moves towards the dam with time. However below the point of concentration recovery enough fine material still exists and the transporting capacity of the flow is larger than the incoming load. This results in further erosion and coarsening downstream. If the flow conditions remain unchanged the whole process will continue, causing degradation to extend far downstream of the dam. Chien however did not account for the effect of tributaries or downstream controls.

The length of the degraded reach below Hoover Dam was 120 km long, 13 years after closure, and there was no indication that the reach had stopped lengthening (Williams and Wolman, 1984). Below Sanmenxia Dam the affected distance was even longer at 480 km, as reported by Chien (1985). This is partly due to the fact that there are no major tributaries on the Yellow River below Sanmenxia Dam, and it is feared that the whole river course of over 800 km could degrade over time.

3.10. MITIGATING MEASURES

The release of artificial floods and flood flushing can be a viable option to restore and maintain the downstream river morphology that has been altered as a result of a dam, because the reduction of flood peaks and the trapping of sediment within the reservoir are two of the key factors affecting the extent of the dam's impact. Artificial flood releases and flood flushing design and operation have to be carefully planned and carried out, because poor management can have negative effects on the downstream river. Also many dams, due to their design, are not able to release artificial floods or to pass sediment, but if this is possible they could aid in restoring the natural sediment balance in the downstream river reach or at least maintain a desired state.

3.10.1. Managed Environmental Flood Releases

3.10.1.1. Glen Canyon Dam, USA

Glen Canyon Dam on the Colorado River, USA, (Figure 3.10-1) was completed in 1963 and flows have been regulated substantially since 1965. The primary purpose of the dam is to allocate runoff between several US states, with hydropower generation an incidental, though significant, purpose of the dam. The hydropower generation has caused large daily flow fluctuations, sometimes ranging between 109 m^3/s and 770 m^3/s, causing up to 4 m changes in the water surface elevation at

109 m³/s et 770 m³/s, entraînant jusqu'à 4 m de variation du niveau de la surface libre à certaines stations en aval du barrage (Andrews et Pizzi, 2000). Les fluctuations du débit ont entrainé une importante érosion des bancs de sable ainsi que l'implantation d'une végétation exotique dense au niveau correspondant approximativement au déversement maximum de la centrale. Des affaissements ou des liquéfactions de sable le long des bords des bancs de sable ont été observés (Andrews et Pizzi, 2000). En 1992, des restrictions d'exploitation ont été imposées : réduire les déversements maximaux à 566 m³/s (environ 25% en dessous de la capacité de la centrale électrique) et limiter les variations horaires maximales des déversements pour les débits croissants et décroissants.

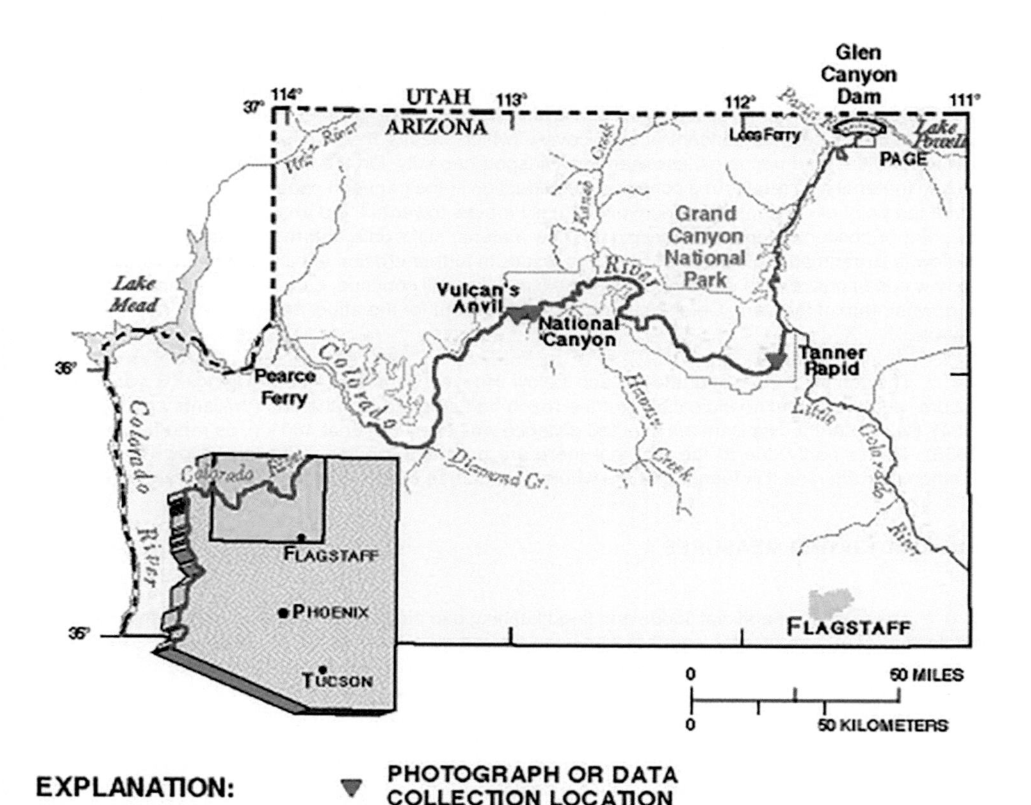

Figure 3.10-1
Emplacement du barrage de Glen Canyon (USGS, 2002b)

Glen Canyon relâche principalement de l'eau claire. Les flux moyens annuels de sédiments en suspension avant la construction du barrage étaient de 66 millions de tonnes à la station de mesure de Lees Ferry (35 km en aval de Glen Canyon) et de 86 millions de tonnes à la station de mesure de Grand Canyon (50 km plus en aval). Le flux moyen annuel de sédiments en suspension après la construction à la station de mesure de Grand Canyon représente environ 25% du flux observé avant la construction du barrage. Cependant, cette baisse n'est pas due à une absence de sédiments, car les affluents fournissent suffisamment de sédiments, mais à cause du fait que la plupart du sable est déposé dans le fond du lit du fleuve. La perte des bancs de sable n'est pas due à un appauvrissement du sable (Andrews et Pizzi, 2000).

some stations downstream of the dam (Andrews and Pizzi, 2000). The flow fluctuations have resulted in severe sand bar erosion as well as the establishment of dense exotic vegetation at the approximate elevation of the maximum power plant release. Sand slumps and liquefaction along the margins of the sand bars have been observed (Andrews and Pizzi, 2000). In 1992 operating restrictions were imposed, reducing the maximum release to 566 m^3/s (approximately 25% below power plant capacity) and restricting the maximum hourly changes in discharges for increasing and decreasing flows.

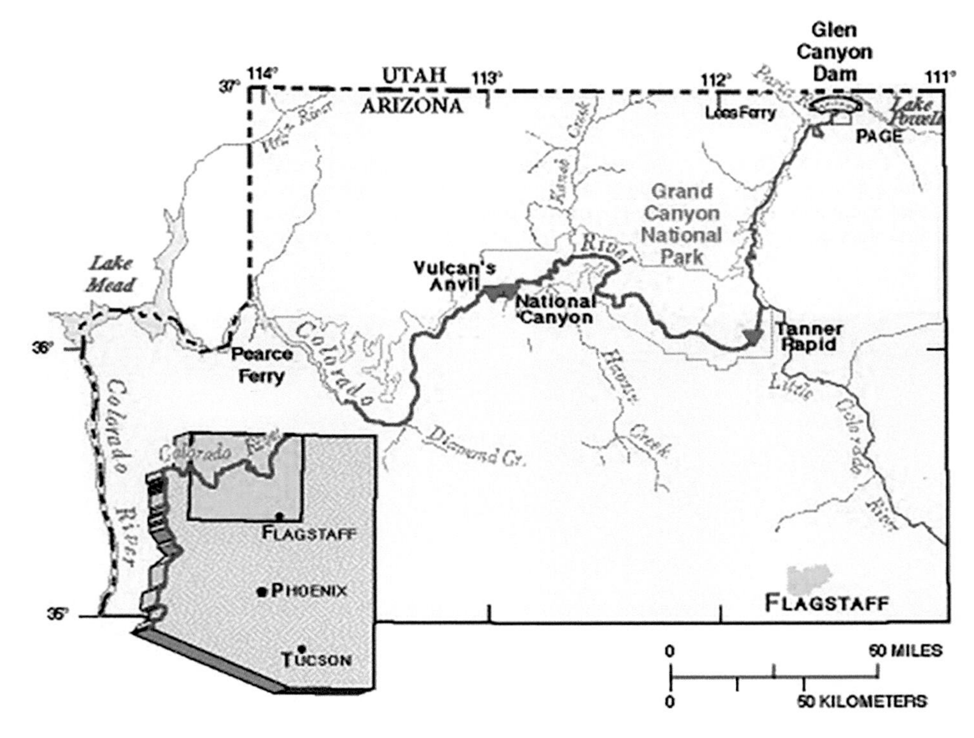

Figure 3.10-1
Glen Canyon Dam location (USGS, 2002b)

Glen Canyon releases essentially clear water. The pre-dam annual suspended sediment loads were 66 million ton at Lees Ferry gauging station (35 km downstream of Glen Canyon) and 86 million ton at Grand Canyon gauging station (a further 50 km downstream). The post-dam annual suspended sediment load at the Grand Canyon gauging station is approximately 25% of the pre-dam load. However, this decrease is not due to a lack of sediment, because the tributaries supply enough sediment, but because much of the sand is being deposited on the riverbed. The loss of the sandbars is not caused by an impoverishment of sand (Andrews and Pizzi, 2000).

Pendant les mois de mars et avril 1996, la première crue artificielle à but environnemental a été relâchée du barrage de Glen Canyon. L'objectif des déversements était de restaurer et de maintenir les sources de sédiments du fleuve Colorado par le Grand Canyon, en aval du barrage, de reconstruire les bancs de sable et de simuler certaines dynamiques du débit naturel du fleuve avant la construction du barrage (Wegner, 1996). La crue a commencé à 225 m^3/s pendant trois jours, elle a ensuite été augmentée à 1 275 m^3/s pendant 10 heures (Illustration 3.10-2), ce qui a duré pendant sept jours, puis le débit a été de nouveau ramené à 225 m^3/s et maintenu constant pendant trois jours (Illustration 3.10-3). Les relevés ont bien montré que les sédiments étaient mobilisés depuis le fond du lit du fleuve puis redéposés le long du corridor fluvial dans le Grand Canyon (voir illustrations 3.10-3 et 3.10-4). Une autre crue moins importante (de 875 m^3/s sur une période de 48 heures) a été réalisée en novembre 1997. L'objectif de cette crue artificielle était encore une fois de redistribuer les sédiments le long des plages fluviales dans le Marble Canyon, qui avaient été déposés par les hauts débits d'été (USBR, 2002).

Les futurs lâchers de crues artificielles sont planifiés soit pour protéger les stocks de sédiments du fleuve en aval, soit pour remodeler la topographie fluviale, redéposer des sédiments et améliorer l'habitat aquatique. Les lâchers futurs visant à construire des bancs auront certainement lieu tous les six ans, alors qu'un déversement incontrôlé est peu probable (Andrews et Pizzi, 2000).

Figure 3.10-2
Lâcher de crue de 1 275 m^3/s au barrage de Glen Canyon (USGS, 2002b)

During March and April of 1996, the first environmentally designed flood was released from Glen Canyon Dam. It was intended that the releases would restore and maintain the Colorado River's sediment sources through Grand Canyon, downstream of the dam, rebuild sandbars and simulate some of the dynamics of the river's pre-dam natural flow (Wegner, 1996). The flood was started at 225 m^3/s held constant for three days, after which it was built up to a maximum of 1275 m^3/s within 10 hours (Figure 3.10-2), which lasted for seven days after which the discharge was once again reduced to 225 m^3/s and held constant for three days (Figure 3.10-3). Surveys did show that sediment was mobilized from the bottom of the river channel and re-deposited along the river corridor in the Grand Canyon (see Figures 3.10-3 and 3.10-4). Another smaller flood (reaching 875 m^3/s, lasting for 48 hours) was released in November 1997. The reason for the flood was again to redistribute sediment along the riverside beaches in the Marble Canyon that had been deposited by summer high flows (USBR, 2002).

Future flood releases are planned to either protect the river sediment storage downstream or to reshape the river topography, redeposit sediment and enhance aquatic habitat. Future bar building releases will probably take place once every six years, when an uncontrolled spill is unlikely (Andrews and Pizzi, 2000).

Figure 3.10-2
Glen Canyon Dam 1275 m^3/s flood release (USGS, 2002b)

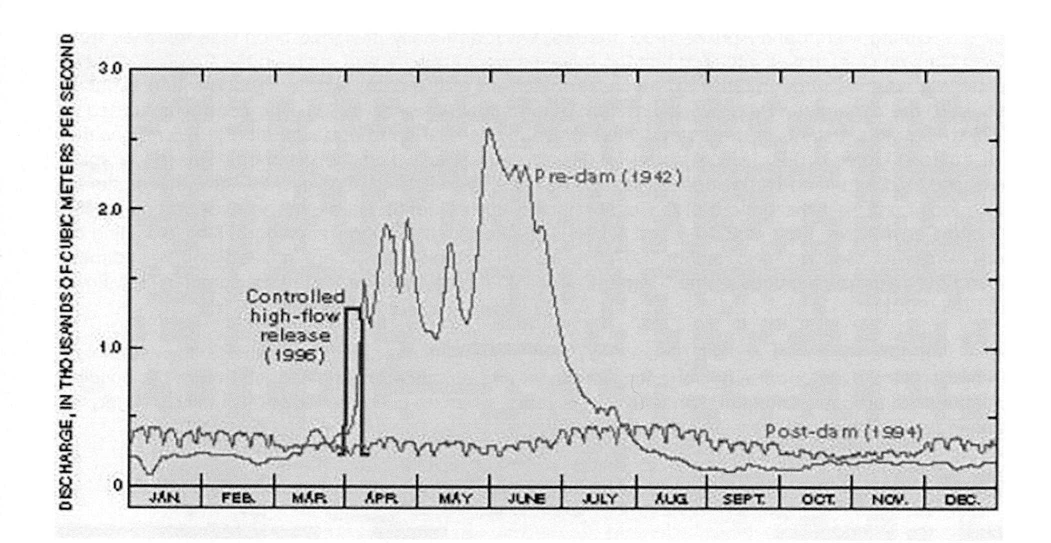

Figure 3.10-3
Relation entre le lâcher contrôlé à fort débit de 1996 et un hydrogramme typique du ruissellement dû à la fonte des neiges (1942) avant la construction d'un barrage et les déversements caractéristiques d'une centrale électrique (1994) (USGS, 2002b)

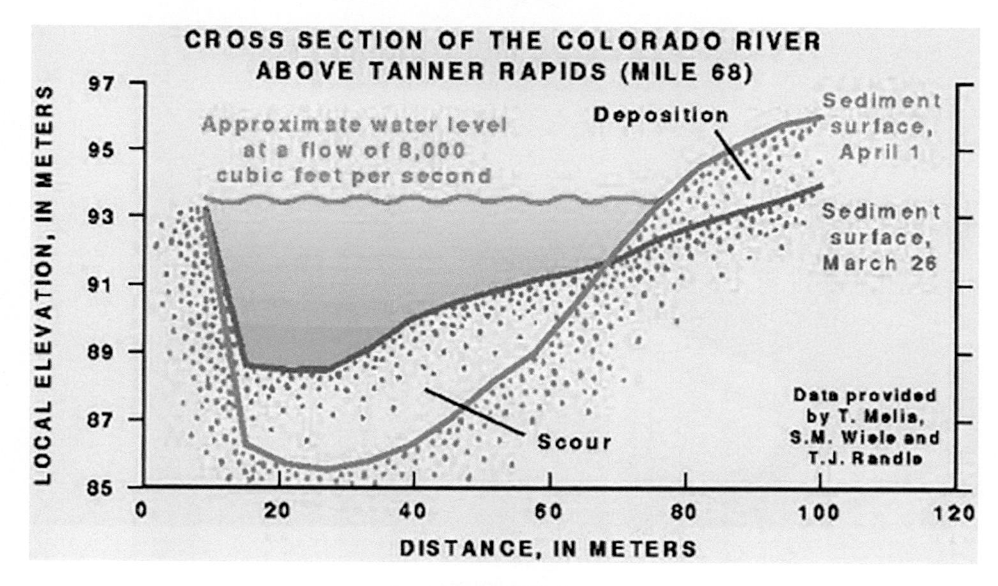

Figure 3.10-4
Evolutions des sections transversales de la rivière en amont de Tanner Rapids (USGS, 2002b)

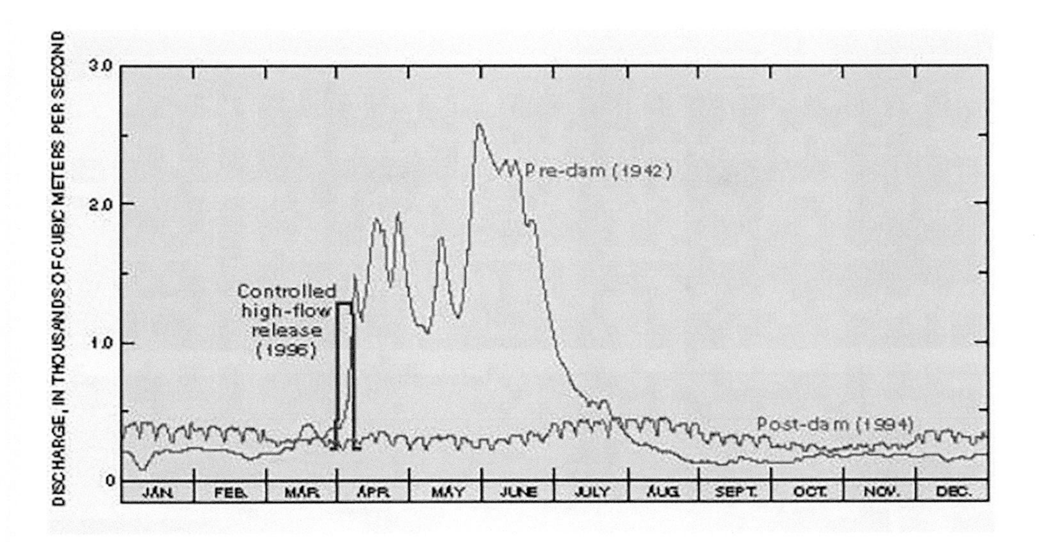

Figure 3.10-3
Relation of the controlled high flow release of 1996 to a typical snowmelt runoff hydrograph (1942) before dam construction and to typical power plant releases (1994) (USGS, 2002b)

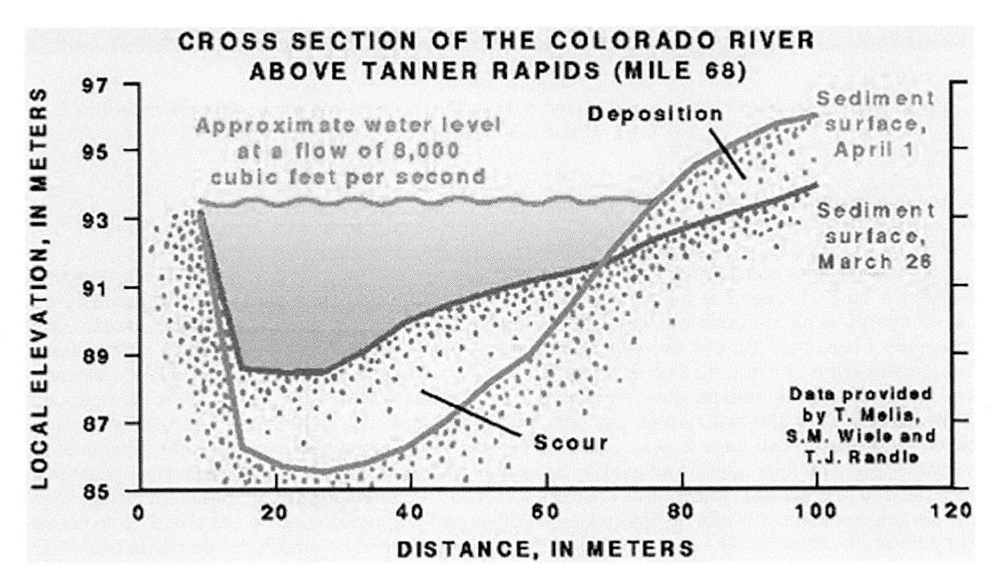

Figure 3.10-4
River cross-section changes above Tanner Rapids (USGS, 2002b)

Figure 3.10-5
Modifications des plages au National Canyon (Mile 166) respectivement à 255 m^3/s et 340 m^3/s (USGS, 2002b)

3.10.1.2. Barrage de Pongolapoort, Afrique du Sud

Des lâchers contrôlés ont été effectués au barrage de Pongolapoort sur le fleuve Pongola, en Afrique du Sud, depuis le milieu des années 1980, une à deux fois par an (Illustration 3.10-6). Le volume et le pic de débit pouvant être déversés dépendent en grande partie des dégâts que causeraient ces crues sur des terres agricoles et logements situés à faible altitude au Mozambique (la frontière entre l'Afrique du Sud et le Mozambique se trouve juste à 100 km en aval du barrage de Pongolapoort). Le volume déversé a oscillé entre 70 et 600 millions de m^3, avec des pics de débit compris entre 300 et 800 m^3/s. Les principales raisons de ces lâchers de crues étaient de faire baisser le niveau d'eau dans le réservoir en prévision de la saison des pluies à venir, ainsi que de recharger de nombreux bassins en aval du barrage et de fournir de l'eau pour l'habitat des poissons, dont dépend la population locale. Ces dernières années, des enquêtes sur le terrain ont été menées lors de ces déversements afin de déterminer les effets géomorphologiques de ces crues sur le fleuve Pongola et de définir si elles pouvaient être améliorées en termes d'amplitude, de fréquence et de calendrier.

Figure 3.10-5
Beach changes at National Canyon (Mile 166) at 255 m^3/s and 340 m^3/s, respectively (USGS, 2002b)

3.10.1.2. Pongolapoort Dam, South Africa

Managed flood releases have been made from Pongolapoort Dam on the Pongola River, South Africa, since the mid 1980's, once or twice a year (Figure 3.10-6). The volume and peak discharge that can be released depend to a large degree on whether these floods will cause damages to low-lying agricultural lands and dwellings in Mozambique (the border between South Africa and Mozambique is just over 100 km downstream of Pongolapoort Dam). The volume released has varied between about 70 and 600 million m^3, with peak discharges of between 300 and 800 m^3/s. The main reasons for these flood releases were to draw down the water level in the reservoir in anticipation of the coming rainy season, as well as to recharge many of the pans downstream of the dam and provide water for the fish habitats, on which the local population depends. In recent years field investigations have been carried out during these flood releases to determine what geomorphological effect these floods have had on the Pongola River and to determine whether they could be improved upon in terms of the magnitude, frequency and timing of these flood releases.

Figure 3.10-6
Chasses environnementales contrôlées du barrage de Pongolapoort

3.10.2. Chasse des sédiments en crue

3.10.2.1. Barrage de Sanmenxia, Chine

Le fleuve Jaune en Chine possède l'un des flux en sédiments les plus élevées au monde, ce qui rend l'exploitation des réservoirs essentielle. Le barrage de Sanmenxia, sur le fleuve Jaune, en Chine, a été construit initialement pour disposer d'un bassin sur l'ensemble de l'année, mais après avoir subi une importante sédimentation dans le réservoir, sa fonction a été modifié pour la rétention des crues. En 1964 et 1969, les ouvrages d'évacuation ont été reconstruits (Illustration 3.10-7) afin que le réservoir puisse être exploité pour le transfert des sédiments par les vannes, le contrôle des crues et la production hydroélectrique. L'eau claire est stockée en dehors de la saison des crues et l'eau chargée est déversée pendant la saison des crues (Illustration 3.10-8), de sorte que la capacité du réservoir soit maintenue et la capacité de transport des sédiments du lit de la rivière en aval soit augmentée (Qian *et al.*, 1993). Avant que le fonctionnement du réservoir ne soit modifié, un important alluvionnement a eu lieu en aval du fleuve à cause de la réduction des pics de crue. Désormais, seules les crues majeures sont retenues et les crues plus petites, ainsi que la charge en sédiments et les dépôts précédents, sont relâchés. L'écoulement varie entre 2 000 et 6 000 m^3/s, avec un débit journalier moyen de 8 000 m^3/s. L'alluvionnement du lit a été atténué.

Figure 3.10-6
Pongolapoort Dam managed environmental flood release

3.10.2. *Flood Flushing of Sediments*

3.10.2.1. Sanmenxia Dam, China

The Yellow River in China has one of the highest sediment loads in the world, which makes it essential to operate the reservoirs correctly. Sanmenxia Dam on the Yellow River, China, was built initially for year-round impoundment, but after severe sedimentation occurred in the reservoir, the operation was changed to flood detention. In 1964 and 1969 the outlet works were reconstructed (Figure 3.10-7) so that the reservoir can now be operated for sediment sluicing, flood control and hydropower. Clear water is stored in the non-flood season and muddy water released in the flood season (Figure 3.10-8), thereby the reservoir capacity is maintained and the sediment transport capacity of the downstream river channel increased (Qian *et al.*, 1993). Before the reservoir operation was changed, severe aggradation occurred in the downstream river due to the reduced flood peaks. Now only major floods are detained and the smaller floods together with the sediment load and previous deposits are released. The outflow varies between 2000 and 6000 m^3/s, with a maximum mean daily discharge of 8000 m^3/s. The channel aggradation was alleviated.

Figure 3.10-7
Reconstruction des ouvrages d’évacuation de fond au barrage de Sanmenxia

Figure 3.10-8
Chasse des sédiments au barrage de Sanmenxia (évacuation latérale)

Figure 3.10-7
Reconstruction of the bottom outlets at Sanmenxia Dam

Figure 3.10-8
Sediment flushing at Sanmenxia Dam (side outlet)

Les affluents représentent encore une grande menace car ils apportent d'importantes quantités de sédiments qui pourraient bloquer le lit principal. En 1966, une petite crue (débit de pointe de 3 660 m^3/s) de l'un des affluents du cours supérieur du fleuve Jaune a transporté environ 16,5 millions de tonnes de sédiments (le ruissellement était d'environ 23 millions de m^3), ce qui a bloqué le lit principal du fleuve Jaune pendant une courte période. Si le débit de la rivière principale avait été régulé, l'obstruction aurait été plus importante et le débit nécessaire pour la rompre aurait dû être bien supérieur.

Tributaries still pose a large threat in that they carry large quantities of sediment, which could block the main channel. In 1966 a small flood (peak discharge 3660 m^3/s) from one of the tributaries in the upper reaches of the Yellow River carrying around 16.5 million ton of sediment (runoff was around 23 million m^3), blocking the main channel of the Yellow River for a short while. Should the discharge of the main river have been regulated, the blockage would have been more serious and the discharge necessary to break the blockage would have been much greater.

4. MORPHOLOGIE DU LIT DE LA RIVIÈRE

Un cours d'eau naturel n'est jamais complètement stable à cause de la variabilité naturelle des facteurs qui contrôlent sa morphologie, en particulier le débit liquide et la charge sédimentaire. Même si la variabilité peut être importante, comme c'est le cas dans un climat semi-aride, une rivière s'efforcera d'atteindre un état d'équilibre dynamique ou de quasi-équilibre, en modifiant sa section, sa pente et même son style fluvial afin de parvenir à un transport optimal de l'eau et des sédiments. Dans ce cas, on parle de cours d'eau en équilibre, ce qui signifie qu'il est parvenu à une configuration stable sur le long terme, avec seulement des ajustements mineurs. Des changements majeurs ont tendance à survenir suite à des évènements majeurs, comme une crue centennale ou la construction d'un barrage.

Afin d'analyser les effets d'un barrage sur le lit de la rivière en aval, il est important de pouvoir décrire la morphologie du cours d'eau à l'équilibre. Il y a deux méthodes pour décrire la géométrie hydraulique des rivières alluviales : l'approche empirique et l'approche théorique ou analytique. La méthode empirique vise à dégager des relations à partir des données disponibles et elle dépend par conséquent de la qualité des données. La méthode théorique ou analytique s'appuie sur les processus hydrauliques fondamentaux, comme la résistance à l'écoulement et le transport de sédiments, où l'identification des processus dominants est très importante. Le premier essai consiste généralement à élaborer des équations de régime empirique qui fournissent au moins une indication sur la direction des changements. Les équations de régime basées sur les processus hydrauliques se présentent sous le même format que les équations empiriques, avec les mêmes variables d'entrée. La seule différence est que les équations de régime théoriques/analytiques sont généralement applicables à une plus grande diversité de conditions. Une autre façon de décrire la géométrie d'un cours d'eau consiste à formuler une hypothèse extrême, par exemple la méthode de la minimisation de la puissance spécifique, exposée par Chang (1979, 1988).

Un cours d'eau a au moins trois degrés de liberté dans sa largeur, sa profondeur et sa pente. Chang (1979), quant à lui, a ajouté le style fluvial à la liste. La vitesse n'est pas considérée comme un degré de liberté car elle est déterminée à partir du débit et de la géométrie du cours d'eau. Les facteurs qui contrôlent ou influencent ces variables sont le débit liquide, la charge en sédiments et les matériaux du lit et des berges. Les flux liquides et solides sont de loin les facteurs les plus importants, également à cause de leur grande variabilité. Les matériaux du lit et des berges restent relativement inchangés dans des conditions stables, et en général ils ne changent qu'à la suite d'une modification des flux liquides et solides. C'est aussi pour cette raison que les barrages ont des impacts aussi considérables sur un fleuve, car ils perturbent les écoulements et les flux de sédiments à un degré élevé.

4.1. DÉBIT DOMINANT

Le débit d'eau est de loin le paramètre le plus important responsable de la forme géométrique d'un lit et il est évident que l'identification du débit correct est de la plus haute importance. Bien que le modelage du cours d'eau soit dû à des débits variés, il y a un consensus général pour dire qu'un écoulement permanent, le débit dominant, devrait produire les mêmes dimensions de lit qu'une séquence d'évènements. Ce débit qui façonne le lit peut se définir comme l'écoulement qui détermine les paramètres particuliers du lit ou qui transporte le plus de sédiments en moyenne.

De nombreux chercheurs ont assimilé le débit dominant au débit de plein bord. Le débit de plein bord est celui qui remplit la rivière juste jusqu'au bord des berges, ce qui correspond à une condition de débordement naissant. Ackers (1988) a indiqué que le transport de sédiments baisserait si l'écoulement déborde par-dessus les berges, à cause d'une augmentation de la résistance générale et d'une réduction des tendances érosives de l'écoulement, tandis qu'Ackers et Charlton (1970) ont constaté que le débit de plein bord est plus utile pour décrire la sinuosité et la longueur d'onde des méandres. Carling (1988) a indiqué qu'au niveau de plein bord, la résistance à l'écoulement est au minimum et le transport de sédiments est au maximum. Plusieurs chercheurs (Harvey, 1969) ont également établi une

4. RIVER CHANNEL MORPHOLOGY

A natural river is never completely stable because of the natural variability of the factors that control the morphology especially the water discharge and sediment load. Even though the variability can be great, as is the case in the semi-arid climate, a river will strive to attain a state of dynamic or quasi-equilibrium, by changing its cross-section, slope and even channel pattern to obtain optimal transport of water and sediments. Such a river is said to be in regime, meaning that it has obtained a long-term stable configuration, with only minor adjustments. Major changes tend to only occur as a result of significant events like a 1:100-year flood or the construction of a dam.

In order to analyse the effects that a dam can have on the downstream river channel, it is important to be able to describe the stable river morphology. There are two approaches to describing the hydraulic geometry of alluvial rivers: the empirical approach and the theoretical or analytical approach. The empirical approach attempts to derive relationships from available data and is thus dependent on the quality of the data. The theoretical or analytical approach relies on fundamental hydraulic processes like flow resistance and sediment transport, where the identification of the dominant processes is very important. A first attempt is generally the development of empirical regime equations that provide at least an indication of the direction of the changes. Regime equations based on hydraulic processes occur in very much the same format as the empirical equations, with the same input variables. The one difference is that the theoretical/analytical regime equations are generally applicable to a wider range of conditions. Another way of describing the channel geometry is through some form of extremal hypothesis, e.g. the minimization of stream power approach by Chang (1979, 1988).

A river has at least three degrees of freedom in its width, depth and slope, while Chang (1979) added the channel pattern to the list. The velocity is not regarded as a degree of freedom because it is determinable from the discharge and channel geometry. The factors that control or influence these variables are the water discharge, sediment load, and bed and bank materials. The water and sediment discharge are by far the most dominant factors also as a result of their great variability. The bed and bank materials remain relatively unchanged under stable conditions, and generally only change as a result of a change in water and sediment discharge. This is also why dams have such far-reaching impacts on a river, because they disturb the flows and sediment load to such a high degree.

4.1. DOMINANT DISCHARGE

The water discharge is by far the most important parameter responsible for the geometrical shape of a channel, and it is obvious that identifying the correct discharge is of utmost importance. Although a whole range of flows normally shapes a river, there is a general consensus that one steady flow rate, the dominant discharge, should produce the same channel dimensions as a sequence of events. This channel-forming discharge can be defined as either the flow rate that determines particular channel parameters or that cumulatively transports the most sediment.

Many researchers have equated the dominant discharge with the bankfull discharge. Bankfull discharge is the flow rate that just fills the channel to the tops of the banks, corresponding to the condition of incipient flooding. Ackers (1988) argued that sediment transport would decrease once the flow goes over bank, because of an increase in overall resistance and reduction in erosive tendencies of the flow, while Ackers and Charlton (1970) found that the bankfull discharge works best for describing sinuosity and meander wavelength. Carling (1988) reasoned that at bankfull level the resistance to flow is a minimum and the sediment transport rate a maximum. The dominant discharge has also been linked to a recurrence interval of approximately 1–2 years by several researchers

relation entre le débit dominant lié à une occurrence de crue de1 à 2 ans, mais la plupart de ces études ont établi en réalité un intervalle bien supérieur l'occurrence du débit de plein bord entre 1 et 10 ans.

Il existe plusieurs problèmes concernant l'utilisation du débit de plein bord en tant que débit dominant. Le principal problème est qu'il existe de nombreuses définitions du niveau de plein bord, comme l'a indiqué Williams (1978). Elles incluent soit l'élévation de certaines berges ou la plaine inondable active, la limite inférieure de la végétation vivace ou l'élévation à laquelle le rapport largeur/profondeur devient minimal. La détermination du débit correspondant au niveau de plein bord présente un problème supplémentaire. Les méthodes habituelles pour déterminer ce débit se basent sur une courbe de tarage, la géométrie hydraulique ou les équations d'écoulement. Compte tenu de toutes ces approches, il n'est pas surprenant que, en comparant les différentes méthodes, Williams (1978) ait obtenu une grande variété de résultats, dans la plupart des cas variant de plus de 100%. Il a également observé que l'obtention d'un débit de plein bord pour une section donnée est discutable car il peut être très différent à quelques mètres près, en aval ou en amont.

Dans des régions avec un ruissellement très variable, le débit de plein bord ne représente pas forcément le débit dominant car l'eau s'écoule rarement à ce débit pendant de longues périodes. Les hypothèses d'une période de retour de 1 à 2 ans ne se vérifient pas non plus dans des climats plus secs, car ces crues ne sont pas assez importantes pour modeler un lit en profondeur. D'un autre côté, les crues importantes ont la capacité de remodeler la géométrie du lit, mais elles surviennent trop rarement pour avoir un effet durable et le fleuve retourne vers une forme de lit plus stable. Wolman et Miller (1960) ont observé que plus la variabilité du ruissellement est importante, plus le pourcentage de sédiments transportés par des crues peu fréquentes est élevé, ce qui signifie que le débit dominant est relié à une occurrence supérieure à 1 à 2 ans. Osterkamp et Hedman (1979) ont étudié des rivières intermittentes et ils ont découvert que leurs largeurs sont davantage le signe de débits inhabituels que d'un débit moyen. Ils ont mis en relation la largeur du lit des rivières intermittentes aux crues décennales. Clark et Davies (1988) ont également découvert que le débit dominant avait une période de retour moyenne de 10 ans.

Pour que le débit de plein bord survienne réellement au niveau de débordement, il faut que le lit de la rivière soit déjà ajusté pour pouvoir contenir cet écoulement, car dès que le régime d'écoulement change, la fréquence de l'ancien débit de plein bord augmente ou baisse en fonction des changements de régime. Cela signifie que l'ancien débit de plein bord n'aura pas les mêmes effets qu'auparavant et qu'un nouveau débit de plein bord, d'une ampleur différente, verra le jour. S'il est inférieur au débit de plein bord initial, le lit sera trop grand et le débit de plein bord sera en réalité insuffisant pour remplir le lit mineur. D'un autre côté, si les écoulements devaient augmenter, le débit de plein bord déborderait sur les berges. Le lit de la rivière s'adaptera au régime d'écoulement modifié et il faudra un certain temps avant que le débit de plein bord ne s'écoule réellement au niveau de plein bord. Ce n'est qu'à ce moment-là qu'il atteindra sa pleine efficacité. En prenant en compte que le débit de plein bord a été mis en relation avec le débit dominant, à cause des conditions spécifiques du niveau de plein bord, c'est-à-dire du flux moyen sédimentaire maximal, le débit de plein bord est un concept erroné dans l'élaboration de la géométrie du lit d'un fleuve, alors qu'il est probable qu'il maintienne le lit d'un fleuve une fois qu'il s'est adapté à un nouveau régime d'écoulement.

Lors de la définition des outils mathématiques ou analytiques décrivant les changements de la géométrie du lit après la construction d'un barrage, il peut être plus juste d'utiliser un débit que l'on peut prédire avec précision. Bien qu'il soit difficile de mettre en relation le débit dominant et un intervalle d'occurrence spécifique, il semble que pour les régions arides et semi-arides, les lits des fleuves sont formés par des débits peu fréquents, d'un intervalle d'occurrence compris entre 5 et 20 ans.

4.2. ÉQUATIONS DE RÉGIME EXISTANTES

Les équations de régime ont été utilisées afin de décrire la géométrie du lit des rivières pendant plus d'un siècle, depuis les premières tentatives de Kennedy pour les canaux d'irrigation en 1895. D'autres tentatives ont été effectuées par Lacey et Blench sur des canaux droits, ils ont tous les deux incorporé des facteurs en lien avec le transport de sédiments. Leopold et Maddock ont été parmi les premiers à développer des équations de régime pour les rivières rectilignes à lit alluvial. Plus tard, des tentatives ont eu lieu afin d'étendre les équations aux rivières à graviers, ainsi qu'aux rivières à méandres.

(Harvey, 1969), but most of these studies actually established a much wider range for bankfull flow recurrence intervals between 1 and 10 years.

There are several problems regarding the use of bankfull discharge as the dominant discharge. The biggest is that there exist numerous definitions of the bankfull level, as Williams (1978) pointed out. These include either the elevation of certain benches or the active floodplain, the lower boundary of perennial vegetation or the elevation at which the width/depth ratio becomes a minimum. The determination of the discharge corresponding to the bankfull elevation presents an additional problem. The most common ways of determining this discharge are by means of a rating curve, hydraulic geometry or flow equations. Considering all the different approaches it is not surprising that by comparing the various methods, Williams (1978) obtained a wide range of results, in most cases varying by more than 100%. He also observed that obtaining a bankfull discharge at one cross-section is questionable since it can be radically different a few meters upstream or downstream.

In regions with highly variable runoff the bankfull discharge may not represent the dominant discharge because the water rarely flows at bankfull for long periods of time. The assumptions of a return period of 1–2 years also does not hold true in drier climates, because these floods are not nearly large enough to shape a channel extensively. On the other hand large floods have the capacity to reshape the channel geometry, but they occur too infrequently to have a lasting effect and the river changes back to a more stable channel. Wolman and Miller (1960) observed that the greater the variability in runoff, the larger the percentage of sediment carried by infrequent floods, which means the dominant discharge is bound to have a longer recurrence interval than 1–2 years. Osterkamp and Hedman (1979) studied ephemeral rivers and found that their widths are more indicative of more unusual discharges than the mean discharge. They related the channel width of ephemeral streams to the 1:10-year flood. Clark and Davies (1988) also found that the dominant discharge had an average return period of 10 years.

For the bankfull discharge to actually occur at bankfull level, means that the river channel must have already adjusted to accommodate that flow, because as soon as the flow regime changes the frequency of the former bankfull discharge will either increase or decrease depending on the changes in regime. This means that the former bankfull discharge will not have the same effects as before and that a different "bankfull" discharge with a different magnitude will emerge. If this is smaller than the original bankfull discharge, the channel will be too big and the "bankfull" discharge will actually not fill the channel to the top of the banks. On the other hand if the flows should increase in magnitude the "bankfull" discharge will actually flow over the banks. The river channel will adjust to the changed flow regime, and it will thus take a while before the "bankfull" discharge will actually flow at bankfull level, and only then will it have reached its full effectiveness. Considering that the bankfull discharge has been related to the dominant discharge, because of the extraordinary conditions at bankfull level, i.e., maximum sediment transport rate, the bankfull discharge is a misleading concept in the formation of a river channel's geometry, while it might be more likely to maintain a river channel once it has adjusted to a new flow regime.

When establishing mathematical or analytical tools describing the changes in channel geometry after the construction of a dam, it might be more correct to use a discharge that can actually be predicted with accuracy. Although it is difficult to link the dominant discharge to a specific recurrence interval, it seems that for a arid and semi-arid regions the river channels are formed by discharges that occur rather infrequently, with a recurrence interval between 5 and 20 years.

4.2. EXISTING REGIME EQUATIONS

Regime equations have been used to describe river channel geometry for over a century, starting with the first attempts by Kennedy for irrigation canals in 1895. Further attempts were made by Lacey and Blench on straight canals, both having incorporated factors relating to sediment transport. Leopold and Maddock were among the first to develop regime equations for straight alluvial rivers. Later attempts were made to extend the equations to gravel-bed rivers, as well as to meandering rivers.

Ces équations de régime ont toutes été dérivées empiriquement. Le problème des équations de régime empiriques est qu'elles ne peuvent s'appliquer qu'aux conditions pour lesquelles elles ont été dérivées. Au contraire, les équations de régime dérivées analytiquement ou théoriquement sont applicables à une grande variété de conditions. Cependant, il est important d'identifier correctement les processus dominants impliqués dans la formation d'une géométrie du lit stable. Puisque ces processus sont complexes, il est nécessaire dans la plupart des cas de simplifier les équations en dérivant les coefficients de manière empirique, ce qui conduit à des équations de régime semi-théoriques ou semi-analytiques.

4.2.1. Équations de largeur

La largeur est généralement l'ajustement le plus important après un changement du régime d'écoulement, et certaines des équations de régime qui ont été dérivées sont résumées au Tableau 4.2.1-1. Il montre que la plupart des équations sont exprimées uniquement en termes de débit. Cela est dû au fait que le débit d'eau est de loin le facteur qui influence le plus la géométrie du lit. À partir de cette synthèse d'équations, l'observation qualitative suivante peut s'effectuer concernant les effets d'un changement de variables d'entrée sur la largeur du lit (Tableau 4.2.1-2). Un exposant positif ou négatif indique une augmentation ou une baisse de la variable prise en considération (Schumm, 1969).

Tableau 4.2.1-1
Effet d'un changement de variables d'entrée sur la largeur du lit

Variable d'entrée	Changement de variable d'entrée	Changement associé dans B
Q	+	+
	-	-
D	+	+
	-	-
S	+	-
	-	+

avec: Q = débit

B = largeur au sommet du lit

d = granulométrie des matériaux du lit

S = pente du lit

Une augmentation du débit conduira ainsi à une augmentation de la largeur à cause d'une tendance à l'érosion plus importante, tandis qu'une augmentation de la taille des matériaux entraîne une diminution de la largeur du lit car les particules plus grossières sont plus difficiles à mobiliser. Généralement, le changement de taille des matériaux est lié à un changement du débit, les deux changent donc conjointement. L'augmentation de la taille des matériaux du lit peut ainsi être une manière pour la rivière de contrer les effets d'une hausse du débit. En considérant que l'exposant du débit dans les équations de largeur est généralement proche de 0,5 et donc deux fois plus grand que l'exposant de la taille des matériaux, qui est généralement inférieur à -0,2, l'effet d'un changement de débit pèse plus qu'un changement de taille des matériaux.

La plupart des variables prises en considération ne changeront pas séparément, mais plutôt en réponse ou conjointement à une autre variable. Une augmentation du débit, qui provoque un élargissement du lit, est généralement accompagnée d'une diminution de la pente. Ainsi, une diminution de la pente peut être associée à une augmentation de la largeur. Le même principe s'applique à une augmentation de la concentration en sédiments, qui est une conséquence d'une augmentation de débit. On peut donc s'attendre à un élargissement du lit de la rivière lorsque la concentration en sédiments augmente de cette manière.

These regime equations were all empirically derived. The problem with the empirical regime equations is that they are only applicable to the range of conditions for which they were derived. Analytically or theoretically derived regime equations on the other hand are applicable to a wide range of conditions. Nonetheless it is important to correctly identify the dominant processes involved in the formation of a stable channel geometry. Since these processes are rather complex, it is mostly necessary to simplify the equations by deriving coefficients empirically, leading to semi-theoretical or semi-analytical regime equations.

4.2.1. Width Equations

The width generally shows the greatest adjustment after a change in flow regime, and some of the regime equations that have been derived are summarised in Table 4.2.1-1, which shows that most equations are expressed only in terms of discharge. This is because the water discharge is by far the most important factor influencing the channel geometry. From the summarised equations the following qualitative observation can be made regarding the effects of changing input variables on the channel width (Table 4.2.1-2). A plus or minus exponent denotes an increase or decrease in the variable considered (Schumm, 1969).

Table 4.2.1-1
Effect of changing input variables on channel width

Input variable	Input variable change	Associated change in B
Q	+	+
	-	-
D	+	+
	-	-
S	+	-
	-	+

With: Q = discharge

B = channel top width

d = particle size

S = channel slope

An increase in discharge will thus lead to an increase in width due to its increased erosive tendency, while an increase in the particle size leads to a decrease in channel width because coarser particles are more difficult to erode. Usually, the change in particle size is related to the change in discharge, so both will change together. The coarsening of the bed material may thus be a way for the river to counteract the effect of the increasing discharge. Considering that the exponent of discharge in the width equations is generally close to 0.5 and thereby almost twice as large as the particle size exponent, which is usually less than –0.2, the effect of a change in discharge will outweigh a change in particle size.

Most of the variables under consideration will not change in isolation, but rather in response to, or together with another variable. An increase in discharge, which causes channel widening, is generally accompanied by a decrease in slope. Thus, a decrease in slope can be associated with an increase in width. The same principle applies to an increase in sediment concentration, which is a consequence of an increase in discharge. A widening of the river channel can therefore be expected when the sediment concentration increases in this way.

Tableau 4.2.1-2

Résumé des équations de largeur (adapté de Wargadalam, 1993)

Auteur	Équation	Unités	Remarques
Lacey (1930)	$P = 2.667\ Q^{0.5}$	ft	Débit de plein bord, canaux de sable-vase
Blench (1957)	$B = b\ Q^{0.5}\ d^{0.25}$	ft	Débit de plein bord, canaux de sable-vase, $d = d_{50}$ (mm), $b = \sqrt{(1,9(1 + 0,012C)/F_s)}$
Leopold & Maddock (1953)	$B = a\ Q^{0.5}$	ft	Débit de plein bord, cours d'eau à lit alluvial, *a* varie pour ruisseaux individuels
Henderson (1963)	$B = 0.93\ Q^{0.46}\ d^{-0.15}$	ft	Débit nominal, lits étroits, $d = d_{50}$
Kellerhals (1967)	$B = 1.8\ Q^{0.5}$	ft	Débit dominant, cours d'eau à lit de gravier
Chitale (1966)	$P = 2.187\ Q^{0.523}$	ft	Canaux de sable-vase
Bray (1982)	$B = 2.38\ Q^{0.527}$	ft	Débit biennal, cours d'eau à lit de gravier
Bray (1982)	$B = 2.08\ Q^{0.528}\ d^{-0.07}$	ft	Débit biennal, $d = d_{50}$, cours d'eau à lit de gravier
Hey & Thorne (1986)	$B = k_1\ Q^{0.5}$	m	Débit de plein bord, cours d'eau à lit de gravier k_1 = f (végétation sur les berges)
Nouh (1988)	$B = 28.30\ (Q_{50}/Q)^{0.83} + 0.018\ (1 + d)^{0.93}\ C^{1.25}$	m	Débit annuel moyen, $d = d_{50}$, lits éphémères (zone aride)
Julien & Wargadalam (1995)	$B = 0.512\ Q^{\alpha}\ d_s^{\beta}\ S^{\gamma}$	m	Débit dominant, $\alpha = (2 + 4m)/(5 + 6m)$, $\beta = -4m/(5 + 6m)$, $\gamma = (-2m - 1)/(5 + 6m)$, $m = 1/\ln(12,2D/d_s)$

Table 4.2.1-2
Summary of width equations (adapted from Wargadalam, 1993)

Author	Equation	Units	Remarks
Lacey (1930)	$P = 2.667\ Q^{0.5}$	ft	Bankfull discharge, sand-silt canals
Blench (1957)	$B = b\ Q^{0.5}\ d^{0.25}$	ft	Bankfull discharge, sand-silt canals, $d = d_{50}$ (mm), $b = \sqrt{(1.9(1 + 0.012C)/F_s)}$
Leopold & Maddock (1953)	$B = a\ Q^{0.5}$	ft	Bankfull discharge, alluvial rivers, *a* varies for individual streams
Henderson (1963)	$B = 0.93\ Q^{0.46}\ d^{-0.15}$	ft	Design discharge, narrow channels, $d = d_{50}$
Kellerhals (1967)	$B = 1.8\ Q^{0.5}$	ft	Dominant discharge, gravel-bed rivers
Chitale (1966)	$P = 2.187\ Q^{0.523}$	ft	Sand-silt canals
Bray (1982)	$B = 2.38\ Q^{0.527}$	ft	1:2-year discharge, gravel-bed rivers
Bray (1982)	$B = 2.08\ Q^{0.528}\ d^{-0.07}$	ft	1:2-year discharge, $d = d_{50}$, gravel-bed rivers
Hey & Thorne (1986)	$B = k_1\ Q^{0.5}$	m	Bankfull discharge, gravel-bed rivers, k_1 = f(bank vegetation)
Nouh (1988)	$B = 28.30\ (Q_{50}/Q)^{0.83} + 0.018\ (1 + d)^{0.93}\ C^{1.25}$	m	Mean annual discharge, $d = d_{50}$, ephemeral channels (arid zone)
Julien & Wargadalam (1995)	$B = 0.512\ Q^{\alpha}\ d_s^{\beta}\ S^{\gamma}$	m	Dominant discharge, $\alpha = (2 + 4m)/(5 + 6m)$, $\beta = -4m/(5 + 6m)$, $\gamma = (-2m - 1)/(5 + 6m)$, $m = 1/\ln(12.2D/d_s)$

4.2.2. Équations de profondeur

La profondeur est généralement le premier paramètre qui change lorsque les écoulements naturels d'une rivière sont altérés. L'ampleur de ce changement n'est pas aussi importante que pour la largeur, car la profondeur peut être contrôlée de manière plus importante par l'armurage du lit ou l'apparition d'affleurements rocheux.

Une synthèse de plusieurs équations de profondeur est fournie au Tableau 4.2.2-2. Ceux sont les mêmes variables qui déterminent la largeur et la profondeur. Bien que le débit soit le facteur le plus important, d'autres équations décrivent la profondeur en termes de débit et de granulométrie des matériaux du lit, ce qui signifie que le diamètre des matériaux a un effet plus important sur la profondeur que sur la largeur. À partir des équations, l'observation suivante peut s'effectuer concernant les effets d'un changement de variables d'entrée sur la profondeur du lit (Tableau 4.2.2-1).

Tableau 4.2.2-1
Effet d'un changement de variables d'entrée sur la profondeur du lit

Variable d'entrée	**Changement de variable d'entrée**	**Changement associé dans D**
Q	+	+
	-	-
d	+	-
	-	+
S	+	-
	-	+

où *D* = profondeur du lit

On observe plus ou moins les mêmes schémas que ceux qui ont été identifiés pour les équations de largeur. Un lit plus profond peut être la conséquence d'un débit en hausse, de matériaux du lit plus grossiers ou d'une diminution de la pente de la rivière. La seule différence est que le lit d'une rivière devient plus profond si la concentration en sédiments baisse. Une concentration en sédiments en baisse signifie que la capacité de transport de l'écoulement n'est pas totalement utilisée et que davantage de sédiments seront prélevés dans le lit, ce qui cause la formation d'un lit de rivière plus profond.

4.2.2 *Depth Equations*

The depth is generally the first to change when the natural flows of a river are altered. The magnitude of this change is not as considerable as that of the width, because the depth can be controlled to a much larger degree by armouring or the exposure of bedrock.

A summary of some depth equations is provided in Table 4.2.2-1. The same variables that determine the width also describe the depth. Although the discharge is still the most important factor, more equations describe the depth in terms of discharge and particle size, meaning that the particle diameter has a greater effect on the depth than the width. From the summarised equations the following observation can be made regarding the effects of changing input variables on the channel depth (Table 4.2.2-2).

Table 4.2.2-1
Effect of changing input variables on channel depth

Input variable	**Input variable change**	**Associated change in D**
Q	+	+
	-	-
d	+	-
	-	+
S	+	-
	-	+

with D = channel depth

Much the same patterns can be observed here as those that were encountered for the width equations. A deeper channel can occur as a result of an increased discharge, coarser bed material or a decrease in channel slope. The one difference is that a river channel becomes deeper with a decrease in sediment concentration. A decreasing sediment concentration signifies that the transport capacity of the flow is not fully utilised, and more sediment will be picked up from the bed, leading to a deeper river channel.

Tableau 4.2.2-2
Résumé des équations de profondeur (adapté de Wargadalam, 1993)

Auteur	Équation	Unités	Remarques
Lacey (1930)	$R = 0.405\ Q^{0.333}\ d^{-0.167}$	ft	Débit de plein bord, canaux de sable-vase
Blench (1957)	$D = c\ Q^{0.333}\ d^{-0.333}$	ft	Débit de plein bord, canaux de sable-vase, d = d_{50} (mm), $c = [F_s/(1,9(1 + 0.012C))]^{0,333}$
Leopold & Maddock (1953)	$D = b\ Q^{0.3}$	ft	Débit de plein bord, cours d'eau éphémères, *b* varie pour les chenaux individuels
Henderson (1963)	$R = 0.12\ Q^{0.46}\ d^{-0.15}$	ft	Débit nominal, lits étroits, d = d_{50}
Kellerhals (1967)	$D = 0.166\ Q^{0.4}\ k_s^{-0.12}$	ft	Débit dominant, cours d'eau à lit de gravier, $k_s = d_{90}$
Chitale (1966)	$R = 0.486\ Q^{0.341}$	ft	Canaux de sable-vase
Bray (1982)	$D = 0.266\ Q^{0.333}$	ft	Débit biennal, cours d'eau à lit de gravier
Bray (1982)	$D = 0.256\ Q^{0.331}\ d^{-0.025}$	ft	Débit biennal, d = d_{50}, cours d'eau à lit de gravier
Hey & Thorne (1986)	$D = 0.22\ Q^{0.37}\ d^{-0.11}$ $R = k_3\ Q^{0.41}\ Q_s^{0.02}\ d^{-0.14}$	m	Débit de plein bord, d = d_{50}, cours d'eau à lit de gravier, k_3 = f (végétation sur les berges)
Nouh (1988)	$R = 1.29\ (Q_{50}/Q)^{0.65} - 0.01\ (1 + d)^{0.98}\ C^{0.46}$	m	Débit moyen annuel, d = d_{50}, lits éphémères (zone aride)
Julien & Wargadalam (1995)	$D = 0.2\ Q^{\alpha}\ d_s^{\beta}\ S^{\gamma}$	m	Débit dominant, $\alpha = 2/(5 + 6m)$, $\beta = 6m/(5 + 6m)$, $\gamma = -1/(5 + 6m)$, $m = 1/\ln(12,2D/d_s)$

Table 4.2.2-2
Summary of depth equations (adapted from Wargadalam, 1993)

Author	Equation	Units	Remarks
Lacey (1930)	$R = 0.405\ Q^{0.333}\ d^{-0.167}$	ft	Bankfull discharge, sand-silt canals
Blench (1957)	$D = c\ Q^{0.333}\ d^{-0.333}$	ft	Bankfull discharge, sand-silt canals, $d = d_{50}$ (mm), $c = [F_s/(1.9(1 + 0.012C))]^{0.333}$
Leopold & Maddock (1953)	$D = b\ Q^{0.3}$	ft	Bankfull discharge, ephemeral streams, b varies for individual streams
Henderson (1963)	$R = 0.12\ Q^{0.46}\ d^{-0.15}$	ft	Design discharge, narrow channels, $d = d_{50}$
Kellerhals (1967)	$D = 0.166\ Q^{0.4}\ k_s^{-0.12}$	ft	Dominant discharge, gravel-bed rivers, $k_s = d_{90}$
Chitale (1966)	$R = 0.486\ Q^{0.341}$	ft	Sand-silt canals
Bray (1982)	$D = 0.266\ Q^{0.333}$	ft	1:2-year discharge, gravel-bed rivers
Bray (1982)	$D = 0.256\ Q^{0.331}\ d^{-0.025}$	ft	1:2-year discharge, $d = d_{50}$, gravel-bed rivers
Hey & Thorne (1986)	$D = 0.22\ Q^{0.37}\ d^{-0.11}$ $R = k_3\ Q^{0.41}\ Q_s^{0.02}\ d^{-0.14}$	m	Bankfull discharge, $d = d_{50}$, gravel-bed rivers, k_3 = f(bank vegetation)
Nouh (1988)	$R = 1.29\ (Q_{50}/Q)^{0.65} - 0.01\ (1 + d)^{0.98}\ C^{0.46}$	m	Mean annual discharge, $d = d_{50}$, ephemeral channels (arid zone)
Julien & Wargadalam (1995)	$D = 0.2\ Q^{\alpha}\ d_s^{\beta}\ S^{\gamma}$	m	Dominant discharge, $\alpha = 2/(5 + 6m)$, $\beta = 6m/(5 + 6m)$, $\gamma = -1/(5 + 6m)$, $m = 1/\ln(12.2D/d_s)$

4.2.3. Équations de pente

En plus des changements de largeur et de profondeur, les cours d'eau à lit alluvial peuvent également modifier leur pente en réponse à une modification des débits liquides et solides. Un changement de pente peut avoir des conséquences considérables car il peut s'accompagner d'une modification du style fluvial, mais il faut en général plus de temps pour apprécier un changement de pente significatif qu'un changement de largeur ou de profondeur, ce qui signifie que les changements de style fluvial peuvent prendre encore plus de temps avant de survenir.

Le Tableau 4.2.3-1 Il fournit une synthèse de certaines équations de pente. Comme pour la largeur et la profondeur, le débit et la granulométrie des matériaux du lit sont les deux variables dominantes qui déterminent la pente. Généralement, cependant, les équations de pente ont des coefficients de détermination très faibles.

Tableau 4.2.3-1
Effet d'un changement de variables d'entrée sur la pente du lit

Variable d'entrée	Changement de variable d'entrée	Changement associé dans S
Q	+	-
	-	+
d	+	+
	-	-

Comme indiqué précédemment, la relation entre le débit et la pente du lit est telle que lorsque le débit diminue, la pente devient plus forte, ce qui se traduit également dans les équations de pente décrites dans le Tableau 4.2.3-2. Cela se produit car la capacité de transport de la rivière diminue lorsque le débit baisse et l'augmentation de la pente du lit est une façon pour le cours d'eau d'augmenter à nouveau sa capacité de transport. D'autre part, la granulométrie des matériaux d est directement proportionnelle à la pente. Cela est dû probablement au fait que, sur les pentes plus fortes, la capacité de transport augmente et la plupart des matériaux fins sont emportés vers l'aval. À en juger par l'importance de l'exposant de la granulométrie des matériaux, d joue également un rôle bien plus essentiel dans la détermination de la pente que dans celle de la profondeur ou de la largeur. Dans ce cas, toutefois, il est plus probable que ce soit la pente qui détermine la granulométrie des matériaux, alors que la profondeur et la largeur sont, elles, influencées par la taille des matériaux du lit.

4.2.3. Slope Equations

Apart from changes in width and depth an alluvial river can also change its slope in response to an altered flow regime. A change in channel slope can have far reaching consequences as it can be accompanied by a change in channel pattern, but it usually takes much longer for an appreciable change in slope than a change in width or depth to become evident, which means that changes in channel pattern may take even longer to occur.

Table 4.2.3-1 gives an overview of some slope equations. As with the width and depth, discharge and particle size are the two dominant variables that determine the slope. Generally, however the slope equations have very poor coefficients of determination.

Table 4.2.3-1
Effect of changing input variables on channel slope

Input variable	Input variable change	Associated change in S
Q	+	-
	-	+
d	+	+
	-	-

As mentioned before, the relationship between discharge and channel slope is such that as the discharge decreases the slope becomes steeper, which also follows from the slope equations in Table 4.2.3-2. This occurs because the transport capacity of the river channel decreases as the discharge is reduced and the increase in channel slope is a measure to increase the transport capacity again. The particle size *d* on the other hand is directly proportional to the slope. This probably is due to the fact that on steeper slopes the transport capacity increases and most of the finer material is washed away. Judging by the magnitude of the particle size exponent, *d* also plays a much greater role in determining the slope than the depth or width. Although in this case it is more likely that the slope determines the particle size, whereas the depth and width are definitely influenced by the particle size.

Tableau 4.2.3-2
Résumé des équations de pente (adapté de Wargadalam, 1993)

Auteur	Équation	Unités	Remarques
Lacey (1930)	$S = 0.00118\ Q^{-0.167} d^{0.833}$	ft	Débit de plein bord, canaux de sable-vase
Leopold & Maddock (1953)	$S = a\ Q^{-0.95}$	ft	Débit de plein bord, cours d'eau éphémères, *a* varie pour les chenaux individuels
Henderson (1963)	$S = 0.44\ Q^{-0.46} d^{1.15}$	ft	Débit nominal, lits étroits, $d = d_{50}$
Kellerhals (1967)	$S = 0.12\ Q^{-0.4}\ k_s^{-0.92}$	ft	Débit dominant, $k_s = d_{90}$
Chitale (1966)	$S = 0.0005\ Q^{-0.165}$	ft	Canaux de sable-vase
Bray (1982)	$S = 0.0354\ Q^{-0.342}$	ft	Débit biennal cours d'eau à lit de gravier
Bray (1982)	$S = 0.0965\ Q^{-0.334}\ d^{0.586}$	ft	Débit biennal, $d = d_{50}$, cours d'eau à lit de gravier
Hey & Thorne (1986)	$S = 0.087\ Q^{-0.43}\ Q_s^{0.1}\ d_{50}^{-0.09}\ d_{84}^{0.84}$	m	Débit de plein bord, cours d'eau à lit de gravier
Nouh (1988)	$S = 18.25\ (Q_{50}/Q)^{-0.35} - 0.88\ (1+d)^{1.13}\ C^{0.36}$	m	Débit annuel moyen, $d = d_{50}$, lits éphémères (zone aride)
Julien & Wargadalam (1995)	$S = 12.4\ Q^{\alpha}\ d_s^{\beta}\ S^{\gamma}$	m	Débit dominant, $\alpha = -1/(3 + 2m)$, $\beta = 5/(4 + 6m)$, $\gamma = (5 + 6m)/(4 + 6m)$, $m = 1/\ln(12{,}2D/d_s)$

Table 4.2.3-2
Summary of slope equations (adapted from Wargadalam, 1993)

Author	Equation	Units	Remarks
Lacey (1930)	$S = 0.00118\ Q^{-0.167} d^{0.833}$	ft	Bankfull discharge, sand-silt canals
Leopold & Maddock (1953)	$S = a\ Q^{-0.95}$	ft	Bankfull discharge, ephemeral streams, *a* varies for individual streams
Henderson (1963)	$S = 0.44\ Q^{-0.46} d^{1.15}$	ft	Design discharge, narrow channels, $d = d_{50}$
Kellerhals (1967)	$S = 0.12\ Q^{-0.4}\ k_s^{-0.92}$	ft	Dominant discharge, $k_s = d_{90}$
Chitale (1966)	$S = 0.0005\ Q^{-0.165}$	ft	Sand-silt canals
Bray (1982)	$S = 0.0354\ Q^{-0.342}$	ft	1:2-year discharge, gravel-bed rivers
Bray (1982)	$S = 0.0965\ Q^{-0.334}\ d^{0.586}$	ft	1:2-year discharge, $d = d_{50}$, gravel-bed rivers
Hey & Thorne (1986)	$S = 0.087\ Q^{-0.43}\ Q_s^{0.1}\ d_{50}^{-0.09}\ d_{84}^{0.84}$	m	Bankfull discharge, gravel-bed rivers,
Nouh (1988)	$S = 18.25\ (Q_{50}/Q)^{-0.35} - 0.88\ (1+d)^{1.13}\ C^{0.36}$	m	Mean annual discharge, $d = d_{50}$, ephemeral channels (arid zone)
Julien & Wargadalam (1995)	$S = 12.4\ Q^{\alpha}\ d_s^{\beta}\ S^{\gamma}$	m	Dominant discharge, $\alpha = -1/(3 + 2m)$, $\beta = 5/(4 + 6m)$, $\gamma = (5 + 6m)/(4 + 6m)$, $m = 1/\ln(12.2D/d_s)$

La raison de ces faibles coefficients de détermination de la plupart des équations de pente pourrait être que la pente met beaucoup de temps à s'ajuster aux modifications des débits liquides et solides et qu'elle ne peut changer que sur de courtes distances. Les pentes mesurées sur place peuvent par conséquent ne pas correspondre à la pente d'équilibre, ce qui rend leur utilisation erronée pour les processus d'étalonnage ou de vérification.

4.3. ÉQUATIONS DE RÉGIME PROPOSÉES POUR DES CONDITIONS SEMI-ARIDES

Dans ce chapitre, une série d'équations de régime pour les cours d'eau semi-est présentée, sur la base d'une période de retour remplaçant le débit dominant/de plein bord.

Après un étalonnage à partir de données sud-africaines et une validation grâce aux données des États-Unis, les équations de régime suivantes sont proposées afin d'être utilisées dans des régions semi-arides (Précipitations Moyennes Annuelles < 600 mm/an).

$$B = 4.034 Q_{10}^{0.365} S^{-0.228} d_{50}^{0.053} \qquad (4.3\text{-}1)$$

$$D = 0.071 Q_{10}^{0.374} S^{-0.154} d_{50}^{-0.02} \qquad (4.3\text{-}2)$$

où B (m), D (m), Q (m³/s), S (m/m), d_{50} (m)

Toutes les équations de largeur ont d'abord été étalonnées pour quatre débits de pointe avec des période de retour de 2, 5, 10 et 20 ans en utilisant les largeurs correspondantes les plus importantes. Le débit de période de retour 10 ans a fourni les meilleurs coefficients de détermination pour tous les cas. Cela signifie que le débit de période de retour 10 ans est celui qui a l'effet dominant sur la morphologie du lit. Tous les étalonnages suivants ont donc été effectués en prenant Q_{10} comme débit dominant. La plage de valeurs de chaque paramètre utilisé pour l'étalonnage est présentée au Tableau 4.3-1.

Tableau 4.3-1
Variabilité des paramètres du lit

Paramètre	Plage
Débit Q_{10} (m³/s)	68–5200
Largeur B (m)	22–351
Profondeur moyenne D (m)	0.51–5.90
Rayon hydraulique R (m)	0.49–6.40
Pente S	0.00015–0.07198
d_{50} (mm)	0.005–0.5

Il faut se souvenir que ces équations prédisent uniquement la largeur et la profondeur moyennes, alors que ces deux variables peuvent changer considérablement d'une partie à l'autre d'une rivière. Pour les cours d'eau pris en compte, il a été démontré que les largeurs moyennes pouvaient être de 30% supérieures ou inférieures à la largeur moyenne sur certaines portions de la rivière. Cela signifie qu'un cours d'eau d'une largeur moyenne de 100 m a probablement une largeur comprise entre 70 et 130 m. Pour les profondeurs, une variation de l'ordre de 20% a été établie.

En plus du coefficient de détermination, il est parfois utile d'exprimer la précision des relations en termes de capacité à prédire la largeur et la profondeur au sein de certains intervalles de précision, comme l'indiquent les Tableaux 4.3-2 et 4.3-3.

The reason for the poor coefficients of determination of most slope equations may be that the slope takes so much time to adjust to the altered flows and that it may only change over short distances. The measured field slopes might therefore not be equilibrium slopes, making it incorrect to use them in calibration or verification processes.

4.3. PROPOSED REGIME EQUATIONS FOR SEMI-ARID CONDITIONS

In this section a set of regime equations for semi-arid rivers are presented, based on a recurrence interval flood replacing the dominant/bank full discharge.

Following a calibration on South African and validation against USA data, the following regime equations are proposed for use in semi-arid regions (MAP< 600 mm/a).

$$B = 4.034\, Q_{10}^{0.365} S^{-0.228} d_{50}^{0.053} \quad (4.3\text{-}1)$$

$$D = 0.071 Q_{10}^{0.374} S^{-0.154} d_{50}^{-0.02} \quad (4.3\text{-}2)$$

where B (m), D (m), Q (m^3/s), S (m/m), d_{50} (m)

All the width equations were first calibrated for four peak discharges with recurrence intervals of 2, 5, 10 and 20 years using the corresponding top widths. The 1:10-year discharge gave the best coefficients of determination for all cases. This would mean that the 1:10-year discharge is the discharge that has the dominant impact on the channel morphology. All further calibrations are therefore carried out with Q_{10} as the dominant discharge. The range of values of each parameter used in the calibration is shown in Table 4.3-1.

Table 4.3-1
Variability of channel parameters

Parameter	Range
Discharge Q_{10} (m^3/s)	68–5200
Width B (m)	22–351
Average Depth D (m)	0.51–5.90
Hydraulic Radius R (m)	0.49–6.40
Slope S	0.00015–0.07198
d_{50} (mm)	0.005–0.5

It should be remembered that these equations only predict the average width and depth, whereas these two variables can vary considerably from one section to another on a river. For the rivers under consideration, it was found that on average the widths could be 30% larger or smaller than the average width over a certain river reach. This means that a river with an average width of 100 m is likely to be between 70 and 130 m wide. For the depths a slightly smaller variation of 20% was established.

In addition to the coefficient of determination it is sometimes useful to express the accuracy of the relationships in terms of their ability to predict the width and depth within certain accuracy ranges, as indicated in Tables 4.3-2 and 4.3-3.

Tableau 4.3-2
Précision des nouvelles relations de largeur

Équation	$0.67 < \frac{B_{calculated}}{B_{observed}} < 1.5$	$0.5 < \frac{B_{calculated}}{B_{observed}} < 2$	$0.33 < \frac{B_{calculated}}{B_{observed}} < 3$
3.3.9	75%	97%	100%

Tableau 4.3-3
Précision des nouvelles relations de profondeur

Équation	$0.67 < \frac{D_{calculated}}{D_{observed}} < 1.5$	$0.5 < \frac{D_{calculated}}{D_{observed}} < 2$	$0.33 < \frac{D_{calculated}}{D_{observed}} < 3$
3.3.10	90%		

4.3.1. Comparaison et vérification

Afin d'établir l'applicabilité des nouvelles équations de régime, elles sont vérifiées à l'aide d'une série indépendante de données, ainsi qu'en les comparant aux équations de géométrie de rivière semi-théoriques développées par Julien et Wargadalam (1995). Elles sont applicables à une grande variété de conditions, car elles ont une base théorique et sont également étalonnées sur un jeu de données important. Les équations semi-théoriques sont les suivantes :

$$B = 1.33Q^{(2+4m)/(5+6m)} d_{50}^{-4m/(5+6m)} S^{-(1+2m)/(5+6m)} \tag{4.3-3}$$

$$D = 0.2Q^{2/(5+6m)} d_{50}^{6m/(5+6m)} S^{-1/(5+6m)} \tag{4.3-4}$$

$$\text{où } m = \frac{1}{\ln\left(\frac{12.2D}{d_{50}}\right)} \tag{4.3-5}$$

L'ensemble des données utilisées pour la comparaison est issu de Wargadalam (1993). Il consiste en un jeu de 28 séries de données en provenance de différentes rivières sableuses.

Ces deux équations sont très similaires aux équations de régime proposées pour les climats semi-arides et les largeurs calculées sont quasiment identiques, comme on le voit sur l'illustration 4.3-1. Il semble cependant que l'équation surestime considérablement la profondeur, comme le montre l'illustration 4.3-2. Le fait que les équations de géométrie du lit semi-théoriques de Julien et Wargadalam (1995) et que les équations de régime semi-aride produisent généralement des résultats similaires et aient également des intervalles de précision similaires, donnent des Équations et une base solide.

Les mêmes données sont utilisées pour vérifier les Équations et, comme pour le processus d'étalonnage, la précision des nouvelles équations de régime est exprimée par leur capacité à prédire un résultat compris dans certains intervalles de précision, comme exposé sur le Tableau 4.3-4 et 4.3-5.

Table 4.3-2
Accuracy of new width relationships

Equation	$0.67 < \frac{B_{calculated}}{B_{observed}} < 1.5$	$0.5 < \frac{B_{calculated}}{B_{observed}} < 2$	$0.33 < \frac{B_{calculated}}{B_{observed}} < 3$
3.3.9	75%	97%	100%

Table 4.3-3
Accuracy of new depth relationships

Equation	$0.67 < \frac{D_{calculated}}{D_{observed}} < 1.5$	$0.5 < \frac{D_{calculated}}{D_{observed}} < 2$	$0.33 < \frac{D_{calculated}}{D_{observed}} < 3$
3.3.10	90%		

4.3.1. Comparison and Verification

In order to establish the applicability of the new regime equations they are verified using an independent set of data, as well as comparing them to the semi-theoretical channel geometry equations developed by Julien and Wargadalam (1995). These are applicable to a very wide range of conditions, since they are theoretically based and also calibrated on an extensive set of data. The semi-theoretical relations are as follows:

$$B = 1.33Q^{(2+4m)/(5+6m)} d_{50}{}^{-4m/(6+6m)} S^{-(1+2m)/(5+6m)} \tag{4.3-3}$$

$$D = 0.2Q^{2/(5+6m)} d_{50}{}^{6m/(5+6m)} S^{-1/(5+6m)} \tag{4.3-4}$$

$$\text{where } m = \frac{1}{\ln\left(\frac{12.2D}{d_{50}}\right)} \tag{4.3-5}$$

The data set used for the comparison is taken from Wargadalam (1993). It consists of 28 sets of data from various sand bed rivers.

These two equations are very similar to the regime equations proposed for semi-arid and the computed widths are almost identical as shown in Figure 4.3-1. It does seem though that Equation overestimates the depth considerably as shown in Figure 4.3-2. The fact that the semi-theoretical channel geometry equations by Julien and Wargadalam (1995) and the semi-arid regime equations generally produce similar results and also have similar accuracy ranges, give Equations and a sound basis.

The same data is used to verify Equations and as with the calibration process the accuracy of the new regime equations are expressed in terms of their ability to predict data within certain accuracy ranges, shown in Table 4.3-4 and 4.3-5.

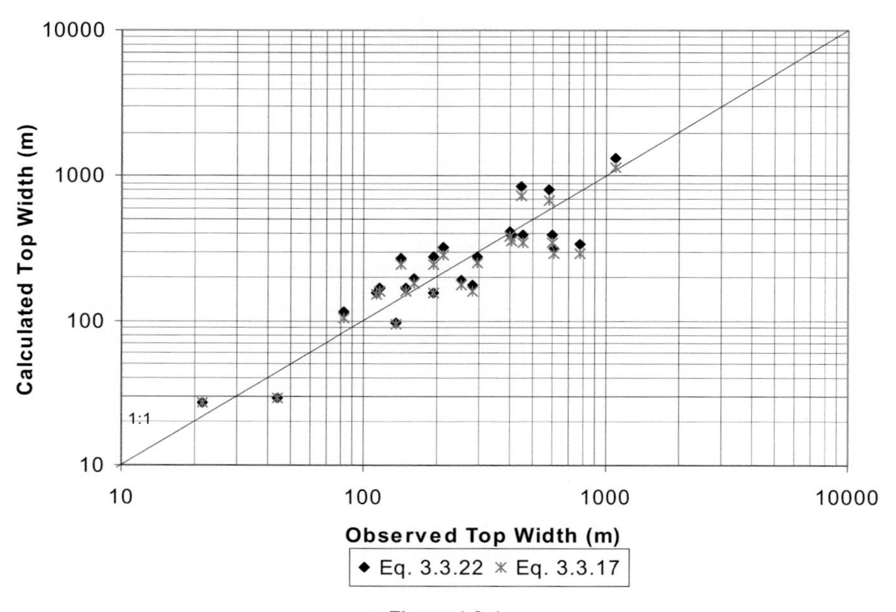

Figure 4.3-1
Comparaison des équations de largeur existantes et nouvelles

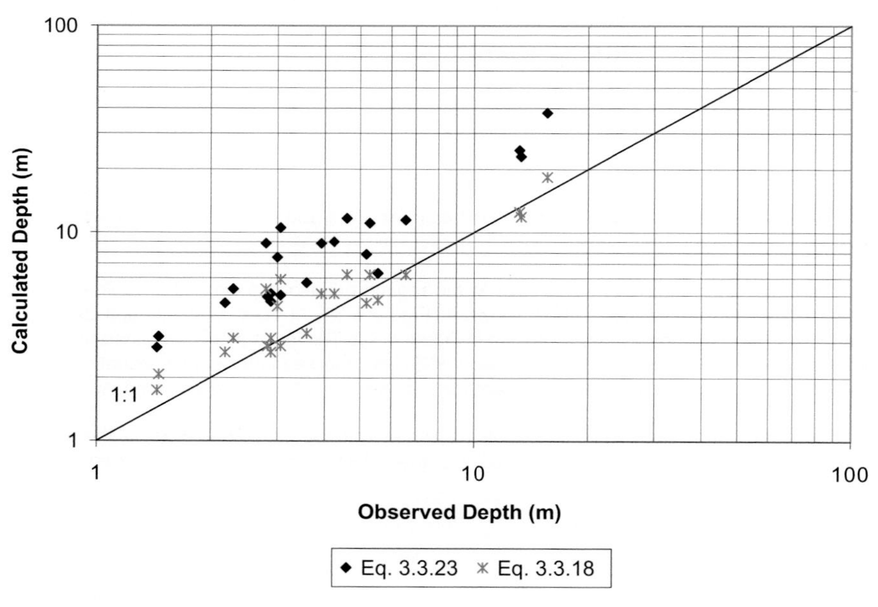

Figure 4.3-2
Comparaison des équations de profondeur existantes et nouvelles

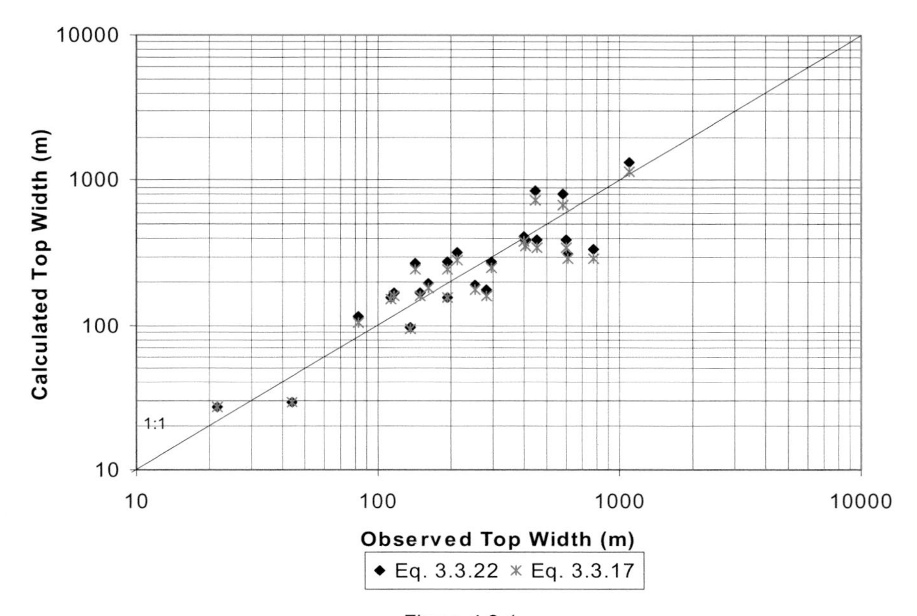

Figure 4.3-1
Comparison of existing and new width equations

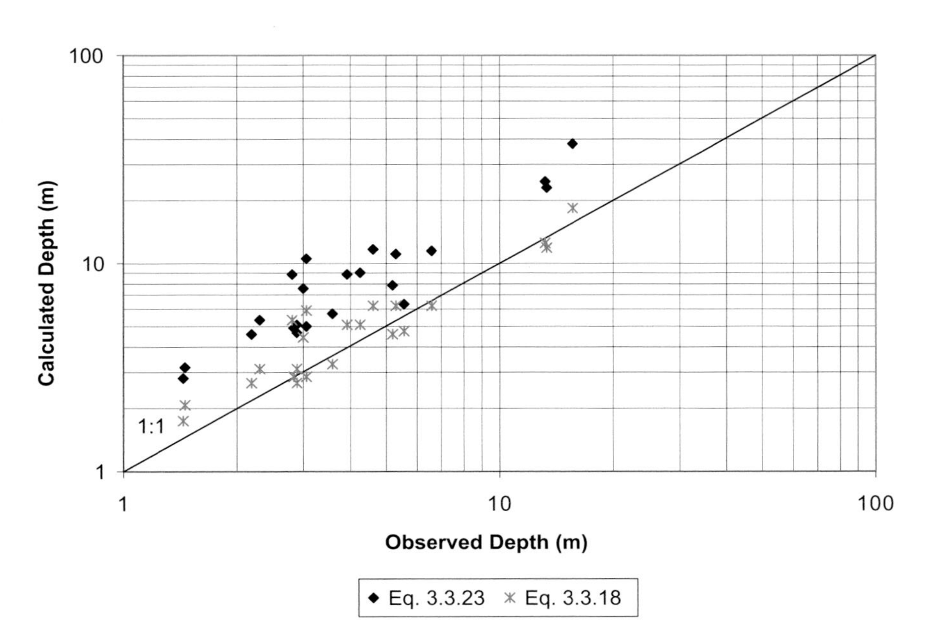

Figure 4.3-2
Comparison of existing and new depth equations

Tableau 4.3-4
Intervalles de précision des relations de largeur (données indépendantes des cours d'eau)

Équation	$0.67 < \frac{B_{calculated}}{B_{observed}} < 1.5$	$0.5 < \frac{B_{calculated}}{B_{observed}} < 2$	$0.33 < \frac{B_{calculated}}{B_{observed}} < 3$
Nouvelle	64%	79%	96%
Julien, et al.	61%	89%	100%

Tableau 4.3-5
Intervalles de précision des relations de profondeur (données indépendantes des cours d'eau)

Équation	$0.67 < \frac{D_{calculated}}{D_{observed}} < 1.5$	$0.5 < \frac{D_{calculated}}{D_{observed}} < 2$	$0.33 < \frac{D_{calculated}}{D_{observed}} < 3$
Nouvelle	82%	100%	100%
Julien, et al.	54%	93%	100%

Les tableaux 4.3-4 et 4.3-5 montrent plus ou moins les mêmes tendances que les tableaux 4.3-2 et 4.3-3, excepté le fait que les précisions sont parfois inférieures, ce qui est prévisible du fait de l'utilisation de données indépendantes lors du processus de vérification. Cependant, les précisions sont encore satisfaisantes et elles se comparent bien aux précisions des relations de Julien et Wargadalam.

4.4. STYLE FLUVIAL

En plus de la largeur, de la profondeur et de la pente du lit, un cours d'eau peut également adapter son style fluvial en réponse aux changements des débits liquides et solides. Les trois styles fluviaux principaux sont le style rectiligne, le méandrage et le tressage, qui sont étroitement liés à la pente du lit. Il existe différents seuils ou discontinuités entre ces styles fluviaux et, si la pente du lit se trouve proche de la pente critique ou du seuil, le style fluvial change. Un léger changement de la pente du lit peut donc conduire à un changement définitif du style fluvial.

La sinuosité est un indice utilisé pour décrire la forme en plan d'un lit. Elle est définie comme le rapport entre la longueur du lit et la longueur de la vallée. Leopold et Wolman (1957) ont indiqué qu'un tronçon peut être considéré comme à méandre lorsque la sinuosité est supérieure ou égale à 1,5. La valeur est arbitraire, mais ils ont constaté qu'une sinuosité de 1,5 indique un cours d'eau à méandre. Chang (1988), ainsi que d'autres chercheurs, ont adopté cette valeur.

Le style fluvial et sa relation avec la pente du lit peuvent donc être identifiés de la manière suivante :

- Les cours d'eau totalement rectiligne (sinuosité < 1,1), sont très rares dans la nature et ils sont généralement maintenus artificiellement.

- Les cours d'eau rectiligne (sinuosité < 1,5) s'observent généralement sur des pentes très douces avec des rapports largeur/profondeur très faibles et des vitesses lentes. Bien qu'un cours d'eau puisse avoir un alignement relativement droit, le talweg possède en général une configuration de sinuosité différente.

- Sur les pentes plus raides, le cours d'eau devient à méandre (sinuosité > 1,5) et le rapport largeur/profondeur augmente, de même que la vitesse.

- Sur les pentes encore plus raides, la sinuosité baisse généralement et le cours d'eau devient en tresse, conjointement avec un rapport largeur/profondeur encore plus élevé.

Table 4.3-4
Accuracy ranges of width relationships (independent river data)

Equation	$0.67 < \frac{B_{calculated}}{B_{observed}} < 1.5$	$0.5 < \frac{B_{calculated}}{B_{observed}} < 2$	$0.33 < \frac{B_{calculated}}{B_{observed}} < 3$
New	64%	79%	96%
Julien, et al.	61%	89%	100%

Table 4.3-5
Accuracy ranges of depth relationships (independent river data)

Equation	$0.67 < \frac{D_{calculated}}{D_{observed}} < 1.5$	$0.5 < \frac{D_{calculated}}{D_{observed}} < 2$	$0.33 < \frac{D_{calculated}}{D_{observed}} < 3$
New	82%	100%	100%
Julien, et al.	54%	93%	100%

Tables 4.3-4 and 4.3-5 show very much the same trends as Tables 4.3-2 and 4.3-3, except that the accuracies are sometimes lower, which is to be expected because of the use of independent data in the verification process. However, the accuracies are still good and compare well to the accuracies of Julien and Wargadalam's relations.

4.4. CHANNEL PATTERNS

Apart from the width, depth and channel slope, a river can also adjust its channel pattern in response to imposed changes in the flow regime and sediment load. The three major patterns are straight, meandering and braided, which are very much linked to the channel slope. There exist several thresholds or discontinuities between these channel patterns and if the channel slope should be close to the critical or threshold slope, the river pattern can change. A small change in channel slope can therefore lead to a definite change in river pattern.

An index used to describe the channel planform is the sinuosity, defined as the ratio of channel length to valley length. Leopold and Wolman (1957) have stated that a reach could be considered meandering when the sinuosity is greater than or equal to 1.5. The value is arbitrary, but they argued that a sinuosity of 1.5 indicates a truly meandering river. Chang (1988) as well as other researchers have adopted that value.

The channel patterns and their relationships with the channel slope can therefore be identified as follows:

- Truly straight rivers (sinuosity < 1.1), rarely occurring in nature and are usually artificially maintained.
- Straight rivers (sinuosity < 1.5) generally occur on flat slopes with small width/depth ratios and low velocities. Although a river may have a relatively straight alignment the thalweg usually has a distinct meandering pattern.
- On steeper slopes the river becomes meandering (sinuosity > 1.5) and the width/depth ratio increases, as does the velocity.
- On even steeper slopes the sinuosity generally decreases and the river becomes braided, in conjunction with an even higher width/depth ratio.

Plusieurs chercheurs ont identifié des seuils entre les différents styles fluviaux, mais ils diffèrent quelque peu d'une étude à l'autre, à cause des différents jeux de données utilisés ainsi que de la différence de définition des différents styles fluviaux.

Le rapport débit-pente élaboré par Leopold et Wolman (1957) différencie les cours d'eau à méandre et en tresse :

$$S = 0.0125Q^{-0.44} \tag{4.4-1}$$

où Q représente le débit de plein bord en m^3/s.

Le seuil suivant entre cours d'eau à méandre et en tresse a été défini par Begin (cité par Carson, 1984) :

$$S = 0.0016Q^{-0.33} \tag{4.4-2}$$

Carson (1984) a souligné l'importance d'inclure la granulométrie, puisque les rivières à gravier doivent être tracées plus haut sur un diagramme Q-S que les rivières à sable, simplement parce qu'il leur faut plus de puissance pour transporter le gravier que le sable. Henderson (cité par Chang, 1988) a obtenu l'équation suivante pour les rivières à gravier :

$$S = 0.0002d_{50}^{1.15}Q^{-0.46} \tag{4.4-3}$$

Chang (1979) a développé des seuils de styles fluviaux, sur la base de la théorie de la réduction de la puissance du courant. Cependant, contrairement aux autres chercheurs, il a indiqué qu'il peut y avoir une transition entre le style rectiligne et le style en tresse, avant qu'un cours d'eau ne devienne méandriforme. Cependant, avec une augmentation de la pente de la vallée, la rivière a à nouveau tendance à devenir moins méandriforme et plus en tresse, comme indiqué sur l'illustration 4.4-1.

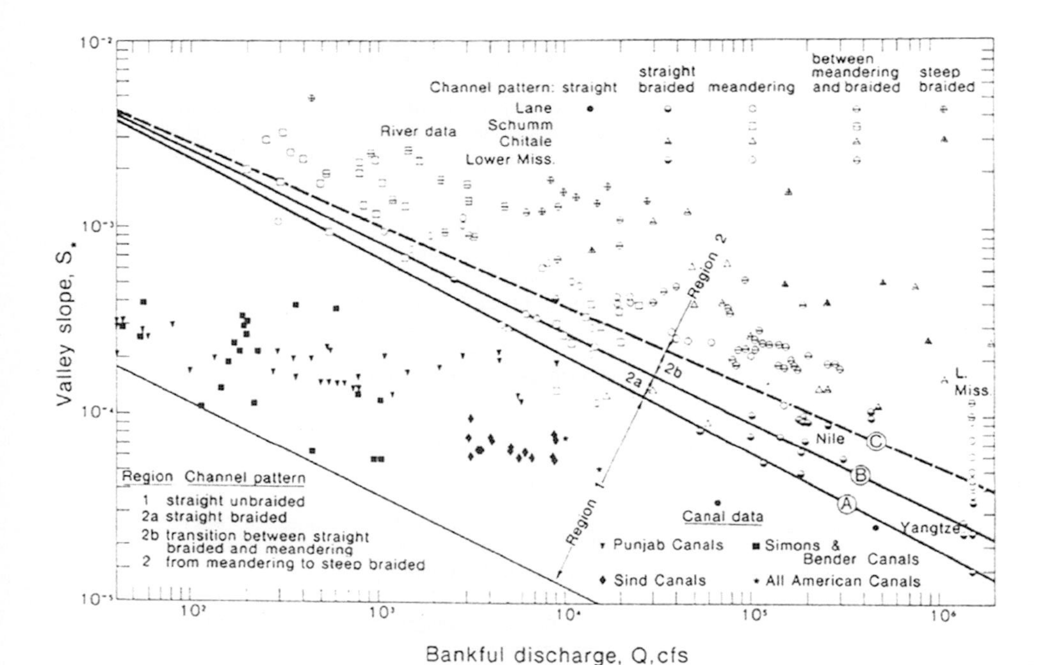

Figure 4.4-1
Styles fluviaux des cours d'eau sableux (Chang, 1979)

Several researchers have identified thresholds between different channel patterns, but they differ somewhat from one study to another, which is a result of the different data sets being used as well as the difference in the definitions of the various channel patterns.

The discharge-slope relation developed by Leopold and Wolman (1957) separates meandering and steeper braided streams:

$$S = 0.0125Q^{-0.44} \tag{4.4-1}$$

where Q is the bankfull discharge in m^3/s.

The following meandering-braided threshold has been developed by Begin (cited in Carson, 1984):

$$S = 0.0016Q^{-0.33} \tag{4.4-2}$$

Carson (1984) pointed out the importance of including the sediment particle size in the relationship, since streams with gravel beds must plot higher on a Q-S diagram than sand bed rivers, simply because it requires more power to transport gravel than sand. Henderson (cited in Chang, 1988) obtained the following equation for gravel-bed rivers:

$$S = 0.0002{d_{50}}^{1.15}Q^{-0.46} \tag{4.4-3}$$

Chang (1979) developed channel pattern thresholds, based on the minimisation of stream power theory. Unlike other researchers, however, he argued that there can be a transition from straight to braided, before a river becomes meandering. With an increase in valley slope, however, the river tends to become less sinuous and more braided again, as indicated in Figure 4.4-1.

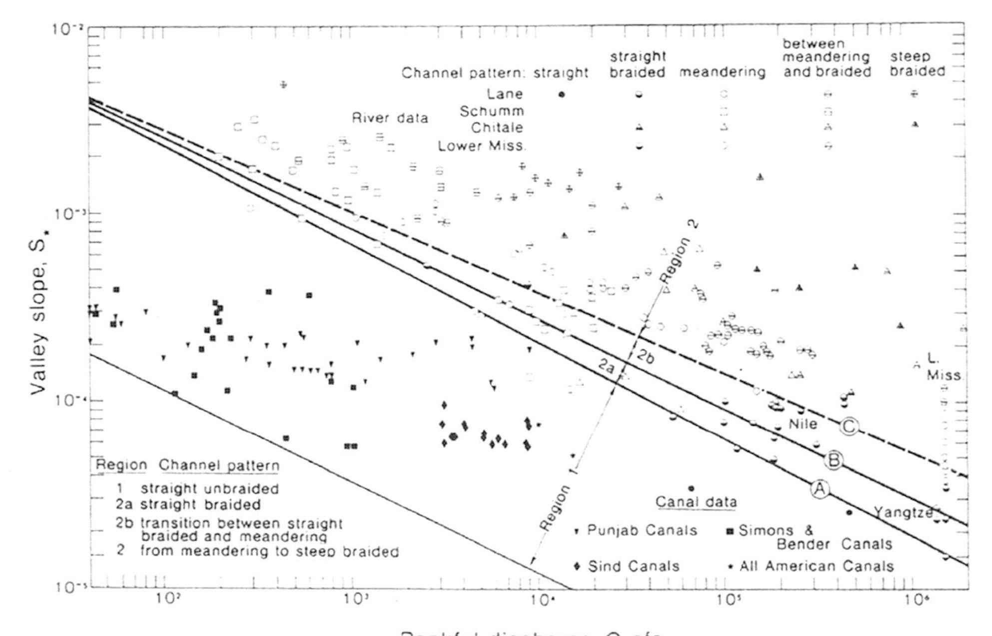

Bankful discharge, Q,cfs

Figure 4.4-1
Channel patterns of sand streams (Chang, 1979)

Un léger changement dans la pente du lit peut conduire à un changement majeur de style fluvial, et il est donc utile d'établir une relation entre pente et débit liquide qui puisse également s'appliquer aux cours d'eau semi-arides et arides.

Un cours d'eau à méandre est défini comme ayant une sinuosité supérieure à 1,5 et les cours d'eau en tresse apparaissent généralement sur des pentes plus raides que celles des cours d'eau à méandre. La position du seuil qui sépare les rivières à méandre des rivières en tresses devrait par conséquent se trouver dans la partie supérieure de la figure 4.4-2, où les méandres commencent à diminuer. Un seuil a été observé, sur la base d'une tendance à l'augmentation de la sinuosité dans la partie inférieure du graphique, suivie par une diminution de la sinuosité dans la partie supérieure. Les données de l'illustration 4.4-2 indiquent que les rivières en tresses se distinguent de celles à méandre par une ligne décrite par l'équation suivante :

$$S = 0.159Q_{10}^{-0.557} \qquad (4.4\text{-}4)$$

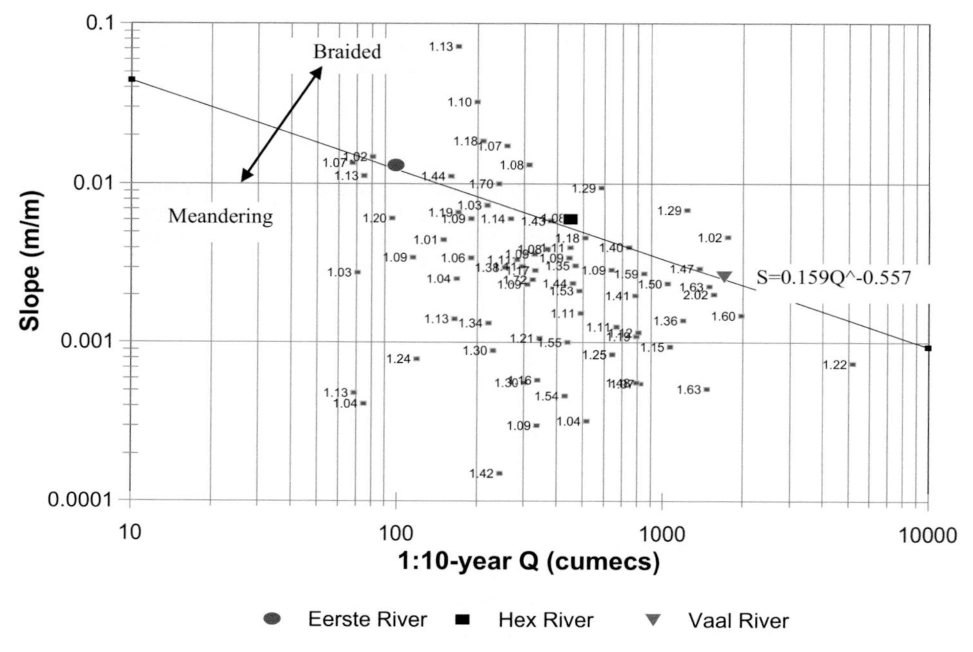

Figure 4.4-2
Seuil séparant les rivières à méandre des rivières en tresse (sinuosité de la rivière)

4.5. APPLICATIONS

Dans ce chapitre, l'applicabilité des méthodes développées aux chapitres précédents est testée avec l'exemple du fleuve Pongola, en aval du barrage de Pongolapoort, en Afrique du Sud.

La crue décennale est passée de 1 877 m³/s à 759 m³/s après la construction du barrage et le diamètre moyen des matériaux est lui passé de 0,19 mm à 1 mm. La géométrie du lit de la rivière naturelle, celle de de la rivière impactée et les valeurs prévues dans les deux cas sont résumées au Tableau 4.5-1. Les intervalles des données observées fournies dans le tableau indiquent la variabilité naturelle à la fois de la largeur et de la profondeur.

A small change in channel slope can result in a major change in channel pattern, and it is therefore useful to establish a discharge-slope relationship also applicable to semi-arid and arid rivers.

Meandering river is defined as having a sinuosity of greater than 1.5 and braided rivers generally occur on slopes steeper than those of meandering rivers. The position of the threshold separating meandering and braided rivers would therefore be expected to be found in the upper region of Figure 4.4-2 where the sinuosities start decreasing. A threshold was observed, based on a trend of increasing sinuosities in the lower part of the graph, followed by a decrease in sinuosities in the upper part. The data in Figure 4.4-2 indicate that braided rivers are separated from meandering channels by a line described by the following equation:

$$S = 0.159 Q_{10}^{-0.557} \qquad (4.4\text{-}4)$$

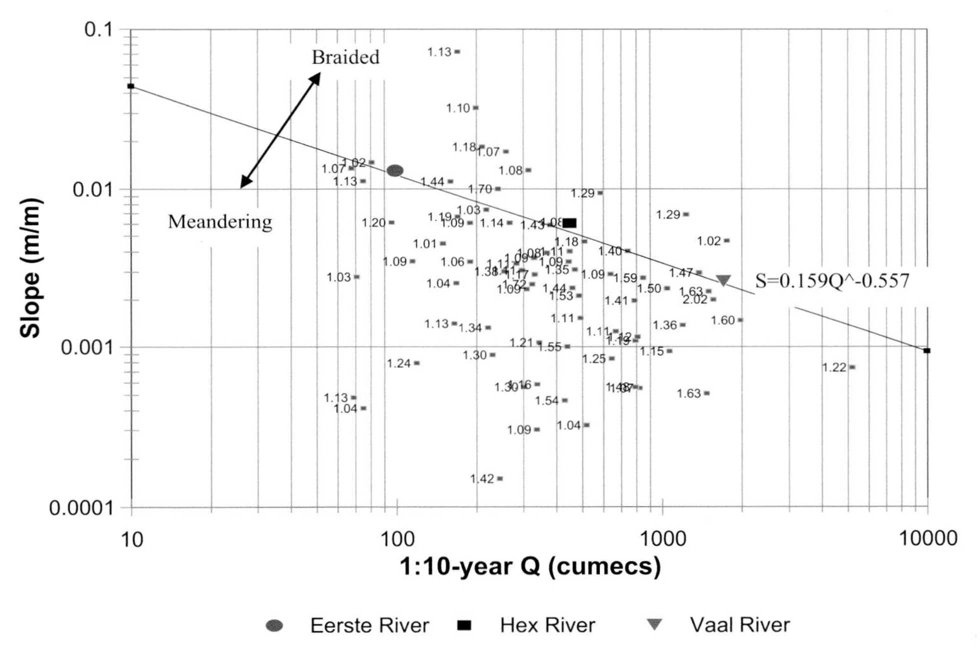

Figure 4.4-2
Threshold line separating meandering and braided rivers (sinuosity indicated)

4.5. APPLICATIONS

In this section the applicability of the methods developed in the previous sections is tested using the Pongola River, downstream of Pongolapoort Dam South Africa, as an example.

The 1:10-year flood changed from 1877 m^3/s to 759 m^3/s after dam construction and the median particle size changed from 0.19 mm to 1 mm. The channel geometry of the natural river, the impacted river and the predicted values for both are summarised in Table 4.5-1. The ranges for the observed data given in the table indicate the natural variability of both the width and depth.

Tableau 4.5-1
Géométrie du lit de la rivière Pongola

	Naturel (avant barrage)		
	Observé	**Calculé (eq.**	**Calculé (eq.**
Largeur moyenne	148 m	176 m	207 m
Intervalle (largeur)	83–343 m	-	-
Profondeur moyenne	4.6 m	3.8 m	6.0 m
Intervalle (profondeur)	3.7–5.5 m	-	-
Pente	0.0015	-	-
	Post- Dam		
	Observé	**Calculé (eq.**	**Calculé (eq.**
Largeur moyenne	60 m	139 m	129 m
Intervalle (largeur)	39–135 m	-	-
Profondeur moyenne	4.7 m	2.7 m	4.9 m
Intervalle (profondeur)	-	-	-
Pente	0.0015	-	-

À partir du Tableau 4.5-1, on peut observer que les valeurs moyennes prédites pour la rivière naturelle ne diffèrent que de 17% sur la base des équations de régime élaborées lors de ce projet, tandis que les largeurs prédites pour le cours d'eau altéré diffèrent considérablement. Les largeurs plutôt faibles observées à partir des photos aériennes 23 ans après la construction du barrage pourraient être la conséquence d'un déversement constant de 5 m^3/s du barrage sur les dernières années. Les déversements constants pourraient avoir créé des conditions favorables pour la végétation, qui a pu ainsi envahir le lit de la rivière, réduisant ainsi sa largeur. La crue Domoina de 1984, avec une pointe de crue à 13 000 m^3/s, a été presque complètement absorbée par le barrage, qui était presque vide lorsque la crue a atteint le barrage. Cela signifie que le tronçon de cours d'eau juste en dessous du barrage n'a pas subi d'inondations importantes depuis sa construction, ce qui peut avoir contribué au fait que le lit du cours d'eau s'est réduit dans une telle mesure.

Évidemment, les méthodes à disposition pour prédire des géométries de lit de rivière stables ne sont pas très précises car elles ne prennent pas en compte tous les facteurs qui déterminent la géométrie du lit. En considérant cependant qu'il est presque impossible de prendre en compte tous ces facteurs et que, souvent, peu d'informations sont disponibles, les méthodes présentées dans ce chapitre sont toujours valables pour les cours d'eau naturels. Dans le cas d'un cours d'eau affecté par un barrage, ces équations de régime peuvent être utiles si les déversements en provenance du barrage ne diffèrent pas considérablement de la configuration naturelle de l'écoulement. Les équations de régime ne sont toutefois pas applicables aux cours d'eau où la configuration de l'écoulement a beaucoup changé. Afin de déterminer les changements morphologiques subis par un cours d'eau lorsqu'il est affecté par un barrage, des analyses plus détaillées sont nécessaires.

4.6. ÉQUATIONS DE LARGEUR ALTERNATIVES POUR LES CRUES ALTÉRÉES DE MANIÈRE SIGNIFICATIVE

Puisque l'utilisation du pic de crue sur 10 ans, ou tout autre pic de crue calculé au moyen de méthodes statistiques conventionnelles, pour la prédiction de la géométrie du lit de la rivière apparaît comme peu fiable, une approche différente devra être utilisée. Des résultats plus fiables pourraient

Table 4.5-1
River channel geometry of the Pongola River

	Natural (Pre-dam)		
	Observed	**Calculated (eq.**	**Calculated (eq.**
Average width	148 m	176 m	207 m
Range (width)	83–343 m	-	-
Average depth	4.6 m	3.8 m	6.0 m
Range (depth)	3.7-5.5 m	-	-
Slope	0.0015	-	-
	Post- Dam		
	Observed	**Calculated (eq.**	**Calculated (eq.**
Average width	60 m	139 m	129 m
Range (width)	39–135 m	-	-
Average depth	4.7 m	2.7 m	4.9 m
Range (depth)	-	-	-
Slope	0.0015	-	-

From Table 4.5-1 it can be seen that the average predicted values for the natural river differ only by about 17% for the regime equations developed during this project, whereas the predicted widths for the altered river differ considerably. The rather small widths observed from aerial photos 23 years after the dam was built could be a result of an almost constant release of 5 m^3/s from the dam in recent years. The constant releases could have created favourable conditions for vegetation, which could have encroached onto the river channel thereby reducing the channel width. The Domoina flood of 1984 with a peak inflow of 13000 m^3/s, was almost completely absorbed by the dam, which was almost empty when the flood reached the dam. This means that the river reach below the dam has not experienced any large floods since the dam was built, which could also have contributed to the fact that the river channel has narrowed to such a degree.

Evidently the methods available for predicting stable channel geometries are not very precise because they do not take into consideration all the factors that determine the channel geometry. Considering however that it is almost impossible to account for all these factors and often very little information is available, the methods outlined in this chapter are still very valuable for natural rivers. In the case of a river affected by a dam these regime equations may be useful if the releases/spills from the dam do not differ drastically from the natural flow pattern. The regime equations are however not applicable to rivers where the flow pattern has changed drastically. In order to determine the morphological changes a river undergoes when affected by a dam, more detailed analyses are necessary.

4.6. ALTERNATIVE WIDTH EQUATIONS FOR SIGNIFICANTLY ALTERED FLOODS

Since it seems that the use of a 1:10-year flood peak, or any other flood peak calculated by means of conventional statistical methods, for predicting the resulting channel geometry is unreliable, a different approach will have to be used. More reliable results could be obtained by using basic

être obtenus en utilisant des débits de base, comme le débit journalier. Williams et Wolman (1984) ont mené une étude sur les impacts des barrages sur un grand nombre de cours d'eau nord-américains. Ils ont découvert que la largeur moyenne en aval d'un barrage peut se décrire de la manière suivante :

$$B_2 = 13 + 0.5Q_m + 0.1Q_p \quad (4.6\text{-}1)$$

où B_2 = largeur de débit de plein bord moyenne après construction d'un barrage (m)

Q_m = moyenne arithmétique des écoulements journaliers moyens depuis la construction du barrage (m³/s)

Q_p = moyenne des écoulements annuels moyens les plus élevés sur 1 journée avant la construction du barrage (m³/s)

Une équation similaire a été recherché avec les données des cours d'eau semi-arides (sud-africains). Les données suivantes ont été recueillies sur 12 cours d'eau sur lesquels ont été construits des barrages :

- Largeurs avant et après barrage (B_1/B_2) en m
- Débit Moyen Annuel avant et après construction du barrage (MAR_1/MAR_2) en m³/s
- Pics de crue maximums moyens annuels avant et après construction du barrage (Q_{a1}/Q_{a2}) en m³/s
- Pics de crue les plus importants pour les périodes avant et après construction du barrage (Q_{p1}/Q_{p2}) en m³/s
- Débit journalier moyen annuel (Q_{ad1}/Q_{ad2}) en m³/s

Sans surprise, il a été découvert que la largeur avant la construction du barrage avait l'effet le plus important sur la largeur après la construction du barrage, ainsi que le débit moyen annuel. Dans un degré moindre, la crue maximale moyenne annuelle et le pic de crue le plus élevé jouent également un rôle. La crue maximale moyenne annuelle est significative à cause de sa fréquence, tandis que le pic de crue le plus élevé est important en raison de son ampleur. Cependant, il n'est pas évident de savoir lequel de ces deux débits est le plus important. Par conséquent, les deux équations suivantes sont présentées, elles produisent des résultats très similaires, avec pratiquement les mêmes précisions :

$$B_2 = -3.40 + 0.856 \cdot B_1 + 0.142 \cdot MAR_2 - 0.0013 \cdot Q_{p1} \quad (4.6\text{-}2)$$

$$B_2 = -1.02 + 0.805 \cdot B_1 + 0.183 \cdot MAR_2 - 0.00036 \cdot Q_{a1} \quad (4.6\text{-}3)$$

Les valeurs r2 sont de 0,99 dans les deux cas, avec les intervalles de précision présentés au Tableau 4.6-1 et les largeurs observées (photographies aériennes) et prédites présentées au Tableau 4.6.2.

Tableau 4.6-1
Intervalles de précision pour les équations de largeur alternatives

Équation	$0.67 < \frac{B_{calculated}}{B_{observed}} < 1.5$	$0.5 < \frac{B_{calculated}}{B_{observed}} < 2$	$0.33 < \frac{B_{calculated}}{B_{observed}} < 3$
4.6-2	100%	100%	100%
4.6-3	100%	100%	100%

discharges such as the mean daily flow. Williams and Wolman (1984) have done a study of the impacts of dams on a large number of North American rivers. They have found that the average width downstream of a dam can best be described as follows:

$$B_2 = 13 + 0.5Q_m + 0.1Q_p \quad (4.6\text{-}1)$$

Where B_2 = average bankfull width after dam construction (m)

Q_m = arithmetic average of annual mean daily flows since dam construction (m^3/s)

Q_p = average of annual 1-day highest average flows before dam construction (m^3/s)

A similar type of equation was sought with semi-arid (South African) river data. The following data were collected for 12 rivers on which dams had been built:

- Pre- and post-dam widths (B_1/B_2) in m
- Pre- and post-dam mean annual runoff (MAR_1/MAR_2) in m^3/s
- Pre- and post-dam mean annual maximum flood peaks (Q_{a1}/Q_{a2}) in m^3/s
- Highest flood peaks for the pre- and post-dam periods (Q_{p1}/Q_{p2}) in m^3/s
- Mean annual average daily flow (Q_{ad1}/Q_{ad2}) in m^3/s

It was of course found that the width before dam construction had the biggest effect on the width after dam construction, as well as the mean annual runoff. To a somewhat lesser degree the mean annual maximum flood and the highest flood peak also play a role. The mean annual maximum flood is significant due to its frequency, while the highest flood peak is important because of its magnitude, although it is not clear which of these two discharges is more important. Therefore the following two equations are presented, which yield very similar results, with practically the same accuracies:

$$B_2 = -3.40 + 0.856 \cdot B_1 + 0.142 \cdot MAR_2 - 0.0013 \cdot Q_{p1} \quad (4.6\text{-}2)$$

$$B_2 = -1.02 + 0.805 \cdot B_1 + 0.183 \cdot MAR_2 - 0.00036 \cdot Q_{a1} \quad (4.6\text{-}3)$$

The r^2 values are in both cases 0.99, with the accuracy ranges shown in Table 4.6-1 and the observed (aerial photographs) and predicted widths shown in Table 4.6-2.

Table 4.6-1
Accuracy ranges for alternative width equations

Equation	$0.67 < \frac{B_{calculated}}{B_{observed}} < 1.5$	$0.5 < \frac{B_{calculated}}{B_{observed}} < 2$	$0.33 < \frac{B_{calculated}}{B_{observed}} < 3$
4.6-2	100%	100%	100%
4.6-3	100%	100%	100%

Tableau 4.6-2
Largeurs observées et prédites après construction du barrage

Barrage	**Cours d'eau**	**Largeur observée (m)**	**Largeur prédite (m) Éq. 4.6-2**	**Largeur prédite (m) Éq. 4.6-3**
Albertfalls	Mgeni	27.6	24.8	26.0
Gamkapoort	Gamka	55	53.8	52.9
Gariep	Orange	255	255.9	255.3
Krugersdrift	Modder	24	22.9	24.3
Roodeplaat	Pienaars	60	59.0	54.5
Spioenkop	Thukela	36.3	43.2	43.8
Theewaterskloof	Sonderend	33	29.0	29.7
Pongolapoort	Pongola	60	59.0	62.0
(Vioolsdrif)	Orange	208	206.2	206.9

4.7 RÉSUMÉ

Ce chapitre traitait essentiellement de l'évaluation des équations de régime pour les cours d'eau. Le concept de débit dominant a été discuté et, bien que de nombreux chercheurs assimilent le débit de plein bord au débit dominant, il semble que dans des conditions semi-arides, le débit dominant sera plus proche d'un pic de crue décennale. Des équations de régime internationales existantes ont été analysées et de nouvelles équations de régime ont été étalonnées avec les données fluviales d'Afrique du Sud, puis vérifiées à l'aide de données internationales. Les nouvelles équations (3.3.17 et 3.3.18) ont un comportement proche des équations de régime internationales. Cependant, ces nouvelles équations de régime ont été considérées comme inadaptées pour les cours d'eau qui sont fortement impactés par des barrages, et des équations de largeur alternatives (3.7.2 et 3.7.3) ont été élaborées pour ces cours d'eau.

Avec ces équations de régime, il est possible de prédire la largeur et la profondeur d'équilibre (stables) du cours d'eau. Cependant, elles ne prennent pas en compte les changements temporels ou spatiaux. Afin de déterminer l'équilibre sédimentaire d'un cours d'eau, les variations de débit et de géométrie du lit, qui influencent le transport des sédiments, doivent être connues, ainsi que les processus de transport des sédiments qui provoquent ces changements.

Table 4.6-2
Post-dam observed and predicted widths

Dam	River	Observed width (m)	Predicted width (m) Eq. 4.6-2	Predicted width (m) Eq. 4.6-3
Albertfalls	Mgeni	27.6	24.8	26.0
Gamkapoort	Gamka	55	53.8	52.9
Gariep	Orange	255	255.9	255.3
Krugersdrift	Modder	24	22.9	24.3
Roodeplaat	Pienaars	60	59.0	54.5
Spioenkop	Thukela	36.3	43.2	43.8
Theewaterskloof	Sonderend	33	29.0	29.7
Pongolapoort	Pongola	60	59.0	62.0
(Vioolsdrif)	Orange	208	206.2	206.9

4.7 SUMMARY

This chapter was mainly concerned with the evaluation of regime equations for rivers. The concept of a dominant discharge was discussed and while many researchers equate the bankfull discharge with the dominant discharge, it seems that in semi-arid conditions the dominant discharge will be more in line with the 1:10-year flood peak. Existing international regime equations were studied, and new regime equations were calibrated with South African river data and verified against international river data. The new equations (3.3.17 and 3.3.18) compare favourably with international regime equations. However, these new regime equations were found to be unsuitable for rivers that are highly impacted by dams, and alternative width equations (3.7.2 and 3.7.3) were developed for these rivers.

With these regime equations it is possible to predict the equilibrium (stable) river width and depth. However, they do not take into considerations any temporal or spatial changes. In order to determine the sediment balance in the river, the variations in discharge and channel geometry, which influence the sediment transport, have to be known, as well as the sediment transport processes that drive these changes.

5. IMPACTS DES BARRAGES SUR L'ÉCOSYSTÈME LIÉS AUX CHANGEMENTS MORPHOLOGIQUES FLUVIAUX

5.1. INTRODUCTION

La préoccupation mondiale, concernant l'augmentation de la détérioration de l'environnement naturel des cours d'eau, est croissante. La surexploitation du débit des rivières et la modification des régimes d'écoulement due aux barrages, a été largement documentée comme un facteur majeur qui affecte les conditions d'écoulement des cours d'eau (McCully 1996), avec une prise de conscience émergente des coûts environnementaux et sociaux associés à la perte de biens et services fournis par les environnements des fleuves (WCD 2000).

Certains pays ont entrepris des actions pour réduire les impacts causés par des régimes d'écoulement modifiés sur les rivières et leurs écosystèmes associés (Tharme 2003). Ces actions ont entrainé une implication massive des scientifiques travaillant sur les systèmes fluviaux pour qu'ils développent des outils afin de faire émerger une nouvelle approche de la gestion des ressources hydriques. Cela a ainsi développé la science des évaluations des débits environnementaux (EFlows). Les évaluations des EFlows visent généralement à fournir des recommandations de gestion sur la nature des régimes d'écoulement modifiés en ce qui concerne les cours d'eau exploités pour leur ressource hydrique. Le débitqui est maintenu dans un écosystème aquatique ou déversé dans celui-ci, afin de le maintenir à un niveau de condition spécifique (bon fonctionnement), est souvent appelée débit environnemental (ou débit réservé) ou besoin environnemental en eau (EWR). Même si les évaluations d'EFlows sont généralement formulées lors de la planification de nouveaux projets de développement, elles peuvent également être réalisées pour aider à la restauration des fonctionnalités souhaitables dans les cours d'eau, détériorées suite à la modification de leurs régimes d'écoulement.

5.2. COMMENT FONCTIONNENT LES ÉCOSYSTÈMES FLUVIAUX

Les cours d'eau sont définis par l'interaction du climat, de la géologie et de la géomorphologie, qui déterminent l'ensemble des conditions physiques ou chimiques sur leur linéaire et dans le temps. Ces paramètres définissent la diversité et les caractéristiques de la vie qui les colonise. Le climat et la géologie sont à l'origine de la disponibilité des sédiments dans le bassin versant, la nature de la végétation riveraine et, par conséquent, la principale source d'énergie (production primaire dans la masse d'eau et matière organique en décomposition en provenance de la ripisylve) des chaînes alimentaires fluviales. Les forces physiques associées à l'écoulement contrôlent en même temps l'érosion, la redistribution des matériaux du lit, et définissent les conditions physiques et l'hétérogénéité spatiale dans le cours d'eau; par exemple, la nature d'unités morphologiques comme les bancs, ou les mouilles. Celles-ci, déterminent à leur tour d'autres facteurs comme la capacité de rétention du courant et la diversité des micro-habitats. La variabilité de l'écoulement est le principal régulateur de la disponibilité, de l'aménagement spatial et des conditions d'habitats aquatiques dans le chenal principal et les plaines inondables, et permet l'intégration continue des différents composants de l'écosystème fluvial. Les communautés biologiques des rivières sont donc le résultat d'une interaction complexe de ces facteurs et de leurs propres interactions sous la forme d'alimentation, de reproduction, de prédation, de compétition, de maladie, etc. L'illustration 5.2-1 résume les facteurs importants qui déterminent les assemblages d'espèces riveraines.

5. IMPACTS OF DAMS ON THE ECOSYSTEM RELATED TO FLUVIAL MORPHOLOGICAL CHANGES

5.1. INTRODUCTION

There is growing concern worldwide regarding the increasing rate of deterioration of the natural environments of rivers. The over-exploitation of river flow and manipulation of flow regimes, most obviously as a result of in-channel dams, has been widely documented as a major factor affecting the condition of rivers (McCully 1996), with an emerging recognition of the broader environmental and social costs associated with the loss of goods and services provided by riverine environments (WCD 2000).

Some countries have now initiated activities to mitigate against the damage caused by modified flow regimes on rivers and their associated ecosystems (Tharme 2003). These activities have precipitated a massive call on river scientists to become involved in the development of tools to assist in a new approach to water resource management, thus spawning the relatively new science of environmental flow (EF) assessments. EF assessments are generally aimed at providing management recommendations on the nature of modified flow regimes for rivers that are to be exploited for their water resource. Water that is left in an aquatic ecosystem, or released into it, to maintain it at a specified level of condition (health), is often termed an environmental (or instream) flow or environmental water requirement (EWR). Although EF assessments are usually made when new developments are planned, they can also be performed to assist in the restoration of desirable attributes in rivers that have deteriorated through manipulation of their flow regimes.

5.2. HOW RIVER ECOSYSTEMS FUNCTION

Rivers are defined by the interaction of climate, geology and geomorphology, that determine the suite of physical and chemical conditions along their lengths and over time, and which in turn gives rise to the diversity and characteristics of the life that inhabits them. Climate and geology define the availability of sediments within the catchment, the nature of riparian vegetation and hence the major energy source (instream primary production in open-canopied streams versus decaying organic matter contributed from the riparian zone) that underpins riverine food chains. The physical forces associated with flowing water at once control the erosion and redistribution of channel materials and define the nature of instream physical conditions and spatial heterogeneity, for example the nature of morphological units such as lateral bars, plane bed or pool – riffle features, which in turn are important determinants of other factors such as stream retentiveness and the diversity of physical micro-habitats. Variability in flow is the major regulator of the availability, spatial arrangement and condition of instream and floodplain aquatic habitats and provided for the continued integration of different components of the riverine ecosystem. Biological communities in rivers, therefore, are the result of a complex interplay of these drivers, and their own interactions in the form of feeding, reproduction, predation, competition, disease and so on. Figure 5.2-1 summarises the important factors that determine riverine species assemblages.

5.3. EFFETS GÉNÉRAUX DU DÉVELOPPEMENT DES RESSOURCES HYDRIQUES SUR LE FONCTIONNEMENT DE L'ÉCOSYSTÈME

L'un des bénéfices les plus évidents apportés par les rivières, quel que soit le bassin versant, est l'eau qui peut être stockée, afin d'être utilisée pour les activités humaines ou pour produire de l'énergie. Ce ne sont cependant que quelques exemples parmi les nombreux services qui peuvent être apportés par les écosystèmes fluviaux naturels. D'autres bénéfices moins visibles peuvent être apportés par la pêche fluviale, estuarienne ou marine; par la formation de grandes plaines inondables favorisant la vie sauvage; par les matières premières pour l'artisanat fournies par la forêt riveraine. Les services fournis par les écosystèmes fluviaux naturels peuvent aussi inclure une bonne stabilité des berges grâce à un ensemble complexe d'arbres de la ripisylve, et ainsi une charge sédimentaire plus faible dans les cours d'eau; une assimilation des déchets; les loisirs; l'esthétique, le tourisme; les activités religieuses et culturelles.

La modification du régime d'écoulement limite la capacité de l'écosystème à fournir les autres biens et services. La perte de ces biens et services a un coût qu'il convient de comparer aux bénéfices associés à l'utilisation de l'eau destinée au développement des terres pour l'agriculture, l'industrie et l'amélioration de la situation sociale.

Selon les niveaux des ressources hydriques existantes et de l'activité économique qui les utilise, l'altération des biens et services originels peut être plus ou moins prononcée. Dans les premières phases de développement, les biens et services qui dépendent du régime d'écoulement naturel (par exemple la pêche ou les plaines inondables, la valeur récréative, la biodiversité naturelle) peuvent être en baisse (coûts), mais le développement des ressources hydriques, par exemple un barrage, qui a provoqué cette situation, aura conduit à une augmentation de la nourriture ou de la production d'énergie ou aura permis aux personnes de disposer d'eau courante dans leur maison (bénéfices). En raison de l'augmentation de l'exploitation hydrique, l'écoulement dans le cours d'eau peut diminuer à tel point que les biens et services dépendant de celui-ci, comme la pêche, la ripisylve, etc., sont détruits. De plus, la perte de certains services fournis par un cours d'eau peut impliquer des coûts économiques supplémentaires imprévus. Par exemple, la perte de la capacité d'assimilation (à cause d'une dilution réduite) peut mener à des niveaux de pollution qui étaient précédemment « acceptables » mais qui deviennent des dangers pour la santé pour les populations locales ou qui exigeraient un traitement onéreux de purification de l'eau pour les systèmes d'approvisionnement; la perte de l'intégrité des rives peut entraîner l'établissement et l'invasion de plantes invasives avec des impacts concomitants sur les dégâts des crues et la production hydrique (*sensu* Ractliffe *et al.* 2003).

Trop souvent dans le passé les écosystèmes fluviaux ont été considérés comme un moyen de s'approvisionner en eau et les décisions de gestion ont ainsi favorisé ceux qui espèrent tirer directement profit de ce bénéfice, souvent aux dépens non prévus et non étudiés de ceux qui dépendent des autres biens et services de l'écosystème (McCully 1996).

Décider de quels biens et services vont être mis à profit, et des coûts qui seront considérés acceptables, est une décision politique, c'est-à-dire un compromis qui peut bénéficier à un groupe social aux dépens d'un autre, mais également une décision écologique, car elle détermine les conditions dans lesquelles sera maintenue la ressource (l'écosystème fluvial) à l'avenir.

5.3. GENERAL EFFECTS OF WATER RESOURCE DEVELOPMENT ON ECOSYSTEM CONDITION

One of the most obvious benefits provided by the rivers within any catchment is the water that can be stored, to be abstracted for human industry, or manipulated in releases to provide energy. These are, however, only some of the *goods* that natural river ecosystems may provide. Others less obvious might be river, estuarine and marine fisheries; extensive floodplains that support wildlife; or the food, fuel, craft and medicinal plants provided by riparian vegetation. The *services* provided by natural river ecosystems might include good bank stability brought about by a complex community of riparian trees, and thus low sediment loads in the river; waste assimilation; recreation; aesthetics; tourism; religious and cultural activities.

Manipulation of the flow regime reduces the ecosystem's ability to provide other goods and services. The loss of these goods and services is a cost that needs to be weighed against the benefits that accrue from the use of water in development of the land for agriculture, for industry and for social upliftment.

At different levels of water resource development and economic activity, the alteration of the original goods and services may be more or less pronounced. In the early stages of development, the goods and services that depend on the natural flow regime (e.g. the fisheries or floodplains; the recreational value; natural biodiversity) might decline (costs), but the water resource development, perhaps a dam, that caused this, will have led to increased food or energy production or allowed people to have running water in their homes (benefits). With increasing water exploitation, flow in the river might reduce to the point where the flow-dependent goods and services, such as fisheries, riparian plants etc., are destroyed. Furthermore, the loss of some of the services provided by a river may incur additional and unforeseen economic costs. For example, the loss of assimilative capacity (through reduced dilution) might result in previously "acceptable" pollution loads becoming health hazards for local communities or requiring expensive water purification treatment for supply schemes; loss of riparian integrity may result in establishment and encroachment of alien vegetation with concomitant impacts on flood damage and water yield (*sensu* Ractliffe *et al.* 2003).

Too often in the past, riverine ecosystems have been viewed simply in terms of the water that they can supply, and management decisions have thus favoured those who stand to gain from using this benefit directly, often at the unforeseen or unexamined expense of those who depend on the other ecosystem goods and services (McCully 1996).

Deciding on what particular goods and services are going to be enjoyed, and what costs are deemed acceptable, is a political decision, i.e. a trade-off that may benefit one social grouping at the expense of another, but also an ecological decision, as it will determine the condition in which the resource (the river ecosystem) will be maintained into the future.

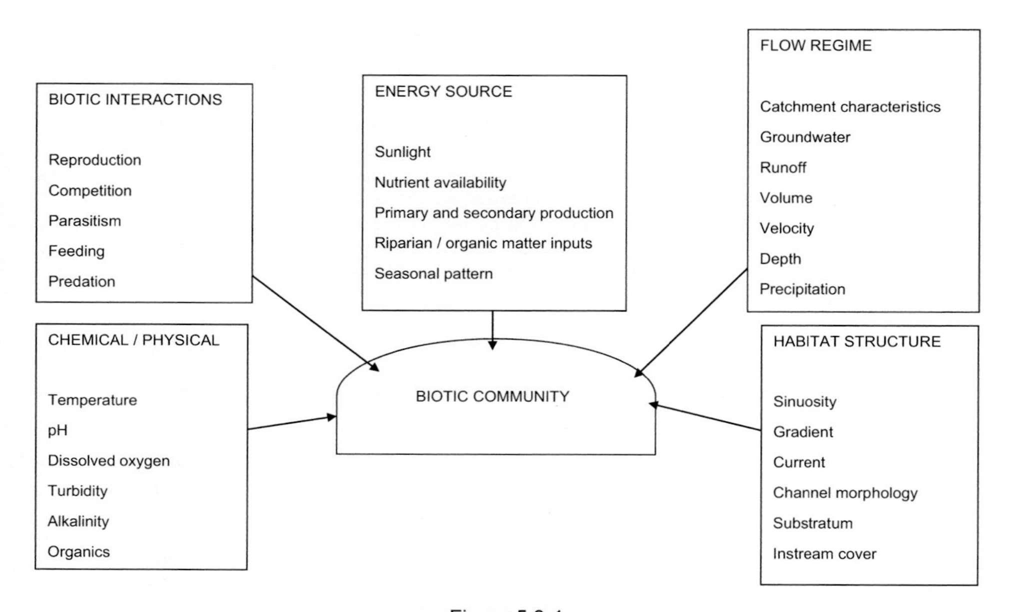

Figure 5.3-1
Schéma des principaux facteurs chimiques, physiques et biologiques qui déterminent les communautés biotiques (modifié de Dallas et Day 2003)

5.4. PARTIES D'UN ÉCOSYSTÈME FLUVIAL

Toutes les parties d'un écosystème fluvial sont connectées entre elles. Une perturbation sur une partie crée une réponse plus ou moins importante sur l'ensemble du système. Par exemple, un barrage important sur le lit de la rivière peut interrompre la migration des poissons vers les zones de frai dans les parties situées en amont, ce qui impacte la pêche à l'autre extrémité du système et élimine les crues nécessaires pour maintenir la végétation utilisée pour l'alimentation dans les plaines inondables des tronçons intermédiaires. Défricher la végétation des berges peut provoquer un effondrement des berges, augmenter la charge sédimentaire dans la rivière, colmater les branchies des poissons, colmater les zones de frai et aussi réduire la durée de vie des réservoirs en aval. La gestion des cours d'eau et de leurs débits devra donc inclure la prise en compte de toutes les réponses probables du cours d'eau à une perturbation planifiée.

5.5. DIFFÉRENTS TYPE D'ÉCOULEMENT

Le régime d'écoulement correspond à la configuration et à l'évolution dans le temps des haut et bas débits de la rivière. Chaque régime d'écoulement est différent, en fonction des caractéristiques de son bassin versant et du climat local, bien que des tendances régionales se dégagent. Les écologues fluviaux reconnaissent que différentes tranches du régime d'écoulement jouent des rôles différents pour maintenir un cours d'eau en l'état (Tableau 5.5-1) (King, 2002).

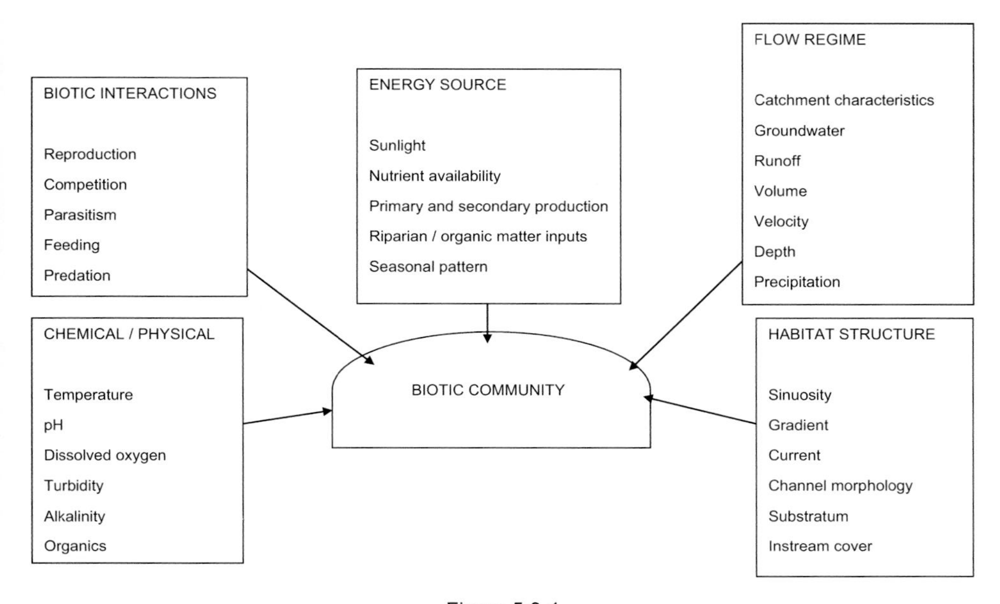

Figure 5.3-1
Schematic of the major chemical, physical and biological factors that determine biotic communities (modified from Dallas & Day 2003).

5.4. THE PARTS OF A RIVER ECOSYSTEM

All parts of a river ecosystem are inter-connected. Disturbance to one part will create a greater or lesser response over much of the system. For instance, a large in-channel dam can stop migration of fish to spawning grounds in the headwaters, impact a marine fishery at the other end of the system, and eradicate the floods needed to maintain floodplain vegetation in the middle reaches that is used for subsistence. Clearing bank vegetation can lead to bank collapse, increased sediment loads in the river, clogged fish gills and blanketing of spawning grounds, as well as reduced life of downstream reservoirs. Management of rivers and their flows should thus involve consideration of all likely responses of the river to a planned disturbance.

5.5. THE PARTS OF A FLOW REGIME

The flow regime is the pattern and timing of high and low flows in a river. Each river's flow regime is different, depending on the characteristics of its catchment and the local climate, although regional trends do emerge. River ecologists recognise that different parts of the flow regime play different roles in maintaining a river (Table 5.5-1) (King, 2002).

Tableau 5.5-1
Différents types d'écoulement fluviaux et leur importance pour qu'une rivière soit saine (King, 2002).

Composante de l'écoulement	Importance
Faibles débits	Les faibles débits sont les écoulements journaliers qui surviennent en dehors des pics de crues. Ils définissent la saisonnalité basique du cours d'eau : ses saisons sèches et humides et sa pérennité. L'ampleur des variations entre les débits faibles lors des saisons sèches et humides crée des habitats plus ou moins humides et différentes conditions hydrauliques et de qualité de l'eau, ce qui influence directement l'équilibre des espèces à tout moment de l'année.
Petites crues	Les petites crues ont généralement une grande importance écologique dans les zones semi-arides lors de la saison sèche. Elles stimulent le frai chez les poissons, diluent les eaux de mauvaise qualité, mobilisent les sédiments les plus petits et contribuent à la variabilité de l'écoulement. Elles réorganisent un large éventail de conditions dans le cours d'eau, déclenchant et synchronisant des activités aussi variées que les migrations des poissons en amont et la germination des jeunes plants de la ripisylve.
Grandes crues	Les grandes crues déclenchent de nombreuses réponses communes aux petites crues, mais elles entrainent également une érosion qui influence la forme du lit. Elles mobilisent les gros sédiments et déposent des sédiments fins, des nutriments, des œufs et des graines sur les plaines inondables. Elles inondent les bras morts et les chenaux secondaires et déclenchent des explosions de croissance chez de nombreuses espèces. Elles rechargent les taux d'humidité dans les berges, inondent les plaines inondables et nettoient les estuaires en maintenant ainsi les liens avec la mer.
Variabilité de l'écoulement	Les débits fluctuent constamment au cours de la journée et de la saison, créant des mosaïques de zones inondées et exondées pendant différentes périodes de temps. L'hétérogénéité physique qui en résulte détermine la distribution locale des espèces : une diversité physique supérieure favorise la biodiversité.

Les modifications du régime d'écoulement perturbent l'écosystème fluvial et nous avons le choix de l'ignorer dans l'aménagement des ressources en eau et d'attendre (ou d'être surpris par) des changements indésirables, ou alors d'essayer de prédire les changements potentiels et de les gérer. Jusqu'à il y a environ quinze ans, de nombreux pays, si ce n'est tous, optaient pour la première solution. Le chapitre suivant décrit comment cela a conduit à la modification des rivières par des barrages.

5.6. LES IMPACTS DES BARRAGES SUR LES ÉCOSYSTÈMES FLUVIAUX

Les barrages sont conçus pour modifier les débits des cours d'eau. Ils ont ainsi un impact indirect sur l'écosystème fluvial aval, en perturbant les types l'écoulement, les apports en sédiments, les régimes thermiques et la qualité de l'eau. Ils peuvent aussi avoir un impact direct sur l'écosystème, par exemple, en bloquant le passage des poissons. Chacun de ces aspects est discuté brièvement ci-dessous.

Table 5.5-1
Different kinds of river flow, and their importance for a healthy river (King, 2002).

Flow component	Importance
Low flows	The low flows are the daily flows that occur outside of high-flow peaks. They define the basic seasonality of the river: its dry and wet seasons, and degree of perenniality. The different magnitudes of low-flow in the dry and wet seasons create more or less wetted habitat and different hydraulic and water-quality conditions, which directly influence the balance of species at any time of the year.
Small floods	Small floods are usually of great ecological importance in semi-arid areas in the dry season. They stimulate spawning in fish, flush out poor-quality water, mobilise smaller sediments and contribute to flow variability. They re-set a wide spectrum of conditions in the river, triggering and synchronising activities as varied as upstream migrations of fish and germination of riparian seedlings.
Large floods	Large floods trigger many of the same responses as do the small ones, but additionally provide scouring flows that influence the form of the channel. They mobilise coarse sediments, and deposit silt, nutrients, eggs and seeds on floodplains. They inundate backwaters and secondary channels, and trigger bursts of growth in many species. They re-charge soil moisture levels in the banks, inundate floodplains, and scour estuaries thereby maintaining links with the sea.
Flow variability	Fluctuating discharges constantly change conditions through each day and season, creating mosaics of areas inundated and exposed for different lengths of time. The resulting physical heterogeneity determines the local distribution of species: higher physical diversity enhances biodiversity.

Manipulations of the flow regime will affect the river ecosystem, and we have the choice of ignoring this in water-resource developments and awaiting (or being surprised by) unwelcome changes as the river responds or trying to predict the potential changes and managing them. Until about fifteen years ago most, if not all, countries were doing the former. The following section describes how this has led to dams changing rivers.

5.6. THE IMPACTS OF DAMS ON RIVER ECOSYSTEMS

Dams are designed to manipulate the flows of rivers. In doing so, they impact indirectly on the downstream river ecosystem by potentially affecting every part of the flow, sediment, thermal and water-quality regimes. They may also impact the ecosystem directly by, for instance, blocking fish passage. Each of these aspects is discussed briefly below.

5.6.1. Faibles débits

Les barrages peuvent stocker les faibles écoulements pendant la saison humide afin de les relâcher en aval lors de la saison sèche. Ce faisant, le schéma saisonnier des étiages peut être partiellement ou totalement inversé, éliminant ainsi des conditions nécessaires à la réalisation des cycles de vie. Les plantes aquatiques qui ont besoin de faire éclore les fleurs au-dessus de la surface de l'eau lors de la saison sèche pour la pollinisation, peuvent être incapables de le faire et ainsi les espèces disparaissent progressivement. Les insectes aquatiques qui sont programmés pour vivre pendant plusieurs mois lorsque l'écoulement est faible, afin de voler, s'accoupler et pondre des œufs dans la rivière, peuvent être forcés de naitre dans des eaux rapides et turbulentes, et ainsi mourir. S'ils peuvent s'adapter et naitre lorsque les débits sont plus faibles, ils peuvent faire face à des températures de l'air inadaptées ou ne pas trouver de nourriture, et ainsi mourir.

Dans certains cours d'eau, les faibles débits de la saison sèche sont régulièrement complètement supprimés par des barrages ou des prélèvements directs. Ces tronçons perdront leurs poissons et les autres formes de vies fluviales seront considérablement réduites en diversité et en nombre car beaucoup ne peuvent pas supporter des périodes de sécheresse, même pendant quelques heures. Dans les cours d'eau éphémères, les barrages ou autres prélèvements peuvent interrompre l'écoulement des eaux souterraines le long du lit de la rivière, ce qui détruit les boisements rivulaires. C'est ce qui s'est passé sur la rivière Luvhuvhu, dans le Parc National de Kruger (qui devrait être une rivière permanente), et qui pourrait également arriver aux oasis d'arbres linéaires le long des fleuves qui coulent d'est en ouest au travers de la Namibie assurant la survie des mammifères et des populations indigènes locales (King, 2002).

Les composantes de l'écosystème n'existent pas séparément, elles sont interdépendantes. Les insectes sont une source de nourriture pour les poissons; les feuilles qui tombent des arbres fournissent la bonne nourriture au bon moment pour les insectes; les plantes stabilisent les berges, ce qui régule l'apport en sédiments des fleuves et protège ainsi les zones de frai et d'alimentation, les branchies et les œufs. Lorsque l'écoulement impacte l'une de ces composantes, les effets sont ressentis par l'ensemble.

5.6.2. Crues intra-annuelles

Les crues petites et moyennes peuvent être complètement stockées dans les réservoirs. Or ces crues effectuent un tri granulométrique des sédiments du lit des rivières, maintiennent la diversité physique (et donc biologique), déplacent les sédiments le long de la rivière, maintiennent les bancs et les mouilles (les faibles débits ne peuvent pas le faire et les débits très élevés pourraient apporter plus de sédiments à la rivière qu'ils n'en retirent), aident à maintenir et à contrôler l'expansion de la végétation marginale comme les roseaux, déclenchent le frai des poissons, fournissent la profondeur de l'eau nécessaire pour les migrations des poissons le long des rivières et améliorent la qualité de l'eau lors des mois de sécheresse.

Ce type de crues est parfois déversé par-dessus le barrage lorsque le réservoir est plein. Il se peut qu'elles n'arrivent que tard dans la saison humide, et soient, par conséquent, peu utiles à au maintien de l'écosystème. Les poissons qui vont pondre tard dans la saison à cause des déversés, par exemple, produiront des juvéniles qui ne seront pas suffisamment développés pour survivre à la prochaine saison défavorable. Ce phénomène peut être naturel, mais quand il est programmé pour survenir chaque année, les espèces de poisson affectées diminuent et peuvent disparaître. Des crues petites et moyennes pourraient être déversées du barrage afin d'encourager le frai précoce, mais en prenant en compte que toute réduction du nombre de crues (p. ex. : auparavant 15 fois par an et désormais deux fois par an depuis le barrage) se traduit par un risque accru de voir le nombre de poissons diminuer. Cela est dû au fait que les poissons ont moins de chance de pondre et qu'il y a par conséquent une densité de juvénile plus faible pouvant survivent à des conditions défavorables sporadiques, comme les vagues de froid, des épisodes de pollution de l'eau ou des travaux en rivière.

5.6.1. Low flows

Dams may store low flows during the wet season, for release downstream in the dry season. In doing so, the seasonal pattern of low flows may be partially or wholly reversed, eradicating conditions needed for life cycles to reach completion. Aquatic plants that need to push flowers above the water surface in the dry season for pollination, may be unable to and so gradually species disappear. Aquatic insects that are programmed to emerge during months when flow is usually quiet, to fly, mate and lay eggs in the river, may be forced to emerge in fast turbulent water, and so die. If they can adapt to emerge in months when flows are slower, they may meet unsuitable air temperatures or find no food, and so still die.

In some rivers, dry-season low flows are periodically completely eradicated by damming or direct abstraction. Such reaches will lose their fish, and other river life will be drastically reduced in diversity and numbers because most cannot cope with periods of drying out, even for a few hours. In ephemeral rivers, dams or other abstractions may halt the movement of groundwater along the channel, killing ancient riparian trees. This has happened in the Luvhuvhu River, Kruger National Park (which should be a perennial river) and could happen to the linear oases of trees along the rivers flowing east to west across Namibia that support the large desert mammals and local indigenous peoples (King, 2002).

The ecosystem components do not exist in isolation but are interdependent. Insects provide food for fish; leaves falling from native trees provide the right food at the right time for the insects; plants stabilise banks, controlling sediment inputs into rivers, and so protecting spawning and feeding grounds, gills and eggs. As flow impacts any of these components, the effects are felt throughout.

5.6.2. Intra-annual floods

Small and medium floods may be completely stored in reservoirs. These floods are thought or known to: sort riverbed sediments, maintaining physical (and therefore biological) diversity move sediments along the river, maintaining bars and riffles (low flows cannot do this, and very high flows may bring more sediments into the river than they remove) help maintain and control the spread of marginal vegetation such as reed beds, trigger fish spawning provide depth of water for fish migrations along the river, enhance water quality during the dry months.

Sometimes such floods spill over the dam wall once the reservoir is full. This may not happen until late in the wet season, and so be of limited use for ecosystem maintenance. Fish triggered by spills to spawn late in the season, for instance, will produce juveniles that may not be sufficiently developed to survive the coming adverse season. This can happen naturally, but when it is managed to happen year after year, the fish species so affected will decline and could disappear. Small and medium floods could be released from the dam to encourage early spawning, but with recognition that any reduction in the numbers of floods (e.g. used to be 15 per year, now two per year released from the dam) translates into a higher risk of the fish numbers declining. This is because the fish have fewer chances to spawn, and there are fewer batches of young to survive sporadic adverse conditions such as cold spells, toxic spills or bulldozing of the riverbed.

5.6.3. *Crues inter-annuelles*

Les crues importantes qui surviennent moins d'une fois par an :

- Maintiennent le boisement rivulaire qui peut mesurer de quelques mètres à quelques centaines de mètres de large sur chaque berge;
- Entretiennent les chenaux secondaires par érosion, maintenant leur capacité d'écoulement en crues;
- Entretiennent le lit principal, en nettoyant les substrats et en décolmatant les matériaux fins qui colmatent les zones de frai et d'alimentation;
- Suppriment les « patchs » de végétation dans le lit et sur les berges, en améliorant la diversité lorsqu'un nouveau cycle de croissance apparaît.

L'une des principales conséquences des crues majeures est le changement géomorphologique qu'elles entraînent qui peut ne pas être le « bienvenu » pour les plantes et les animaux aquatiques. Les poissons, par exemple, doivent se mettre à l'abri. Ces crues sont malgré tout essentielles pour réorganiser le cours d'eau, nettoyer la pellicule de vase sur les rochers, renouveler les habitats et éliminer les individus vieux et malades. Les crues majeures ont également pour fonction d'inonder les plaines inondables et de nettoyer les estuaires en maintenant une embouchure dégagée. Ce sont des secteurs de grande productivité et diversité, particulièrement importants pour les hommes et la vie sauvage.

On sait que les barrages ne peuvent pas contrôler les crues majeures, qui déverseront. Ils peuvent cependant en réduire l'ampleur, de telle sorte qu'un évènement de période de retour deux ans ne se produise plus qu'une fois tous les cinq ou dix ans. Certaines conséquences de la rareté des crues sont décrites dans les chapitres précédents.

5.7. RÉSERVE ÉCOLOGIQUE

La "Réserve écologique" est un mécanisme adopté par certains pays, comme l'Afrique du Sud, pour une gestion durable des ressources hydriques. Le terme "Réserve écologique" est défini comme "la quantité et qualité d'eau nécessaire pour protéger les écosystèmes aquatiques afin d'assurer un développement et une utilisation écologiques durables des ressources hydriques" (DWAF 1998).

En adoptant le stockage comme mécanisme de gestion, on reconnaît implicitement que l'eau n'est pas différentiable des écosystèmes qui peuvent être exploités pour l'approvisionnement en eau, c'est-à-dire que la ressource et l'écosystème doivent être maintenus dans un état durable afin de fournir l'eau et les autres biens et services de l'écosystème. La Réserve écologique d'un cours d'eau représente, en réalité, les Besoins environnementaux en eau (EWR) qui sont finalement adoptés, après avoir effectué les négociations concernant les différents coûts et bénéfices. La Réserve écologique pour toute rivière déterminée devra, dans l'idéal, indiquer explicitement quels biens et services sont prioritaires dans le bassin versant. Elle est liée à un objectif d'atteinte d'un état particulier de l'écosystème, en fonction de l'état de la ressource qui bénéficiera le plus aux parties prenantes.

5.8. MÉTHODE D'ÉVALUATION DES DÉBITS ENVIRONNEMENTAUX

Quatre types de méthodes d'estimation des débits environnementaux ont été développées ces trois dernières décennies, à savoir hydrologique, classification hydraulique, simulation d'habitat et méthodes globales. Le lecteur peut se référer à Tharme (2003) pour un examen complet et la bibliographie. King *et al.* (1999), fournissent des indications pour les différentes circonstances dans lesquelles chaque type d'évaluation serait le plus applicable, résumé au Tableau 5.8-1.

5.6.3. *Inter-annual floods*

The large floods that occur less often than yearly are thought or known to:

- maintain riparian belts of trees that can be metres to hundreds of metres wide on either bank
- scour channels, maintaining their capacity to carry flood water
- scour riverbeds, cleansing substrates and flushing fines that clog spawning and feeding grounds
- eradicate patches of in-channel and bank vegetation, enhancing diversity as new growth appears

One major importance of larger floods is through the geomorphological changes they bring, which may not be directly 'welcomed' by the aquatic plants and animals. Fish, for instance, have to seek refuge from them. They are essential as re-setting agents for the river, however, scouring slimy films from rocks, renewing habitats and eradicating old and diseased individuals. Other important functions of large floods are their flooding of floodplains and scouring of estuaries including maintaining an open mouth. Both of these are areas of high productivity and diversity, highly important to people and wildlife.

It is often claimed that dams cannot harness the larger floods, which will spill over. They may well reduce their size, however, so that ones of a magnitude that occurred on average every two years could occur as a spill of that magnitude only once in five to ten years. Some consequences of floods becoming rarer can be inferred from earlier sections of this paper.

5.7. THE ECOLOGICAL RESERVE

The "Ecological Reserve" is the mechanism adopted by same countries, such as South African, for managing water resources sustainably. The term "Ecological Reserve" is defined as "that quantity and quality of water required to protect aquatic ecosystems in order to secure ecologically sustainable development and use of the ... water resource" (DWAF 1998).

In adopting the Reserve as the mechanism for management, there is the implicit recognition that water is not differentiable from the ecosystems that may be exploited for water supply, i.e., that the resource, the ecosystem, needs to be maintained in a sustainable condition in order to supply water and other ecosystem goods and services. The Ecological Reserve for a river is, in effect, the Environmental Water Requirement (EWR) finally adopted, once trade-offs regarding different costs and benefits have been made. The Ecological Reserve for any given river should ideally thus explicitly indicate which goods and services are prioritised within the catchment and is linked to the achievement of a particular state of the ecosystem, depending on what state of the resource will benefit stakeholders most.

5.8. ENVIRONMENTAL FLOW ASSESSMENT METHODS

Four main types of approaches to EF assessments have developed over the past three decades, namely hydrological, hydraulic rating, habitat simulation and holistic methods. The reader is referred to Tharme (2003) for a full review and bibliography. King *et al.* (1999), provide guidelines for the different circumstances in which each of these kinds of EF assessment would be more applicable, summarised in Table 5.8-1.

5.8.1. *Méthodes hydrologiques*

Les méthodes hydrologiques ont été les premières méthodes développées, en tant qu'approches rapides, pour aider à définir ou améliorer la gestion des débits des cours d'eau. Elles utilisent une ou plusieurs variables statistiques de synthèse obtenues à partir de l'ensembles de données hydrologiques, généralement un centile de la courbe de la courbe des débits classés, afin d'établir ce qui est appelé un écoulement minimum pour le cours d'eau. Généralement, on suppose plus qu'on ne sait que l'écoulement établi est pertinent d'un point de vue écologique. Un inconvénient majeur de ces méthodes est le fait qu'elles ne prennent en compte aucune caractéristique d'un cours d'eau autre que ses données de débit (généralement mensuelles). Les résultats sont des indications générales des débits pour le maintien de la qualité écologique, qui sont insensibles à la nature des cours d'eau individuels.

5.8.2. *Méthodes de classification hydraulique*

Ces types de méthodes exigent de mesurer sur place les variables hydrauliques telles que le périmètre mouillé, la largeur ou la profondeur mouillée sur une ou plusieurs sections du cours d'eau sur des sites représentatifs le long du fleuve avec des écoulements variés. Ces valeurs sont mises en lien avec le débit, et on recherche les seuils qui indiquent un changement de pente de la courbe. L'hypothèse implicite est que lorsque le débit s'abaisse en dessous de ce seuil, il y aura un changement important de la qualité de l'habitat et ainsi des répercussions sur la vie aquatique et l'intégrité écologique de l'écosystème. La méthode générique du périmètre mouillé est la plus courante de ces approches (Gippel et Stewardson 1998). S'il est vrai que ces méthodes, qui utilisent des variables physiques en remplacement des attributs écologiques, fournissent des informations et des connaissances spécifiques sur le fonctionnement de l'écosystème, l'hypothèse de la pertinence écologique associée aux seuils de changement des variables hydrauliques n'a pas été testée.

5.8.3. *Méthodologies de simulation d'habitat*

Des méthodes de classification d'habitat plus complexes ont évolué depuis la méthode de classification hydraulique vers la fin des années 1970 et 1980. Elles mettent en relation les caractéristiques hydrauliques dépendant du débit et les habitats fluviaux. Dans ce cadre, les exigences des plantes et des animaux en termes d'habitats aquatiques dans le cours d'eau doivent être définies, comme par exemple pour la méthode des micro-habitats (Stalnaker *et al.* 1995). Les données hydrauliques recueillies à différentes sections sont utilisées pour créer une description des sites représentatifs du fleuve en termes de l'habitat hydraulique qu'elles fournissent pour différents débits. Les descriptions sont liées aux exigences connues de l'habitat hydraulique de l'espèce animale ou végétale sélectionnée, pour fournir une information, généralement sous forme de graphiques, de la quantité d'habitat qui est disponible pour cette espèce à tous les débits (voir section 6). Ces relations peuvent s'utiliser pour identifier les débits optimums pour l'espèce sélectionnée. Les avantages de ces méthodes sont leurs liens forts avec l'écologie des espèces et les résultats quantitatifs qui peuvent être utilisés lors des négociations sur l'eau. Les inconvénients sont leur complexité, leur focalisation uniquement sur l'habitat souvent sans prendre en compte les besoins environnementaux plus généraux des espèces, leur focalisation sur les espèces aquatiques au détriment des espèces ripicoles et leur focalisation sur les bas débits au détriment des crues (King et Tharme 1994).

5.8.1. *Hydrological methods*

Hydrological methods were the earliest methods developed, typically as rapid, desktop approaches to advising on mitigatory flows for managed rivers. They use one or more summary statistics gleaned from hydrological data sets, usually a percentile from the annual flow duration curve, to set what is often called a minimum flow for the river. Usually the set flow is assumed rather than known to have ecological relevance. A major drawback with these approaches is that they do not take into account any features of the river other than its (usually monthly) flow data. The results are broad-brush guides to flows for ecological maintenance that are insensitive to the nature of individual rivers.

5.8.2. *Hydrological rating methods*

These sorts of methods require the field measurement of hydraulic variables such as wetted perimeter, wetted width or depth measured at one or more cross-sections at representative sites along the river over a range of flows. These values are plotted against discharge, and thresholds sought where there is a change in the slope of the curve. The implicit assumption is that when flow falls below such a threshold, there will be a sharp change in the quality of habitat and thus repercussions for the aquatic life and ecological integrity of the ecosystem. The generic Wetted Perimeter Method is the most widely applied of these approaches (Gippel & Stewardson 1998). Whilst these approaches, using physical variables as a surrogate for ecological attributes, provide some river-specific information and insights on ecosystem functioning, the assumption of ecological significance associated with the thresholds of change in hydraulic variables is not tested.

5.8.3. *Habitat-simulation methodologies*

More complex habitat-rating approaches evolved from the hydraulic-rating methods in the late 1970s and 1980s, and link discharge-dependent hydraulic characteristics of river habitats with extensive data on the habitat requirements of aquatic plants and animals in the same river, for example, the Instream Flow Incremental Methodology (Stalnaker *et al.* 1995). Hydraulic data collected at many cross-sections are used to compile a description of representative river sites in terms of the hydraulic habitat they provide over a range of flows. The descriptions are linked to known hydraulic-habitat requirements of selected plant or animal species, to provide an output, usually in the form of graphs, of how much habitat is provided for that species at any discharge (see section 6). These relationships can be used to identify what are perceived to be optimal flows for the species selected. Advantages of these approaches are their strong ecological links and quantitative outputs that can be used in water negotiations. Drawbacks include their complexity; their focus only on habitat, often without recognition of the wider environmental needs of species; their focus on aquatic species to the detriment of riparian species; and their focus on lower flows to the detriment of floods (King & Tharme 1994).

5.8.4. *Approches globales*

Les méthodes globales représentent les approches les plus récentes pour l'évaluation des débits environnementaux, elles ont été développées en Afrique du Sud et en Australie (Tharme 2003). Elles prennent en compte toutes les parties de l'écosystème fluvial et toutes les parties du régime hydrologique. Elles ont l'avantage d'incorporer différentes informations concernant les liens entre les débits et les composantes de l'écosystème ou les biens et services de l'écosystème. Par exemple les données socioéconomiques et économiques liées aux ressources peuvent être utiliser pour prédire les implications d'un changement d'écoulement fluvial pour les consommateurs des ressources fluviales. Les approches globales sont essentiellement des données structurées et des outils de gestion de l'information qui nécessitent et utilisent des données hydrologiques, hydrauliques, sédimentologiques, géomorphologiques, chimiques, thermiques, botaniques (plantes aquatiques, marginales et ripicoles), zoologiques (poissons, invertébrés, algues, oiseaux aquatiques, autres faunes), et sociales afin de comprendre le cours d'eau et de formuler une prédiction consensuelle sur la manière dont elles évolueraient en fonction des changements de débit. Les avantages de ces méthodes sont immenses grâce à leur grande étendue, car elles contribuent aux bases de données nationales qui facilitent la compréhension des cours d'eau, et parce que, dernièrement, des versions rapides sur la base des applications passées sont proposées. Leur principal inconvénient est le coût lié au besoin de grandes équipes multidisciplinaires qui doivent travailler sur au moins un cycle hydrologique annuel afin de recueillir les données spécifiques d'un cours d'eau.

En Afrique du Sud, la méthode dite Méthodologie de Composante de Base (BBM) a été l'approche habituelle des évaluations des Besoins Environnementaux de l'Eau, développés par plusieurs scientifiques fluviaux avec le soutien du Department of Water Affairs and Forestry (DWAF) (King et Louw 1998), et pour laquelle un manuel a été écrit (King *et al.* 2000). Dans cette méthode, les scientifiques fluviaux, qui travaillent en interdisciplinarité, créent un régime d'écoulement « à partir de rien » en utilisant des blocs d'écoulement dans différentes catégories, comme les bas débits en saison humide ou les bas débits en saison sèche, différentes catégories de crues, etc. (Illustration 5.8.4-1). Les mesures hydrauliques sont importantes pour relier des écoulements de différentes magnitudes aux propriétés physiques du fleuve sur des sites représentatifs utilisés pour l'estimation, par exemple la partie du fleuve atteinte par une crue de retour 2 ans et ainsi l'extension de l'inondation ripicole, ou l'intervalle de vitesse associé à un intervalle de valeurs d'écoulement de bas débit. Chaque utilisation de débit de « bloc » exige une motivation écologique qui doit être mise en avant par un ou plusieurs spécialistes fluviaux. À titre d'exemple, on peut citer « un débit de 0.06 $m^3 s^{-1}$ maintiendra des profondeurs de mouille au-dessus de 10 cm et des vitesses supérieures à 0.2 $m s^{-1}$ (dérivées de la modélisation hydraulique), qui sont essentielles pour fournir un habitat humide aux invertébrés ripicoles et/ou empêcher une exclusion compétitive de l'espèce x par l'espèce y. »

5.8.4. *Holistic approaches*

Holistic methods represent the most recent approaches to EF assessment and have been pioneered in South Africa and Australia (Tharme 2003). They address all parts of the river ecosystem and all parts of the flow regime. Their strength is that they can incorporate diverse information on the links between flows and ecosystem components or ecosystem goods and services, for instance, socio-economic and resource economic data can be used to predict the implications for subsistence users of river resources, of changing river flows. Holistic approaches are essentially structured data and information management tools that require and use hydrological, hydraulic, sedimentological, geomorphological, chemical, thermal, botanical (aquatic, marginal and riparian plants), zoological (fish, invertebrates, algae, water birds, other wildlife), and social data to compile an understanding of the river and develop a consensus prediction of how it would change with flow changes. Their advantages are immense because of their wide scope, because they contribute toward national databases that enhance understanding of the rivers, and because ultimately they allow derivation of their own rapid versions based on past applications. Their main drawback is the cost of large multi-disciplinary teams optimally working over at least one annual hydrological cycle to gather river specific data.

In South Africa, the Building Block Methodology (BBM) has been the routine approach to EWR assessments, developed by a number of river scientists with the support of Department of Water Affairs and Forestry (DWAF) (King & Louw 1998), and for which a manual has been written (King *et al.* 2000). In this method, river scientists working in an interdisciplinary manner compile a flow regime "from scratch" by motivating for blocks of flow within different categories, such as wet season low flows, dry season low flows, different category floods etc. (Figure 5.8.4-1). Hydraulic measurements are important to link different magnitude discharges to physical properties of the river at representative sites used for the assessment, for example the river stage reached by the 1:2-year flood and thus extent of riparian inundation, or the velocity range associated with a range of low flow discharge values. Each "building block" flow motivation requires an ecological motivation to be advanced by one or more river specialist. An example of this might be something like "a flow of 0.06 m^3 s^{-1} will maintain riffle depths above 10 cm and velocities above 0.2 m s^{-1} (derived from hydraulic modeling), which are essential to provide wetted habitat for riverine invertebrates and / or prevent competitive exclusion of species x by species y".

Tableau 5.8-1

Comparaison des quatre principaux types de méthodologies de débits environnementaux (d'après King *et al.* 1999).

Type	**Composantes d'écosystème prises en compte**	**Besoins en données**	**Expertise**	**Complexité**	**Intensité d'utilisation des ressources (temps, coût, capacité technique)**	**Résolution des résultats (Débit)**	**Flexibilité**	**Niveau d'application approprié**
Hydrologique	Non spécifique	Faible (principalement de bureau) Enregistrement hydrologique mesuré ou simulé	Manipuler la date hydrologique	Faible	Faible	Faible	Faible	Planification de niveau de reconnaissance
Classification hydraulique	Habitat aquatique général	Bas-moyen (bureau et sur place limité) : Enregistrement hydrologique mesuré ou simulé; Une ou quelques variables hydrauliques à partir d'une section transversale	Manipuler les données hydrologiques; peut-être des modélisations hydrauliques	Faible-moyen	Faible-moyen	Faible	Faible	Allocations de ressources hydriques peu conflictuelles

Table 5.8-1
Comparison of the four main kinds of environmental flow methodologies (after King *et al.* 1999).

Type	**Ecosystem components addressed**	**Data needs**	**Expertise**	**Complexity**	**Resource intensity (time, cost, technical capacity)**	**Resolution of output (the EF)**	**Flexi-bility**	**Appropriate level of application**
Hydrological	Non-specific	Low (primarily desktop): measured or simulated hydrological record	Manipulate hydrological date	Low	Low	Low	Low	Reconnaisance level planning
Hydraulic-rating	General aquatic habitat	Low-medium (desktop and limited field): measured or simulated hydrological record; one or a few hydraulic variables from a cross-section	Manipulate hydrological data; perhaps some hydraulic modelling	Low-medium	Low-medium	Low	Low	Low-conflict water-resource allocations

Tableau 5.8-1 (Continued)

Habitat-simulation	Habitat aquatique pour l'espèce sélectionnée	Moyen-élevé (bureau et sur place): Enregistrement hydrologique mesuré ou simulé; De nombreuses variables hydrauliques à différentes sections transversales; Donnés d'habitat pour l'espèce sélectionnée	Modélisation hydrologique et hydraulique avancée; Expertise écologique spécialisée dans les exigences en matière d'habitat de l'espèce sélectionnée	Moyen-élevé	Élevé	Moyen-élevé	Moyen	Attributions d'eau pour les zones à haute conservation où l'habitat dans le canal est la principale préoccupation
Globale	Écosystème aquatique et ripicole complet; Peut inclure les eaux souterraines, les zones humides, les plaines inondables, l'estuaire, le delta et les consommateurs des ressources	Moyen-élevé (bureau et sur place) : enregistrement hydrologique mesuré ou simulé; De nombreuses variables hydrauliques à différentes sections transversales; Données biologiques sur les exigences d'habitat liées au débit d'une grande variété d'espèces	Élevé - modélisation hydrologique, hydraulique et d'habitat; Modélisation chimique et thermique si possible. Expertise spécialiste sur toutes les composantes de l'écosystème; Expertise sociale et économique	Moyen-élevé	Élevé	Élevé	Élevé	Pays développés et en développement; Gestion des débits sur les rivières de toutes tailles, comprenant celles d'importance stratégique ou de conservation élevée; Également mise hors service de barrage et réhabilitation de cours d'eau

Table 5.8-1 (Continued)

Habitat-simulation	Aquatic habitat for selected species	Medium-high (desktop and field): measured or simulated hydrological record; many hydraulic variables at many cross-sections; habitat data for selected species	Advanced hydrological and hydraulic modelling; specialist ecological expertise on habitat requirements of selected species	Medium-high	High	Medium-high	Medium	Water allocations for high conservation areas where in-channel habitat is main concern
Holistic	Whole aquatic and riparian ecosystem; can include groundwater, wetlands, floodplains, estuary, delta, and subsistence users	Medium-high (desktop and field): measured or simulated hydrological record; many hydraulic variables at many cross-sections; biological data on flow-related habitat requirements of wide range of species	High - advanced hydrological, hydraulic, and habitat modelling; chemical and thermal modelling if possible; specialist expertise on all ecosystem components; social and economic expertise as required	Medium-high	High	High	High	Developed and developing countries; Flow management in any size river, including ones of high strategic or conservation importance; Also dam de-commissioning and river rehabilitation

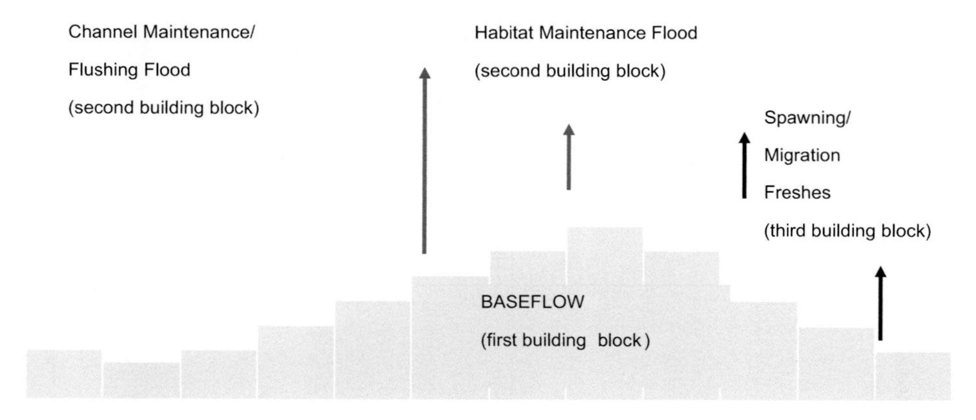

Figure 5.8-1
Schéma des "composantes de base" principales de la méthodologie
« débits écologiques » globale de la Méthodologie de Composante de Base

Dans la BBM, les motivations écologiques doivent être prises en compte dans « l'état futur » prévu pour le cours d'eau en question, c'est-à-dire la négociation sur les biens et services dont on va bénéficier, et les coûts qui sont considérés comme acceptables (et ainsi les conditions futures dans lesquelles le cours d'eau sera maintenu) sont établis à l'avance.

La BBM a été l'une des premières méthodes globales à être développée. Plus récemment, les écologistes impliqués dans les évaluations de débits environnementaux ont repris les idées de base de la BBM (c'est-à-dire les liens écologiques liés au débit et l'évaluation interdisciplinaire) et les ont développées pour mettre en place un système de gestion des données qui permet d'intégrer dans une seule base de données les conséquences écologiques de la réduction des débits dans les différentes gammes de débit. Il s'agit du processus de Réponse en Aval aux Transformations du Débit Imposé (DRIFT) (King *et al.* 2003). La DRIFT est révolutionnaire en ce sens qu'elle se fonde sur des scénarios, ce qui permet l'évaluation comparative des conséquences d'un certain nombre de régimes d'écoulement différents, mais lorsque ces conséquences sont dérivées des relations écologiques (et des conséquences sociales pour les consommateurs de ressources, si ces données sont disponibles) établies entre des débits différents et chaque composante de l'écosystème.

5.9. ÉVALUATIONS DES DÉBITS ENVIRONNEMENTAUX ET SCIENCE

Au cours des deux dernières décennies, de grands progrès ont été réalisés dans le développement des méthodes d'évaluation des débit environnementaux, et les méthodes les plus récentes offrent une aide considérable au processus de décision des gestionnaires de l'eau. Cependant, cette approche de la gestion des ressources en eau naturelles d'un pays dépend fortement de notre capacité à comprendre et, de fait, à quantifier la relation entre une composante de l'écosystème (fournir un bien ou un service) et le régime d'écoulement. Compte tenu de la complexité des communautés biotiques, faire ce lien entre un ou plusieurs aspects du régime d'écoulement facilement quantifiables (par exemple à partir d'une courbe de débit classé) et un processus chimique ou biologique ou un besoin en espèces, nécessite la combinaison des connaissances biologiques et des outils de modélisation hydraulique, des plus simples aux plus complexes. Il s'agit de la pierre angulaire, ou la « science » qui sous-tend l'évaluation des débits environnementaux (EF). Les paragraphes suivants présentent quelques exemples de travaux en cours sur la quantification des liens biotiques et abiotiques par rapport au débit.

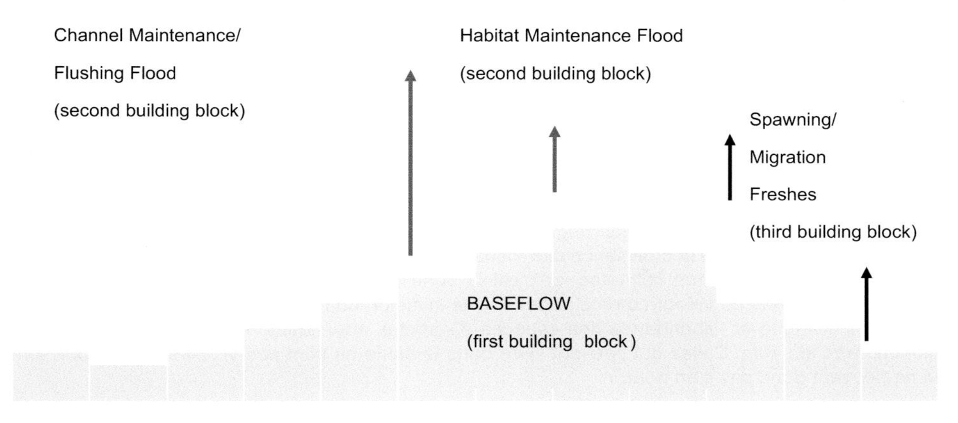

Figure 5.8-1
Schematic of the major "building blocks" of the BBM holistic EF methodology.

In the BBM, the ecological motivations need to be addressed to the pre-defined "future state" decided for the river in question – i.e., the trade-off on what particular goods and services are going to be enjoyed, and what costs are deemed acceptable (and thus the future conditions in which the river will be maintained) is established upfront.

The BBM was one of the first holistic methods to be developed. More recently, ecologists involved in EF assessments have taken the basic ideas in the BBM - i.e., flow-related ecological links and interdisciplinary assessment - and expanded on this to develop a data management system that allows for the ecological consequences of reducing discharges in the range of flow bands to be incorporated into a single database. This is the Downstream Response to Imposed Flow Transformations (DRIFT) process (King *et al.* 2003). DRIFT is revolutionary in that it is scenario-based, allowing for the comparative evaluation of the consequences of any number of different flow regimes, but where these consequences are derived from the ecological relationships (and social consequences for subsistence users, should such data be available) established between flows of different magnitudes and each ecosystem component.

5.9. EF ASSESSMENTS AND SCIENCE

Great strides have been made in developing methods for EF assessments over the past two decades, and the latest methods offer an enormous aid to the decision-making process for water managers. However, this approach to managing a country's natural water resources is heavily dependent on our ability to understand, and indeed, to quantify, the relationship between any one ecosystem component (providing a good or service) and the flow regime. Given the complexity associated with biotic communities, making this link between one or more aspects of the flow regime that can be easily quantified (such as from a flow duration curve) and a chemical or biological process or species requirement, requires the combined skills of biological knowledge and hydraulic modeling tools, from the very simple to the sophisticated. This essentially is the cornerstone, or the "science" behind EF assessment. Some examples of current work in quantifying biotic - abiotic linkages in relation to flow are discussed in the sections that follow.

5.9.1. *Régime de sédiment et l'écosystème*

Les barrages retiennent les sédiments qui descendent le cours d'eau et modifient les débits. Pour cette raison, le cours d'eau peut montrer des signes de dégradation (perte de sédiments) ou d'alluvionnement (accumulation de sédiments), selon que les crues restantes peuvent déplacer ou non les sédiments. Dans les deux cas, l'écosystème change parce que des plantes et des animaux différents vivent sur ou dans différents types de substrats. Par exemple, la plupart des arbres ne peuvent pas survivre sur les berges dégradées jusqu'au fond rocheux, tandis que la hausse des quantités de sable favorise la croissance des roseaux. La plus grande diversité d'insectes aquatiques se trouve sur les galets non colmatés, et c'est la zone d'alimentation privilégiée de nombreuses espèces de poissons de valeur comme la truite. Une invasion du lit de la rivière par le sable réduira à la fois la diversité et l'abondance des espèces d'insectes aquatiques, car la plupart ne peuvent survivre dans le sable. Celles qui peuvent vivre dans le sable ne sont pas visibles par les poissons qui ne peuvent donc pas s'en nourrir.

Dans les régions en développement tel le sud de l'Afrique, des millions de personnes consomment les ressources liées aux cours d'eau. Ils peuvent utiliser les ressources du cours d'eau pour la nourriture, les médicaments, les suppléments nutritionnels, le bois de chauffage, les matériaux de construction, l'eau potable et l'eau de lavage, l'artisanat et le pâturage des animaux. Les changements dans l'écosystème fluvial touchent directement les plus pauvres, menaçant souvent grandement leur santé, leur capacité de travail et leur bien-être spirituel. Jusqu'à récemment, on pensait que le principal impact des barrages sur les populations rurales était dû au déplacement de celles qui vivaient dans le bassin du réservoir projeté. On sait désormais que le nombre de personnes touchées en aval d'un barrage par l'évolution de l'état du fleuve peut être bien supérieur au nombre de personnes directement déplacées par le projet (WCD, 2000).

Toutefois, lorsqu'on évalue les progrès réalisés par les recherches éco-hydrauliques, il convient de reconnaître que, malgré les avancées de la recherche, les écosystèmes sont extrêmement complexes et il n'est pas facile de déterminer les relations entre les divers groupes d'animaux et de plantes, et leurs facteurs abiotiques. Les paramètres abiotiques qui peuvent être considérés comme les ressorts d'un écosystème peuvent, à la suite d'une légère altération, produire un résultat complètement différent dans un autre écosystème. Par exemple, une vitesse d'écoulement faible peut réduire l'apport d'éléments nutritifs aux végétaux, ce qui limite les ressources et fait baisser les taux de croissance (Biggs & Stokseth 1996). Cependant, l'effet sur les invertébrés qui se nourrissent de ces végétaux varie en fonction de si l'écosystème est pauvre ou riche en nutriments, de l'étendue de l'ombrage ou de la disponibilité de la lumière, du régime thermique, de la turbidité, etc. (e.g. Marks *et al.* 2000).

Les affirmations les plus fiables sur les conséquences écologiques de la réduction de l'écoulement exigent une bonne compréhension des relations biotiques et abiotiques qui régissent chaque rivière à l'étude. Cela exige un investissement scientifique d'une ampleur rarement accordée aux scientifiques concernés des pays en développement. Mais c'est un besoin qui est ignoré à nos risques et périls.

Afin de renforcer la pratique de l'attribution des débits environnementaux, les priorités sont les suivantes :

- Il faut investir davantage dans la science pour améliorer la confiance qui entoure les scénarios écologiques liés à l'altération du débit. Les projets de recherche qui traitent des relations fondamentales sont importants pour élargir le « capital intellectuel » disponible pour être appliqué au processus d'évaluation des débits environnementaux.

- La mesure de l'habitat des espèces benthiques n'est pas réalisée convenablement avec les techniques hydrauliques standard. Il faut accorder plus d'attention à ce secteur si l'on veut répondre de manière appropriée aux besoins en débit des organismes à la base même des chaînes alimentaires, et il s'agit d'un domaine important à étudier en collaboration.

5.9.1. *Sediment regime and the ecosystem*

Dams trap sediments passing down the river, as well as altering flows. Because of this, the channel may show signs of degradation (loss of sediments), or aggradation (accumulation of sediments), depending on whether the remaining floods can move the remaining incoming sediments. In both circumstances the ecosystem changes, because different plants and animals live on or in different kinds of substrates. Most trees, for instance, cannot survive on banks degraded down to bedrock, whilst increasing amounts of sand encourage growth of reed beds. The highest diversity of aquatic insects is on well-scoured cobbles, and this is the favoured feeding area of many valued fish species such as trout. A shift of the riverbed to sand will reduce both diversity and abundance of the food species, as most cannot survive in sand. Those that can live in sand cannot be seen by, and therefore fed on by, the fish.

In developing regions such as southern Africa, millions of people are subsistence users of rivers. They may be using river resources for food, medicines, nutritional supplements, firewood, construction materials, potable and washing water, crafts, and grazing for animals. Shifts in the river ecosystem directly affect these poorest of poor people, often deeply threatening their health, ability to work, and spiritual well-being. Until recently, it was assumed that the major impact of dams on rural people was through displacement of those living in the planned reservoir basin. It is now known that the number of people affected downstream of a dam by the changing health of the river can be orders of magnitude greater than the number directly displaced by the project (WCD, 2000).

In evaluating progress made in eco-hydraulic studies, however, it is important to recognise that, despite the expansion in research, ecosystems are extremely complex, and identifying the relationships between diverse assemblages of animals and plants, and their abiotic drivers, is not easy. The abiotic parameters which may be considered drivers for one ecosystem may, with only slight alteration, produce a completely different outcome in a second ecosystem. For example, reduced low flow velocity may reduce the supply of nutrients to algal mats, causing resource limitation and reduced growth rates (Biggs & Stokseth 1996). However, the effect on invertebrates that feed on these algae will vary depending on whether the ecosystem is nutrient poor or nutrient enriched, the extent of shading or light availability, temperature regime, turbidity etc. (e.g. Marks *et al.* 2000).

The most reliable statements of the ecological consequences of flow reduction require considerable understanding of the biotic and abiotic relationships that govern each river under consideration. This requires scientific investment of a magnitude that is seldom afforded to river scientists in developing countries, but it is a need that is ignored at our own peril.

In strengthening the practice of environmental flow allocations, the following are some priorities:

- More investment in science needs to be made to improve the confidence that surrounds the ecological scenarios associated with flow alteration. Research projects that deal with fundamental relationships are important in extending the "knowledge capital" available for application to the EF assessment process.

- Measuring the habitat of benthic dwellers is not satisfactorily achieved through standard hydraulic techniques. More attention to this area is require if the flow requirements of organisms at the very base of river food chains are to be adequately addressed, and this is an important area for collaborative study.

- Les programmes de surveillance devraient permettre de combler les lacunes dans les connaissances utilisées, cela devrait être pris en compte dans les ressources allouées aux programmes de surveillance.

5.10. ÉTUDE DE CAS : BARRAGE DE CAHORA BASSA

5.10.1. Contexte

Le fleuve Zambèze est le quatrième plus grand fleuve de plaine inondable d'Afrique et le plus grand système, il se déverse dans l'océan Indien. Il prend sa source en Angola, il a un bassin versant de 1 570 000 km^2, longe la frontière sud de la RDC et traverse le Botswana, la Zambie, le Zimbabwe, la Tanzanie, le Malawi et le Mozambique. Le fleuve se divise en trois segments: Le cours supérieur (1 078 km) depuis la source jusqu'aux chutes Victoria, le cours moyen (853 km) entre les chutes Victoria et la Gorge de Cahora Bassa, et le cours inférieur (593 km) de Cahora Bassa jusqu'à la mer. L'illustration 5.10-1 présente une carte de la partie basse du Zambèze.

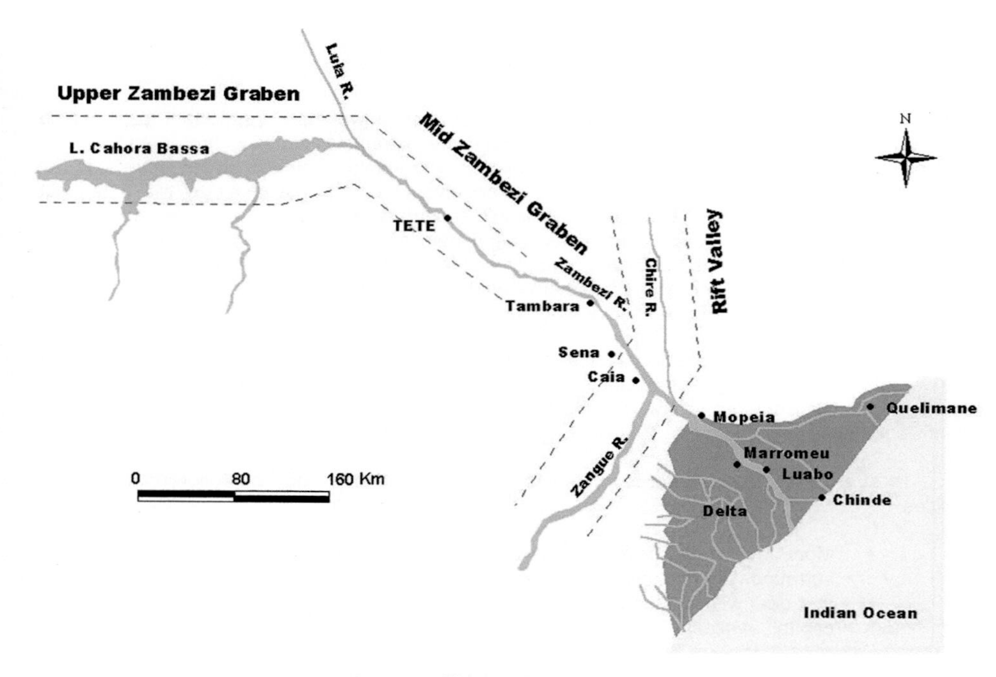

Figure 5.10-1
Représentation schématique du cours inférieur du Fleuve Zambèze

Dans les zones montagneuses surélevées en aval de Cahora Bassa, le lit est confiné dans une vallée étroite de 500 m de large avec des pentes relativement élevées. Les affleurements rocheux liés à l'énergie des courants élevés dominent l'environnement dans cette zone en gorges. En aval de ces zones, le fond de la vallée s'élargit sur plusieurs kilomètres. Comme les pentes sont encore relativement élevées et que les sédiments des berges sont très mobiles, la rivière est à dominante anastomosée avec un lit de sable. La zone est également caractérisée par des flux sédimentaires extrêmement élevés.

- Monitoring programmes should provide an avenue to make up for deficiencies in knowledge used in establishing the EWRs, and provision for this should be recognised in the resources allocated to monitoring programmes.

5.10. CASE STUDY: CAHORA BASSA DAM

5.10.1. Background

The Zambezi River is the fourth largest floodplain river in Africa and the largest system flowing into the Indian Ocean. Rising in Angola it has a catchment area of 1 570 000 km^2, drains the Southern borders of the DRC and traverses Botswana, Zambia, Zimbabwe, Tanzania, Malawi and Mozambique. The river comprises three segments: Upper (1 078 km) from its source to the Victoria Falls, Middle (853 km) between the Victoria Falls and Cahora Bassa Gorge, and Lower (593 km) from Cahora Bassa to the sea. Figure 5.10-1 shows a map of the lower Zambezi.

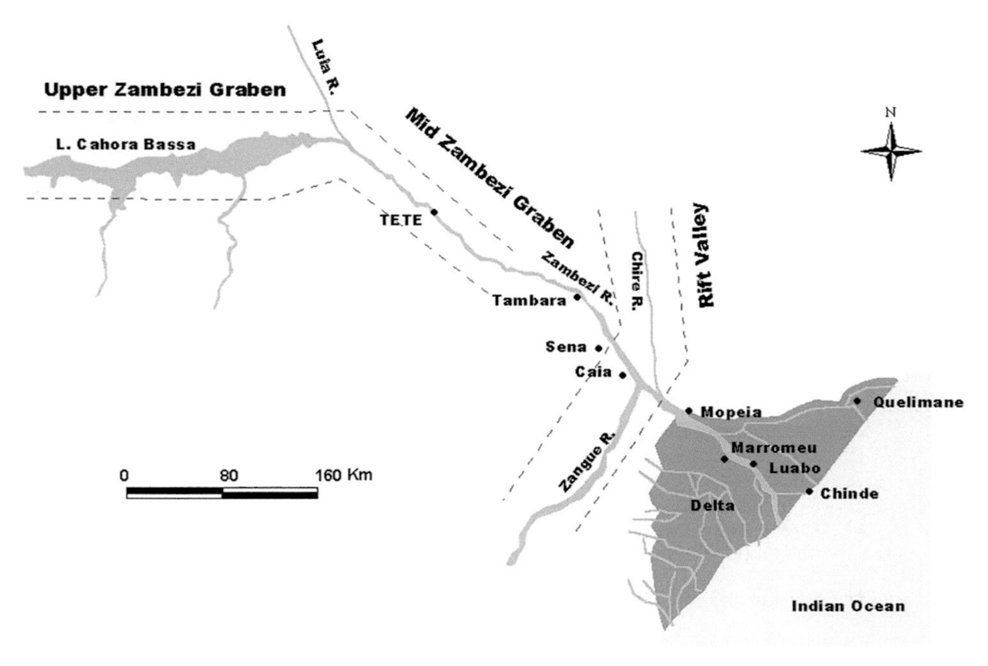

Figure 5.10-1
Schematic representation of the Lower Zambezi River

In the uplifted mountainous areas below Cahora Bassa, the channel is confined to a 500m wide narrow valley with relatively high gradients. Boulder and bedrock outcrops and high stream energies dominate the instream environment of the gorge zones. Downsteam of these zones the valley-floor-trough broadens to several kilometres. Because gradients are still relatively high and boundaries sediments are highly mobile, a braided sand-bed river dominates. The zone is further characterised by extremely high sediment fluxes.

Jackson (1986) décrit le Zambèze comme un fleuve à " banc de sable " avec des crues prononcées (janvier-avril) et une saison sèche (juin-octobre). Les crues moyennes sont comprises entre 8 000 et 14 000 m^3/s. Ce paragraphe est consacré aux effets du barrage de Cahora Bassa sur le cours inférieur de la rivière.

Entre décembre 1973 et octobre 1974, le Bas Zambèze a été étudié sept fois sur treize sites, de la frontière du Zimbabwe à la côte de Chinde, afin d'évaluer les effets potentiels de Cahora Bassa sur le Bas Zambèze qui est déjà régulé.

Les recommandations formulées à la suite des sondages étaient notamment les suivantes :

a) Remplissage du réservoir sur une période minimale de 2 ans.

b) Débit de compensation minimal de 450 m^3/s pendant le remplissage avec des déversements en fonction des cycles saisonniers.

c) Remplissage à partir de mars 1975, pour éviter la perte de l'inondation.

Des prédictions ont aussi été effectuées sur les changements écologiques futurs susceptibles de se produire si les recommandations étaient ignorées :

a) Un déclin rapide de la pêche côtière et de l'industrie de la crevette, et de la pêche fluviale artisanale : les deux premières en raison de la perte de vase et des nutriments associés, la dernière à cause de la baisse de l'inondation des terres humides, de la perte de recrutement et de l'exposition aux prédateurs.

b) Perte des mangroves et érosion côtière par réduction des crues et perte de vase (l'érosion côtière était évidente lors des relevés aériens effectués le 16 janvier 1974; elle a été attribuée aux effets du barrage de Kariba (capacité de stockage 180 600 millions de m^3) sur 16 ans.

c) Jusqu'à 70% de réduction du transport des sédiments pendant les inondations, associée à des risques d'affouillement et à la pénétration en amont du coin salin de l'estuaire.

d) Changements dans la structure de la végétation ripicole et des zones humides comme observé dans les cours d'eau à débit régulé et déclin concomitant des populations de grands mammifères et d'oiseaux dans les zones humides de Marromeu.

e) Dissémination des vecteurs de maladies humaines à cause du développement de l'habitat (mares, manque de rinçage).

f) Invasion des zones humides par des plantes aquatiques exotiques.

5.10.2. Réduction du débit dans la basse vallée du Zambèze

Le lac Cahora Bassa, d'une capacité totale de stockage de 63 milliards de m^3, a commencé à être rempli le 5 décembre 1974. Il a été rapidement rempli en une seule saison de crue (1974–1975) sans compensation des débits (60 m^3/s ont atteint la rivière sous forme de fuite). En mars 1975, un déversement d'urgence de 1,27 milliard de m^3 a été réalisé sur 5 jours afin d'éviter le débordement d'un mur encore incomplet. Un débit de 14 753 m^3/s a été obtenu en aval avec une combinaison de huit vannes d'évacuation et de déversoirs d'urgence, et le débit entrant a dépassé les 20 000 m^3/s.

Jackson (1986) describes the Zambezi as a 'sandbank' river with pronounced flood (Jan-April) and dry season (June-October) flows. The average floods ranges between 8 000 and 14 000 m^3/s. In this section we focus on the effects of the Cahora Bassa dam on the lower river.

Between December 1973 and October 1974, the Lower Zambezi was surveyed seven times at thirteen sites from the Zimbabwe border to the coast at Chinde in order to assess the potential effects of Cahora Bassa on the already regulated Lower Zambezi.

Recommendations that were made after the surveys included:

a) Reservoir filling over a minimum of 2 years.

b) Minimum compensation flow of 450 m^3/s during filling with releases to match seasonal cycles.

c) Filling from March 1975, to avoid loss of the flood.

Predictions about future ecological changes that would occur should the recommendations be ignored were also made:

a) A rapid decline in coastal fisheries and shrimp industry, and artisanal river Fisheries: the first two due to loss of silt and associated nutrients, the last to reduction of wetland flooding, loss of recruitment and exposure to main-channel predators.

b) Loss of mangroves and coastal erosion through flood reduction and silt loss (coastal erosion was evident during aerial surveys conducted on January 16, 1974; these were attributed to the effects of Kariba Dam (storage capacity 180 600 million m^3) over 16 years).

c) Up to 70% reduction in sediment transport during floods, coupled to lack of scour and upstream penetration of the estuarine salt wedge.

d) Changes in riparian and wetland vegetation structure consistent with classically regulated rivers and concomitant decline of large mammal and bird populations on the Marromeu Wetlands.

e) Spread of human disease vectors due to increased habitat (pools, lack of flushing).

f) Invasion of wetlands by alien aquatic plants.

5.10.2. Flow curtailment in the lower Zambezi Valley

Lake Cahora Bassa with total storage capacity of 63 000 million m^3 commenced filling on December 5, 1974. It was rapidly filled in a single flood season (1974–1975) without compensation flows (60 m^3/s reached the river as leakage). By March 1975, an emergency flood release discharged 1.27 billion m^3 over 5 days to prevent overtopping the still incomplete wall. A discharge of 14 753 m^3/s was achieved with a combination of eight sluice gates and emergency spillways and inflows exceeded 20 000 m^3/s.

Figure 5.10-2
Des débits de crue enregistrés en aval du barrage de Cahora Bassa.

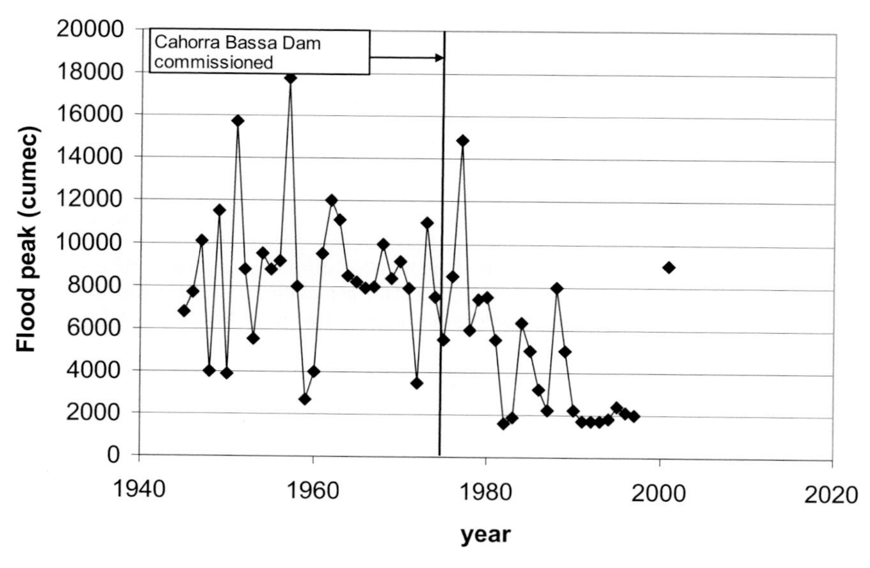

Figure 5.10-3
Pics de crue historiques observées en aval du site du barrage de Cahora Bassa

Figure 5.10-2
Shows a graph of recorded flood flows downstream of Cahora Bassa Dam.

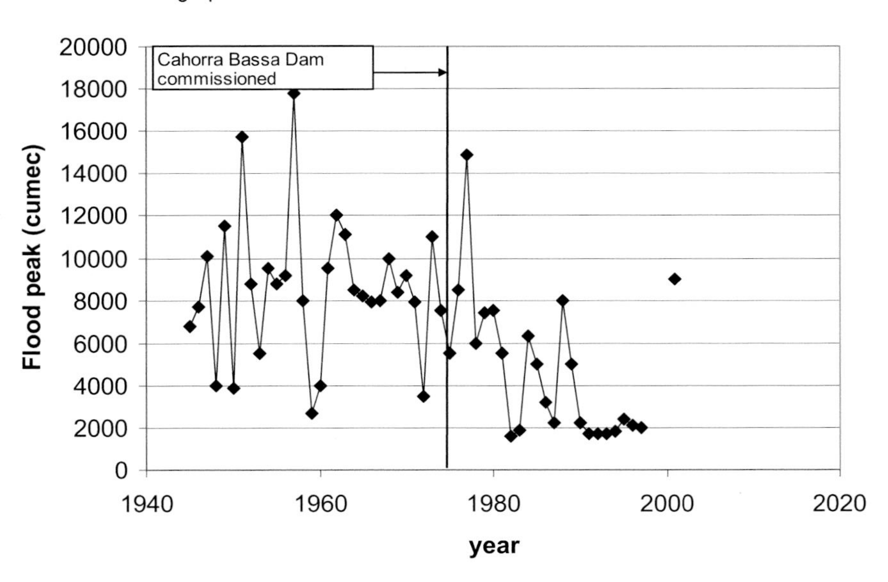

Figure 5.10-3
Observed historical flood peaks downstream of Cahora Bassa Dam site

Les crues les plus importantes du barrage se sont produites en 1978 (14 900 m³/s) et en 2001 (9 000 m³/s). Après la crue de 1978, de nouvelles règles d'exploitation ont été adoptées afin d'atténuer le plus possible l'inondation à Cahora Bassa, et cela a permis pour la crue de 1997 de passer d'un débit de 12 000 m³/s en entrée du réservoir à un débit de 2000 m³/s en sortie. En 2001, l'atténuation des crues a toutefois été beaucoup moins importante, passant d'un pic d'apport de 13 800 m³/s à un débit sortant de 9 000 m³/s (réduction de 35%). Il n'y a pas eu de déversements non réglementés du barrage depuis sa mise en service. Il convient d'observer qu'en raison de divers facteurs, dont la guerre civile qui a duré 18 ans au Mozambique, les turbines n'ont jamais tourné à plein régime et seulement 15 MWh (puissance installée de 2075 MW) ont été produits en juin 1996, alors que les rejets du barrage étaient constants à 758 m³/s.

Des relevés aériens, effectués en juin 1996, ont révélé des changements spectaculaires dans la morphologie du réseau de plaines d'inondation en aval du barrage. Les réactions morphologiques à la régularisation du débit et aux réductions subséquentes des flux de sédiments variaient selon les différentes zones des plaines d'inondation des rivières. Par exemple, en raison de l'augmentation des capacités d'écoulement dans les gorges, la majorité des barres du canal fluvial s'étaient érodées. La perte de ces zones temporaires d'entreposage de sédiments a entraîné la formation d'un système de type " canal " avec une réduction marquée de l'habitat dans le canal. Dans la zone anastomosée, des réductions marquées de l'ampleur et de la fréquence des inondations dans la plaine inondable ont causé la domination d'un chenal principal, alors qu'il y avait auparavant plusieurs chenaux actifs. De nombreux chenaux secondaires se sont isolés du principal en raison de l'envasement des points d'entrée. L'Illustration 3.3 montre une image satellite de la morphologie actuelle (2000) de la rivière à 300 km en aval du barrage.4.

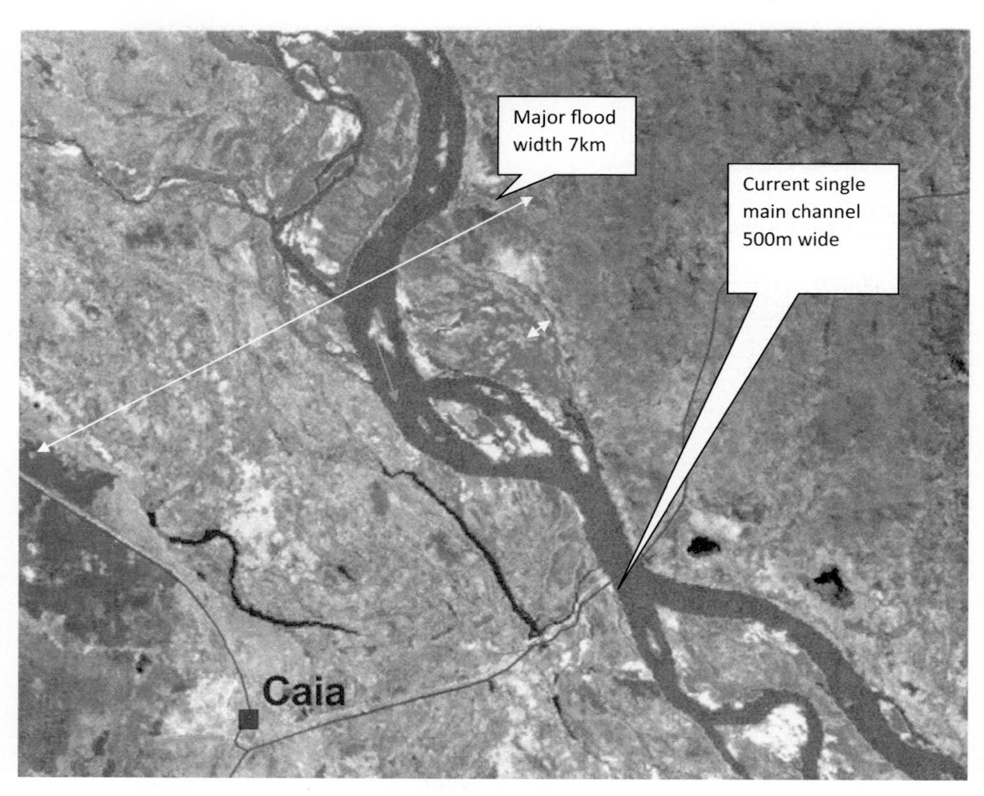

Figure 5.10-4
Image satellite montrant la dominance d'un chenal principal près de Caia (2001).

The largest floods released from the dam occurred in 1978 at 14900 m^3/s, and in 2001 at 9000 m^3/s. After the 1978 flood new operating rules were adopted to attenuate the flood in Cahora Bassa as much as possible, and it was possible to attenuate the 1997 inflow into the reservoir of 12000 m^3/s, to an outflow of 2000 m^3/s. In 2001 the flood attenuation was however much less from an inflow peak of 13800 m^3/s to an outflow of 9000 m^3/s (35% reduction). There have been no unregulated spills from the dam since its closure. Interestingly, owing to a variety of factors including Mocambique's 18-year-long civil war, the turbines have never produced full capacity and during June 1996, only 15 MW (installed capacity 2075 MW) were being produced while releases from the dam were constant at 758 m^3/s.

Aerial surveys, conducted during June 1996, indicated dramatic changes in the morphology of the river-floodplain system downstream of the dam. Morphological responses to flow regulation and the subsequent reduction in sediment loads and flows varied in the different river-floodplain zones. For example, due to enhanced flow capacities in the gorges, the majority of the river channel bars had eroded. The loss of these temporary sediment storage areas resulted in a 'canal' like system with marked reduction of in-channel habitat. In the anabranch zone, marked reductions in the magnitude and frequency of floodplain inundation have caused dominance of one main channel, whereas previously there were several active channels. Many secondary channels have become isolated from the main channel through silting of entrance points. Figure 3.3 shows a satellite image of the current (2000) river morphology 300 km downstream of the dam.

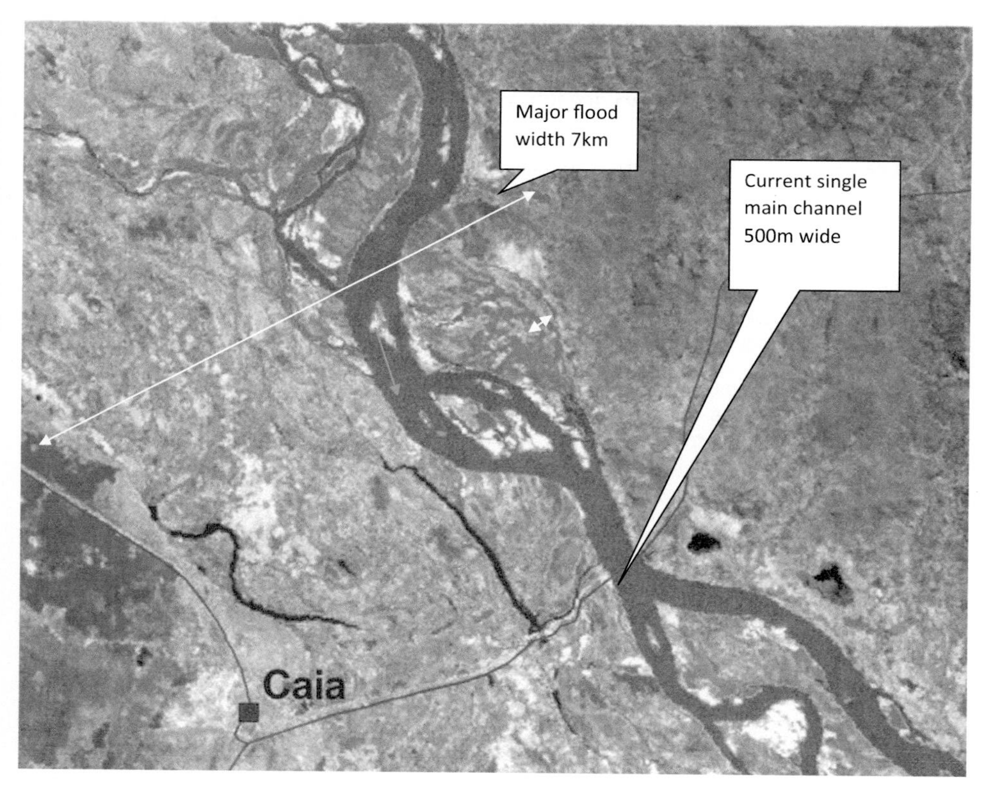

Figure 5.10-4
Satellite image showing dominance of one main channel near Caia (2001).

Il est apparu clairement que bon nombre des prévisions de l'équipe d'étude initiale étaient exactes. En particulier dans le complexe de Marromeu, où les secteurs en amont ont subi un empiétement généralisé de la savane ligneuse sur la plaine d'inondation herbacée. Les bras morts des méandres ont été bouchés, tandis que l'invasion des plantes exotiques Azolla et Eichhornia a au moins pu être maîtrisée. Les oiseaux et les mammifères avaient pratiquement disparu en comparaison avec les années 1970- les populations autrefois considérables de buffles du Cap ou Syncerus Caffer Caffer (plus de 70 000 têtes) avaient pratiquement disparu. Cependant, bien que la réduction des inondations et l'appauvrissement des sédiments puissent être cités comme responsables de la disparition des espèces sauvages, l'amélioration de l'accès humain, la guerre civile et le braconnage sont des causes plus probables.

La connexion des zones humides avec le chenal principal a été perturbée, ce qui a eu de graves conséquences pour la pêche artisanale locale et l'avifaune, et seul l'un des principaux chenaux du Zambèze avait conservé récemment une mangrove saine.

Les relevés aériens avaient indiqué une diminution de 40% des mangroves et l'érosion côtière était évidente. Hoguane (1997) a signalé que les taux de capture de crevettes ont diminué de 60% entre 1978 et 1995, ce qui est directement lié à la baisse du ruissellement du Zambèze vers le banc de Sofala, au large des côtes. Depuis la construction du barrage de Cahora Bassa, la taille du delta a diminué, passant d'une largeur de 600 km à seulement 150 km. En résumé, la modification du milieu imposée par le barrage de Cahora Bassa n'est pas loin d'être catastrophique.

5.11. RÉDUCTION DES IMPACTS DU DÉVELOPPEMENT DES BARRAGES SUR L'ÉCOSYSTÈME ET LA MORPHOLOGIE FLUVIALE

5.11.1. Impacts environnementaux négatifs liés à la construction des barrages

Les impacts environnementaux négatifs et des impacts sociaux connexes qui peuvent résulter des barrages sont remarquablement diversifiés. Bien que certains impacts ne surviennent que pendant la construction, les impacts les plus importants sont habituellement liés à l'existence et à l'exploitation du barrage et du réservoir sur le long terme. D'autres impacts importants peuvent résulter des travaux de génie civil complémentaires tels que les routes d'accès, les lignes de transport d'électricité, les carrières et les emprunts de terre. En termes de morphologie fluviale, les impacts des changements fluviaux se trouvent à la fois en amont (sédimentation des réservoirs) et en aval, pouvant descendre jusqu'à l'océan.

Les mesures d'atténuation peuvent prévenir, réduire ou compenser efficacement la plupart des impacts négatifs, mais seulement si elles sont mises en œuvre de manière convenable. De plus, pour certains types d'impacts négatifs, sur certains sites projetés, les mesures d'atténuation disponibles ne sont fondamentalement pas satisfaisantes, même lorsqu'elles sont mises en œuvre de manière convenable.

Les impacts des barrages sur l'environnement et la morphologie fluviale pourraient être réduits avec un bon choix de site et un bon fonctionnement. Le chapitre suivant offre une brève description des impacts et des options d'atténuation.

It is clear that many of the predictions of the original study team were correct. Particularly in the Marromeu Complex, where upstream sectors had experienced widespread encroachment by woody savanna onto the herbaceous floodplain. Meander trains and oxbows were choked, while invasion by the alien plants, Azolla and Eichhornia at least was clear. Bird and mammal life was virtually non-existent compared to the 1970's – the once enormous populations of Cape buffalo, Syncerus cater (over 70 000 head) had virtually disappeared. However, although altered flooding and sediment depletion could be cited for the loss of wildlife, enhanced human access, the civil war, and poaching are more likely causes.

Connectivity of wetlands to the main channel had been disrupted with severe consequences for local artisanal fisheries and avifauna, and only one of the main channels of the Zambezi had relatively newly recruited and healthy mangrove.

Aerial surveys had indicated a 40% loss of mangrove while coastal erosion was obvious. Hoguane (1997) reported that prawn catch rates have declined by 60% between 1978 and 1995, which is directly correlated to falling runoff to the offshore Sofala Bank from the Zambezi. The delta has decreased in size from a width of 600 km to only 150 km since construction of Cahora Bassa Dam. The consistancy of flow imposed by Cahora Bassa Dam can be summarised as little short of catastrophic.

5.11. MINIMISING THE IMPACTS OF DAM DEVELOPMENT ON THE ECOSYSTEM AND FLUVIAL MORPHOLOGY

5.11.1. Adverse environmental impacts of dam development

The range of adverse environmental and related social impacts that can result from dams is remarkably diverse. While some impacts occur only during construction, the most important impacts usually are due to the long-term existence and operation of the dam and reservoir. Other significant impacts can result from complementary civil works such as access roads, power transmission lines, and quarries and borrow pits. In terms of fluvial morphology, the impacts are both upstream (reservoir sedimentation) and downstream river changes which could be down to the ocean.

Mitigation measures can effectively prevent, minimize, or compensate for most adverse impacts, but only if they are properly implemented. Moreover, for some types of negative impacts, at some project sites, the available mitigation measures – even when properly implemented – are inherently unsatisfactory.

The impacts of dams on the environment and fluvial morphology could be minimized by good site selection and operation. The following section provides a brief description of impacts and mitigation options.

5.11.2. Inondations des habitats naturels

Certains réservoirs inondent en permanence de vastes habitats naturels, entrainant des extinctions d'espèces animales et végétales au niveau local, voire mondial. Une option d'atténuation consiste à établir une ou plusieurs zones protégées compensatoires qui sont gérées dans le cadre du projet.

5.11.3. Disparition de la faune terrestre

La disparition d'espèces sauvages terrestres par noyade pendant le remplissage des réservoirs est une conséquence inhérente à l'inondation des habitats naturels terrestres. Les options d'atténuation comprennent les efforts de sauvetage de la faune. Elles peuvent être utiles à des fins de relations publiques, mais elles parviennent rarement à restaurer les populations sauvages (Ledec et Quintero, 2004).

5.11.4. Déplacement involontaire

Le déplacement de personnes est souvent le principal impact social négatif des projets hydroélectriques. Il peut également avoir d'importantes implications environnementales, comme la conversion des habitats naturels pour accueillir des populations rurales réinstallées.

La principale mesure d'atténuation pour les populations physiquement déplacées est la réinstallation, y compris la construction de nouveaux logements, le remplacement des terres et d'autres formes d'assistance, selon les besoins. L'illustration 4.1 présente la relation entre la superficie des réservoirs et le nombre de personnes déplacées dans différentes régions du monde. La moyenne mondiale est de 60 ha/MW inondés dans un réservoir. La valeur médiane du nombre de personnes déplacées par rapport aux MW, d'après les données de la Banque mondiale, est de 16 (Ledec et Quintero, 2004). Tous les barrages africains pris en compte ont un rapport superficie/occupation élevé (Illustration 4.2) et de nombreuses personnes ont été déplacées, ce qui est dû aux conditions climatiques variables qui nécessitent une capacité de stockage relativement importante et des zones à forte densité de population.

5.11.5. Perte de biens culturels

Les biens culturels, y compris les sites et objets archéologiques, historiques, paléontologiques et religieux, peuvent être inondés par les réservoirs ou détruits par les carrières, les emprunts de terre, les routes ou autres ouvrages.

Les structures et objets d'intérêt culturel devraient être récupérés après consultation de la population locale, lorsque cela est possible, grâce à un inventaire scientifique, un déplacement physique, une documentation et un stockage dans des musées ou autres installations.

5.11.2. Flooding of natural habitats

Some reservoirs permanently flood extensive natural habitats, with local and even global extinctions of animal and plant species. A mitigation option is to establish one or more compensatory protected areas that are managed under the project.

5.11.3. Loss of terrestrial wildlife

The loss of terrestrial wildlife to drowning during reservoir filling is an inherent consequence of the flooding of terrestrial natural habitats. Mitigation options include wildlife rescue efforts. They might be useful for public relation purposes, but they rarely succeed in restoring wild populations (Ledec and Quintero, 2004).

5.11.4. Involuntary displacement

Involuntary displacement of people is often the main adverse social impact of hydroelectric projects. It can also have important environmental implications, such as with the conversion of natural habitats to accommodate resettled rural populations.

The main mitigation measure for physically displaced populations is resettlement, including new housing, replacement lands, and other assistance, as needed. Figure 4.1 shows the relationship between reservoir area and the number of people displaced for different regions of the world. The world average is 60 ha/MW flooded in a reservoir. The median value of people/MW displaced based on World Bank data is 16 (Ledec and Quintero, 2004). All the African dams considered have a high area/MW ratio (Figure 4.2) and many people have been displaced, which is due to the variable climatic conditions which require a relatively large storage capacity and densely populated areas.

5.11.5. Loss of cultural property

Cultural property, including archaeological, historical, pale ontological, and religious sites and objects, can be inundated by reservoirs or destroyed by quarries, borrow pits, roads, or other works.

Structures and objects of cultural interest should undergo salvage after community consultation, when feasible, through scientific inventory, physical relocation, and documentation and storage in museums or other facilities.

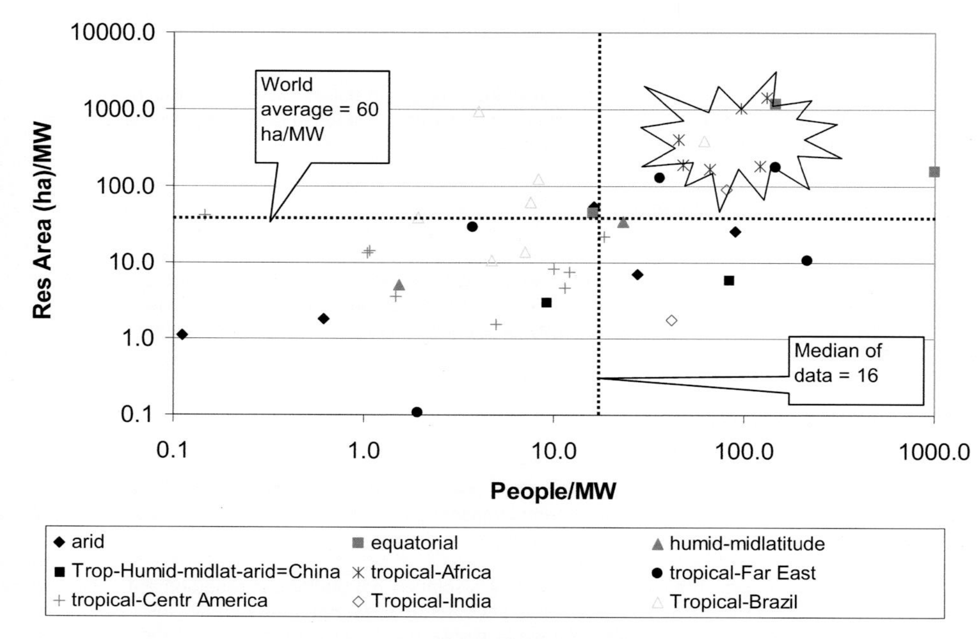

Figure 5.11-1
Relation entre la superficie du réservoir et le nombre de personnes déplacées

Les projets ayant une petite superficie de réservoir (par rapport à la production d'électricité) tendent à être les plus souhaitables du point de vue environnemental et social, en partie parce qu'ils réduisent les pertes d'habitats naturels ainsi que les besoins de réinstallation.

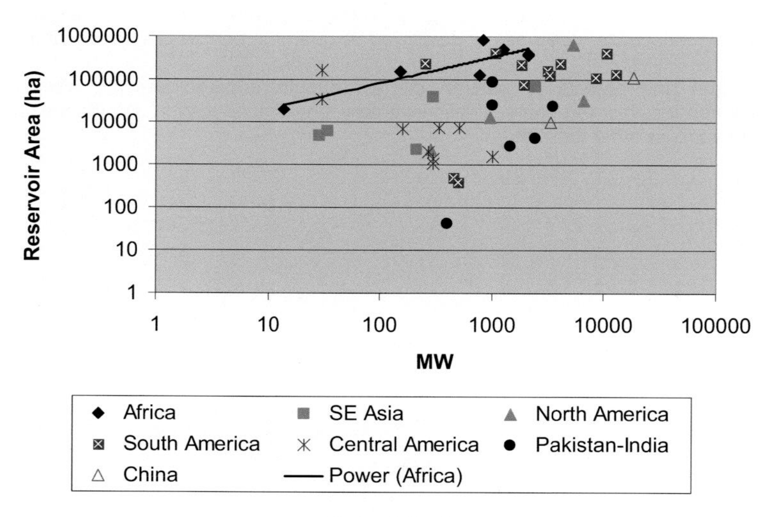

Figure 5.11-2
Relation entre la superficie du réservoir et la production d'électricité

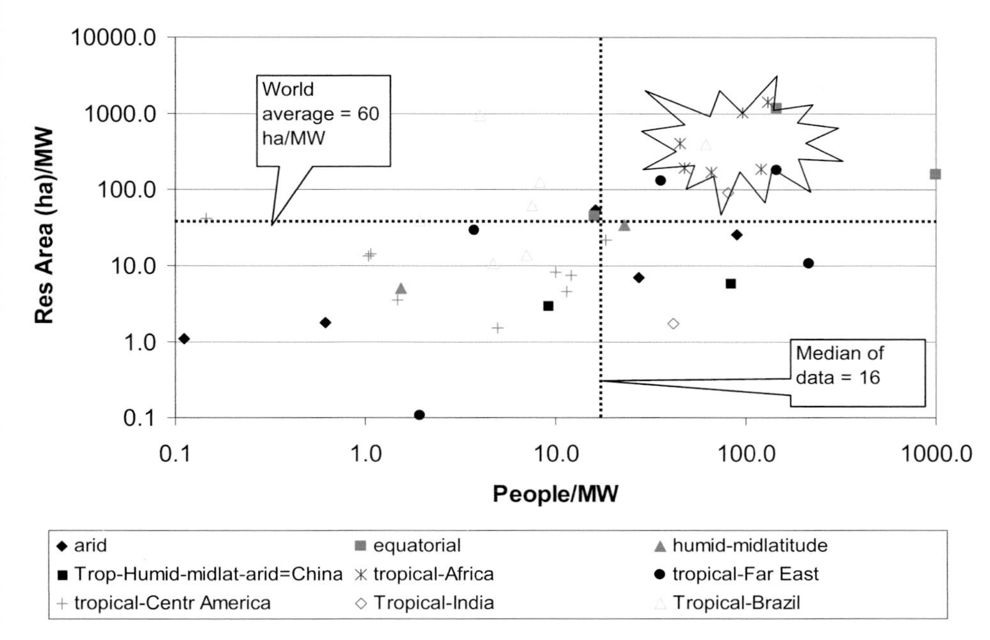

Figure 5.11-1
The relationship between reservoir area and number of people displaced

Projects with a small reservoir surface area (relative to power generation) tend to be most desirable from both an environmental and social standpoint, in part because they minimise natural habitat losses as well as resettlement needs.

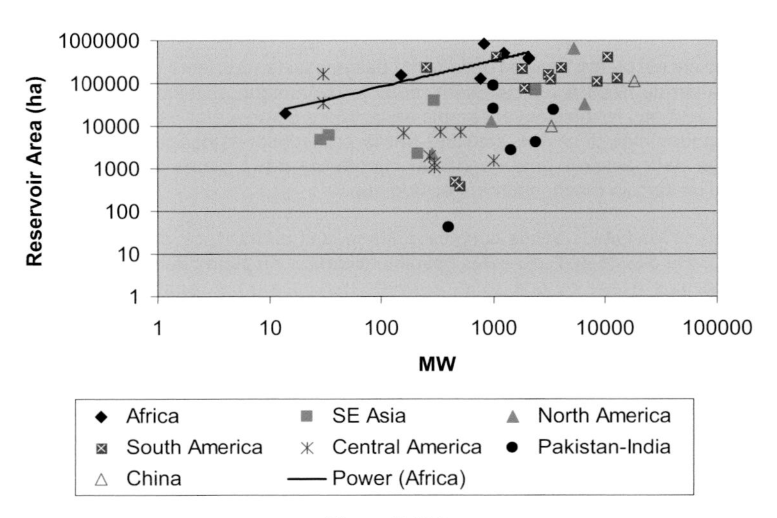

Figure 5.11-2
The relationship between reservoir area and power generation

5.11.6. *Détérioration de la qualité de l'eau*

La construction de barrages sur les cours d'eau peut entraîner une grave détérioration de la qualité de l'eau en raison de la réduction de l'oxygénation et de la réduction de la dilution des polluants par des réservoirs relativement stagnants (par rapport aux fleuves à débit rapide). L'inondation de la biomasse (surtout des forêts) et sa dégradation sous-marine qui en résulte et/ou de la stratification des réservoirs peuvent être la cause d'un manque d'oxygène dans les eaux profondes des lacs. Parmi les options d'atténuation, des mesures de contrôle de la pollution de l'eau (telles que les stations d'épuration des eaux usées ou l'application de la réglementation industrielle) peuvent être nécessaires pour améliorer la qualité de l'eau des réservoirs.

5.11.7. *Morphologie fluviale en aval*

D'importants changements hydrologiques en aval de la rivière peuvent détruire les écosystèmes riverains qui dépendent des inondations naturelles périodiques, aggraver la pollution de l'eau pendant les périodes de basses eaux et favoriser l'intrusion d'eau salée près des embouchures des rivières. La baisse des charges de sédiments et d'éléments nutritifs associés peut accroître l'érosion des berges et des côtes et nuire à la productivité biologique et économique des rivières et des estuaires. La dégradation en aval des barrages peut tuer les poissons et d'autres espèces animales et végétales et nuire à l'agriculture et à l'approvisionnement en eau.

Ces effets néfastes peuvent être réduits au minimum grâce à une gestion prudente des débits et, à cet égard, la variabilité est très importante. Les objectifs à prendre en compte pour optimiser les rejets d'eau par les turbines et les déversoirs comprennent un approvisionnement adéquat en eau en aval pour les écosystèmes ripicoles, la survie des poissons dans le réservoir et en aval, la qualité de l'eau dans les réservoirs et en aval, la lutte contre les mauvaises herbes aquatiques et les vecteurs de maladies, l'irrigation et autres utilisations humaines des eaux, la protection en aval, les loisirs et, bien sûr, la production d'électricité. D'un point de vue écologique, le régime idéal d'écoulement de l'eau imiterait fidèlement le régime naturel d'inondation.

5.11.7.1. Étude de cas du Barrage de Cahora Bassa

La variabilité est un élément clé de la santé des écosystèmes riverains. Dans le cas de Cahora Bassa, la régulation du débit a radicalement réduit la dynamique spatiale et temporelle du fleuve. Même si l'on ne peut pas réhabiliter l'ensemble de la rivière à son « état original », l'état de plusieurs fonctions écologiques clés peut être amélioré par la prescription d'inondations. Les déversements d'eau du barrage pour assurer une inondation importante de la plaine inondable assureraient le rétablissement d'un certain fonctionnement écologique.

Les crues et les faibles débits optimums, les modes de transport saisonniers des sédiments souhaités, l'état de la qualité de l'eau et les besoins minimaux en zones de frai des poissons peuvent être générés pour une rivière ou une zone de rivière particulière par rapport à un projet déterminé, en utilisant les connaissances propres au système et au site et les meilleures opinions des experts disponibles. En Afrique, la plupart des cours d'eau n'ont pas été aménagés autant qu'ailleurs dans le monde et il est encore plus important de limiter autant que possible les impacts des nouveaux aménagements, ce qui ne peut se faire qu'avec des modèles mathématiques de pointe (1D et 2D) pour simuler des processus fluviaux à long terme, avec des connaissances spécialisées locales. Les débits de crue gérés pour l'entretien des lits fluviaux devraient être conçus de manière à maintenir la relation entre la charge sédimentaire et le débit le long de la rivière sur différents sites de référence.

5.11.6. *Deterioration of water quality*

The damming of rivers can cause serious water quality deterioration, due to the reduced oxygenation and dilution of pollutants by relatively stagnant reservoirs (compared to fast-flowing rivers), flooding of biomass (especially forests) and resulting underwater decay, and/or reservoir stratification (where deeper lake waters lack oxygen). Mitigation Options. Water pollution control measures (such as sewage treatment plants or enforcement of industrial regulations) may be needed to improve reservoir water quality.

5.11.7. *Downriver fluvial morphological*

Major downriver hydrological changes can destroy riparian ecosystems dependant on periodic natural flooding, exacerbate water pollution during low-flow periods, and increase saltwater intrusion near river mouths. Reduced sediment and nutrient loads can increase river-edge and coastal erosion and damage the biological and economic productivity of rivers and estuaries. Induced degradation of rivers below dams can kill fish and other fauna and flora, and damage agriculture and water supplies.

These adverse impacts can be minimized through careful management of water releases and in this regard, variability is very important. Objectives to consider in optimizing water releases from the turbines and spillways include adequate downriver water supply for riparian ecosystems, reservoir and downriver fish survival, reservoir and downriver water quality, aquatic weed and disease vector control, irrigation and other human uses of water, downriver flood protection, recreation, and of course power generation. From an ecological standpoint, the ideal water release pattern would closely mimic the natural flooding regime.

5.11.7.1. The Cahora Bassa Dam case study

Variability is a key component of healthy riverine ecosystems. In the Cahora Bassa case, flow regulation has radically reduced the spatial and temporal dynamics of the river. Whilst one may not be able to rehabilitate the entire river to its original 'pre-regulated state's, the condition of several key ecological functions would be improved with prescribed flood events. Releases of water from the dam to ensure significant floodplain inundation would ensure the reinstatement of some ecological functioning.

Ideal flood and low flows, seasonal patterns of sediment transport desired, water quality states, and minimum requirements for fish-spawning cues can be generated for a particular river or river zone in relation to an identified water project using system- and site-specific knowledge, and the best available expert opinion. In Africa most rivers have not been developed as extensively as elsewhere in the world and the responsibility is therefore even higher to limit the impacts of new developments as much as possible and this can only be done with state-of-the-art mathematical models (1D and 2D) to simulate long term fluvial processes, with local expert knowledge. Managed flood releases for river channel maintenance should be designed to maintain the pre-dam sediment load-discharge relationship along the river at different baseline sites.

Par une approche empirique, Wilson (1997) a calculé qu'environ 49 km^3 sur une capacité totale de stockage du réservoir de 63 km^3 (ce qui semble un ratio élevé) sont disponibles annuellement dans le lac Cahora Bassa sans perte de production électrique. De plus, avec une variabilité intra-annuelle correcte, la mise à disposition de 3 km^3/mois en saison sèche à partir du réservoir pourrait augmenter la production de crevettes d'environ 30 millions $/an.

De telles variations de débit devraient être couplées à un programme social exhaustif, car les îles nouvellement formées et les marges stabilisées du cours inférieur du fleuve comptent désormais de nombreuses populations humaines.

5.11.8. Maladies liées à l'eau

Certaines maladies infectieuses peuvent se propager autour des réservoirs hydroélectriques, en particulier dans les climats chauds et les régions à forte densité de population. Certaines maladies sont transmises par des vecteurs de maladies qui dépendent de l'eau, d'autres sont propagées par de l'eau contaminée, qui devient souvent pire dans les réservoirs stagnants que dans les rivières à débit rapide. En Afrique, la bilharziose, le paludisme et le choléra tuent des millions de personnes chaque année. Les mesures de santé publique devraient comprendre des mesures préventives, la surveillance des vecteurs et des épidémies, la lutte contre les vecteurs de transmission et, si besoins, le traitement clinique des cas.

5.11.9. Poissons et autres organismes aquatiques

Les projets hydroélectriques ont souvent des effets importants sur les poissons et les autres formes de vie aquatique. Les réservoirs ont un effet positif sur certaines espèces de poissons (et sur les pêches) en augmentant la superficie de l'habitat aquatique disponible. Cependant, les impacts nets sont souvent négatifs, surtout dans la rivière en aval. La gestion des rejets dans l'eau est nécessaire à la survie de certaines espèces dans et sous le réservoir.

5.11.10. Végétation aquatique flottante

La végétation aquatique flottante peut proliférer rapidement dans les réservoirs eutrophiques, causant des problèmes tels que (a) la dégradation de l'habitat de la plupart des poissons et autres espèces aquatiques, (b) l'amélioration des zones de reproduction des moustiques et autres espèces nuisibles et vecteurs de maladies, (c) la gêne à la navigation et à la baignade, (d) le blocage des équipements mécaniques aux barrages et (e) la perte accrue des réserves en eau dans certains réservoirs. La lutte contre la pollution et le déboisement sélectif avant la mise en eau réduiront la croissance aquatique dans les réservoirs. L'élimination ou le confinement physique des herbes aquatiques flottantes est efficace, mais cela entraine des dépenses importantes et récurrentes pour les grands réservoirs. Le contrôle biologique est une mesure d'incitation efficace.

5.11.11. Gaz à effet de serre

Les gaz à effet de serre sont libérés dans l'atmosphère à partir de réservoirs qui inondent les forêts et autres biomasses, lentement ou rapidement. Les gaz à effet de serre sont considérés comme la principale cause du changement climatique mondial induit par l'homme. L'échappement de gaz des réservoirs peut être réduit par la récupération du bois commercial et du bois de chauffage.

In a rule-of–thumb approach, Wilson (1997) calculated that some 49km^3 out of a total reservoir storage capacity of 63 km^3 (this seems a high ratio), are available annually from lake Cahora Bassa without loss of power production. Further, with correct intra-annual variability, a drop in present dry season flows from the reservoir by 3 km^3/month could stimulate prawn production by some $30 million /year.

Such flow variations would have to be coupled to an exhaustive social programme, for the newly formed islands and stabilised margins of the lower river now have large human populations.

5.11.8. Water-related diseases

Some infectious diseases can spread around hydroelectric reservoirs, particularly in warm climates and densely populated areas. Some diseases are borne by water-dependant disease vectors, others are spread by contaminated water, which frequently becomes worse in stagnant reservoirs than it was in fast-flowing rivers. In Africa bilharzia, malaria and cholera kill millions of people every year. Public health measures should include preventative measures, monitoring of vectors and disease outbreaks, vector control, and clinical treatment of disease cases, as needed.

5.11.9. Fish and other aquatic life

Hydroelectric projects often have major effects on fish and other aquatic life. Reservoirs positively affect certain fish species (and fisheries) by increasing the area of available aquatic habitat. However, the net impacts are often negative, especially in the downstream river. Management of water releases are required for the survival of certain species in and below the reservoir.

5.11.10. Floating aquatic vegetation

Floating aquatic vegetation can rapidly proliferate in eutrophic reservoirs, causing problems such as (a) degraded habitat for most fish and other aquatic species, (b) improved breeding grounds for mosquitoes and other nuisance species and disease vectors, (c) impeded navigation and swimming, (d) clogged electromechanical equipment at dams, and (e) increased water loss from some reservoirs. Pollution control and pre-impoundment selective forest clearing will make reservoirs less conductive to aquatic growth. Physical removal or containment of floating aquatic weeds is effective but imposes a high and recurrent expense for large reservoirs. Biological control is an effective instigation measure.

5.11.11. Greenhouse gasses

Greenhouse gasses are released into the atmosphere from reservoirs that flood forests and other biomass, either slowly or rapidly. Greenhouse gasses are widely considered the main cause of human-induced global climate change. Gas release from reservoirs can be reduced by salvage of commercial timber and fuelwood.

5.11.12. Impacts des travaux complémentaires de génie civil

Des travaux de génie civil complémentaires peuvent induire d'importants changements dans l'utilisation du sol, en particulier dans le cas des routes d'accès, des lignes électriques, des carrières et des emprunts de terre et des plans d'aménagement connexes. Mais les effets sont habituellement confinés localement. L'emplacement de ces ouvrages devrait se situer dans les zones les moins nuisibles à l'environnement et à la société.

Autres aspects :

- Qualité de l'eau, comme la turbidité et la couleur de l'eau pour l'usage potable
- Qualité des sédiments dans le réservoir
- Croissance des algues liée à la sédimentation
- Confinement, etc.

5.11.13. Sédimentation dans le réservoir

Au fil du temps, le stockage et la production d'électricité sont réduits par la sédimentation des réservoirs, de sorte qu'une grande partie de l'énergie hydroélectrique de certains projets pourrait ne pas être renouvelable à long terme, puisque la plupart des barrages sont conçus pour une durée de stockage de 50 à 100 ans seulement.

5.11.13.1. Mesures visant à limiter la production de sédiments

a) Conservation des sols et des eaux dans le bassin versant

Il serait souhaitable que les politiques de gestion des bassins versants à grande échelle puissent à la fois limiter la sédimentation dans les réservoirs et pratiquer la conservation des sols, mais le succès à cet égard a été très limité. Les diminutions des charges sédimentaires observées sont dues à l'appauvrissement des surfaces des sols érodables plutôt qu'au succès des mesures de conservation des sols. Il est également très difficile d'amener les gouvernements à appliquer des mesures fortes de conservation des sols, car elles sont généralement coûteuses et impopulaires.

Il ne faut pas oublier que l'érosion des sols est un phénomène naturel. En Afrique du Sud, des ravines d'érosion semblables à celui présenté à l'illustration 2-1 ont été observés dès 1830 dans des conditions quasi naturelles.

5.11.12. Impacts of complementary civil works.

Complementary civil works can induce major land use changes – particularly in the case of access roads, power transmission lines, quarries and borrow pits and associated development plans, but the effects are usually localized. The siting of these works should be in the environmentally and socially least damaging areas.

Other aspects:

- Water quality such as turbidity and colour for potable use
- Quality of sediments in reservoir
- Algal growth related to sedimentation
- Retirement, Etc.

5.11.13. Reservoir Sedimentation

Over time, live storage and power generation are reduced by reservoir sedimentation, such that much of some projects' hydroelectric energy might not be renewable over the long term, since most dams are only designed for a 50-to-100-year live storage life.

5.11.13.1. Measures to limit the sediment yield

a) Soil-water conservation in the catchment

Whereas it would be wonderful if large scale catchment management policies could serve to limit reservoir sedimentation and to practise soil conservation at the same time, success in this regard has been very limited. Some of the decreases in sediment loads which have been observed are due to depletion of erodible topsoils rather than successes with soil conservation measures. It is also very difficult to get governments to apply strong soil conservation measures as these are generally expensive and unpopular.

It should be remembered that soil erosion is a natural phenomenon. In South Africa erosion gullies similar to the one shown in Figure 2-1 were observed as long back as 1830 under near natural conditions.

Figure 5.11-3
Ravine d'érosion

Des programmes de conservation des sols et de l'eau ont été mis en place dans les grands bassins versants à partir des années 1950. Il s'agit notamment de pratiques agricoles, du contrôle du surpâturage et du contrôle de l'érosion des ravines. Ces dernières mesures techniques ont été introduites pour contrôler l'érosion, mais il est peu probable qu'elles aient permis de limiter la production de sédiments à long terme. L'illustration 2-2 montre un petit barrage de retenue envasé. L'eau claire qui s'écoule des barrages de retenue a affouillé les sédiments en aval et dégradé le lit de la rivière. Une fois que les petits réservoirs se sont remplis de sédiments jusqu'au niveau du deversoir, il arrive souvent que se forme un nouveau tracé du cours d'eau par une érosion des ravines. En général, on pense désormais que le contrôle de la production sédimentaire à partir de barrage n'est pas rentable en conditions semi-arides (Basson et Rooseboom, 1997). Outre les problèmes mentionnés ci-dessus, les charges de sédiments fins transportées pendant la crue dominante, qui est typiquement la crue décennale en conditions semi-arides, ont besoin de longues distances pour se déposer dans des conditions de faible écoulement, ce qui ne peut être atteint qu'avec des structures extrêmement importantes et coûteuses.

Figure 5.11-3
Erosion gully

Soil and water conservation programmes were implemented in large catchments from the 1950s. These included farming practises, control of overgrazing, and the control of gully erosion. The latter engineering measures were introduced to control erosion, but it is doubtful whether it was successful in limiting the long-term sediment yield. Figure 2-2 shows a silted small check dam. The clear water spilling from check dams scoured sediments downstream and degraded the riverbed. Once the small reservoirs became filled with sediment to the spillway elevation, bypassing with new gully erosion often occurred. Generally, it is now believed that check dams are not cost-effective in semi-arid conditions to limit sediment yields (Basson and Rooseboom, 1997). Apart from the problems mentioned above, the fine sediment loads transported during the dominant flood which is typically the 1:10 year flood in semi-arid conditions, need long distances to become deposited in slow flowing conditions, which can only be attained with extremely large and costly structures.

Figure 5.11-4
Barrages de retenue

Des terrasses sur des zones à forte pente ont été mises en place en Europe et en Chine, mais ne sont pas toujours couronnées de succès. L'illustration 2-3 montre les terrasses du bassin versant du fleuve Jaune où il est très difficile de contrôler l'érosion des ravines. Dans les régions semi-arides, les terrasses peuvent cependant endommager le bassin versant de façon permanente. L'illustration 2-4 montre un tel bassin versant en terrasses en Algérie, 30 ans après sa mise en place.

Figure 5.11-5
Terrasses et érosion des ravines de 300 m de profondeur dans le bassin du fleuve Jaune, Chine

Figure 5.11-4
Check dam

Terraces on steep slopes have been implemented in Europe and China but are not always successful. Figure 2-3 shows terraces in the Yellow River catchment where it is very difficult to control the gulley erosion. In semi-arid regions terracing can however permanently damage the catchment. Figure 2-4 shows such a terraced catchment in Algeria, 30 years after implementation.

Figure 5.11-5
Terraces and 300 m deep gulley erosion in the Yellow River catchment, China

Figure 5.11-6
Bassin versant en terrasses en Algérie

La mise en œuvre de programmes de conservation des sols et des eaux est importante pour limiter l'érosion. Cependant, l'efficacité de ces programmes de réduction de la production de sédiments dans les grands bassins versants n'a pas été prouvée à long terme. Cela s'explique par le fait que l'on comprend mal la relation entre l'érosion du sol et la production de sédiments dans les grands bassins versants. Excepté dans les bassins versants réduits (à l'échelle de l'exploitation), la gestion des bassins versants ne doit donc pas être considérée comme le seul moyen de limiter la sédimentation des réservoirs.

b) Écrans de végétation

Les écrans de végétation en amont d'un réservoir ont été considérés à un moment donné comme l'un des moyens les plus efficaces de réduire l'afflux de sédiments dans un réservoir, mais le contrôle de la végétation n'est pas facile dans des conditions arides et entraîne une évapotranspiration élevée.

c) Dérivation des sédiments

Le détournement des flux chargés de sédiments en amont des réservoirs à des fins d'enlimonement des sol et d'irrigation est pratiqué à grande échelle en Chine, où les inondations transportent de fortes concentrations de sédiments très fins et riches en nutriments pour les cultures, créant ainsi de nouvelles terres agricoles fertiles et réduisant en même temps la sédimentation des réservoirs.

Figure 5.11-6
Terraced catchment in Algeria

The implementation of soil-water conservation programmes is important to limit erosion. The effectiveness of these programmes to reduce the long-term sediment yield in large catchments is however doubtful. This is because there is a poor understanding of the interrelationship between soil erosion and sediment yield in large catchments. Except in very small catchments (farm scale), catchment management should therefore not be relied on as the only means of limiting reservoir sedimentation.

b) Vegetation screens

Vegetation screens upstream of a reservoir were at one stage regarded as one of the most effective ways to reduce sediment inflow to a reservoir Vegetation control is however not practical in arid conditions and leads to high evapo-transpiration.

c) Sediment diversion (warping)

The diversion of sediment-laden flows upstream of reservoirs for warping and irrigation is practised on a large scale in China where floods transport high concentrations of very fine sediment rich in nutrients for crops, thereby creating new fertile farmland and at the same time reducing reservoir sedimentation.

d) Contournement des sédiments

Lorsque la topographie le permet, un canal ou un tunnel de dérivation peut être construit pour transporter de fortes charges sédimentaires au-delà d'un réservoir. Le barrage de Nagle en Afrique du Sud a été construit en 1950 avec une dérivation et le réservoir principal est resté relativement exempt de sédiments. Le détournement a une capacité d'évacuation importante d'environ 2 000 m³/s (Illustration 5.11-7).

Figure 5.11-7
Contournement du barrage de Nagle

e) Réservoir de stockage hors canal

Dans les cours d'eau à forte charge sédimentaire, on peut utiliser des dérivations vers des réservoirs situés sur les affluents. Le transfert se fait généralement par une station de pompage à faible hauteur de chute, depuis piège à sable, et le pompage peut être interrompu pendant les périodes de transport de sédiments importants dans la rivière. On utilise également des canaux ou tunnels avec dérivation des eaux par gravité.

5.11.13.2. Méthodes de passage des charges sédimentaires dans un réservoir

a) Opérations de transfert des sédiments entrant dans le réservoir par les vannes

Le succès des opérations de transfert des sédiments entrant dans le réservoir par les vannes dépend de la possibilité d'avoir un fort débit et de la présence d'une vanne d'évacuation de fond relativement importante au niveau du barrage. Pour que l'opération de transfert sédimentaire soit réussie, le rapport entre la capacité du réservoir et le flux liquide moyen annuel doit être très faible, inférieur à environ 0,2 an (<0,03 an dans les régions semi-arides). Il est préférable de passer en écoulement torrentiel, mais ce n'est pas une exigence et parfois un abaissement partiel du niveau d'eau est suffisant si la capacité de transport des sédiments dans le réservoir est élevée pendant la crue.

d) Sediment bypassing

Where the topography allows it a bypass canal or tunnel can be constructed to transport high sediment loads past a reservoir. Nagle Dam in South Africa was constructed in 1950 with a bypass and the main reservoir has remained relatively free of sediment. The bypass has a large discharge capacity of about 2000 m³/s (Figure 5.11-7).

Figure 5.11-7
Nagle Dam bypass

e) Off-channel storage reservoir

On rivers with high sediment loads diversions to off-channel reservoirs located on tributaries can be used. Transfer to the off-channel dam is typically achieved through a low head river pumping station via a sand trap, and pumping can be stopped during periods of high sediment transport in the river. Canals or tunnels with water diversion under gravity are also used.

5.11.13.2. Methods to pass sediment loads through a reservoir

a) Sluicing

Successful sluicing depends on the availability of excess water and relatively large bottom outlets at the dam. For successful flushing the reservoir capacity-mean annual runoff ratio should be quite small, say less than 0.2 year (<0.03 year in semi-arid regions). Free outflow conditions are preferable, but not a requirement as with flushing, and only partial water level drawdown is required as long as the sediment transport capacity through the reservoir is high during a flood.

b) Évacuation par courant de densité

Les courants de densité, aussi appelés courants de turbidité, se forment dans des conditions limitées très précises et ils nécessitent une teneur élevée de sédiments fins en suspension et une pente relativement forte du lit du fond du réservoir pour leur formation. Après la plongée du courant chargé de sédiments, toutes les grosses particules sont déposées et les fines peuvent être transportées sur une longue distance vers le barrage.

La théorie permet de prédire la formation et le transport de sédiments des courants de densité (Basson et Rooseboom, 1997) et elle doit s'appliquer à tous les réservoirs pour prédire la formation d'éventuels courants de densité dans les diverses conditions d'exploitation. Des capteurs de turbidité devraient également être installés à plusieurs niveaux en amont de la paroi du barrage pour gérer les courants de densité qui permettent d'évacuer de fortes concentrations de sédiments par des sorties de fond.

5.11.13.3. Mesures visant à remobiliser les sédiments déposés dans le réservoir

a) Chasse

Une chasse peut être un moyen très efficace d'éliminer les dépôts de sédiments accumulés dans un réservoir. Comme dans le cas de l'abaissement, un fort débit est nécessaire ainsi que des vannes s'ouvrant jusqu'à cote basse et capables de laisser passer l'équivalent du débit quinquenal dans des conditions d'écoulement libre. Des chasses sont effectuées avec succès au barrage de Phalaborwa sur le fleuve Olifants, en Afrique du Sud, où 22 grandes vannes radiales de 12 m de large ont été installées, couvrant toute la largeur de la rivière (Illustration 5.11-8). Le réservoir est exploité depuis les années 1960, et une capacité à long terme de l'ordre de 40% de la capacité initiale est maintenue.

Figure 5.11-8
Chasse en crue du barrage de Phalaborwa (1996)

b) Density current venting

Density currents, also known as turbidity currents, form under very specific boundary conditions and require a high percentage of fine suspended sediment and a relatively steep reservoir bed slope for their creation. After plunging of the sediment laden stream, all the coarse particles are deposited, and the fines can be carried over long distances towards the dam.

Theory is available to predict the formation and sediment transport of density currents (Basson and Rooseboom, 1997), and should be applied at all reservoirs to predict possible density current formation under the various operational conditions. Turbidity sensors should also be installed at several elevations upstream of the dam wall for management of density currents by releasing high sediment concentrations through low level outlets.

5.11.13.3. Measures to remove deposited sediment from the reservoir

a) Flushing

Flushing can be a very effective way to remove accumulated sediment deposits from a reservoir. As with sluicing, excess water is required with large low-level outlets capable of passing say the 1:5-year flood under free outflow conditions. Successful flood flushing is carried out at Phalaborwa Barrage on the Olifants River, South Africa, where 22 large, 12 m wide radial gates were installed, covering the whole width of the river (Figure 5.11-8). The reservoir has been operated since the 1960s, and a long-term capacity in the order of 40% of the original capacity is being maintained.

Figure 5.11-8
Phalaborwa Barrage flood flushing (1996)

L'érosion régressive rend la chasse très efficace pour enlever de grandes quantités de sédiments (Illustration 5.11-9).

Figure 5.11-9
Érosion régressive pendant la chasse du réservoir d'Elandsdrift, en Afrique du Sud

Dans certains autres réservoirs, la chasse est moins efficace même si le rapport capacité de stockage du réservoir / débit moyen annuel est inférieur à 1%, par exemple dans le cas du barrage de Welbedacht, en Afrique du Sud, qui possède 5 grandes vannes radiales. Mais elles ne sont pas situées au fond du fleuve mais à 15 m au-dessus. Après 20 ans d'exploitation, 85% de la capacité a été perdue et aujourd'hui, il ne reste plus qu'environ 5 millions de m³ de capacité de stockage, et ce avec des chasses régulières pendant les crues supérieures à 400 m³/s.

Une chasse efficace nécessite :

- Un surplus d'eau
- Des vannes de fond de grandeur suffisante
- Une retenue étroite et pentue
- Une exploitation judicieuse

L'illustration 5.11-10 présente le barrage de Xialongdi sur le fleuve Jaune, en Chine, où des conduites de rejet de sédiments sont en service pendant les essais de mise en service.

Retrogressive erosion makes flushing a highly effective method to remove large quantities of sediment (Figure 5.11-9).

Figure 5.11-9
Retrogressive erosion during flushing at Elandsdrift Reservoir, South Africa

At some other reservoirs flushing is less effective even though the capacity-MAR ratio is less than 1%., for example the case of Welbedacht Dam, South Africa, which has 5 large radial gates but which are not located at the river bed but 15 m above it. After 20 years of operation, 85 percent capacity was lost and today only about 5 million m^3 of storage capacity remains and this is with regular flushing during floods larger than 400 m^3/s.

Effective flushing requires:

- Excess water
- Suitably large low-level outlets
- A steep, narrow reservoir basin
- Judicious operation

Figure 5.11-10 shows the Xialongdi Dam on the Yellow River, China, sediment release conduits in operation during commissioning tests.

Figure 5.11-10
Essai de mise en service du Barrage de Xialongdi, en Chine

L'opération de chasse nécessite un débit conséquent pour être efficace et, dans la plupart des cas, cela signifie une réduction de la production. La conservation des réservoirs par chasse ou abaissement est donc en conflit direct avec les demandes en eau telles que l'irrigation ou l'hydroélectricité.

L'effet d'une mesure de conservation d'un réservoir comme les chasses varie également en fonction de l'hydrologie. Deux études de cas sont présentées ici pour illustrer l'effet des chasses pour un réservoir dans le bassin du fleuve Jaune, en Chine, et dans la région semi-aride d'Algérie en Afrique du Nord, respectivement.

En utilisant un enregistrement de débit mensuel sur 70 ans du fleuve Jaune à Sanmenxia, le rapport entre le débit garanti en aval et le débit moyen annuel (module) a été calculé pour diverses capacités de stockage des réservoirs, comme le montre l'illustration 5.11-11. Le même graphique a été fait aussi pour un réservoir algérien (le débit garanti en aval est le débit qui a une probabilité de ne pas être délivré en aval qu'une seule fois en 50 ans environ).

Pour l'étude de cas chinoise, la variabilité du débit annuel est relativement faible et une capacité de stockage d'environ 50% du volume liquide moyen annuel permet un débit garanti proche de l'optimum. Dans les conditions semi-arides de l'Algérie, la capacité de stockage requise pourrait être de 100% du flux liquide moyen annuel en raison des conditions hydrologiques variables. Avec un ratio capacité de stockage/flux liquide moyen annuel de 0,5, le débit garanti en Chine est de 74% du module. En Algérie il n'est que de 37%, ce qui est typique des conditions semi-arides, et ce sans chasse. L'effet des chasses d'hydrocurage sur le débit garanti doit être pris en compte dans ces études de cas.

Figure 5.11-10
Xialongdi Dam, China, during commissioning test

Flushing operation requires excess water to be effective and, in most cases, this means a reduction in water yield. Reservoir conservation by using flushing or sluicing are therefore in direct conflict with the water demands such as irrigation or hydropower.

The effect of a reservoir conservation measure such as flushing also varies depending on the hydrology. Two case studies are discussed here to illustrate the effect of flushing on the water yield of a reservoir in the Yellow River catchment, China, and in the semi-arid region of Algeria in northern Africa, respectively.

By using a 70-year monthly flow record of the Yellow River at Sanmenxia, the firm water yield/ mean annual runoff (MAR) ratio was calculated for various reservoir storage capacities as shown in Figure 5.11-11. The same graph also shows the water yield relationship for an Algerian reservoir. (Firm yield is the maximum draft on the reservoir for the demand on the reservoir to fail at a risk of say only once in 50 years).

For the Chinese case study it seems that the runoff variability is relatively small and that a storage capacity of about 50% MAR would provide a near optimum firm yield. In the semi-arid conditions of Algeria the required storage capacity could be 100% MAR due to the variable hydrological conditions. At a storage capacity/MAR ratio of 0.5, the firm water yield in China is 74%MAR, while in Algeria it is only 37%MAR which is typical for semi-arid conditions, and this is without flushing. The effect of flushing on the water yield has to be considered for these case studies.

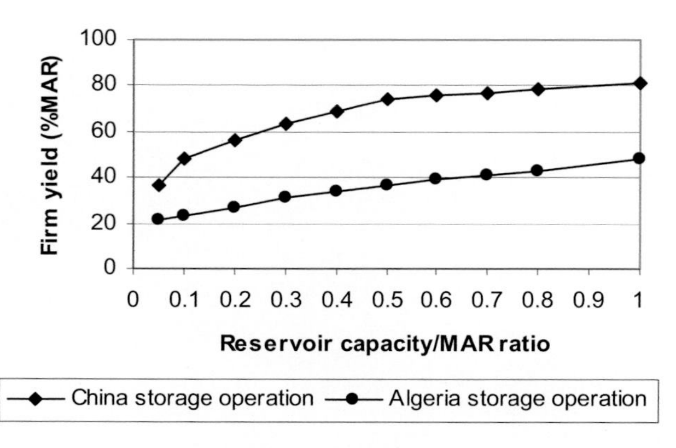

Figure 5.11-11
Relation entre le débit garanti et la capacité de stockage sans réalisation de chasse d'hydrocurage

Les conditions climatiques typiques des petits réservoirs en Chine permettent des chasses saisonnières. Cela signifie que le niveau d'eau du réservoir est abaissé pendant la saison des crues pour leur permettre de passer librement à travers les organes d'évacuation de fond pendant un ou deux mois, par exemple. Le réservoir se remplit à nouveau à la fin de la saison des pluies avec des charges de sédiments relativement faibles. L'illustration 5.11-12 illustre la répartition mensuelle des débits du fleuve Jaune, et l'illustration 5.11-13 présente le débit total observé pour le fleuve. Un certain nombre de simulations ont été effectuées avec les données hydrologiques chinoises pour déterminer l'effet des chasses sur le débit garanti; les résultats sont présentés dans l'illustration 5.11-14. Une chasse chaque année en juillet ou chaque année en juillet et août a d'abord été envisagé, mais il a été constaté que l'impact sur le débit garanti est relativement élevé. Comme alternative, des chasses avec une probabilité de 4 années sur 5 en moyenne, en juillet, a également été simulée et cela est considéré comme plus réaliste.

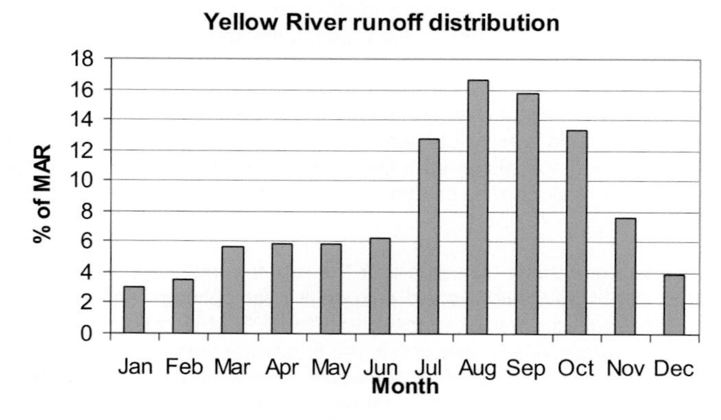

Figure 5.11-12
Répartition des débits mensuels du fleuve Jaune

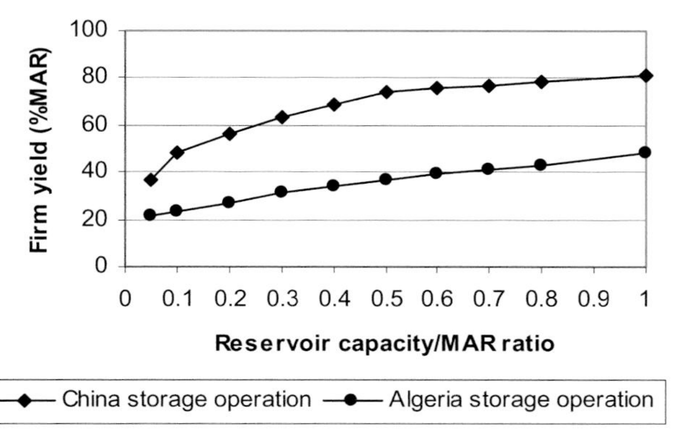

Figure 5.11-11
Water yield-storage capacity relationship without flushing

Typical climatic conditions at small reservoirs in China allow seasonal flushing. This means that the reservoir water level is drawn down during the high flow season to allow floods to pass freely through large low-level outlets for say one or two months, and the reservoir fills again at the end of the rainy season with relatively low sediment loads. The observed monthly runoff distribution of the Yellow River is shown in Figure 5.11-12, with the complete observed river flow record shown in Figure 5.11-13. A number of simulations were carried out with the Chinese hydrological data to determine the effect of flushing on the water yield and the results are shown in Figure 5.11-14. Flushing every year during July or every year during July and August was firstly considered but it was found that the impact on the water yield is relatively high. As alternative, flushing at an assurance of 80% of the time (4 out of 5 years (July) on average) was also simulated and is considered more realistic.

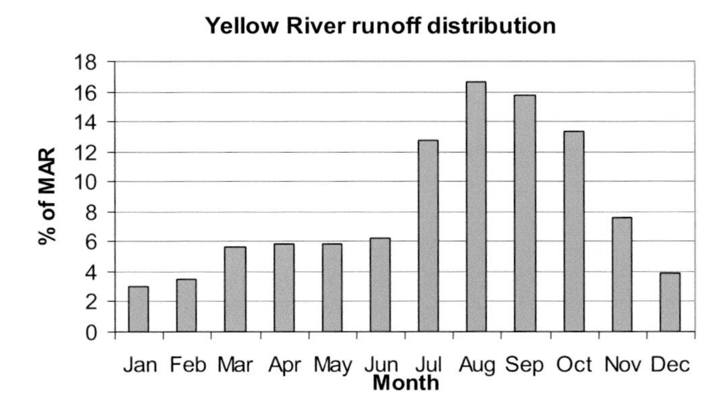

Figure 5.11-12
Yellow River monthly runoff distribution

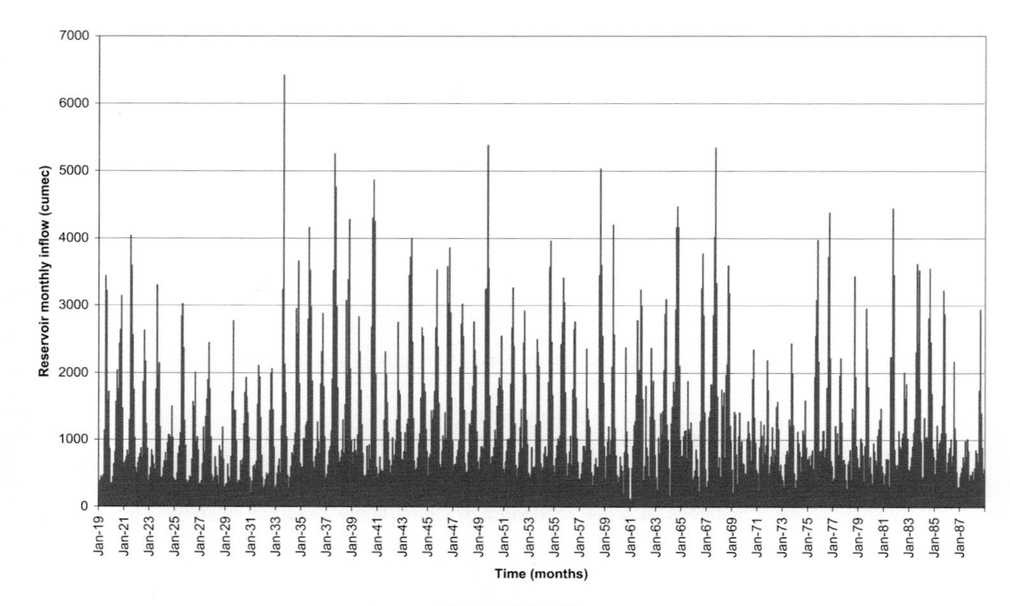

Figure 5.11-13
Débits mensuels observés du fleuve Jaune utilisés dans les simulations

Il est possible d'obtenir le même débit garanti avec une chasse en juillet 4 année sur 5 et sans chasse, tant que le rapport capacité de stockage/volume liquide moyen annuel reste inférieur à 0,2. Cela s'explique par le fait que dans le second cas (sans chasse) l'eau en excès est déversée et qu'elle est évacuée par le fond dans le second cas (chasse).

D'autres mois comme août ou septembre ont également fait l'objet d'une analyse et des résultats similaires ont été trouvés. Avec un rapport capacité/ volume liquide moyen annuel de 0,5, la réduction de débit garanti en passant à une chasse mensuelle par an par rapport à une situation sans chasse, est de 26%. Dans le cas de ratios capacité-débit moyen annuel plus élevés, le débit garanti obtenu avec une chasse avec rinçage pendant un mois par an reste plus ou moins constant à 54% du module.

Lorsque le rinçage s'effectue sur deux mois en juillet et août avec une probabilité de 80%, le débit garanti diminue considérablement lorsque le rapport capacité du réservoir /flux liquide moyen annuel est inférieur à 0,3. Avec des rapports plus élevés, la réduction du débit garanti est de moins de 10% (de 51% à 46% du module) pour des périodes de chasse d'un mois et deux mois par an avec une probabilité de 80%. Pour cette étude de cas spécifique, il semble donc que pour les rapports capacité-flux liquide moyen annuel < 0,3, une chasse d'un mois par an est plus favorable en termes de débit garanti, alors que pour les rapports capacité-débit moyen annuel > 0,3, des périodes de chasse de deux mois par an seraient plus favorables en termes de débit garanti et de transit des sédiments dans le réservoir.

Jusqu'à présent, les charges réelles de sédiments du fleuve Jaune n'ont pas été prises en compte dans l'analyse pour déterminer la durée de chasse suffisantes (période de chasse de un ou deux mois). L'illustration 5.11-15 montre la durée de vie prévue du réservoir lorsque les charges de sédiments typiques du fleuve Jaune sont prises en compte, soit avec une chasse d'un mois par an soit de 2 mois par an. Il est clair que l'apport en sédiments est si élevé qu'une chasse annuelle d'au moins deux mois est nécessaire pour assurer au réservoir une durée de vie de plus de 100 ans. En outre, L'illustration 5.11-16 montre que lorsque le rapport capacité de stockage/flux liquide moyen annuel est inférieur à environ 13%, l'opération de chasse annuelle de deux mois constituera

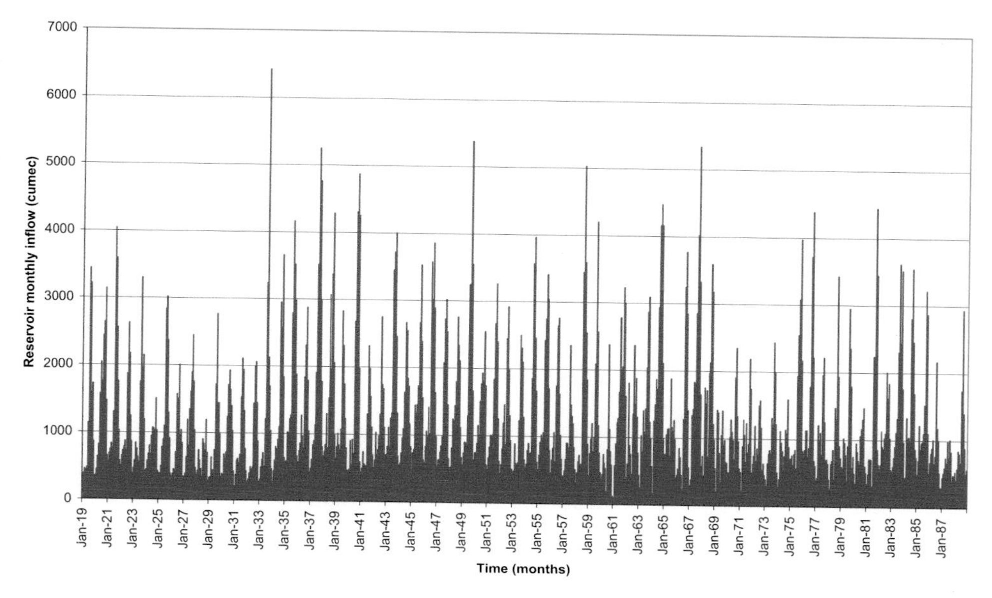

Figure 5.11-13
Yellow River observed monthly flows used in simulations

Flushing (80% of July's) indicates that up to a storage capacity-MAR ratio of 0.2 the same firm yield can be obtained as without flushing. This is because excess water would spill under storage conditions while with flushing operation, spillage is converted to bottom releases at the dam. Other months such as August or September were also investigated, and similar results were found. At a capacity-MAR ratio of 0.5 the reduction in firm yield from storage operation (no flushing), to one month flushing per year is 26%. At higher capacity-MAR ratios the firm yield with flushing for one month per year remains more or less constant at 54% MAR.

When flushing is carried out over two months during July and August at 80% assurance, the water yield drops considerably when the reservoir capacity-MAR ratio is less than 0.3. At higher capacity-MAR ratios the reduction in water yield is only 10% (from 51% MAR to 46% MAR) for one month and two month flushing periods per year at 80% assurance. For this specific case study, it therefore seems that for capacity-MAR ratios < 0.3, one month/year flushing is more favourable in terms of water yield, while at capacity-MAR ratios > 0.3, two months/year flushing periods would be more favourable in terms of water yield and passing sediment through the reservoir.

So far the actual sediment loads of the Yellow River were not considered in the analysis to determine whether one or two month flushing durations per year would be sufficient. Figure 5.11-15 shows expected reservoir life when typical sediment loads of the Yellow River are considered with storage operation, one month flushing per year and 2 months flushing per year. It is clear that the actual sediment yield is so high that at least two months annual flushing is required to provide more than 100 year life for the reservoir. In addition, Figure 5.11-16 shows that when the storage

une solution durable. C'est exactement ce qui a été constaté sur le terrain lors de l'exploitation du réservoir de Sanmenxia. Au départ, le rapport capacité du réservoir/flux moyen annuel était supérieur à 20%, mais depuis la reconstruction des vannes d'évacuation et la modification de l'exploitation dans les années 1960, le rapport varie entre 13% et 6%.

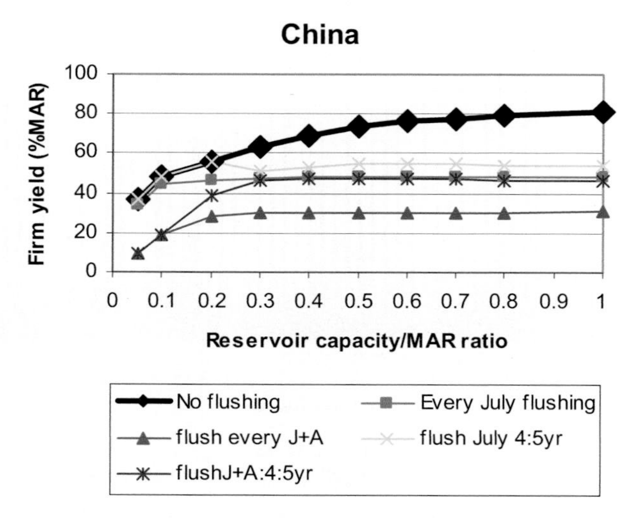

Figure 5.11-14
Relation entre le débit garanti et la capacité de stockage pour l'étude du cas chinois avec chasses d'hydrocurage

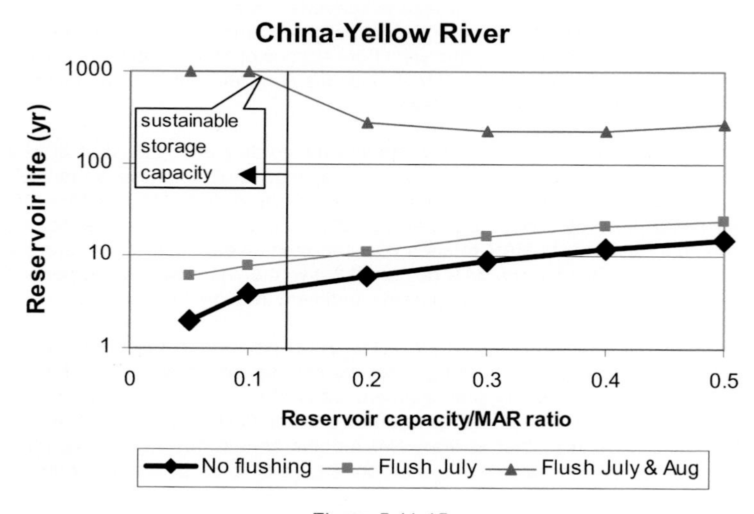

Figure 5.11-15
Durée de vie du réservoir en fonction de sa gestion

L'illustration 5.11-16 montre l'intervalle de débit garanti que l'on peut obtenir avec une chasse pendant 2 mois/an, compte tenu de la production de sédiments. Le débit garanti maximal avec chasse est de 45% du débit moyen annuel, mais la durée de vie du réservoir peut être prolongée si le débit garanti est réduit, ce qui donne un débit garanti de 31% du débit moyen annuel.

capacity-MAR ratio is less than about 13%, the two-month annual flushing operation will provide a sustainable solution. This is exactly what was found with Sanmenxia Reservoir operation in the field. Initially the Sanmenxia Reservoir capacity-MAR ratio was more than 20%, but since reconstruction of the outlets and modified operation in the 1960s the capacity-MAR ratio varied between 13% and 6%.

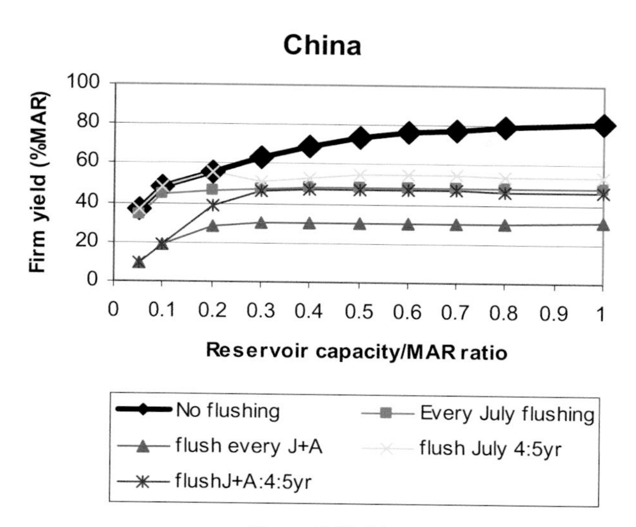

Figure 5.11-14
Water yield-storage capacity relationship for Chinese case study with flushing

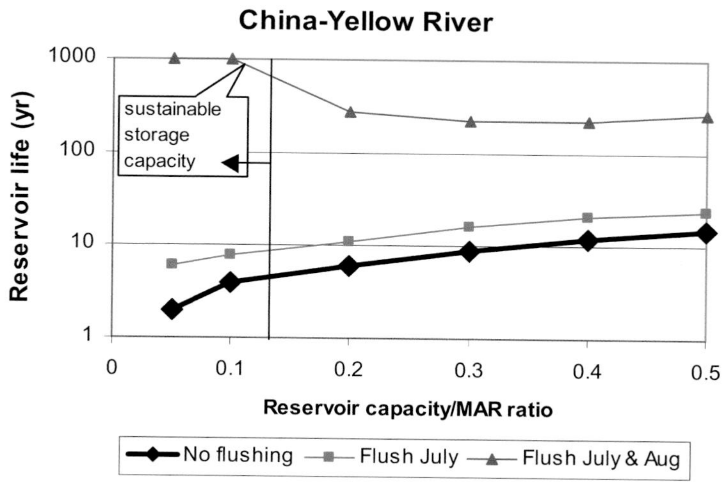

Figure 5.11-15
Reservoir operation versus reservoir life

Figure 5.11-16 shows the firm yield range which can be achieved with flushing for 2 months/year, considering the sediment yield. The maximum firm yield with flushing is 45% MAR, but the life of the reservoir can be extended if the water demand is reduced, giving a firm yield of 31% MAR.

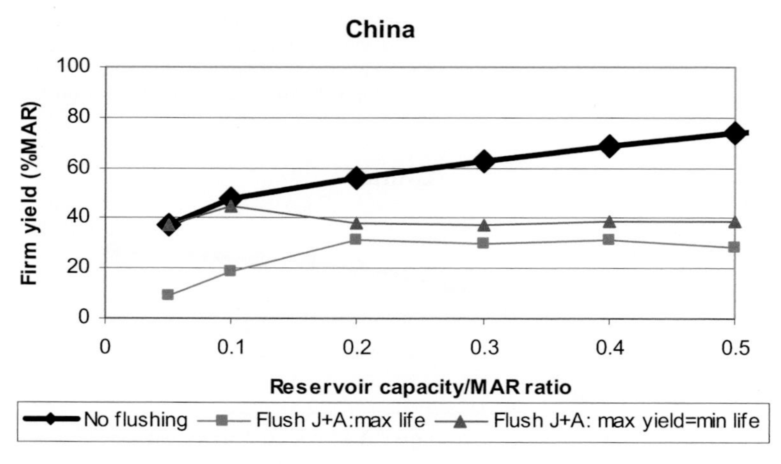

Figure 5.11-16
Exploitation durable des réservoirs et débit garanti

L'illustration 5.11-17 présente les débits entrants annuels observés dans les réservoirs d'une rivière algérienne. Il est clair que la variation interannuelle est beaucoup plus élevée que dans le cas des données utilisées pour la Chine.

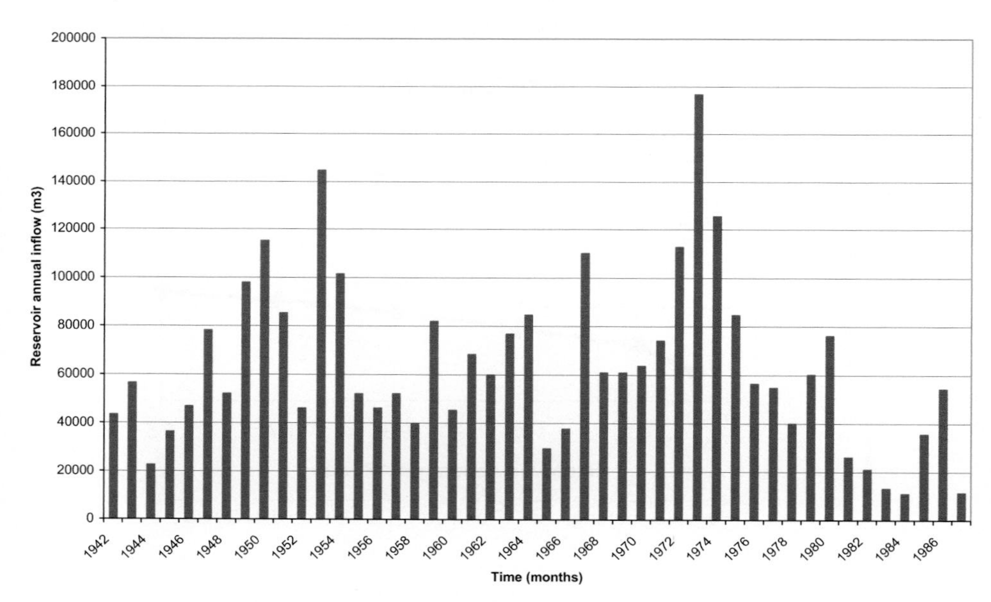

Figure 5.11-17
Débit annuels observés pour l'étude de cas algérienne

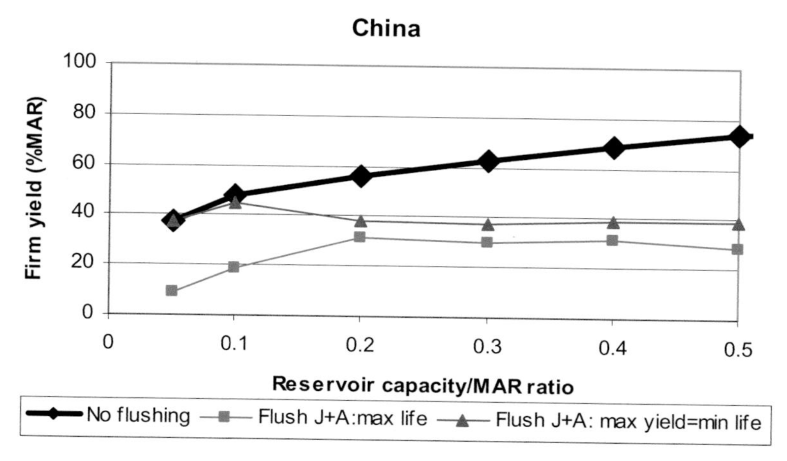

Figure 5.11-16
Sustainable reservoir operation and water yield

Observed annual reservoir inflows for an Algerian river is shown in Figure 5.11-17. It is clear that the inter annual variation is much higher than in the case of the Chinese data used.

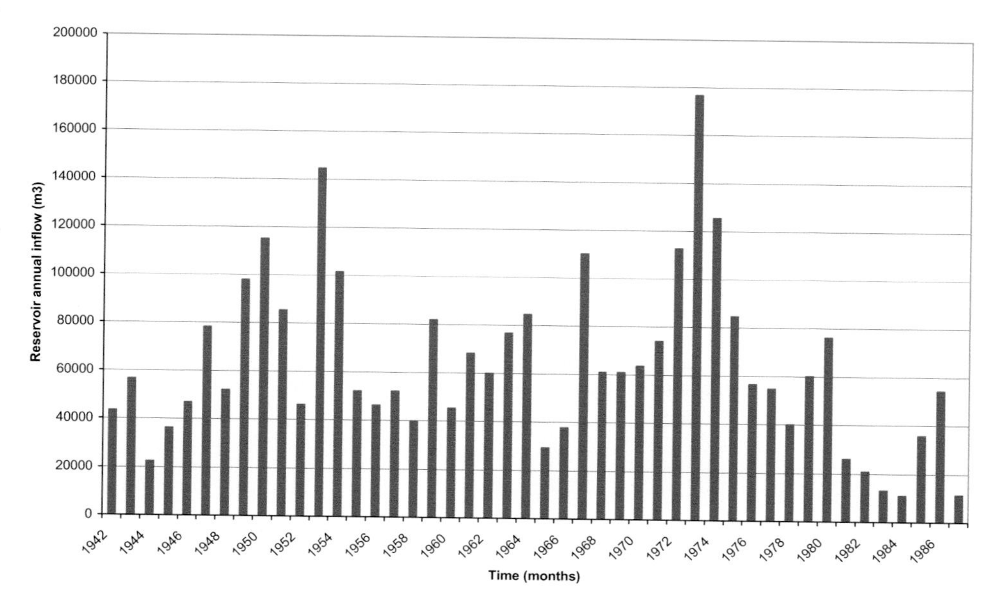

Figure 5.11-17
Observed annual reservoir inflow for Algerian case study

L'impact des chasses sur l'étude de cas algérienne est présenté dans l'illustration 5.11-18. Une chasse pendant un mois par an avec une probabilité de 80% donne le même résultat qu'en faisant du stockage sur cette période, pour un ratio capacité réservoir/flux liquide moyen mensuel jusqu'à 0,4 (valeur supérieure à l'étude de cas de la Chine). Mais les valeurs de débit garanti en % du module sont relativement inférieures dans le cas algérien. Pour des rapports supérieurs à 0,4, le débit garanti est nettement inférieur avec une chasse qu'en réalisant du stockage. Il est donc très probable que le mode d'exploitation à privilégier soit le stockage. L'un des problèmes des conditions semi-arides est qu'il est difficile de prévoir les crues à forte charge sédimentaire et que, par conséquent, les opérations de chasse sont souvent lors des crues ponctuelles plutôt que sur un mois spécifique de l'année. Dans ce cas, il faut abaisser le niveau d'eau en prenant en compte les informations d'un système de prévision de crue, et le rapport entre la capacité de stockage et le flux liquide moyen annuel est habituellement encore plus faible qu'avec des chasses saisonnières/mensuelles.

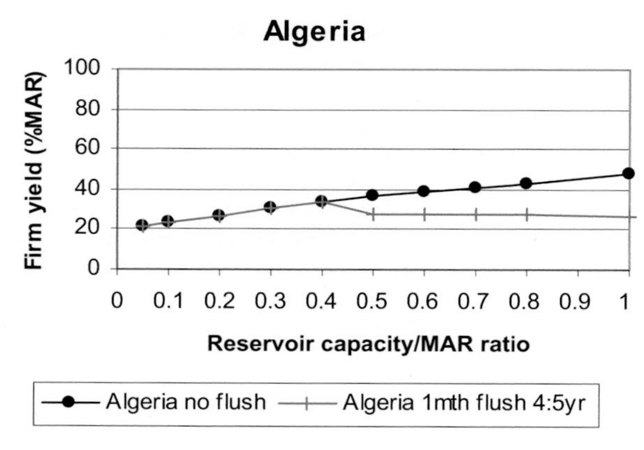

Figure 5.11-18
Relation entre le débit garanti et la capacité de stockage pour l'étude de cas de l'Algérie avec rinçage

Dans l'étude de cas du fleuve Jaune, on a utilisé jusqu'à présent la production de sédiments observé de 2300 t/km²/an, ce qui est relativement élevé comparé à de nombreux autres cours d'eau. Si l'on considère la même hydrologie, mais une production de sédiments de 25% du fleuve Jaune, une chasse plus brève est nécessaire, et le débit garanti est plus élevée comme le montre l'illustration 5.11-19. En effectuant une chasse seulement en juillet, il est possible d'obtenir un débit garanti de 50% du module, contre 31% pour une production élevée en sédiments.

The impact of flushing on the Algerian case study is shown in Figure 5.11-18. Flushing for one month per year at 80% assurance gives the same yield as storage operation for a reservoir capacity-MAR ratio up to 0.4 which is higher than the Chinese case study, but the firm yield %MAR values are relatively much less in the Algerian case. At capacity-MAR ratios larger than 0.4 the firm yield is considerably less than under storage operation conditions and it is therefore highly likely that the mode of operation would be storage operation. One problem in semi-arid conditions is that high sediment load floods are difficult to predict and therefore flushing operation is often practiced based on individual floods than on a specific month in the year. For flood flushing during individual floods, water level drawdown is required with a flood warning system, and the storage capacity-MAR ratio is usually even smaller than with seasonal/monthly flushing.

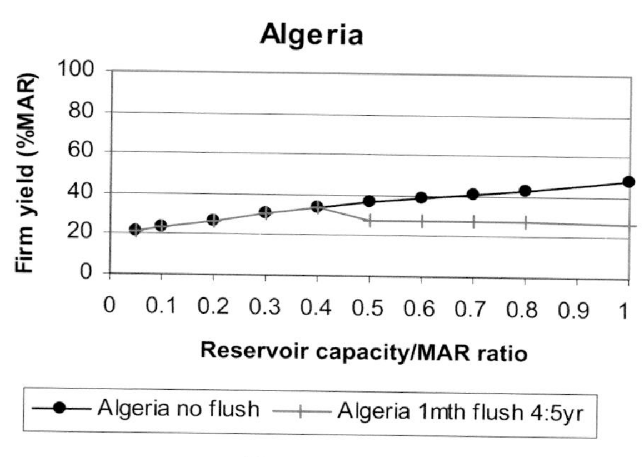

Figure 5.11-18
Water yield-storage capacity relationship for Algerian case study with flushing

In the Yellow River case study used so far the observed sediment yield of 2300 t/km^2 a was used which is relatively high compared with many other rivers. If the same hydrology is considered, but a sediment yield of 25% of the Yellow River, shorter duration flushing is required, and the firm yield is higher as shown in Figure 5.11-19. By flushing only in July, it is possible to achieve a firm yield of 50% MAR, versus the 31% MAR achieved at the high sediment yield.

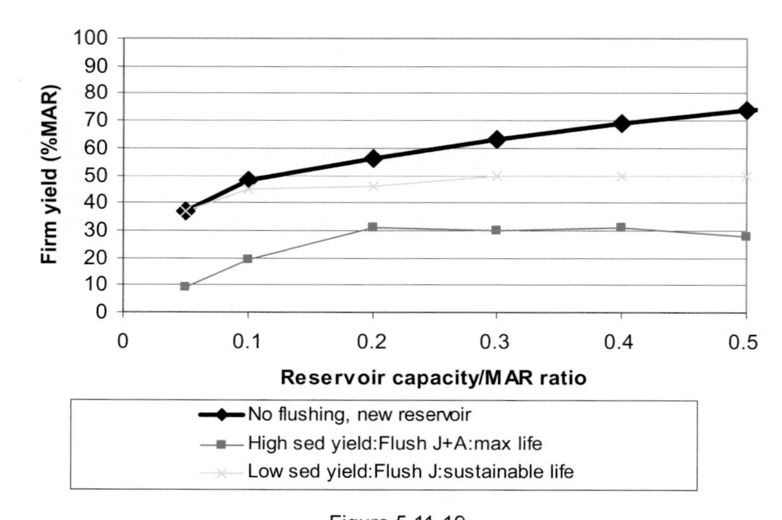

Figure 5.11-19
Débit garanti avec chasse de plus courte durée en prenant l'hypothèse d'une production de sédiments plus faible que celle des données chinoises b) Excavation

b) Excavation

Les travaux de dragage visant à récupérer la capacité de stockage perdue n'ont été effectués qu'à une échelle limitée dans le monde entier, principalement en raison des coûts élevés et des problèmes environnementaux liés à l'élimination des sédiments dragués.

Au barrage de Mbashe, en Afrique du Sud, un ouvrage en béton de 30 m de haut construit dans les années 1980 pour la production hydroélectrique, la majeure partie de la capacité initiale d'environ 9 millions de m³ a disparu en deux ans (Illustration 4-3). À la fin des années 1980, deux dragues hydrauliques ont été utilisées pour tenter d'enlever une partie des sédiments. L'évacuation des sédiments s'est faite immédiatement en aval du barrage dans le cours d'eau. L'efficacité de dragage n'a été que de 16% en raison de problèmes mécaniques, de la sous-estimation de la cohésion des sédiments, de l'équipement de construction laissé dans le réservoir et de la difficulté de draguer les sédiments en lien avec leur forte cohésion. Environ 2 millions de m³ de sédiments ont été enlevés sur 3 ans, ce qui était beaucoup moins que la charge sédimentaire entrante. Une chasse aurait été une mesure beaucoup plus efficace, mais seule un petit conduit d'évacuation de fond de 5x5 m a été installé, trop petit pour permettre un passage en écoulement libre en crue.

Au réservoir de Mkinkomo au Swaziland, également un réservoir hydroélectrique, un dragage a d'abord été effectué et a permis de déplacer 0,3 million de m³ de sédiments dans le cours d'eau en aval du barrage avec l'idée qu'il serait emporté par les crues. Les irrigants en aval ont toutefois protesté en raison de la disparition de mares dans la rivière et de considérations environnementales, et le site d'élimination a été déplacé au-dessus à côté du réservoir, au-dessus du niveau du réservoir plein. Les sédiments ont été placés en couches de 0,5 m et laissés sécher pendant un mois environ, avant que la couche suivante ne soit placée sur le dessus. Après le dépôt des sédiments dans la zone d'élimination, on a laissé l'eau de dragage claire s'écouler vers le réservoir. Au total, environ 1,5 million de m³ de sédiments ont été dragués sur une période de 2 ans.

Le dragage est une opération hautement technique et nécessite de l'équipement spécifique au site. On constate généralement qu'à des profondeurs d'eau inférieures à 30 m, les dragues suceuses hydrauliques à couteaux et celles à roue-pelle sont les plus efficaces. Le transport s'effectue par canalisation flottante et par canalisation fixe sur terre. La longueur des canalisations est également importante, car elle influe sur la portée et l'efficacité du dragage. Il est à noter que l'utilisation de l'énergie électrique plutôt que du carburant réduit souvent de moitié le coût du dragage.

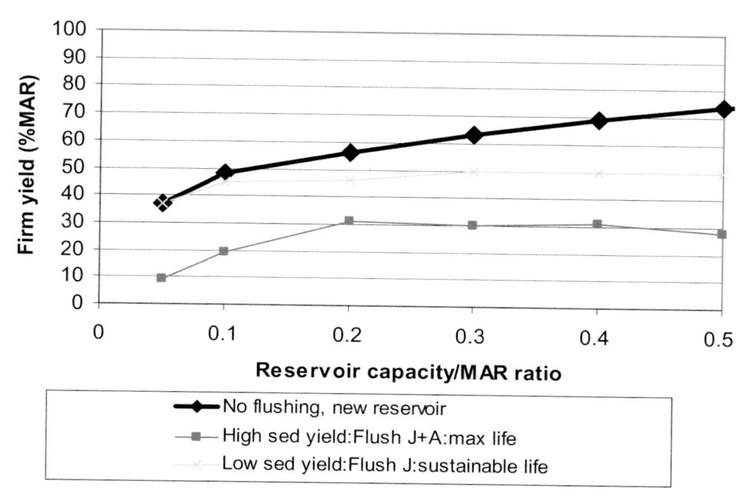

Figure 5.11-19
Water yield with shorter duration flushing when the sediment yield is smaller using Chinese data

b) Excavation

Dredging to recover lost storage capacity has been carried out only on a limited scale worldwide mainly because of the high costs and the environmental problems associated with disposal of the dredged sediments.

At Mbashe Dam, South Africa, a 30 m high concrete structure constructed in the 1980s for hydropower generation, most of the original capacity of about 9 million m³ was lost within two years (Figure 4-3). At the end of the 1980s two hydraulic dredgers were used to try and remove some of the sediment. Sediment disposal was immediately downstream of the dam into the river. A dredging efficiency of only 16% was achieved due to mechanical breakage, underestimation of the cohesiveness of the sediment, construction equipment left behind in the reservoir, and limited sediment availability at the cutter due to the cohesiveness. About 2 million m³ of sediment was removed over a period of 3 years, but this was much less than the inflowing sediment load. Hydraulic flushing would have been a much more effective measure, but only a small 5x5 m bottom outlet was installed which is too small to allow free outflow conditions.

At Mkinkomo Reservoir in Swaziland, also a hydropower reservoir, dredging of 0.3 million m³ of sediment was first carried out and deposited over the dam into the downstream river with the idea that it would be washed away during floods. Irrigators downstream however protested due to the loss of pools in the river and environmental considerations, and the disposal site was moved to above full supply level next to the reservoir. Sediment was placed in 0.5 m layers and allowed to dry for say one month before the next layer was placed on top. Clear dredging water was allowed to flow back to the reservoir after sediment deposition in the disposal area. In total about 1.5 million m³ sediment was dredged over a period of 2 years.

Dredging is highly specialized and site-specific equipment is required. It is generally found that in water depths of less than 30 m hydraulic cutter-suction and bucket wheel dredgers are most effective, with transport through floating pipeline and fixed pipeline on land. The length of the pipelines is also important since it affects the dredging range and efficiency. It should be noted that electric power instead of diesel power often reduces the cost of dredging by half.

L'excavation mécanique est généralement beaucoup plus coûteuse que le dragage en raison des coûts de transport élevés et de la double manutention.

Le dragage par siphon (ou hydro-aspiration) avec évacuation des sédiments dans la rivière est bon marché, mais il crée des problèmes écologiques. La longueur du conduit est également limitée en raison de la hauteur manométrique disponible, et des vitesses d'écoulement élevées sont requises dans le conduit, si des pompes de surpression ne sont pas utilisées.

L'élimination des sédiments par dragage pour récupérer la capacité de stockage perdue doit être considérée comme le dernier recours, car l'enlèvement des dépôts de sédiments est extrêmement coûteux et l'élimination crée de nouveaux problèmes sociaux et environnementaux.

5.11.13.4. Mesures de compensation

a) Élévation de barrages

Dans de nombreux cas, l'élévation de barrages offre une solution économique pour regagner la capacité de stockage perdue en raison de la sédimentation. Les options d'élévation qui sont généralement envisagées sont les déversoirs libres, les vannes segments de crête, les vannes automatiques de crête ou les vannes fusibles. Les déversoirs libres sont cependant préférables du point de vue de la sécurité des barrages.

Le volume d'eau supplémentaire obtenu grâce à la capacité supplémentaire créée par l'élévation est limité dans les régions semi-arides par la grande étendue d'eau libre et les pertes par évaporation élevées qui en résultent. Par exemple, au barrage de Gariep, en Afrique du Sud, les pertes annuelles moyennes par évaporation pourraient passer de 10 m^3/s à 15 m^3/s si le barrage est relevé de 5 m.

b) Nouveaux barrages

Les sites des barrages devraient être choisis dans des régions où la production de sédiments est relativement faible. Les tronçons supérieurs des cours d'eau ont habituellement des apports d'eau relativement élevés, tandis que les charges sédimentaires sont faibles. Cependant, l'emplacement des points de demande d'électricité et la disponibilité des sites de barrages rendent cela parfois impossible. Dans le passé, les bassins de réservoir longs et larges étaient généralement choisis pour créer une capacité de stockage maximale, mais dans certaines conditions où les chasses sont possibles pendant les crues, un réservoir étroit peut fournir une solution plus durable.

c) Conception pour la sédimentation

Un réservoir exploité pour du stockage (minimisation des déversements) est généralement dimensionné pour recevoir le volume de sédiments prévu sur 50 ans, ce qui permet d'obtenir une retenue efficace. Ce volume est considéré comme un stockage d'eaux mortes dans l'analyse de la gestion du réservoir, ce qui signifie que ce n'est qu'après 50 ans d'exploitation que la sédimentation commencera à avoir un impact sur la gestion. Dans la pratique, la sédimentation se produit d'abord dans la zone de capacité utile, où s'effectue plus de 80 pour cent de la sédimentation. Les barrages sont cependant conçus pour prélever de l'eau dans les zones de stockage d'eaux mortes autorisées pour la sédimentation.

d) Transfert de l'eau des bassins versants adjacents

La régulation des débits et les exigences en matière de contrôle de la sédimentation dans un réservoir sont souvent en conflit. Le transfert de l'eau des bassins versants adjacents peut fournir une solution au contrôle de la sédimentation dans un réservoir existant, si le projet est économiquement réalisable et si le bassin versant adjacent peut fournir des apports d'eau suffisants.

Mechanical excavation is usually much more expensive than dredging due to high transport costs and double handling.

Siphon dredging (or hydro-suction) with sediment disposal into the river is cheap but creates ecological problems. The pipe length is also limited due to the available head and high flow velocities are required in the pipe if booster pumps are not used.

Sediment removal by dredging to recover lost storage capacity should be seen as a last resort as the removal of sediment deposits is extremely expensive and disposal creates new social and environmental problems.

5.11.13.4. Sedimentation compensation measures

a) Dam raising

Dam raising in many cases provides an economical solution to regain storage capacity lost due to sedimentation. The raising options which are typically considered are fixed uncontrolled spillways, crest radial gates, automatic crest gates or fusegates. Uncontrolled spillways are however preferred from a dam safety perspective.

The incremental water yield obtained from the additional capacity created by raising is limited in semi-arid regions by the large open water body and high associated evaporation losses. For example, at Gariep Dam, South Africa, the mean annual evaporation losses could increase from 10 m^3/s to 15 m^3/s if the dam is raised by 5 m.

b) New dams

Dam sites should be selected in regions with relatively low sediment yields. The upper reaches usually have a relatively high runoff, while the sediment loads are small. This is however not always possible due to the location of the power demand centres and the availability of dam sites. In the past long and wide reservoir basins were usually selected to create maximum storage capacity, but under certain conditions where sediment flushing during floods is possible, a narrow reservoir would be more suitable in providing a sustainable solution.

c) Design for sedimentation

A storage operated (minimisation of spillage) reservoir is typically sized to accommodate the expected 50-year sediment volume allowing for trap efficiency. This volume is considered as dead storage in the yield analysis, which means that only after 50 years of operation will sedimentation start to impact on the water yield. In practice sedimentation first occurs in the live storage zone with more than 80 percent of sedimentation taking place in this zone. The dams are however designed to withdraw water from the dead storage zones allowed for sedimentation.

d) Augmentation from adjacent catchments

Regulation of runoff and sedimentation control requirements in a reservoir are often in conflict. Transfer of water from adjacent catchments can provide a solution to sedimentation control in an existing reservoir if the scheme is economically feasible and if the donor catchment can provide sufficient excess runoff.

6. ÉLABORATION DE LIGNES DIRECTRICES VISANT À DÉTERMINER ET À LIMITER LES IMPACTS DES BARRAGES SUR LA MORPHOLOGIE EN AVAL DU COURS D'EAU

Les principaux impacts en aval des barrages sont une réduction de l'ampleur et de la fréquence des pointes de crue, des changements dans la durée du débit et une réduction de l'apport sédimentaire en aval en raison de la retenue des sédiments dans le réservoir. Ces changements peuvent entraîner une dégradation du lit de la rivière à proximité du barrage et un alluvionnement plus en aval, alors que la rivière s'efforce d'atteindre un nouvel équilibre. Afin d'inverser certains des changements qui se sont produits ou d'empêcher des changements majeurs, les chercheurs ont tenté de définir un régime de régularisation des débits, qui aura à peu près les mêmes effets que le régime naturel antérieur au barrage. Le problème, cependant, est de définir les débits qui forment et entretiennent le lit de la rivière et la plaine d'inondation. La meilleure façon d'évaluer l'importance relative des différents débits est de déterminer la quantité de sédiments transportés par chacun d'eux. Le débit qui transporte la plus grande quantité de sédiments au fil du temps est appelé débit effectif et le fait d'identifier ce débit pourrait aider à déterminer un régime de débit qui maintiendra la rivière dans un état naturel ou du moins en équilibre.

6.1. DÉTERMINATION DU DÉBIT EFFECTIF (DOLLAR *ET AL.*, 2000)

La méthode décrite par Dollar *et al.* (2000) pour déterminer le débit effectif est la suivante :

- Les données de débit journalier sont utilisées pour générer des courbes de durée de débit.
- Les courbes de durée de débit sont divisées en classes d'écoulement individuelles. On suppose que les débits égaux ou supérieurs à 10% du temps ou moins sont très probablement les plus importants en termes de transport de sédiments. Par conséquent, les débits supérieurs ou égaux de 99,99% à 10% sont divisés en classes de débit de 10% de durée. Les dépassements de débit inférieurs à ce seuil sont divisés en classes de débit de 5%, 4%, 0,9% et 0,09%, respectivement.
- La moyenne géométrique de chaque classe de débit est ensuite calculée.
- Pour chaque classe d'écoulement, la concentration en sédiments est calculée à l'aide d'une équation de transport des sédiments comme celles d'Engelund et Hansen ou Yang.
- Les sédiments transportés pour chaque type de débit sont ainsi déterminés et exprimés en pourcentage du total des sédiments transportés.
- Le débit effectif peut alors être déterminé.

Cette approche est utilisée pour déterminer le débit effectif du fleuve Pongola dans son état naturel. L'enregistrement de flux utilisé contient 39 années de données de flux. L'équation de charge totale d'Engelund et Hansen a été utilisée et tous les paramètres nécessaires ont été obtenus à partir d'une section transversale étudiée, avec d_{50} = 0,12 mm. L'utilisation de l'équation du transport des sédiments ne tient toutefois pas compte du fait que le transport des sédiments peut être limité. Pour cette raison, une courbe d'évaluation des sédiments a été utilisée pour déterminer la charge sédimentaire et les résultats ont été comparés à ceux obtenus en utilisant l'équation de transport des sédiments d'Engelund et Hansen. Les résultats sont présentés à l'illustration 6.1-1 et résumés au tableau 6.1-1.

6. DEVELOPMENT OF GUIDELINES TO DETERMINE AND LIMIT THE IMPACTS OF DAMS ON THE DOWNSTREAM RIVER MORPHOLOGY

The major downstream impacts of dams are a reduction of the magnitude and frequency of flood peaks, changes in flow duration and reduced downstream sediment supply due to the trapping of sediments in the reservoir. These changes can lead to riverbed degradation close to the dam and aggradation further downstream, as the river strives for a new equilibrium. In order to reverse some of the changes that have taken place, or prevent major changes from occurring, researchers have been attempting to define a regulated flow regime, which will have much the same effects as the natural pre-dam flow regime. The problem, however, is to define those flows that form and maintain the river channel and the floodplain. The relative importance of different flows can best be evaluated by determining the amount of sediment transported by each. The discharge that transports the greatest amount of sediment over time is termed the effective discharge and identifying that discharge could help to determine a flow regime that will maintain the river in a natural or at least equilibrium state.

6.1. DETERMINATION OF THE EFFECTIVE DISCHARGE (DOLLAR *ET AL.*, 2000)

The method outlined by Dollar *et al.* (2000) to determine the effective discharge is as follows:

- Daily flow data are used to generate flow duration curves.
- The flow duration curves are divided into individual flow classes. It is assumed that the flows equalled or exceeded 10% of the time or less are most likely the most significant in terms of sediment transport. Therefore, the flows from the 99.99% equalled or exceeded to the 10% equalled or exceeded are divided into 10% duration flow classes. The flow exceedances less than this are divided into flow class durations of 5%, 4%, 0.9% and 0.09%, respectively.
- The geometric mean of each flow class is then calculated.
- For each flow class the sediment concentration is calculated using a sediment transport equation like Engelund and Hansen or Yang.
- The sediment transported for each flow class is thus determined and expressed as a percentage of the total sediment transported.
- The effective discharge can then be determined.

This approach is used to determine the effective discharge of the Pongola River in its natural state. The flow record used contains 39 years of flow data. Engelund and Hansen's total load equation was used, and the all the necessary parameters obtained from a surveyed cross-section, with d_{50} = 0.12mm. The use of the sediment transport equation does, however, not take into consideration that the sediment transport may be supply limited. For this reason, a sediment rating curve was used to determine the sediment load and the results were compared to those obtained by utilizing Engelund and Hansen's sediment transport equation. The results are illustrated in Figure 6.1-1 and summarised in Table 6.1-1.

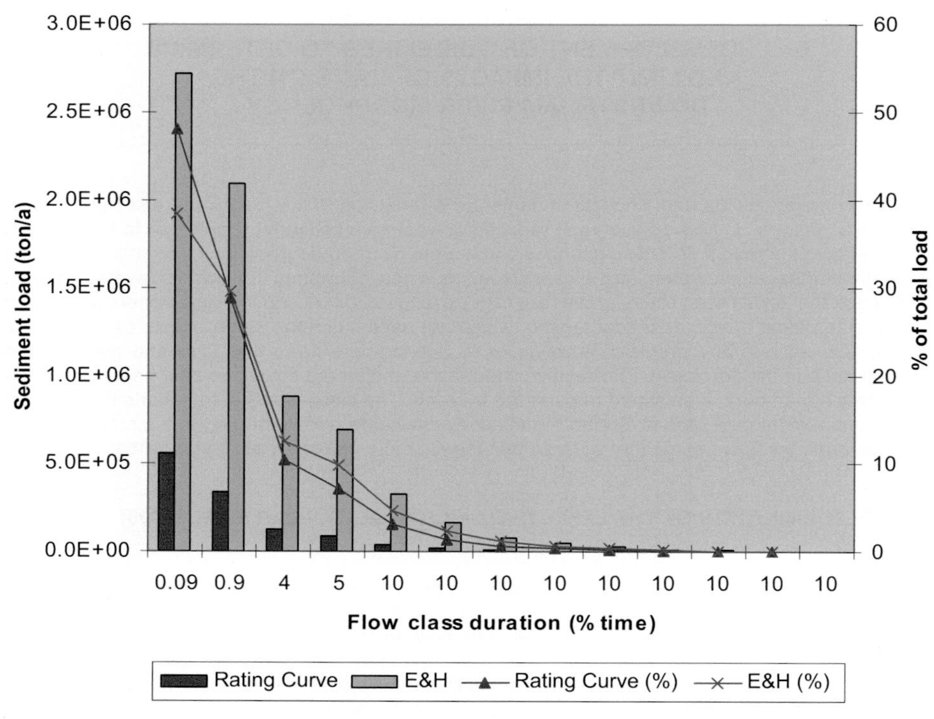

Figure 6.1-1
Répartition des charges sédimentaires

Le Tableau 6.1-1 montre que les deux approches donnent des résultats similaires en ce sens que le débit effectif est le débit égal ou supérieur à 0,01% du temps, bien que cela soit beaucoup plus évident dans le cas de la courbe d'évaluation des sédiments, avec près de 50% du total des sédiments transportés par le débit effectif. Le débit moyen pour cette classe de débit représente un débit de 1 sur 10 ans pour la rivière Pongola à cet endroit (voir Tableau 6.1.2). Cela va à l'encontre de l'opinion générale selon laquelle le débit effectif est généralement plus fréquent, habituellement dans la classe de durée de débit de 5% à 0,01% (Dollar *et al.*, 2000).

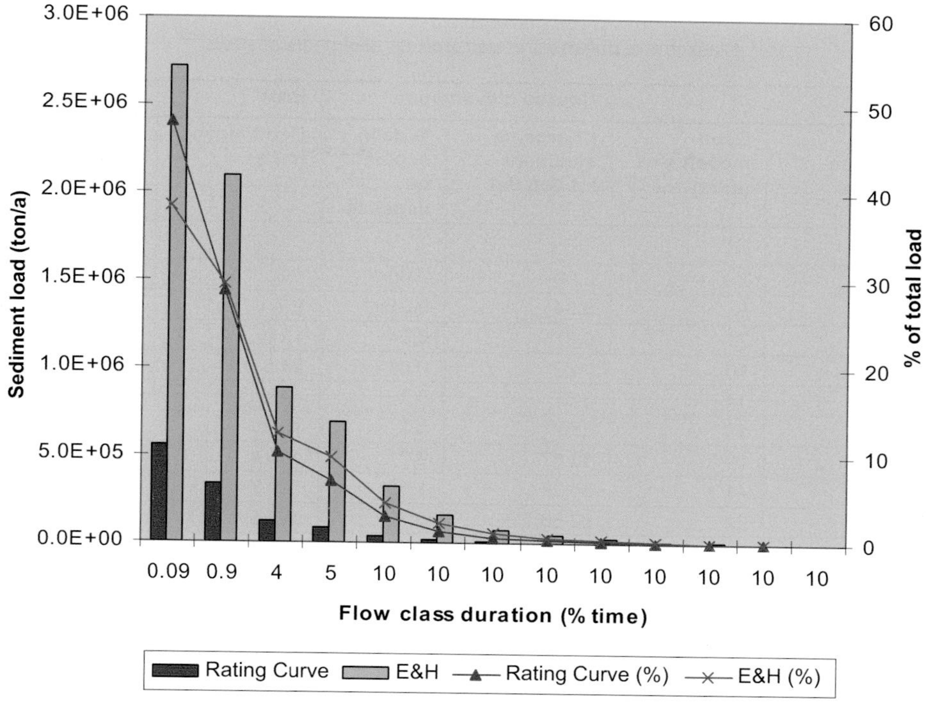

Figure 6.1-1
Sediment load distribution

From Table 6.1-1 it can be seen that both approaches yield similar results in that the effective discharge is the discharge that is equalled or exceeded 0.01% of the time, although this is much more obvious for the sediment rating curve approach, with almost 50% of the total sediment transported by the effective discharge. The mean flow for that flow class represents a 1:10-year discharge for the Pongola River at that site (see Table 6.1.2). This is contrary to the general opinion that the effective discharge generally occurs more frequently, usually in the 5% to 0.01% flow duration class (Dollar *et al.*, 2000).

Tableau 6.1-1
Classes d'écoulement et transport de sédiments associé

		Courbe d'évaluation		E&H*	
% délai écoulé ou dépassé	**Débit moyen (m^3/s)**	**Charge de sédiment (*1 000 t/a)**	**% délai écoulé ou dépassé**	**Débit moyen (m^3/s)**	**Charge de sédiment (*1 000 t/a)**
99.99					
90	2	0.09	0.004	1.8	0.02
80	5	0.34	0.015	5.7	0.05
70	7	0.87	0.04	13.0	0.12
60	10	1.82	0.08	24.6	0.23
50	14	3.57	0.2	44.4	0.42
40	19	6.99	0.3	79.9	0.8
30	29	16.07	0.7	165.4	1.6
20	41	35.27	1.6	328.7	3.1
10	62	82.86	3.7	693.5	6.5
5	103	120.51	5.4	881.7	8.3
1	185	334.84	15.0	2093.8	19.7
0.1	475	559.35	25.0	2716.5	25.5
0.01	1914	1071.20	48.0	3585.4	33.7
	Σ	**2233.8**	Σ	**10634.4**	

*Formule de transport des sédiments énoncée par Engelund et Hansen

Tableau 6.1-2
Pics de crues de Pongola

Intervalle de récurrence (années)	Pic de crue (m^3/s)
2	800
5	1400
10	1900
20	4600
50	10500

Le seul problème important que pose l'approche décrite est la détermination des différentes classes de débit. Le choix d'intervalles différents peut donner des résultats différents. De plus, toutes les classes de débit devraient avoir la même durée pour pouvoir comparer la contribution de chaque classe de débit. Un autre aspect de ce problème est le fait que tous les débits supérieurs ou égaux de moins de 0,01 % du temps ne sont pas inclus dans l'évaluation. On peut soutenir que ces débits ne sont pas assez fréquents pour être efficaces, mais comme le montre le tableau 6.1-3, ce n'est pas le cas. Une autre classe de débit a été ajoutée, représentant les débits égaux ou supérieurs entre 0,01 % et 0,001 % du temps. La durée de l'écoulement est très courte, et pourtant ces écoulements parviennent à transporter plus de 35% de la charge sédimentaire totale.

Table 6.1-1
Flow classes and associated sediment transport

		Rating curve		E&H*	
% time equalled or exceeded	Mean flow (m^3/s)	Sediment load (*1000 ton/a)	% of total load	Sediment load (*1000 ton/a)	% of total load
99.99					
90	2	0.09	0.004	1.8	0.02
80	5	0.34	0.015	5.7	0.05
70	7	0.87	0.04	13.0	0.12
60	10	1.82	0.08	24.6	0.23
50	14	3.57	0.2	44.4	0.42
40	19	6.99	0.3	79.9	0.8
30	29	16.07	0.7	165.4	1.6
20	41	35.27	1.6	328.7	3.1
10	62	82.86	3.7	693.5	6.5
5	103	120.51	5.4	881.7	8.3
1	185	334.84	15.0	2093.8	19.7
0.1	475	559.35	25.0	2716.5	25.5
0.01	1914	1071.20	48.0	3585.4	33.7
	Σ	**2233.8**	Σ	**10634.4**	

* Engelund and Hansen's sediment transport formula

Table 6.1-2
Pongola flood peaks

Recurrence interval (years)	Flood peak (m^3/s)
2	800
5	1400
10	1900
20	4600
50	10500

The one significant problem with the outlined approach, is the determination of the different flow classes. Choosing different intervals could yield different results. Also all the flow classes should really have the same duration to be able to compare the contribution of each flow class. Another aspect of that problem is the fact that all flows equalled or exceeded less than 0.01% of the time are not included in the evaluation. It may be argued that these flows do not occur frequently enough to be effective, but as can be seen in Table 6.1-3, this is not the case. Another flow class was added, representing the discharges equalled or exceeded between 0.01% and 0.001% of the time. The flow duration is very short, and yet these flows manage to transport more than 35% of the total sediment load.

Tableau 6.1-3
Catégories étendues d'écoulements et transport des sédiments associés

		Courbe d'évaluation			E&H*	
% délai écoulé ou dépassé	$\overline{Q}$ (m³/s)	Charge de sédiment (t/a)	% de charge totale	Cumulé %	Charge de sédiment (t/a)	% de charge totale
99,99						
90	2	0,1	0,002	0,00	1,8	0,01
80	5	0,3	0,01	0,01	5,7	0,04
70	7	0,9	0,02	0,03	13,0	0,08
60	10	1,8	0,05	0,08	24,6	0,15
50	14	3,6	0,09	0,17	44,4	0,27
40	19	7,0	0,2	0,4	79,9	0,5
30	29	16,1	0,4	0,8	165,4	1,0
20	41	35,3	0,9	1,7	328,7	2,0
10	62	82,9	2,2	3,9	693,5	4,2
5	103	120,5	3,1	7,0	881,7	5,4
1	185	334,8	8,7	15,7	2 093,8	12,8
0,1	475	559,3	14,6	30,3	2 716,5	16,6
0,01	1 914	1 071,2	27,9	58,2	3 585,4	21,9
0,001	10 541	1 605,0	41,8	100	5 772,2	35,2
	Σ	3 838,7		Σ	16 406,6	

Le Tableau 6.1-3 montre également que tous les débits supérieurs à 50 m³/s sont significatifs, représentant 98% de la charge sédimentaire totale.

Le concept d'un débit efficace peut être très utile pour déterminer un régime de débit qui maintiendra une rivière dans son état naturel ou d'équilibre. Toutefois, la méthode décrite ci-dessus pose encore certains problèmes, comme la détermination des intervalles de durée des débits et l'exclusion des crues les moins fréquentes.

6.2. LIGNES DIRECTRICES PROPOSÉES POUR DÉTERMINER ET LIMITER L'IMPACT DES BARRAGES SUR LA MORPHOLOGIE EN AVAL DU COURS D'EAU

La modélisation mathématique devrait être utilisée pour étudier les changements dans le bilan sédimentaire et la relation entre la charge sédimentaire et l'évacuation de sédiments avant et après le barrage.

La méthodologie suivante est proposée :

- Délimiter la zone d'étude en termes de processus morphologiques.
- Déterminer la condition de référence et l'état géomorphologique actuel, en utilisant :
  - Les photos aériennes et relevés historiques.
  - L'étude des éventuels changements dans la production de sédiments.

Table 6.1-3
Extended flow classes and associated sediment transport

		Courbe d'évaluation			E&H*	
% délai écoulé ou dépassé	$\overline{Q}$ (m³/s)	Charge de sédiment (t/a)	% de charge totale	Cumulé %	Charge de sédiment (t/a)	% de charge totale
99,99						
90	2	0,1	0,002	0,00	1,8	0,01
80	5	0,3	0,01	0,01	5,7	0,04
70	7	0,9	0,02	0,03	13,0	0,08
60	10	1,8	0,05	0,08	24,6	0,15
50	14	3,6	0,09	0,17	44,4	0,27
40	19	7,0	0,2	0,4	79,9	0,5
30	29	16,1	0,4	0,8	165,4	1,0
20	41	35,3	0,9	1,7	328,7	2,0
10	62	82,9	2,2	3,9	693,5	4,2
5	103	120,5	3,1	7,0	881,7	5,4
1	185	334,8	8,7	15,7	2 093,8	12,8
0,1	475	559,3	14,6	30,3	2 716,5	16,6
0,01	1 914	1 071,2	27,9	58,2	3 585,4	21,9
0,001	10 541	1 605,0	41,8	100	5 772,2	35,2
	Σ	3 838,7		Σ	16 406,6	

From Table 6.1-3 it can also be seen that all flows greater than 50 m³/s are significant, accounting for 98% of the total sediment load.

The concept of an effective discharge can be very useful when determining a flow regime that will maintain a river in its natural or equilibrium state. However, the method outlined above still holds some problems, such as the determination of the flow duration intervals and the exclusion of the less frequently occurring floods.

6.2. PROPOSED GUIDELINES TO DETERMINE AND LIMIT THE IMPACT OF DAMS ON THE DOWNSTREAM RIVER MORPHOLOGY

Mathematical modelling should be used to investigate the changes in the sediment balance and sediment load-discharge relationship between pre-and post-dam conditions.

The following methodology is proposed:

- Delineate the study area in terms of the morphological processes.
- Determine the reference condition and present geomorphological state, using:
  - Historical aerial photos and surveys.
  - Investigate possible changes in sediment yield.

- Décrire les processus morphologiques du cours d'eau, y compris le transport des sédiments, en fonction des régimes d'écoulement, des caractéristiques des sédiments (travail sur le terrain) et des conditions limitées en aval.

- Établir une relation entre la charge sédimentaire et l'évacuation à partir des données observées sur les concentrations de sédiments en suspension, en tenant compte des tendances saisonnières et de la capacité de transport des sédiments, ce qui pourrait limiter la concentration.

- Utiliser la relation entre la charge sédimentaire et le débit observé pour déterminer la production de sédiments du bassin versant, en tenant compte de la retenue des sédiments par les barrages existants en amont.

- Comparer cette production de sédiments avec les valeurs annuelles moyennes observées ou estimées de la production de sédiments déterminée par l'une des méthodes suivantes :

  – Courbes de charge sédimentaire et d'évacuation des sédiments obtenues à partir des concentrations observées de sédiments en suspension, en conjonction avec des relevés d'écoulement à long terme.

  – Relevés des dépôts de sédiments des retenues.

  – Cartes de la production de sédiments.

- Si aucune donnée sur les sédiments en suspension n'est disponible, la capacité de transport des sédiments peut être utilisée. La capacité de transport des sédiments et les charges sédimentaires correspondantes sont calculées sur une longue période (> 15 ans) à partir des données d'écoulement observées. La charge sédimentaire est intégrée sur toute la période et la production de sédiments ainsi déterminée. La capacité de transport des sédiments est ensuite, si nécessaire, ajustée pour obtenir la production de sédiments observée.

- Générer des données chronologiques à long terme sur l'écoulement naturel et la concentration/charge sédimentaire en utilisant la relation entre la charge sédimentaire et le débit.

- Simuler les conditions naturelles à l'aide d'un modèle hydrodynamique et morphologique numérique :

  – Limite amont – concentration (C_{in})/charge de sédiments (Q_{sin}) et débit (Q_{in})

  – Limite aval - f (débit ou niveau d'eau)

  – Étalonner la rugosité du lit du modèle hydrodynamique en fonction des mesures sur le terrain.

- Établir les processus naturels de transport des sédiments, y compris l'érosion et le dépôt, dans la rivière.

- Générer des scénarios de flux et de transport des sédiments actuels et futurs :

  – Réduire la production de sédiments (t/a) par le piégeage des sédiments dans les futurs barrages en amont prévus

  – Utiliser les débits générés par l'aménagement ou, s'ils ne sont pas disponibles, simuler de nouveaux débits au barrage en tenant compte de l'utilisation de l'eau, de l'évaporation nette, de la pleine capacité d'alimentation du réservoir, etc. Si l'effet de plus d'un barrage doit être étudié, ou si le point d'intérêt est

- Describe the morphological processes of the river, including sediment transport, based on flow patterns, sediment characteristics (field work) and the downstream boundary conditions.

- Establish a sediment load–discharge relationship from observed suspended sediment concentration data considering seasonal trends and sediment transport capacity, which might limit the concentration.

- Use the sediment load–discharge relationship with the observed flow record to determine the catchment sediment yield, taking into account trapping of sediment by existing upstream dams.

- Compare this sediment yield with observed or estimated mean annual values of sediment yield determined by one of the following methods:

  - Sediment load-discharge rating curves obtained from observed suspended sediment concentrations in conjunction with long-term flow records.

  - Surveys of reservoir sediment deposits.

  - Sediment yield maps.

- Should no observed suspended sediment data be available, the sediment transport capacity can be used. The sediment transport capacity and corresponding sediment loads are calculated for a long time period (> 15 years) based on observed flow data. The sediment load is integrated over the whole period and the sediment yield thus determined. The sediment transport capacity is then, if necessary, adjusted to yield the observed sediment yield.

- Generate long-term time series data of natural flow and concentration/sediment load by using the sediment load- discharge relationship.

- Simulate the natural condition with a numerical hydrodynamic and morphological model:

  - Upstream boundary – concentration (C_{in})/sediment load (Q_{sin}) and flow (Q_{in})

  - Downstream boundary – f(discharge or water level)

  - Calibrate hydrodynamic model bed roughness, based on field measurements.

- Establish the natural sediment transport processes, including erosion and deposition, in the river.

- Generate current and future scenario flows and sediment transport:

  - Reduce sediment yield (t/a) by sediment trapping in future planned upstream dams

  - Use generated flows with development, or if not available, simulated new flows at the dam, by considering water use, net evaporation, full supply capacity of reservoir, etc. If the effect of more than one dam has to be investigated, or if the point of interest is far downstream of the dam, flows may have to be routed through the catchment, together with the downstream catchment flows. Abstractions downstream should be lumped to reduce total catchment flow.

situé loin en aval du barrage, les débits peuvent devoir être acheminés à travers le bassin versant, en même temps que les débits en aval. Les prélèvements en aval doivent être regroupés pour réduire le débit total du bassin versant.

- Ajuster la relation charge sédimentaire/débit pour obtenir le rendement annuel moyen réduit en sédiments (t/a), en tenant compte également de la capacité de transport des sédiments (la concentration ne doit pas être supérieure à la concentration maximale observée, si des données fiables à long terme sont disponibles).

- Générer des séries chronologiques de débits et de concentrations/charges sédimentaires.

- Générer des séries chronologiques de débits et de concentrations/charges sédimentaires avec une production de sédiments supérieure au rendement naturel (en raison de l'évolution de l'utilisation des terres).

- Simuler le transport des sédiments dans le cours d'eau à l'aide d'un barrage exploité pour le stockage ou pour l'hydroélectricité : évaluer les modèles de dépôt et d'érosion et les comparer aux conditions naturelles.

- Déterminer les conditions critiques pour le réentraînement des sédiments du lit de la rivière et le débit de crue associé, en tenant compte des effets possibles des sédiments cohérents (caractéristiques des sédiments à obtenir à partir des échantillons de sédiments du lit et de l'analyse granulométrique).

- Simuler le transport des sédiments dans la rivière en tenant compte de la possibilité réaliste de générer une crue artificielle par les barrages :

  - Ampleur : crue annuelle jusqu'à 1 sur 10 ans.

  - Durée : aussi proche que possible de la forme naturelle de l'hydrogramme.

  - Fréquence : une à deux fois par an, en fonction de l'ampleur des inondations et de la disponibilité de l'eau.

  - Calendrier : avec un débit naturel suffisamment important et au début de la saison des pluies (pour une plus grande efficacité).

- Utiliser des débits de scénarios d'aménagement futur avec des crues ajoutées, après comparaison avec les observations de débit naturel.

- Recommander les pointes de crue IFR/EFR, leur fréquence et leur durée.

En plus des crues d'eaux claires artificielles, on peut envisager d'évacuer et/ou de chasser les sédiments du réservoir dans des réservoirs relativement petits où un excès d'eau est disponible.

6.2.1. Passage de fortes charges de sédiments dans le réservoir

Abaissement :

Lorsque les ratios de Ruissellement Annuel Moyen (RAM) de la capacité de stockage des réservoirs dans le monde sont élaborés par rapport au ratio capacité-production de sédiments, les données sont tracées comme il apparaît sur l'illustration 6.2-1 (Basson and Rooseboom, 1997). La plupart des barrages ont un ratio capacité-RAM compris entre 0.2 et 3, et une durée de vie de 50 à 2 000 ans lorsqu'on prend en compte l'alluvionnement de la retenue.

  - Adjust the sediment load-discharge relationship to obtain the reduced mean annual sediment yield (t/a), also considering sediment transport capacity (concentration should not be higher than the maximum observed concentration, if reliable long-term observed data is available).

  - Generate time series of flows and concentration/sediment load.

  - Generate time series of flows and concentration/sediment load with increased sediment yield above natural (due to changing land use).

- Simulate the sediment transport through the river with dam operated with storage or hydropower operation: evaluate deposition and erosion patterns and compare with natural conditions.

- Determine the critical conditions for re-entrainment of sediment from the riverbed and associated flood discharge, considering possible effects of cohesive sediment (sediment characteristics to be obtained from bed sediment samples and grading analysis).

- Simulate sediment transport through the river with realistic possible artificial flood releases from dam(s), considering the following:

  - Magnitude: annual up to 1:10-year flood.

  - Duration: as close as possible to natural hydrograph shape.

  - Frequency: once or twice a year, depending on the flood magnitude and availability of water.

  - Timing: together with a large enough natural runoff event and at the beginning of the rainy season (for the greatest effectiveness).

- Use future development scenario flows with floods added, after comparison with natural runoff record.

- Recommend IFR/EFR flood peaks, frequency and duration.

In addition to the clear water artificial flood releases, sluicing through and/or flushing of sediment from the reservoir can be considered at relatively small reservoirs where excess water is available.

6.2.1. Passing High Sediment Loads Through the Reservoir

Sluicing:

When the storage capacity-mean annual runoff (MAR) ratios of reservoirs in the world are plotted against the capacity-sediment yield ratio, the data plot as shown in Figure 6.2-1 (Basson and Rooseboom, 1997). Most dams have a capacity-MAR ratio of between 0.2 to 3, and a life of 50 to 2000 years when considering reservoir sedimentation.

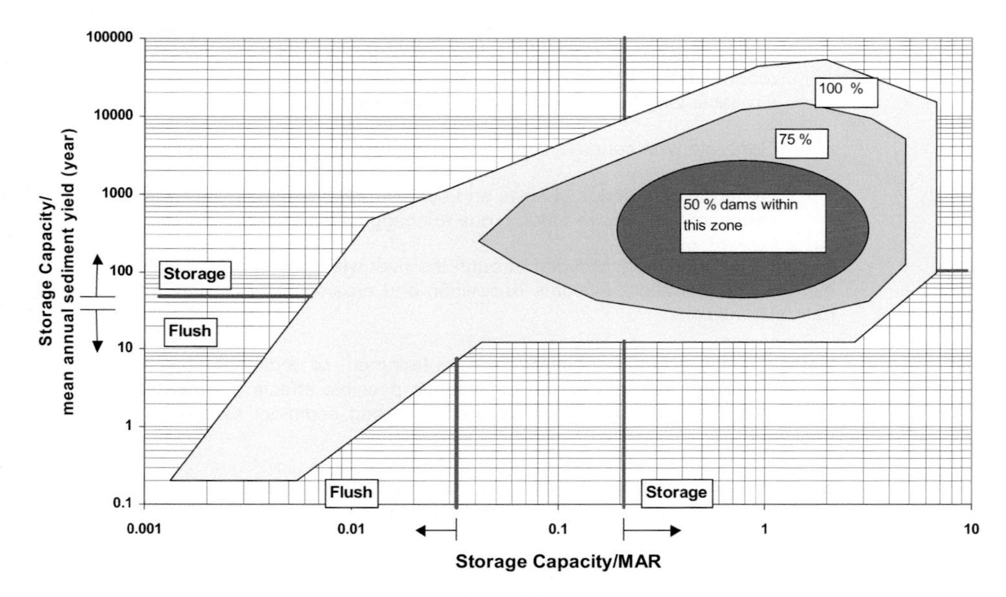

Figure 6.2-1
Système universel de classification des réservoirs en termes de réserve, de ruissellement et de production de sédiments

Lorsque le ratio capacité-RAM est inférieur à 0,03, l'abaissement ou la chasse des sédiments sera effectué(e) lors des crues et au travers des ouvrages de sortie larges, de préférence dans des conditions d'écoulement libre. L'abaissement est une opération viable et il est possible d'atteindre une capacité de stockage à l'équilibre sur le long terme. Cependant, lorsque les ratios capacité-RAM sont supérieurs à 0,2, il n'y a pas assez d'eau en excès disponible pour la chasse.

Le succès de l'abaissement dépend de la disponibilité d'eau en excès et d'un ouvrage d'évacuation de fond relativement important au niveau du barrage. Les premières et deuxièmes chutes du fleuve Mtata, en Afrique du Sud, ont été exploitées en série avec des abaissements au travers de deux grandes vannes radiales de fond à chaque barrage. Après environ 20 ans d'exploitation, la capacité de stockage du réservoir demeure supérieure à 70% de la capacité initiale. Pour que la chasse soit réussie, le ratio entre la capacité du réservoir et le ruissellement annuel moyen devrait être très faible, disons moins de 0,05 an. Les conditions d'écoulement libre sont préférables, mais elles ne sont pas exigées comme dans le cas d'une chasse, et seul un abaissement partiel du niveau d'eau est nécessaire tant que la capacité de transport des sédiments dans le réservoir est élevée pendant une crue.

6.2.2. Élimination des sédiments

Élimination des sédiments

La chasse peut s'avérer un moyen très efficace d'éliminer les dépôts de sédiments accumulés dans un réservoir. Comme dans le cas de l'abaissement, l'excès d'eau est nécessaire ainsi que de vannes d'évacuation de fond capables de laisser passer l'équivalent d'une crue sur 5 ans environ, dans des conditions d'écoulement libre. Une chasse réussie est effectuée au barrage de Phalaborwa, sur la rivière Olifants, où 22 grandes vannes radiales de 12 m de large ont été installées, couvrant toute la largeur de la rivière (Illustration 6.2-2). Le réservoir est exploité depuis les années 1960 et maintient une capacité à long terme de l'ordre de 40% de la capacité initiale.

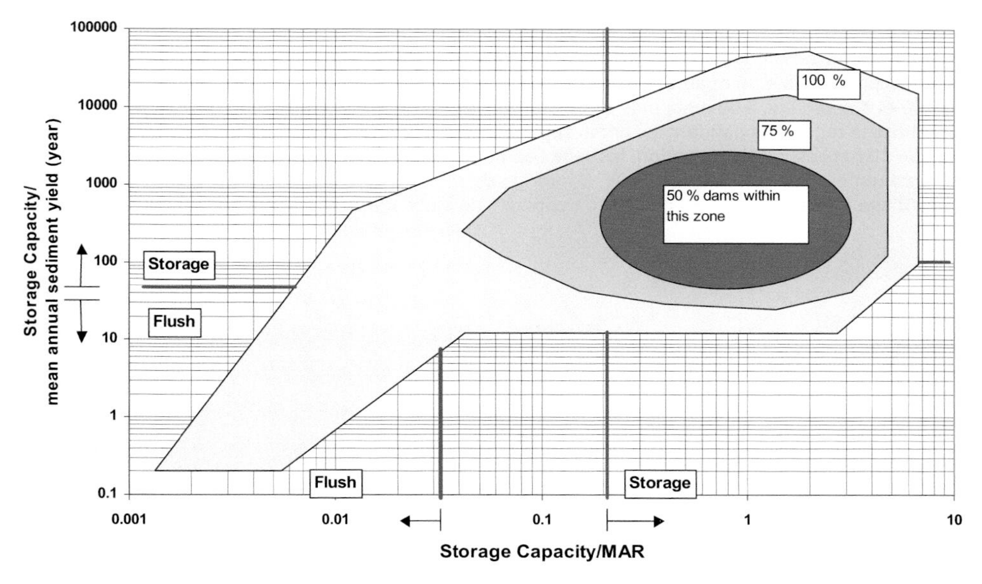

Figure 6.2-1
Universal reservoir classification system in terms of storage, runoff and sediment yield

When the capacity-MAR ratio is less than 0.03, sediment sluicing or flushing should be carried out during floods and through large bottom outlets, preferably with free outflow conditions. Flushing is a sustainable operation, and a long-term equilibrium storage capacity would be reached. When capacity-MAR ratios are however larger than 0.2, not enough excess water is available for flushing.

Successful sluicing depends on the availability of excess water and relatively large bottom outlets at the dam. First Falls and Second Falls on the Mtata River, South Africa, have been operated in series with sluicing through two large bottom radial gates at each dam. After about 20 years of operation the reservoir storage capacity remains more than 70 percent of the original capacity. For successful flushing the reservoir capacity-mean annual runoff ratio should be quite small, say less than 0.05 year. Free outflow conditions are preferable, but not a requirement like with flushing, and only partial water level drawdown is required as long as the sediment transport capacity through the reservoir is high during a flood.

6.2.2. Removal of Sediment

Flood Flushing:

Flushing can be a very effective way to remove accumulated sediment deposits from a reservoir. As with sluicing, excess water is required with large low-level outlets capable of passing the say 1:5 year flood under free outflow conditions. Successful flood flushing is carried out at Phalaborwa Barrage on the Olifants River where 22 large, 12 m wide radial gates were installed, covering the whole width of the river (Figure 6.2-2). The reservoir has been operated since the 1960s and maintains a long-term capacity in the order of 40% of the original capacity.

Dans d'autres réservoirs, la chasse est moins efficace, par exemple dans le cas du barrage de Welbedacht, en Afrique du Sud, qui possède 5 grandes vannes radiales mais qui n'est pas situé au fond du fleuve mais à 15 m au-dessus. Après 20 ans d'exploitation, 85 pour cent de la capacité a été perdue et aujourd'hui, il ne reste plus qu'environ 9 millions de m³ de capacité de stockage, et ce avec des chasses régulières pendant les crues supérieures à 400 m³/s. La durée de la chasse est limitée à environ 10 heures, période pendant laquelle l'épuration de l'eau de la ville de Bloemfontein peut être temporairement interrompue. En 1994, 3 millions de m³ de sédiments ont été chassés lors de deux crues d'une durée totale de 20 heures. La capacité de stockage continue cependant de diminuer.

Figure 6.2-2
Chasse par crue du barrage de Phalaborwa

La planification, la conception et l'exploitation judicieuse des ressources en eau sont d'une importance capitale pour limiter les impacts de l'alluvionnement des retenues. Dans les petites retenues, jusqu'à 40% de la capacité initiale peut être maintenue à long terme par la chasse régulière des sédiments. Dans la mesure où les concentrations de sédiments relâchés par chasse ne dépassent pas les valeurs maximales enregistrées sur le site du barrage avant sa construction, d'après une courbe de charge sédimentaire et de débit observée, la morphologie de la rivière devrait connaître des conditions similaires aux conditions naturelles.

At other reservoirs the flushing is less effective for example the case of Welbedacht Dam, South Africa, which has 5 large radial gates, but which are not located at the river bed but 15 m above it. After 20 years of operation, 85 percent capacity was lost and today only about 9 million m^3 storage capacity remains, and this is with regular flushing during floods above 400 m^3/s. The flushing duration is limited to about 10 hours, the period of time during which water purification to the city of Bloemfontein can be temporarily stopped. During 1994, 3 million m^3 sediment was flushed out during two floods with total flushing duration of 20 hours. The storage capacity is however still decreasing.

Figure 6.2-2
Phalaborwa Barrage flood flushing

Planning, design and judicious operation of water resources are of key importance in limiting the impacts of reservoir sedimentation. In small reservoirs as much as 40% of the original capacity can be maintained in the long-term by regular flushing of sediments. As long as the flushing discharge sediment concentrations do not exceed the maximum values recorded at the dam site before dam construction, based on an observed sediment load-discharge rating curve, the river morphology should experience similar conditions as under natural conditions.

7. MODÈLE ÉCONOMIQUE : CONSERVATION DES RÉSERVOIRS ET GESTION DURABLE DU CYCLE DE VIE DES GRANDS PROJETS HYDROÉLECTRIQUES : LA MÉTHODE RESCON

7.1. INTRODUCTION

L'alluvionnement des retenues constitue un grave problème à l'échelle mondiale, qui entraîne la perte d'un précieux moyen de stockage; on estime qu'il en coûte entre 35 km³ et 70 km³ par an, avec un coût de remplacement de 10 à 20 milliards de dollars US par an (Palmieri et al. 2003). Il est clair qu'une gestion durable des infrastructures liées aux ressources en eau est nécessaire. La gestion non durable des infrastructures liées aux ressources en eau impose aux générations futures le coût de la mise à l'arrêt, alors qu'elles ne sont pas en mesure de partager les avantages de ces installations. La gestion durable des réservoirs d'eau de surface facilite l'équité intergénérationnelle, permettant à la société en général de bénéficier à perpétuité des infrastructures développées. L'approche RESCON (REServoir CONservation) (Palmieri et al. 2003) a été mise au point par la Banque mondiale pour faciliter la prise de décision sur la façon de gérer les réservoirs de manière durable au niveau politique et préfaisabilité. Cette méthode est discutée ci-dessous, étayée par des études de cas sur les réservoirs des Trois Gorges et de Sanmanxia.

7.2. MÉTHODES DE DURÉE DE VIE THÉORIQUE ET DE GESTION DU CYCLE DE VIE

Il y a une différence marquée entre l'approche conventionnelle de la durée de vie qui accorde peu d'attention à la durabilité et l'approche de gestion du cycle de vie recommandée qui se concentre sur la durabilité. En négligeant les considérations qui mèneront à l'utilisation durable de l'infrastructure, l'approche de la durée de vie théorique ignore l'équité intergénérationnelle. Cette dernière implique essentiellement que la génération actuelle consomme les ressources de manière irresponsable, laissant aux générations futures le soin de s'occuper des problèmes sans fournir les ressources nécessaires à cette fin. Une approche plus juste consiste à gérer les ressources d'une manière durable afin que les générations futures puissent également en profiter. Un schéma comparant les méthodes de la durée de vie théorique et de gestion du cycle de vie est présenté dans Figure 1.

7.2.1. Méthode de la durée de vie théorique

L'approche de la durée de vie théorique (l'illustration suivante) est essentiellement considérée comme un processus linéaire d'une durée finie. Une fois qu'on a décidé de la durée de vie théorique, disons 75 ou 100 ans, le projet est planifié, conçu, construit, exploité et entretenu pendant cette période de temps. L'apport des préoccupations sociales et environnementales se limite à l'étape initiale de la conception du projet (indiquée par les flèches en pointillés fins) et l'apport ne se produit qu'une seule fois, indépendamment des changements survenus au cours de la vie du projet. Par convention, l'évaluation économique des projets ne tient pas compte du coût de la mise à l'arrêt. On suppose que ces coûts seront supportés par les générations futures, sans que les générations actuelles ne prennent de mesures pour répondre à ces besoins. C'est ce qui s'est produit dans la plupart, sinon la totalité, des projets qui ont été conçus dans le passé. Les préoccupations résiduelles, comme l'alluvionnement des retenues, sont décrites comme des effets externes dans l'illustration suivante. La perte totale de stockage due à la sédimentation rend les projets inutiles, sans aucune disposition théorique prévue pour y faire face. La « vie » de tels projets est limitée, sans aucune disposition prise pour faire face au problème.

7. ECONOMICAL MODEL: RESERVOIR CONSERVATION & LIFE CYCLE APPROACH SUSTAINABLE MANAGEMENT OF LARGE HYDRO PROJECTS: THE RESCON APPROACH

7.1. INTRODUCTION

Reservoir sedimentation is a serious worldwide problem leading to loss of valuable storage; estimated at 35 km³ to 70 km³ per year, with a replacement cost of US$10 billion to US$20 billion annually (Palmieri et al. 2003). It is clear that a need for sustainable management of water resource infrastructure exists. Non-sustainable management of water resource infrastructure burdens future generations with the cost of decommissioning, while they are unable to share in the benefits of these facilities. Sustainable management of surface water reservoirs facilitates intergenerational equity, allowing society, in general, to benefit from developed infrastructure in perpetuity. The RESCON (REServoir CONservation) approach (Palmieri et al. 2003) has been developed by the World Bank to facilitate decision making on how to manage reservoirs in a sustainable manner at policy and pre-feasibility level. This method is discussed in what follows, supported by case studies of the Three Gorges and Sanmanxia Reservoirs.

7.2. DESIGN LIFE AND LIFE CYCLE MANAGEMENT APPROACHES

There is a marked difference between the conventional design life approach that pays scant attention to sustainability and the recommended life cycle management approach that focuses on sustainability. By neglecting considerations that will lead to sustainable use of the infrastructure the design life approach ignores intergenerational equity. The latter essentially implies that the current generation uses resources in a consumptive manner, leaving the problems of dealing with its remains to future generations without providing resources to do so. A more just approach is to manage developed resources in a sustainable manner so that future generations can also enjoy its benefits. A schematic comparing the design life and the life cycle management approaches is presented in Figure 1.

7.2.1. Design Life Approach

The design life approach (the following illustration) is essentially viewed as a linear process of finite duration. Once it has been decided how long the design life would be, say 75 or 100 years, the project is planned, designed, constructed, operated and maintained for that period of time. Input of societal and environmental concerns is limited to the initial project conception stage (denoted by the thin dashed arrows) and the input occurs only once, regardless of the changes over the course of the project life. Conventionally the economic evaluation of projects does not account for the cost of decommissioning. It is assumed that such costs will be borne by future generations, without any action by present generations to make allowance to provide for such needs. This has been the practice on most, if not all, projects that have been conceived in the past. Residual concerns, such as reservoir sedimentation are depicted as external effects in the following illustration. Complete loss of storage due to sedimentation renders projects useless, without any design provisions to deal with it. The "lives" of such projects are finite, without any provision to deal with the problem.

7.2.2. *Gestion du cycle de vie*

L'approche de gestion du cycle de vie contient bon nombre des mêmes éléments que l'approche de gestion du cycle de vie de la conception, mais elle est présentée de façon circulaire. Il s'agit d'une utilisation perpétuelle de l'infrastructure d'une manière durable. Par conséquent, il est possible d'intégrer les préoccupations environnementales et sociales changeantes qui sont souvent associées aux impacts directs d'un barrage (indiqués par les flèches pleines). L'exploitation et l'entretien, ainsi que la gestion des sédiments, sont effectués de manière à encourager l'utilisation durable de l'infrastructure.

L'illustration suivante souligne que la mise à l'arrêt éventuelle d'une installation, si elle est nécessaire, fait partie des objectifs de gestion du cycle de vie du projet. L'inclusion de cette activité éventuelle exige que l'on tienne compte des répercussions de la mise à l'arrêt sur l'économie du cycle de vie des projets et sur l'équité intergénérationnelle. Si les études indiquent qu'une installation particulière ne peut techniquement pas être exploitée d'une manière qui assurera son utilisation à perpétuité, l'évaluation économique exige que le financement soit fourni par le constructeur initial de l'installation et que les générations futures puissent l'utiliser pour déclasser l'installation au besoin. La prévision d'un tel fonds permet de créer l'équité intergénérationnelle.

7.2.3. *Comparaison*

La principale différence entre les deux approches est que l'approche de la durée de vie théorique est linéaire et l'approche de gestion du cycle de vie est circulaire. Dans l'approche de la durée de vie théorique, il n'est pas tenu compte de l'entretien du barrage et de la retenue à la fin de sa « durée de vie », les préoccupations résiduelles en matière de sécurité et les préoccupations sociales et environnementales subsistent. Celles-ci sont transmises aux générations futures sans financement.

D'autre part, l'approche de gestion du cycle de vie, avec sa progression circulaire, vise principalement à une utilisation continue et indéfinie de l'installation, en tenant pleinement compte du besoin potentiel de mise à l'arrêt. Toutefois, la mise à l'arrêt n'est une option envisagée que si aucune autre option de gestion à usage permanent n'est disponible. En tenant pleinement compte de la nécessité potentielle de la mise à l'arrêt comme l'une des options de gestion, cette approche permet la création d'un fonds d'amortissement qui fournira des ressources financières aux générations futures à cette fin.

7.3. MISE EN ŒUVRE

La mise en œuvre de l'approche de gestion du cycle de vie est facilitée par l'utilisation de la méthodologie RESCON (REServoir CONservation) et du programme informatique décrit par Palmieri et al. (2003). La méthode RESCON est destinée à être utilisée dans la prise de décision initiale, au niveaux politiques ou de faisabilité. Lorsqu'on l'appliquerait à la prise de décision au niveau politique, elle serait mise en œuvre sous la forme d'un examen du portefeuille de barrages et de réservoirs du propriétaire. Les outils peuvent être utilisés pour décider s'il est économiquement viable de gérer les réservoirs et les barrages d'une manière durable et de tenir compte de l'équité intergénérationnelle. Dans le cas des propriétaires de barrages gouvernementaux, il s'agit évidemment d'une préoccupation très importante, car le gouvernement est le gardien des actifs de la société et on s'attend raisonnablement à ce qu'il tienne compte de l'équité intergénérationnelle.

L'application de la méthodologie RESCON pour mener des études de faisabilité de barrages et de réservoirs facilite l'identification de l'approche de conception la plus économique, tout en reconnaissant les besoins à court, moyen et long terme, en évaluant la faisabilité de la gestion durable de l'infrastructure et en reconnaissant la responsabilité en termes d'équité entre les générations.

7.2.2. *Life Cycle Management*

The life cycle management approach contains many of the same elements as the design life approach but arranged in a circular fashion. This indicates perpetual use of the infrastructure in a sustainable manner. Consequently, the opportunity exists to incorporate changing environmental and societal concerns that are often associated with direct impacts of a dam (indicated by the solid arrows). Operation and maintenance, as well as sediment management, are conducted in a manner that will encourage sustainable use of the infrastructure.

The following illustration emphasizes that the eventual decommissioning of a facility, should it be necessary, is included within the life cycle project management objectives. Inclusion of this possible activity requires consideration of the impacts of decommissioning on project life cycle economics and intergenerational equity. Should studies indicate that a particular facility cannot technically be operated in a manner that will ensure its use into perpetuity; the economic assessment requires that funding be provided by the original constructor of the facility that can be used by future generations to decommission the facility when required. By making provision for such a fund intergenerational equity is created.

7.2.3. *Comparison*

Principal difference between the two approaches is that the design life approach is linear, and the life cycle management approach is circular. In the design life approach no allowance is made for the care of the dam and reservoir at the end of its "life", with residual safety, social and environmental concerns remaining. These are passed on to future generations without providing funding.

On the other hand, the life cycle management approach, with its circular progression, is principally aimed at continued, indefinite use of the facility, fully taking account of the potential need for decommissioning. However, decommissioning is only an option that is considered if no other management options for perpetual use are available. By fully taking account of the potential need from decommissioning as one of the management options, this approach allows for creation of a sinking fund that will provide monetary resources to future generations for this purpose.

7.3. IMPLEMENTATION

Implementation of the life cycle management approach is facilitated by making use of the RESCON (REServoir CONServation) methodology and computer program described by Palmieri et al. (2003). The RESCON approach is intended for use in initial decision making, at policy or feasibility level. When applying it to policy level decision making it would be implemented as a review of the owner's portfolio of dams and reservoirs. The tools can be used to decide whether it is economically feasible to manage the reservoirs and dams in a sustainable manner and account for intergenerational equity. In the case of government dam owners this is obviously a very important concern as government is the custodian of society's assets and is reasonably expected to take account of intergenerational equity.

Application of the RESCON methodology to conduct feasibility studies of dams and reservoirs facilitates identification of the most economical design approach while concurrently recognizing short-, medium- and long-term needs, evaluating the feasibility of sustainable management of the infrastructure, and recognizing the responsibility towards intergenerational equity.

La méthode RESCON peut également être appliquée aux barrages et réservoirs existants pour évaluer l'opportunité d'une gestion durable et déterminer le type de modifications nécessaires, le cas échéant, pour y parvenir. L'alternative à la gestion durable consiste à permettre au(x) réservoir(s) de s'envaser et à mettre en place des procédures de mise à l'arrêt à la fin de leur vie physique. Si ce dernier choix est considéré comme la seule solution de rechange possible, un fonds d'amortissement qui paiera pour la mise à l'arrêt devrait être créé pour assurer l'équité intergénérationnelle. L'objectif du fonds d'amortissement est de ne pas imposer aux générations futures le coût de la mise à l'arrêt, alors que les générations précédentes sont les seules à bénéficier des avantages de l'infrastructure.

L'approche RESCON se compose de trois éléments principaux, dont la détermination de :

- La faisabilité technique de la gestion de l'alluvionnement des retenues
- La faisabilité économique de la gestion de l'alluvionnement des retenues
- L'évaluation des aspects environnementaux et sociaux des techniques de gestion optionnelles.

7.3.1. Faisabilité technique

L'illustration 7.3-1 résume les techniques qui ont été appliquées avec succès dans le passé pour gérer l'alluvionnement des retenues. Cette illustration classe les approches de gestion selon leur emplacement, c'est-à-dire en amont du réservoir, à l'intérieur du réservoir, au barrage et en aval. Les techniques qui peuvent être appliquées en aval du réservoir ne visent pas à réduire le volume de sédiments déposés dans un réservoir, mais à gérer les aspects environnementaux des sédiments qui pourraient être rejetés en aval de l'installation. Les autres approches visent spécifiquement à réduire le volume de sédiments déposés dans le réservoir.

RESCON can also be applied to existing dams and reservoirs to assess the desirability of sustainable management and determine what kind of modifications are required, if any, to accomplish this. The alternative to sustainable management is to allow the reservoir(s) to silt up and implement decommissioning procedures at the end of their physical life. Should the latter choice be identified as the only feasible alternative, a sinking fund that will pay for the decommissioning should be established to ensure intergenerational equity. The intent of the sinking fund is to not burden future generations with the cost of decommissioning, while earlier generations are the sole beneficiaries of the benefits of the infrastructure.

The RESCON approach consists of three principal elements, which include determination of:

- Technical feasibility of reservoir sedimentation management
- Economic feasibility of reservoir sedimentation management
- Assessment of environmental and social aspects of optional management techniques.

7.3.1. Technical Feasibility

Techniques that have been successfully applied to manage reservoir sedimentation in the past are summarized in Figure 7.3-1. This figure categorizes management approaches according to location, i.e., upstream of the reservoir, within the reservoir, at the dam and downstream. The techniques that can be applied downstream of the reservoir are not aimed at reducing the volume of deposited sediment in a reservoir but are directed at managing the environmental aspects of sediment that might be discharged downstream of the facility. The other approaches are specifically aimed at reducing the volume of deposited sediment in the reservoir.

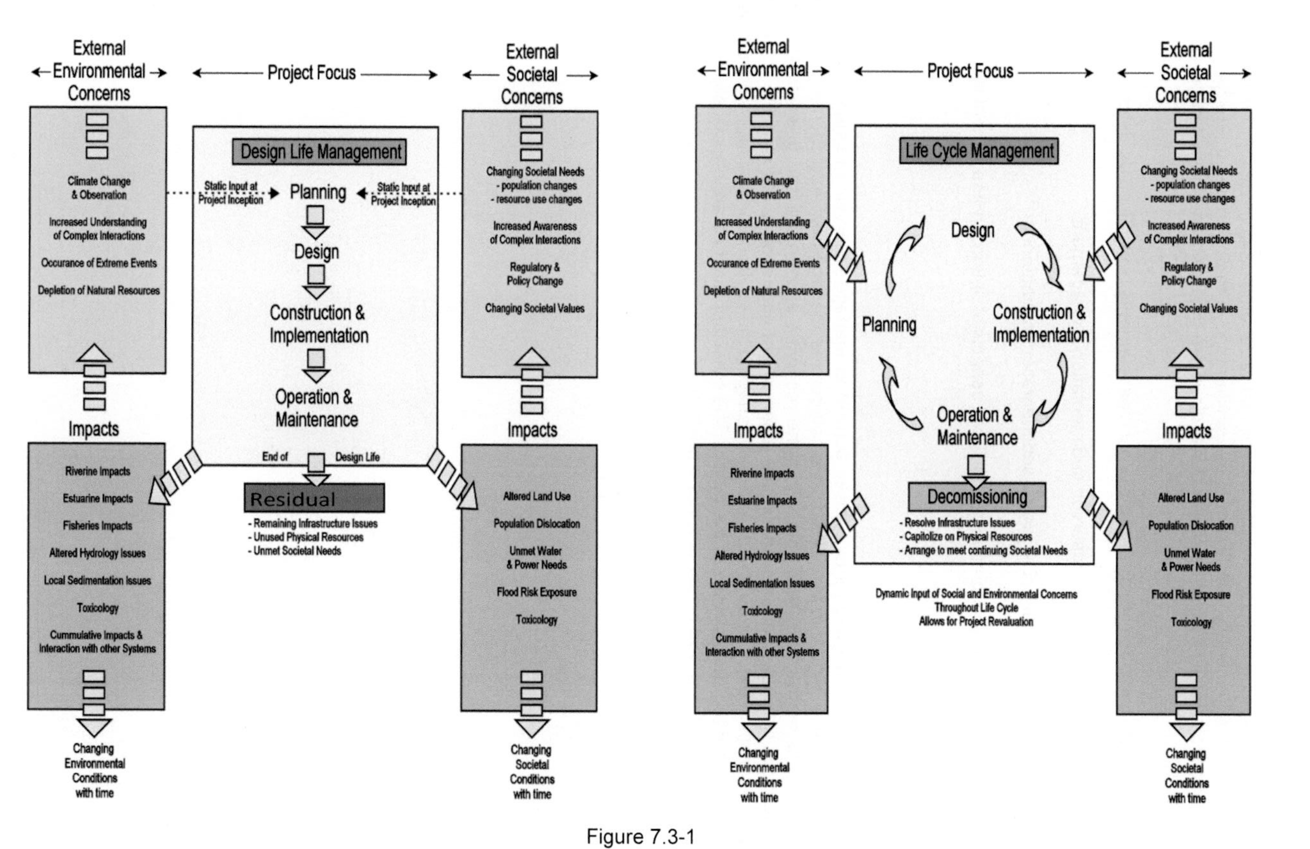

Figure 7.3-1
Comparaison des approches de la durée de vie théorique et de la gestion du cycle de vie

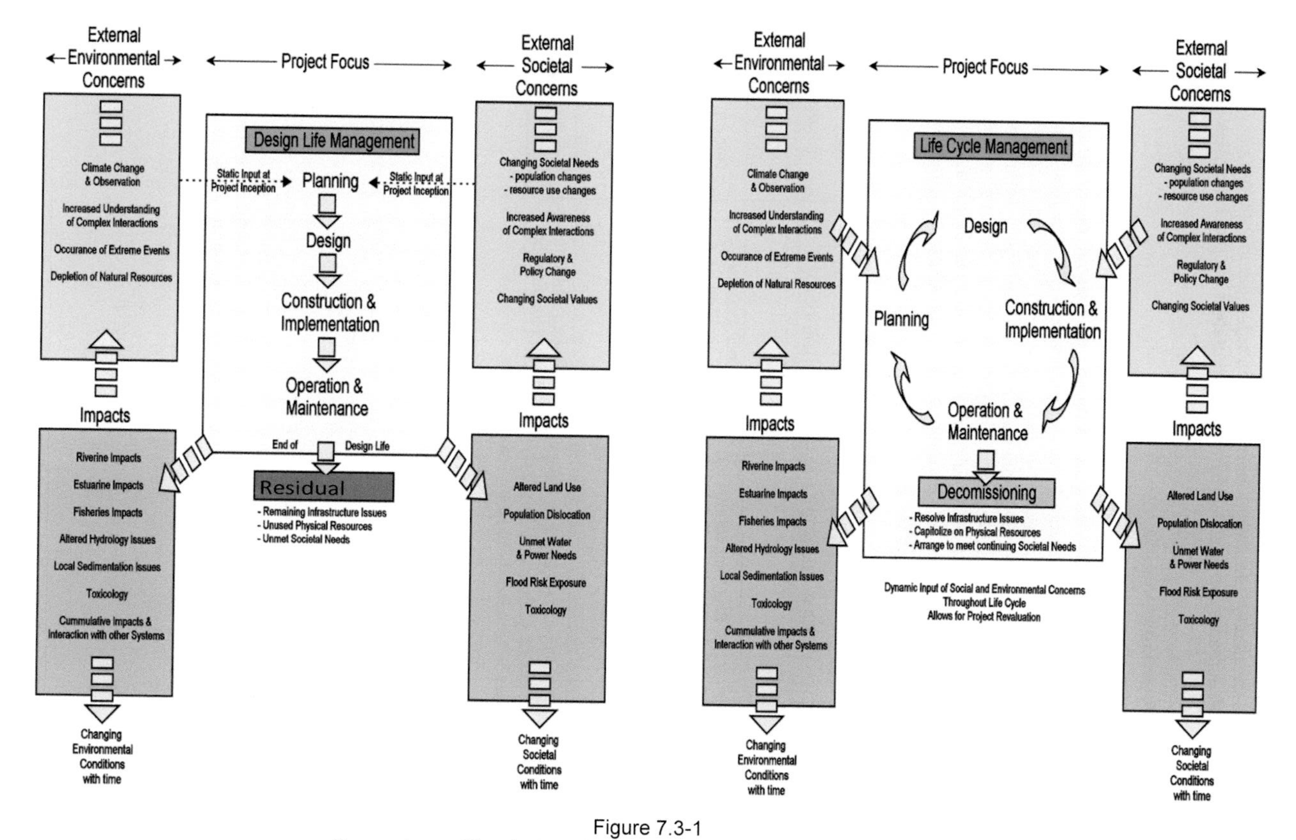

Figure 7.3-1
Comparison of the design life and life cycle management approaches

Les détails des stratégies optionnelles de gestion des sédiments sont abordés dans des publications comme Palmieri et al. (2003), et Morris et Fan (1997) sont les auteurs de l'expérience et de l'expertise de pointe les plus complètes. La méthode RESCON évalue la faisabilité technique des stratégies optionnelles de gestion des sédiments au niveau de la préfaisabilité et des politiques. Une fois les techniques de gestion de l'alluvionnement des retenues identifiées par le programme RESCON, leur faisabilité économique est déterminée afin de définir l'approche la plus économique.

7.3.2. Faisabilité économique

L'analyse économique classique des grands projets de ressources en eau repose sur une approche avantages-coûts qui utilise la Valeur Actualisée Nette (VAN) des avantages et des coûts sur la « durée de vie théorique » du projet pour calculer le ratio avantages-coûts. Ces analyses ne tiennent habituellement pas compte de la mise à l'arrêt du barrage à la fin de la vie utile de l'installation, et il est rare que des considérations de gestion des sédiments soient incluses dans l'évaluation. On soutient souvent que la VAN du coût de la mise à l'arrêt qui aura lieu dans 75 ou 100 ans est très faible et que le fait de ne pas en tenir compte n'aurait pas d'incidence importante sur une décision. Cette approche est imparfaite.

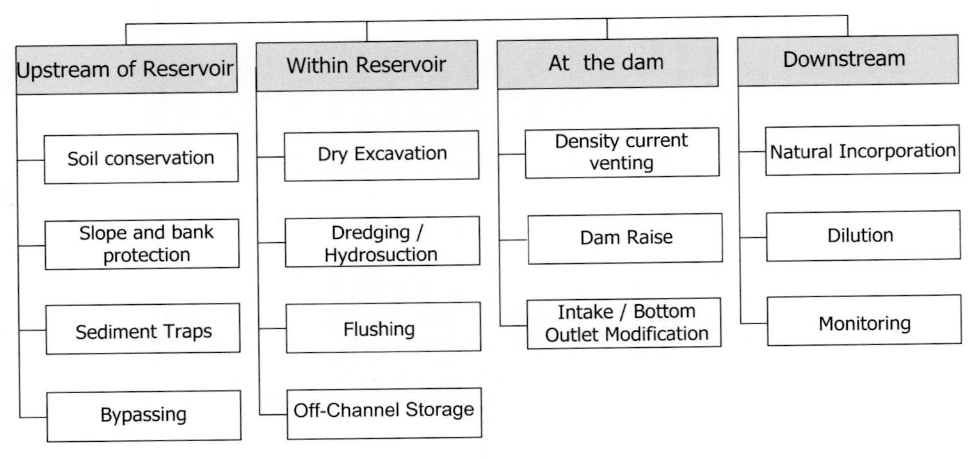

Figure 7.3-2
Approches de gestion des sédiments qui pourraient être utilisées pour faciliter l'utilisation durable des réservoirs

L'approche suivie dans la méthodologie RESCON consiste à prendre en compte tous les principaux avantages et coûts sur l'ensemble du cycle de vie d'un projet et, en particulier, à reconnaître la nécessité de l'équité intergénérationnelle. L'option de gestion la plus favorable est ensuite identifiée en utilisant la théorie du contrôle optimal pour maximiser la somme algébrique des avantages nets, du coût en capital et de la valeur de récupération (Palmieri, et al. 2003), c'est-à-dire

$$Maximize \sum_{t=0}^{T} NB_t \cdot d^t - C2 + V \cdot d^T$$

Sujet à :

$$S_{t+1} = S_t - M + X_t$$

Detail of optional sediment management strategies are discussed in publications like Palmieri et al. (2003), with the most comprehensive recording of state-of-the-art experience and expertise found in Morris and Fan (1997). RESCON assesses the technical feasibility of optional sediment management strategies at pre-feasibility / policy level. Once the feasible techniques for managing reservoir sedimentation have been identified by the RESCON program, their economic feasibility is determined in order to identify the most economical approach.

7.3.2. Economic Feasibility

Conventional economic analysis of large water resource projects is based on a benefit/ cost approach that uses the Net Present Value (NPV) of the benefits and costs over the "design life" of the project to calculate the benefit/cost ratio. These analyses usually do not account for dam decommissioning at the end of the life of the facility, and it is rare for sediment management considerations to be included as part of the assessment. It is often argued that the NPV of the cost of decommissioning that will take place 75 or 100 years into the future is very small and that omitting its consideration would not materially affect a decision. This approach is flawed.

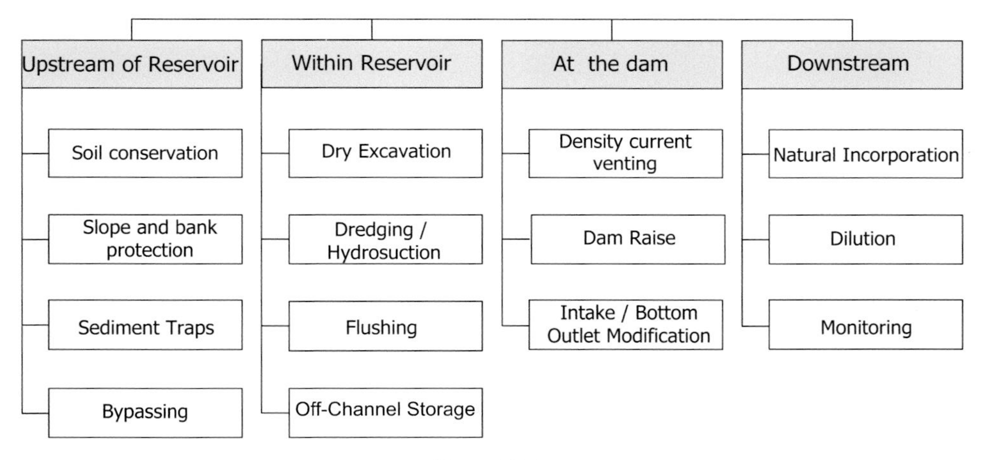

Figure 7.3-2
Sediment management approaches that could be used to facilitate sustainable use of reservoirs

The approach that is followed in RESCON methodology is to account for all the major benefits and costs over the complete life cycle of a project and, in particular, to acknowledge the need for intergenerational equity. The most favorable management option is then identified by making use of optimal control theory to maximize the algebraic sum of net benefits, capital cost and salvage value (Palmieri, et al. 2003), i.e.

$$Maximize \sum_{i=0}^{T} NB_t \cdot d^t - C2 + V \cdot d^T$$

subject to

$$S_{t+1} = S_t - M + X_t$$

compte tenu de la capacité initiale S_0 et d'autres contraintes physiques et techniques. Les symboles utilisés dans la formule sont définis comme suit : NB_t = Avantage net au cours de l'année t; d = facteur de taux d'actualisation défini comme 1/(1+r), où r = taux d'actualisation; C2 = coût initial de construction (=0 pour les installations existantes); V = valeur de récupération; T = année terminale; S_t = capacité restante (volume) du réservoir (année t); M = apport annuel en sédiment entrant retenu; X_t = sédiments éliminés sur l'année t.

Dans le cas des réservoirs, la valeur de récupération *V* est généralement négative, car elle représente le coût de la mise à l'arrêt au moment terminal T, si cette solution s'avère la plus économique. Dans un tel cas, on tient compte de l'équité intergénérationnelle en établissant un fonds d'amortissement qui créera un fonds de retraite suffisamment important pour la mise à l'arrêt de l'installation. L'investissement annuel (k) dans le fonds d'amortissement est calculé comme suit,

$$k = -m \cdot V / \left((1+r)^T - 1\right)$$

où m = taux d'intérêt (qui peut différer du taux d'actualisation r).

Lors de l'évaluation de la faisabilité économique d'une option de mise à l'arrêt, le montant k est soustrait des avantages nets sur une base annuelle.

7.3.3. Garanties environnementales et sociales

Lors de l'évaluation d'un projet au niveau de politique ou préfaisabilité, il n'est souvent pas justifié d'effectuer une étude d'impact environnemental complète, bien qu'il soit nécessaire d'évaluer les impacts environnementaux et sociaux de diverses lignes d'action. L'approche RESCON prévoit la prise en compte préliminaire des impacts environnementaux et sociaux potentiels d'autres plans d'action en recourant à une approche de protection de l'environnement et de protection sociale. La Banque mondiale a identifié six mesures de protection à utiliser lors de l'évaluation préliminaire des projets. Il s'agit notamment de l'évaluation de l'impact sur l'habitat naturel, des impacts sur les utilisations humaines des ressources naturelles touchées, du besoin de réinstallation, des impacts sur les biens culturels, des impacts sur les communautés locales et des effets transfrontaliers. Un système d'évaluation permettant d'estimer l'impact collectif d'un plan d'action proposé a été mis au point et fournit des indications quant à l'ampleur relative des impacts environnementaux et sociaux (Palmieri et al. 2003).

7.4. ÉTUDE DE CAS

Des études de cas ont été réalisées au Maroc et au Sri Lanka au cours du développement de l'approche RESCON (Palmieri 2003). Dans tous les cas, les résultats indiquent que la gestion durable, par la mise en œuvre de techniques appropriées de gestion de l'alluvionnement des retenues, est toujours l'approche la plus économique. En préparation de cet article, les auteurs ont mené d'autres études sur les réservoirs de Sanmanxia et des Trois Gorges, dont il est rendu compte dans le présent document. Le manque d'espace nous empêche de fournir des informations détaillées. Nous ne fournissons donc qu'un résumé des résultats de l'enquête.

Les analyses ont indiqué que la chasse est techniquement faisable pour les deux réservoirs, ce qui s'est déjà avéré efficace au barrage et au réservoir de Sanmanxia (Morris et Fan, 1998) et a été conclu faisable au barrage et au réservoir des Trois Gorges, après une étude approfondie. En raison de la taille de ces installations, la chasse des sédiments et l'évacuation du courant de densité sont les seules techniques qui peuvent être envisagées pour maintenir la capacité du réservoir à long terme. D'autres options, comme par exemple le dragage ou l'excavation à sec, ne sont pas techniquement réalisables.

given the initial capacity S_0 and other physical and technical constraints. The symbols used in the formulation are defined as: NB_t = Net benefit in year t; d = discount rate factor defined as 1/(1+r), where r = discount rate; C2 = initial capital cost of construction (=0 for existing facilities); V = salvage value; T = terminal year; S_t = remaining reservoir capacity (volume) in year t; M = trapped annual incoming sediment; X_t = sediment removed in year t.

In the case of reservoirs, the salvage value *V* is usually negative as it represents the cost of decommissioning at the terminal time T, should this prove the most economical solution. In such a case allowance for intergenerational equity is made by establishing a sinking fund that will create a large enough retirement fund to decommission the facility. The annual investment (*k*) into the sinking fund is calculated as,

$$k = -m \cdot V / \left((1+r)^T - 1\right)$$

where m = interest rate (which can differ from the discount rate r).

When assessing the economic feasibility of a decommissioning option, the amount *k* is subtracted from the net benefits on an annual basis.

7.3.3. Environmental and Social Safeguards

When assessing a project at policy or pre-feasibility level it is often not justified to conduct a full-blown environmental impact assessment, although the need for evaluating the environmental and social impacts of various courses of action exists. Preliminary consideration of the potential environmental and social impacts of alternative courses of action is allowed for in the RESCON approach by making use of an Environmental and Social Safeguard approach. Six safeguards have been identified by the World Bank for use in preliminary assessment of projects. These include as assessment of the impact on natural habitat, impacts on human uses of the impacted natural resources, the need for resettlement, impacts on cultural assets, impacts on local communities and trans-boundary effects. A rating system to estimate the collective impact of a proposed course of action has been developed which provides guidance as to the relative magnitude of environmental and social impacts (Palmieri et al. 2003).

7.4. CASE STUDIES

Case studies have been performed in Morocco and Sri Lanka during the course of development of the RESCON approach (Palmieri 2003). In all cases the findings indicated that sustainable management, by implementing appropriate reservoir sedimentation management techniques, is always the most economic approach. In preparation for this paper the authors conducted additional studies on the Sanmanxia and Three Gorges Reservoirs, which are reported herewith. Space limitations prevent us from providing detailed information. We therefore only provide a summary of the results of the investigation.

The analyses indicated that flushing is technically feasible for both reservoirs, which has already been proven to work at Sanmanxia Dam and Reservoir (Morris and Fan 1998) and has been concluded to be feasible at Three Gorges Dam and Reservoir, following extensive study. Due to the size of these facilities, sediment flushing and density current venting are the only techniques that can be considered for maintaining reservoir capacity in the long term. Other options, like for example dredging or dry excavation are not technically feasible.

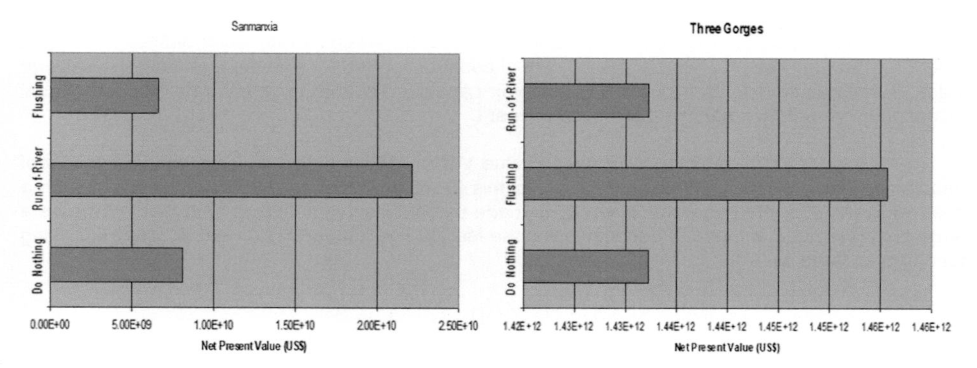

Figure 7.4-1
Résultats de l'optimisation économique de RESCON pour Sanmanxia et Three Gorges..

L'optimisation économique de RESCON indique que la chasse est la solution la plus optimale pour le barrage des Trois Gorges, mais pas pour celui de Sanmanxia (Illustration 7.4-1). Les trois options qui sont potentiellement réalisables dans les deux cas sont la chasse, les options au fil de l'eau et « laisser-faire ». Ce que l'on entend par « au fil de l'eau » dans l'approche RESCON, c'est que le réservoir peut s'envaser complètement au cours de sa vie et qu'il est ensuite exploité au fil de l'eau pour produire de l'hydroélectricité. Dans le cas du barrage de Sanmanxia, l'optimisation économique indique que cette dernière option est la solution la plus économique, la chasse et l'inaction étant presque au même niveau en deuxième position. Dans le cas du barrage des Trois Gorges, l'optimisation économique indique que la chasse est, de loin, l'approche de gestion la plus économique, les options au fil de l'eau et de « laisser faire » étant moins souhaitables.

Ces résultats reflètent très probablement le fait que le barrage des Trois Gorges a été conçu dans une optique de gestion durable de l'infrastructure dès le début, alors que le barrage de Sanmanxia a été conçu à l'origine selon les principes de la « durée de vie théorique ». Bien que le barrage de Sanmanxia ait par la suite été modifié pour permettre la chasse et l'évacuation du courant de densité, il a un coût, comme le laisse entendre l'analyse économique RESCON. La conception avancée du barrage des Trois Gorges témoigne de la prévoyance de ses concepteurs qui ont conçu une installation pouvant être utilisée à perpétuité. Il s'agit de la première très grande centrale hydroélectrique au monde qui a été conçue et construite, et qui sera gérée sur la base des concepts de « gestion du cycle de vie ».

7.5. RÉSUMÉ

Ce chapitre résume l'approche RESCON développée par la Banque mondiale qui peut être utilisée au niveau de la préfaisabilité et de l'élaboration des politiques pour prendre des décisions concernant les approches les plus économiques et techniquement réalisables pour la gestion durable des infrastructures des ressources en eau. L'optimisation économique utilise la théorie du contrôle optimal pour choisir l'approche la plus souhaitable qui est techniquement réalisable pour la gestion des réservoirs d'eau de surface. Une caractéristique unique de cette approche est qu'elle reconnaît pleinement la valeur de l'équité intergénérationnelle. Les études de cas réalisées au Maroc et au Sri Lanka, ainsi que pour les réservoirs chinois de Sanmanxia et des Trois Gorges, indiquent que c'est presque toujours la solution économique optimale pour gérer les réservoirs de manière durable.

L'approche conventionnelle de la durée de vie théorique qui a été utilisée dans le passé pour concevoir l'infrastructure des ressources en eau est incomplète et imparfaite, elle ne tient pas compte de l'équité intergénérationnelle et entraîne un certain nombre de problèmes résiduels non résolus lorsqu'un envasement du réservoir se produit. L'approche de la gestion du cycle de vie pour la gestion des infrastructures des ressources en eau est non seulement techniquement réalisable, mais aussi économiquement optimale, tout en conduisant simultanément à l'équité intergénérationnelle et à l'utilisation durable de l'infrastructure à perpétuité.

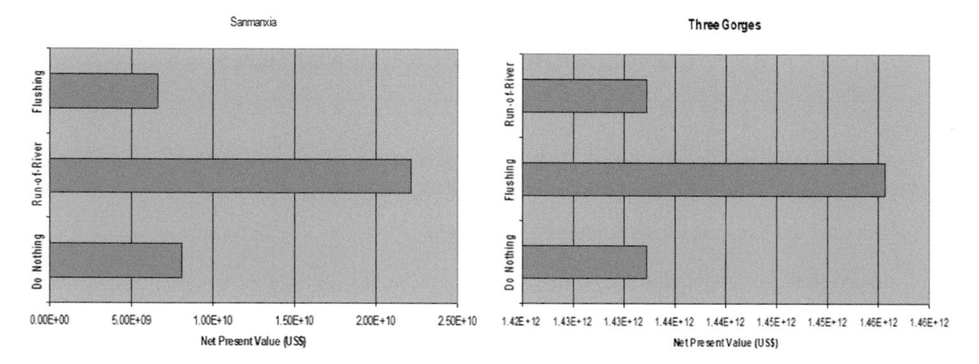

Figure 7.4-1
RESCON economic optimization results for Sanmanxia and Three Gorges.

The RESCON economic optimization indicates that flushing is the most optimal solution for Three Gorges Dam, but not for Sanmanxia Dam (Figure 7.4-1). The three options that are potentially feasible in both the cases are flushing, and the run-of-river and "do nothing" options. What is meant by "run-of-river" in the RESCON approach is that the reservoir is allowed to silt up completely during the course of its life and is from there onwards operated in a run-of-river fashion to generate hydroelectric power. In the case of Sanmanxia Dam the economic optimization indicates that the latter is the most economic solution, with flushing and the "do-nothing" approaches almost on par in second place. In the case of Three Gorges Dam, the economic optimization indicates that flushing is, by far, the most economic management approach, with the run-of-river and "do-nothing" options less desirable.

These results most probably reflect the fact that Three Gorges Dam was designed with sustainable management of the infrastructure in mind right from the beginning, while Sanmanxia Dam was originally designed using "design life" principles. Although Sanmanxia Dam has subsequently been modified to allow flushing and density current venting, it comes at a cost as implied in the RESCON economic analysis. The advanced design of Three Gorges Dam is testimony of the foresight of its designers who designed a facility that can be used in perpetuity. This is the first very large hydroelectric facility in the world that has been designed and built and will be managed by using "life cycle management" concepts as its basis.

7.5. SUMMARY

This chapter summarizes the RESCON approach developed by the World Bank that can be used at pre-feasibility and policy making level to make decisions pertaining to the most economic and technically feasible approaches for sustainable management of water resource infrastructure. The economic optimization uses optimal control theory to select the most desired approach that is technically feasible for managing surface water reservoirs. A unique characteristic of this approach is that it fully recognizes the value of intergenerational equity. Case studies performed in Morocco and Sri Lanka, and for the Chinese Sanmanxia and Three Gorges Reservoirs indicate that it is almost always the optimal economic solution to manage reservoirs in a sustainable manner.

The conventional design life approach that has been used in the past to design water resource infrastructure is incomplete and flawed, does not allow for intergenerational equity and results in a number of unresolved residual issues when a reservoir silts up. The life cycle management approach to water resource infrastructure management is not only technically feasible but also economically optimal, while concurrently leading to intergenerational equity and sustainable use of the infrastructure in perpetuity.

8. CONCLUSIONS & RECOMMENDATIONS

Ce bulletin examine l'état actuel de l'alluvionnement des retenues à l'échelle mondiale. Les résultats de ce bulletin montrent que l'intensité de sédimentation était :

Pour les pays disposant de données enregistrées = 0.96%/ an

Intensité de sédimentation moyenne prevue = 0.8%/ an

Intensité de sédimentation moyenne pondérée prévue = 0.7%/ an

La première valeur est simplement l'intensité de sédimentation moyenne pour les pays pour lesquels des données sont disponibles. La seconde valeur est composée des pays disposant de données incorporées avec les valeurs prévues, pour les autres pays, et il s'agit uniquement d'une moyenne numérique. Enfin, la troisième valeur est une moyenne des données prévues et enregistrées puis pondérées par la capacité de stockage de chaque pays.

La capacité de stockage totale actuelle des réservoirs des grands barrages dans le monde est de 6 100 km^3. En 2006, la capacité de stockage laissée libre de sédiments était de 4 100 km^3, ce qui suppose une production de sédiments de 2 000 km^3 (33%) qui, si elle n'est pas contrôlée, pourrait augmenter à un volume de sédiments de 3 900 km^3 en 2050 (sur la base de la capacité de stockage actuelle). Cela signifie que, en 2050, environ 64% de la capacité de stockage actuelle des réservoirs mondiaux pourraient être envahie par les sédiments.

Les barrages hydroélectriques représentent 81,5% de la capacité de stockage actuelle totale dans le monde et ils sont affectés par les sédiments uniquement lorsque plus de 80% de la capacité de stockage totale est perdue, alors que pour les barrages non hydroélectriques, la production est sérieusement affectée lorsque 70% de la capacité de stockage totale est perdue.

Les pays qui pourraient connaître des volumes critiques de sédimentation en 2050 sont : L'Afghanistan, l'Albanie, l'Algérie, la Bolivie, le Botswana, la Chine, la Colombie, l'Équateur, la France, les Îles Fidji, l'Iran, l'Irak, la Jamaïque, le Kenya, la Libye, la Malaisie, la Macédoine, le Maroc, le Mexique, la Namibie, la Nouvelle-Zélande, Oman, le Pakistan, Porto Rico, l'Arabie Saoudite, Singapour, le Sri Lanka, le Soudan, la Tanzanie, la Tunisie et l'Ouzbékistan. Près d'un tiers de ces pays se trouve en Afrique.

Un certain nombre d'aspects limitent actuellement la durée de vie des réservoirs pendant les phases de planification, de conception et d'exploitation des nouveaux barrages :

- Les options de gestion telles que l'abaissement, la chasse et l'évacuation du courant de densité sont rarement étudiées en détail, car on suppose que le stockage est le seul mode de fonctionnement, même lorsque le réservoir vieillit. Il faut espérer que cela changera avec le réexamen de la valeur de récupération des barrages afin de parvenir à une durabilité et une équité intergénérationnelle.

- Bien que des études physiques et informatiques détaillées des opérations et des processus de sédimentation du réservoir soient effectuées pendant la phase de conception, le transfert des connaissances et la mise en œuvre des procédures opérationnelles visant à limiter la sédimentation sont souvent médiocres.

- Les études de sédimentation qui envisagent des options de gestion sans stockage ne sont souvent pas liées à l'analyse de l'apport d'eau ferme du réseau de réservoirs fluviaux. Cela aidera énormément à l'optimisation de l'opération d'abaissement/ chasse des réservoirs et à l'optimisation de la production d'hydroélectricité.

8. CONCLUSIONS & RECOMMENDATIONS

This bulletin investigated the current global state of reservoir sedimentation. The findings in this bulletin show that the sedimentation rate was:

For countries with recorded data = 0.96%/ year

Predicted average sedimentation rate = 0.8%/ year

Predicted weighted average sedimentation rate = 0.7%/ year

The first value is simply the average sedimentation rate for the countries that data was collected from. The second value is comprised of the countries with recorded data incorporated with the predicted values, for the remainder of the countries, and is just a numerical average. Finally, the third value is average of the predicted and recorded data weighted by the storage capacity of each country.

The current total large dam reservoir storage capacity for the world is 6100 km^3. In 2006 the storage capacity left free of sediment was 4100 km^3 which means a build up of sediment of 2000 km^3 (33%), which, if left unchecked could potentially increase to a volume of sediment of 3900 km^3 by the year 2050 (based on current storage capacity). This means that by 2050 roughly 64% of the world's current reservoir storage capacity could be filled with sediment.

Hydropower dams make up 81.5% of the world's total current storage capacity and are typically only affected by sediment when more than 80% of the total storage capacity is lost, while for non-hydropower dams the yield is seriously affected when 70% of the total storage is lost.

Countries that could experience critical sedimentation volumes by year 2050 are: Afghanistan, Albania, Algeria, Bolivia, Botswana, China, Columbia, Ecuador, France, Fiji, Iran, Iraq, Jamaica, Kenya, Libya, Malaysia, F.Y.R.O. Macedonia, Morocco, Mexico, Namibia, New Zealand, Oman, Pakistan, Puerto Rico, Saudi Arabia, Singapore, Sri Lanka, Sudan, Tanzania, Tunisia and Uzbekistan. Almost one third of these countries are in Africa.

A number of aspects currently limit the life of reservoirs during the planning, design and operational phases of new dams:

- Management options such as sluicing, flushing and density current venting are seldom considered in great detail, since storage operation is assumed to be the only mode of operation, even as the reservoir ages. This will hopefully change with the reconsideration of salvage value of dams to achieve sustainability and inter-generational equity.

- Although detailed physical and computational model studies of the reservoir operations and sedimentation processes are carried out during the design phase, the transfer of knowledge and implementation of operational procedures to limit sedimentation is often poor.

- Sedimentation studies considering non-storage operated management options are often not linked to the firm water yield analysis of the river-reservoir system. This will help tremendously in the optimization of reservoir sluicing/flushing operation and optimization with hydropower generation.

- Les options de gestion de l'alluvionnement des retenues ne tiennent pas suffisamment compte des impacts sur la rivière en aval du barrage lors des phases de planification et de conception. Pour ce faire, il faut utiliser une modélisation morphologique, hydrodynamique et fluviale par ordinateur, en tenant compte de l'atténuation possible des crues par le réservoir, des débits sédimentaires au barrage, des apports des affluents et des charges sédimentaires, à long terme sur une période d'au moins 20 ans. Les aspects sociaux et écologiques devraient également être abordés.

Le bulletin traite des éventuels impacts écologiques en aval d'un barrage liés à la morphologie fluviale et des éventuelles mesures d'atténuation.

Un modèle économique est également présenté dans ce bulletin, l'approche RESCON (Palmieri et al. 2003), pour déterminer la faisabilité technique et économique d'une gestion durable des réservoirs en utilisant les réservoirs de Sanmanxia et des Trois Gorges comme études de cas. L'expérience pratique de l'application de l'approche RESCON (REServoir CONServation) montre qu'il est presque toujours plus économique de gérer les réservoirs de manière durable en mettant en œuvre de bonnes stratégies de gestion de l'alluvionnement des retenues. Conceptuellement, RESCON utilise l'approche de la « gestion du cycle de vie » au lieu de l'approche de la « durée de vie théorique », qui est fréquente dans la conception, l'exploitation et l'entretien conventionnels des infrastructures des ressources en eau.

- Reservoir sedimentation management options do not consider the impacts on the river downstream of the dam in great enough detail during planning and design phases. This should be done using hydrodynamic-fluvial morphological computational modelling, considering the possible flood attenuation by the reservoir, sediment discharges at the dam, tributary inflows and sediment loads, in the long-term over a period of at least 20 years. Social and ecological aspects should also be addressed.

The Bulletin discusses possible downstream ecological impacts of a dam related to the fluvial morphology and possible mitigation measures are discussed.

An economical model is also presented in this Bulletin, the RESCON approach (Palmieri et al. 2003), for determining the technical and economic feasibility of sustainable management of reservoirs by using Sanmanxia and Three Gorges reservoirs as case studies. Practical experience when applying the RESCON (REServoir CONservation) approach indicates that it is almost always more economical to manage reservoirs in a sustainable manner by implementing sound reservoir sedimentation management strategies. Conceptually RESCON uses the "life-cycle management" approach instead of the "design life" approach frequented by conventional design, operation and maintenance of water resource infrastructure.

9. RÉFÉRENCES

Belete K., Ndomba.P.M., Killingtveit Å., (2006). *Sediment Handling and Monitoring of Small and Large Reservoirs.* Poster prepared for the Norwegian University of Science and Technology. Available: www.hydrologiraadet.no/

Biggs, B. J. F. and Stokseth, S. 1996 Hydraulic habitat suitability for periphyton in rivers. *Regulated Rivers Research & Management* 12: 251–261.

Bogner W.C., (2001). *Sedimentation Survey of Lake Decatur's Basin 6, Macon County, Illinois*; Illinois State Water Survey, Champaign, IL, ISWS CR 2001–07. Available: www.sws.uiuc.edu/pubdoc/CR/ISWSCR2002-09.pdf

Boucher, C. 2002 Flows as determinants of riparian vegetation zonation patterns in selected South African rivers. Proceedings of the conference "Environmental Flows for River Systems and the Fourth International Ecohydraulics Symposium". Cape Town, South Africa.

Cambray, J.A., King, J.M and Bruwer, C. 1997 Spawning behaviour and early development of the Clanwilliam yellowfish (*Barbus capensis*; Cyprinidae), linked to experimental dam releases in the Olifants River, South Africa. *Regulated Rivers: Research and Management* 13: 579–602.

Dallas, H.F. & Day, J.A. 1993 *The effects of water quality variables on riverine ecosystems: a review.* Water Research Commission Report No. TT61/93. 240 pp.

Devine Tarbell & Associates Inc. Sacramento,(2005). *Chili Bar reservoir sediment deposition Technical Report;* Sacramento Municipal Utility District Upper American River Project (FERC Project No. 2101); Pacific Gas and Electric Company Chili Bar Project (FERC Project No. 2155).Available: www.hydrorelicensing.smud.org/docs/chilibar/cb_sed_dep/CBSedimentDeposition.pdf

DWAF 2004 National Water resource Strategy. First Draft September 2004. http://www.dwaf.gov.za/documents/policies/nwrs/defaultsept.htm

DWAF 1998 The National Water Act (Act No. 36 of 1998). DWAF, South Africa, Gi\overnment Gazette No. 19182. Government Printers. Pretoria.

FAO – Food and Agriculture Organization, 2006. Database of World Rivers and their Sediment yields.

FAO – Food and Agriculture Organization, 2006. *AQUASTAT – List of African Dams.*

Gippel, J.C. and Stewardson, M.J. 1998 Use of wetted perimeter in defining minimum environmental flows. *Regulated Rivers: Research and Management* 14:53–67.

Hartmann S, 2004. *Sediment management of Alpine reservoirs considering ecological and economical aspects*; Proceedings of the Ninth International Symposium on River Sedimentation October 18–21, 2004, Yichang, China.

ICOLD Committee on Reservoir Sedimentation, (1980). References and sediment yield data contributed by ICOLD members during the 1980's.

ICOLD World Register of Dams, (1998). Available: www.icold-cigb.net.

King, J.M. 2003 *Environmental Flows for Rivers: Hydrologically Definable, Ecologically Vital.* Presentation to the Institution of Engineers, Australia: 28th International Hydrology and Water Resources Symposium, 10–14 November 2003, Wollongong, NSW.

King, J.M., Brown, C.A. and Sabet, H. 2003 A scenario-based holistic approach to environmental flow assessments for regulated rivers. *Rivers Research and Application* 19(5–6): 619–639.

King, J.M., Cambray, J.A. and Impson, N.D. 1998 Linked effects of dam-released floods and water temperature on spawning of the Clanwilliam yellowfish *Barbus capensis. Hydrobiologia* 384: 245–265.

King, J.M. & Schael D. 2001 *Assessing the ecological relevance of a spatially-nested geomorphological hierarchy for river management.* Water Research Commission Report 754/1/01. Pretoria, South Africa. 276pp.

9. REFERENCES

Belete K., Ndomba.P.M., Killingtveit Å., (2006). *Sediment Handling and Monitoring of Small and Large Reservoirs.* Poster prepared for the Norwegian University of Science and Technology. Available: www.hydrologiraadet.no/

Biggs, B. J. F. and Stokseth, S. 1996 Hydraulic habitat suitability for periphyton in rivers. *Regulated Rivers Research & Management* 12: 251–261.

Bogner W.C., (2001). *Sedimentation Survey of Lake Decatur's Basin 6, Macon County, Illinois*; Illinois State Water Survey, Champaign, IL, ISWS CR 2001–07. Available: www.sws.uiuc.edu/pubdoc/CR/ISWSCR2002-09.pdf

Boucher, C. 2002 Flows as determinants of riparian vegetation zonation patterns in selected South African rivers. Proceedings of the conference "Environmental Flows for River Systems and the Fourth International Ecohydraulics Symposium". Cape Town, South Africa.

Cambray, J.A., King, J.M and Bruwer, C. 1997 Spawning behaviour and early development of the Clanwilliam yellowfish (*Barbus capensis*; Cyprinidae), linked to experimental dam releases in the Olifants River, South Africa. *Regulated Rivers: Research and Management* 13: 579–602.

Dallas, H.F. & Day, J.A. 1993 *The effects of water quality variables on riverine ecosystems: a review.* Water Research Commission Report No. TT61/93. 240 pp.

Devine Tarbell & Associates Inc. Sacramento,(2005). *Chili Bar reservoir sediment deposition Technical Report;* Sacramento Municipal Utility District Upper American River Project (FERC Project No. 2101); Pacific Gas and Electric Company Chili Bar Project (FERC Project No. 2155).Available: www.hydrorelicensing.smud.org/docs/chilibar/cb_sed_dep/CBSedimentDeposition.pdf

DWAF 2004 National Water resource Strategy. First Draft September 2004. http://www.dwaf.gov.za/documents/policies/nwrs/defaultsept.htm

DWAF 1998 The National Water Act (Act No. 36 of 1998). DWAF, South Africa, Gi\overnment Gazette No. 19182. Government Printers. Pretoria.

FAO – Food and Agriculture Organization, 2006. Database of World Rivers and their Sediment yields.

FAO – Food and Agriculture Organization, 2006. *AQUASTAT – List of African Dams.*

Gippel, J.C. and Stewardson, M.J. 1998 Use of wetted perimeter in defining minimum environmental flows. *Regulated Rivers: Research and Management* 14:53–67.

Hartmann S, 2004. *Sediment management of Alpine reservoirs considering ecological and economical aspects*; Proceedings of the Ninth International Symposium on River Sedimentation October 18–21, 2004, Yichang, China.

ICOLD Committee on Reservoir Sedimentation, (1980). References and sediment yield data contributed by ICOLD members during the 1980's.

ICOLD World Register of Dams, (1998). Available: www.icold-cigb.net.

King, J.M. 2003 *Environmental Flows for Rivers: Hydrologically Definable, Ecologically Vital.* Presentation to the Institution of Engineers, Australia: 28th International Hydrology and Water Resources Symposium, 10–14 November 2003, Wollongong, NSW.

King, J.M., Brown, C.A. and Sabet, H. 2003 A scenario-based holistic approach to environmental flow assessments for regulated rivers. *Rivers Research and Application* 19(5–6): 619–639.

King, J.M., Cambray, J.A. and Impson, N.D. 1998 Linked effects of dam-released floods and water temperature on spawning of the Clanwilliam yellowfish *Barbus capensis. Hydrobiologia* 384: 245–265.

King, J.M. & Schael D. 2001 *Assessing the ecological relevance of a spatially-nested geomorphological hierarchy for river management.* Water Research Commission Report 754/1/01. Pretoria, South Africa. 276pp.

King, J.M. and Tharme, R.E. 1994 Assessment of the Instream Flow Incremental Methodology and initial development of alternative instream flow methodologies for South Africa. *Water Research Commission Report No. 295/1/94.* Water Research Commission, Pretoria. 590pp.

King, J.M., Tharme, R.E. and Brown, C.A. 1999. Definition and implementation of instream flows. Thematic review for the World Commission on Dams. http://www/dams.org

King, J.M., Tharme, R.E. and de Villiers, M.S. (eds) 2000 Environmental flow assessments for rivers: manual for the Building Block Methodology. *Water Research Commission Technology Transfer Report No. TT131/00.* Water Research Commission, Pretoria. 340pp.

King J.M. and Louw, D. 1998 Instream flow assessments for regulated rivers in South Africa using the Building Block Methodology. *Aquatic Ecosystem Health and Management* 1: 109–124.

Lempérière F., (2006). *The Role of dams in the XXI century: Achieving a sustainable development target.* The International Journal on Hydropower and Dams, Volume Thirteen, Issue 3, pp. 99–108.

Mathur P.C., Agarwal K.K., Khullar B.K., Idiculla K.C. and Nair V.R.K., (2001). *Compendium on silting of reservoirs in India.* Government of India, Central Water Commision. New Delhi.

Mau D.P., Christensen V.G., (2000). *Comparison of Sediment Deposition in Reservoirs of Four Kansas Watersheds;* U.S. Geological Survey Kansas Water Science Center. Available: http://ks.water.usgs.gov/Kansas/pubs/fact-sheets/fs.102-00.html

McCully P.,(1996). Silenced Rivers: The Ecology and Politics of Large Dams. Zed Books, London.

Morris G.L. and Fan J., (1998). *Reservoir Sedimentation Handbook;* McGraw-Hill Professional.

Margat J., (2002). Erosion des bassins versants et sedimentation des reservoir de barrages: La sedimentation des reservoirs et leures consequences sur la maitrise des resources en eau dans le monde. Academie d'Agriculture de France.

Marks, J.C., Power, M.E. and Parker M.S. 2000 Flood disturbance, algal productivity, and interannual variation in food chain length. *Oikos* 90: 20–27.

McCully, P. 1996 Silenced rivers: the ecology and politics of large dams. Zed Books, London, U.K.

Morris, G.L. and Fan, J. 1998. Reservoir Sedimentation Handbook, McGraw-Hill, New York.

Ortt R.A., Kerhin R.T., Wells D. and Cornwell J., (1999). *Bathymetric Survey and Sedimentation Analysis of Loch Raven and Prettyboy Reservoirs;* OF95-4 Executive Summary. Coastal and Estuarine Geology Program. Available: www.mgs.md.gov/coastal/pub/FR99-4.pdf.

Palmieri, A., Shah, F., Annandale, G.W. and Dinar, A. 2003, Reservoir Conservation: The RESCON Approach, Economic and Engineering Evaluation of Alternative Strategies for Managing Sedimentation in Storage Reservoirs. The World Bank, 1818 H Street N.W., Washington, D.C. 20433.

Ractliffe, S.G., Ewart-Smith J.L., Day, E. and Görgens, A. 2003 External Evaluation of the Working for Water Programme: Water Resource Theme: Addendum 1- Review of the effects of alien invasive plants on freshwater ecosystems. Report submitted to Common Ground Consultants. 46 pp

Rowntree, K. (2001) Chapter 6: Geomorphological Classification of Study Sites. In: King J.M. & Schael D. 2001. *Assessing the ecological relevance of a spatially-nested geomorphological hierarchy for river management.* Water Research Commission Report 754/1/01. Pretoria, South Africa. 276pp.

Snyder N.P., Rubin D.M., Alpers C.N., Childs J.R., Curtis J.A., Flint L.E. and Wright S.A, (2004). Estimating accumulation rates and physical properties of sediment behind a dam: Englebright Lake, Yuba River, northern California; Water Resources Research, VOL. 40, W11301, doi:10.1029/2004WR003279. Available: www.agu.org/pubs/crossref/2004/2004WR003279.shtml.

Soler-López, L.R., (2001). *Sedimentation survey results of the principal water supply reservoirs of Puerto Rico.* Proceedings of the Sixth Caribbean Islands Water Resources Congress, Mayagüez, Puerto Rico. USGS Water resources of the Caribbean. Available: http://pr.water.usgs.gov/public/reports/soler.html.

Stalnaker, C., Lamb, B.L., Bovee, K. and Bartolow, J. 1995. The Instream Flow Incremental Methodology: a primer for IFIM. Biological Report 29, National Biological Service, U.S. Department of the Interior. http://www.fort.usgs.gov

King, J.M. and Tharme, R.E. 1994 Assessment of the Instream Flow Incremental Methodology and initial development of alternative instream flow methodologies for South Africa. *Water Research Commission Report No. 295/1/94.* Water Research Commission, Pretoria. 590pp.

King, J.M., Tharme, R.E. and Brown, C.A. 1999. Definition and implementation of instream flows. Thematic review for the World Commission on Dams. http://www/dams.org

King, J.M., Tharme, R.E. and de Villiers, M.S. (eds) 2000 Environmental flow assessments for rivers: manual for the Building Block Methodology. *Water Research Commission Technology Transfer Report No. TT131/00.* Water Research Commission, Pretoria. 340pp.

King J.M. and Louw, D. 1998 Instream flow assessments for regulated rivers in South Africa using the Building Block Methodology. *Aquatic Ecosystem Health and Management* 1: 109–124.

Lempérière F., (2006). *The Role of dams in the XXI century: Achieving a sustainable development target.* The International Journal on Hydropower and Dams, Volume Thirteen, Issue 3, pp. 99–108.

Mathur P.C., Agarwal K.K., Khullar B.K., Idiculla K.C. and Nair V.R.K., (2001). *Compendium on silting of reservoirs in India.* Government of India, Central Water Commision. New Delhi.

Mau D.P., Christensen V.G., (2000). *Comparison of Sediment Deposition in Reservoirs of Four Kansas Watersheds;* U.S. Geological Survey Kansas Water Science Center. Available: http://ks.water.usgs.gov/Kansas/pubs/fact-sheets/fs.102-00.html

McCully P.,(1996). Silenced Rivers: The Ecology and Politics of Large Dams. Zed Books, London.

Morris G.L. and Fan J., (1998). *Reservoir Sedimentation Handbook;* McGraw-Hill Professional.

Margat J., (2002). Erosion des bassins versants et sedimentation des reservoir de barrages: La sedimentation des reservoirs et leures consequences sur la maitrise des resources en eau dans le monde. Academie d'Agriculture de France.

Marks, J.C., Power, M.E. and Parker M.S. 2000 Flood disturbance, algal productivity, and interannual variation in food chain length. *Oikos* 90: 20–27.

McCully, P. 1996 Silenced rivers: the ecology and politics of large dams. Zed Books, London, U.K.

Morris, G.L. and Fan, J. 1998. Reservoir Sedimentation Handbook, McGraw-Hill, New York.

Ortt R.A., Kerhin R.T., Wells D. and Cornwell J., (1999). *Bathymetric Survey and Sedimentation Analysis of Loch Raven and Prettyboy Reservoirs;* OF95-4 Executive Summary. Coastal and Estuarine Geology Program. Available: www.mgs.md.gov/coastal/pub/FR99-4.pdf.

Palmieri, A., Shah, F., Annandale, G.W. and Dinar, A. 2003, Reservoir Conservation: The RESCON Approach, Economic and Engineering Evaluation of Alternative Strategies for Managing Sedimentation in Storage Reservoirs. The World Bank, 1818 H Street N.W., Washington, D.C. 20433.

Ractliffe, S.G., Ewart-Smith J.L., Day, E. and Görgens, A. 2003 External Evaluation of the Working for Water Programme: Water Resource Theme: Addendum 1- Review of the effects of alien invasive plants on freshwater ecosystems. Report submitted to Common Ground Consultants. 46 pp

Rowntree, K. (2001) Chapter 6: Geomorphological Classification of Study Sites. In: King J.M. & Schael D. 2001. *Assessing the ecological relevance of a spatially-nested geomorphological hierarchy for river management.* Water Research Commission Report 754/1/01. Pretoria, South Africa. 276pp.

Snyder N.P., Rubin D.M., Alpers C.N., Childs J.R., Curtis J.A., Flint L.E. and Wright S.A, (2004). Estimating accumulation rates and physical properties of sediment behind a dam: Englebright Lake, Yuba River, northern California; Water Resources Research, VOL. 40, W11301, doi:10.1029/2004WR003279. Available: www.agu.org/pubs/crossref/2004/2004WR003279.shtml.

Soler-López, L.R., (2001). *Sedimentation survey results of the principal water supply reservoirs of Puerto Rico.* Proceedings of the Sixth Caribbean Islands Water Resources Congress, Mayagüez, Puerto Rico. USGS Water resources of the Caribbean. Available: http://pr.water.usgs.gov/public/reports/soler.html.

Stalnaker, C., Lamb, B.L., Bovee, K. and Bartolow, J. 1995. The Instream Flow Incremental Methodology: a primer for IFIM. Biological Report 29, National Biological Service, U.S. Department of the Interior. http://www.fort.usgs.gov

Tharme, R.E. 2003. Global perspective on environmental flow assessment: emerging trends in the development and application of environmental flow methodologies for rivers. *Rivers Research and Application* 19(5–6): 619–639.

USACE – United States Army Corps of Engineers, (1997). *Engineering and Design - Hydrologic Engineering Requirements for Reservoirs*; Publication Number: EM 1110–2–1420, Proponent: CECW-EH-Y. Chapter 13. Available: www.usace.army.mil/usace-docs/eng-manuals/em1110-2-1420/toc.htm

Water Research Institute, (2005). *Sedimentation in the Reservoir of Large Dams in Iran.* Ministry of Energy.Available:http://www.waser.cn/news%20and%20announcements/waser%20Technical%20Sessions/Sedimentation%20in%20the%20Reservoir%20of%20Large%20Dams%20in1final.ppt.

Wilson J.T., Morlock S.E. and Baker N.T., (1996). Bathymetric Surveys of Morse and Geist Reservoirs in Central Indiana Made with Acoustic Doppler Current Profiler and Global Positioning System Technology; USGS Indiana. Available: www.in.water.usgs.gov/bathymetry.web/.

Wong M.F., (2001). *Sedimentation History of Waimaluhia Reservoir during Highway Construction, Oahu, Hawaii, 1983–98;* U.S. Geological Survey Water-Resources Investigations Report 01–4001. State of Hawaii Department of Transportation, Federal Highway Administration; Honolulu, Hawaii. Available: http://hi.water.usgs.gov/pubs/wri/wri01-4001.html.

World Commission on Dams (WCD) 2000. *Dams and development: a new framework for decision making.* Earthscan Publications. London, U.K.

Tharme, R.E. 2003. Global perspective on environmental flow assessment: emerging trends in the development and application of environmental flow methodologies for rivers. *Rivers Research and Application* 19(5–6): 619–639.

USACE – United States Army Corps of Engineers, (1997). *Engineering and Design - Hydrologic Engineering Requirements for Reservoirs*; Publication Number: EM 1110–2–1420, Proponent: CECW-EH-Y. Chapter 13. Available: www.usace.army.mil/usace-docs/eng-manuals/em1110-2-1420/toc.htm

Water Research Institute, (2005). *Sedimentation in the Reservoir of Large Dams in Iran.* Ministry of Energy.Available:http://www.waser.cn/news%20and%20announcements/waser%20Technical%20 Sessions/Sedimentation%20in%20the%20Reservoir%20of%20Large%20Dams%20in1final.ppt.

Wilson J.T., Morlock S.E. and Baker N.T., (1996). Bathymetric Surveys of Morse and Geist Reservoirs in Central Indiana Made with Acoustic Doppler Current Profiler and Global Positioning System Technology; USGS Indiana. Available: www.in.water.usgs.gov/bathymetry.web/.

Wong M.F., (2001). *Sedimentation History of Waimaluhia Reservoir during Highway Construction, Oahu, Hawaii, 1983–98;* U.S. Geological Survey Water-Resources Investigations Report 01–4001. State of Hawaii Department of Transportation, Federal Highway Administration; Honolulu, Hawaii. Available: http://hi.water.usgs.gov/pubs/wri/wri01-4001.html.

World Commission on Dams (WCD) 2000. *Dams and development: a new framework for decision making.* Earthscan Publications. London, U.K.